Eugen Reichl

SPACE 2025

Das aktuelle Raumfahrt-Jahrbuch mit allen Starts

Web: www.space-jahrbuch.de / E-Mail: redaktion@space-jahrbuch.de

1. Auflage, November 2024

Initiator: Verein zur Förderung der Raumfahrt e. V., www.vfr.de
Herausgeber: Thomas Krieger
Organisation: Peter Schramm
Lektorat: Heimo Gnilka, Margit Drexler, Thomas Krieger, Peter Schramm, Stefan Schiessl
Titelmotiv: NASA
Layout & Satz: Stefan Schiessl, www.exploredesign.de
Druck: Rainer Gottschalk, www.flyer-store.de
ISBN: 978-3-944819-25-9

EDITORIAL

LIEBE LESERIN, LIEBER LESER,

wir befinden uns gegenwärtig in einer goldenen Phase der Raumfahrt. Immer schneller, immer höher, immer weiter und immer mehr ist die Devise. Eine Sensation wird abgelöst von der nächsten: Starship-Testflüge in immer kürzerer Folge, neue Raumsonden zu Planeten und Asteroiden, der Aufbau weltumspannender Hochleistungskommunikationsnetze in der niedrigen Erdumlaufbahn und damit verbunden steil steigende Startzahlen. Chinas machtvoller Aufstieg zur Raumfahrt-Supermacht. Indiens bemanntes Raumflugprogramm und enorme Wachstumsraten in allen Bereichen der privaten Raumfahrt.

Bei solch einem Getümmel bleibt auch ein gelegentliches Stolpern nicht aus. Nach 334 erfolgreichen Missionen von SpaceX in ununterbrochener Reihenfolge – das ist mit weitem Abstand Weltrekord – schlug am 12. Juli der Start zur Starlink-Mission 9-3 fehl, wenngleich denkbar knapp. Die zweite Stufe des Trägers versagte bei der zweiten Zündung, wodurch die Satelliten auf einem nutzlosen Orbit strandeten. Es war der erste „inflight"-Fehlschlag von SpaceX im normalen Trägerbetrieb seit dem Jahr 2015.

Diese Blüte der Raumfahrt ist ein weltweites Phänomen, sieht man einmal von Russland ab, das sich weiterhin auf dem absteigenden Ast befindet, und – naja – leider auch Europa. Dabei ist es durchaus nicht so, dass man hier nicht auch gelegentlich über seinen angemessenen Platz in der weltweiten Raumfahrt nachdenkt. Und man hat ihn wohl auch schon gefunden. Denn wenn man schon technisch, programmatisch und wirtschaftlich nicht in der Raumfahrt-Oberliga mithalten kann, dann muss man das, was die anderen machen, wenigstens regulieren.

Wobei, da muss man ehrlich sein, diese Regulierungswut durchaus nicht auf Europa allein beschränkt ist, denn immer offensichtlicher wird selbst in den raumfahrtaffinen Vereinigten Staaten, dass die administrativen Genehmigungsstrukturen mit der schnellen Entwicklung der Raumfahrt nicht schritthalten können. Wir behandeln dieses Problem im Detail in unserem Beitrag *Duell der Giganten*.

Dennoch scheinen die Probleme, denen sich vor allem SpaceX in den USA ausgesetzt sieht, eher überschaubarer Natur zu sein, vergleicht man es mit dem Stillstand in Europa vor allem auf dem Trägerraketensektor.

Stellvertretend seien hier die bitteren Worte des Chefs der Rocket Factory Augsburg, Daniel Metzler, genannt, die sich in die Gratulation an SpaceX zum erfolgreichen IFT-5 Flug des Starship (siehe hierzu ebenfalls den

Beitrag *Duell der Giganten*) durch die sozialen Medien widerspiegeln. Der entsprechende „post" war in Englisch verfasst. Ich habe ihn für Sie ins Deutsche übersetzt:

Gratulation an SpaceX. Was für eine unglaubliche Ingenieursleistung! Mars, wir kommen. Gleichzeitig hat die Medaille eine zweite Seite: Sie zeigt und bestätigt, dass Europa den Anschluss komplett verloren hat. Kann es diesen Rückstand jemals aufholen? Keine Chance. Zumindest nicht so, wie es derzeit läuft.

Europa hat ambitionierte private Raumfahrtakteure. Mit innovativen Ideen, Mut und Vision. Leider werden sie am langen Arm gehalten und drohen zu verkümmern, während alte Strukturen, Prozesse und Denkweisen beibehalten werden.

Was wir sofort und systematisch brauchen, sind staatliche Ankerkunden, substanzielle Investitionen und ein Rahmen, der eine unbürokratische, schnelle und risikofreudige Entwicklung ermöglicht und fördert. Sonst versinkt Europa schnell in der Bedeutungslosigkeit, wenn es um die Erforschung des Weltraums, seiner Ressourcen und seines Potenzials geht. Und wir überlassen es dem Rest der Welt, Geschichte zu schreiben.

So wie SpaceX es gestern getan hat.
Es liegt an Europa, es liegt an uns.

Soweit das Statement der Rocket Factory Augsburg, einem Startup der New-Space-Szene, das sich in diesem Jahr bedauerlicherweise mit einer Basiserkenntnis der Raumfahrt konfrontiert sah, nämlich dem Grundsatz, dass der Weg zu den Sternen rauh ist. Mehr darüber lesen Sie in dieser Ausgabe von SPACE im Artikel *Wo bleiben Europas Kleinträger*? und im Raumfahrtpanorama.

Europa führt im Jahr 2024 voraussichtlich (das Jahr läuft zum Zeitpunkt, an dem ich das schreibe, noch volle zwei Monate) ganze drei Orbitalstarts durch. Genauso wenige wie im Jahr zuvor. Bei SpaceX bei werden es am 31. Dezember 2024 irgendwo zwischen 120 und 130 Missionen sein. Möglicherweise sogar noch mehr. Weltweit werden etwa 260 Starts stattfinden.

Aber es gab natürlich auch viele positive Highlights in der weltweiten Raumfahrt. Meine drei Favoriten unter den Top-Ereignissen des Berichtszeitraums September 2023 bis August 2024 sind – und da will ich nach der Schelte endlich auch Europa mit einschließen –

- Die Erstflüge der Vulcan, der Ariane 6 und der (nach einem Fehlschlag im März 2023) geglückte zweite Flug der japanischen H3.

- Die faszinierenden Testmissionen IFT-2, 3, 4 und auch 5 des Starship von SpaceX. Die letzte dieser vier Missionen liegt zwar außerhalb des Berichtszeitraums, konnte aber – dank Verzögerungen im Erstellungsprozess – noch in unser aktuelles Buch mit aufgenommen werden (siehe Artikel *Duell der Giganten*).

- Die bemannte Polaris-Dawn Mission. Auch die lag zwar schon zehn Tage außerhalb unseres Berichtszeitraums, aber da wollen wir nicht kleinlich sein, denn geplant war sie immerhin bereits für den August 2024.

Mein „Aufsteiger des Jahres" ist Rocket Lab. Das Unternehmen hat sich endgültig im Reigen der Top-Raumfahrtfirmen etabliert. 2024 sieht es so aus, dass dieses derzeit noch weitgehend in Neuseeland beheimatete Unternehmen mehr Starts mit einem Trägerraketentyp durchführt als (mit Ausnahme von SpaceX natürlich) jeder andere Hersteller von Trägerraketen in der Welt. Rocket Lab hat mit der Neutron einen revolutionären, wiederverwendbaren Träger der mittleren Mittelklasse in Entwicklung, baut ein Startzentrum in Virginia und entwickelt Space Tugs, Satelliten, Raumsonden und Raumfahrt-Bauteile. Diversifikation ist dort angesagt, denn bei Rocket Lab hat man schon früh begriffen: Kleinträger sind nur gut fürs Zubrot. Ein Geschäft ist damit nicht zu machen.

Weiter im Abstieg begriffen ist dagegen die russische Raumfahrt, die jahrzehntelang zusammen mit den USA die Weltspitze innehatte. Aus diesem Land kommen zwar immer noch gelegentlich grafisch nett gestaltete-Präsentationen, die auf bemannte nationale Raumstationen, Mondbasen und Satellitenkommunikationsnetze hinweisen, aber so recht glaubhaft ist das alles nicht. Fast alles was Russland heute leistet basiert noch auf dem Erbe der Sowjetunion. Hoffentlich bald am „Durchpendeln", wenngleich auf hoffnungslos niedrigem Niveau, ist die europäische Raumfahrt. Immerhin: auf dem Satellitensektor bietet der alte Kontinent durchaus konkurrenzfähige Produkte an, in Sachen Innovation, Private Raumfahrt und vor allem auf dem Trägersektor muss man allerdings schon weit ins untere Mittelfeld absteigen, um dort Europa zu entdecken. Der „Sonderklasse-Award" kann auch heuer an niemanden anderen als SpaceX gehen, das sich inzwischen schier Lichtjahre vom Verfolgerfeld abgesetzt hat. Als Stichworte seien hier nur drei Begriffe genannt: Starlink, Starship, Startrate.

Und wir dürfen China nicht vergessen, das weitgehend unbeachtet vom Westen seine Fähigkeiten und seine Infrastruktur mit enormem Mitteleinsatz ausbaut. In dieser Ausgabe werfen wir einen kurzen Blick auf die wachsenden Aktivitäten des Landes unter dem Titel *Chinas Raumfahrtprogramm*, in dem wir einige wichtige Entwicklungen der jüngsten Zeit vorstellen. Einen größeren Artikel zu diesem Themenfeld haben wir uns für das kommende Jahr vorgenommen.

Und wenn wir nun schon einmal angefangen haben, fahren wir gleich mit unserem traditionellen „Sneak Preview" fort, und befinden uns auch gleich in einer detaillierten Beschreibung der Raumsonden JUICE und Europa Clipper und ihrer Mission im Artikel *Auf dem Weg zum Gasriesen*.

Wie im Vorjahr versprochen bringen wir in der aktuellen Ausgabe von SPACE, passend zum dritten Jahrestag des Starts dieses Weltraumteleskops der Superlative, einen Bericht über das James Webb-Space -Teleskop und präsentieren einige seiner faszinierenden Entdeckungen. Der Titel dieses Beitrags: Das James Webb Space Teleskop – Neue Entdeckungen.

Das *Duell der Giganten*, also den sich abzeichnenden Wettlauf zwischen Jeff Bezos' Blue Origin und Elon Musks SpaceX, haben wir schon erwähnt. Wir haben aber auch einen Blick auf den Erstflug der Ariane 6 geworfen, und dazu den Artikel *Ariane 6 – Größtenteils erfolgreich* in diese Ausgabe von SPACE mit aufgenommen.

Über die europäischen Startups für Kleinträger haben wir schon in früheren Ausgaben von SPACE berichtet. Sie gelten als die grünen Pflänzchen der Hoffnung im ansonsten eher tristen Trägersektor in Europa. Aber auch sie liegen inzwischen Jahre hinter den ursprünglich geplanten Erstflugdaten. Unser Bericht zu diesem Thema trägt den Titel *Wo bleiben Europas Kleinträger*?

Wenn man vom stark wachsenden Raumfahrtsektor hört, liegt die Frage nahe, ob man nicht auch persönlich finanziell davon profitieren könnte. Lesen Sie dazu den Beitrag *Raumfahrt-Fans als Anleger* von Martin Winter und Stefan Schiessl.

Die Geschichte um den bemannten Testflug des Starliners von Boeing haben Sie im Laufe des Jahres wahrscheinlich mitbekommen. Sie sorgte dafür, dass seine Crew, die Astronauten Butch Wilmore und Suny Williams, statt der geplanten neun Tage nun mindestens 270 Tage an Bord der ISS verbringen müssen (oder dürfen, je nachdem wie man das sieht). Der Artikel *Der holprige Flug des Starliner* beschreibt diese spannende Story im Detail.

Auf Europa und anderswo – Die Suche nach dem Leben... Schon lange gilt auf der Suche nach Leben im Sonnensystem der Jupitermond Europa mit seinem riesigen Ozean unter der Eiskruste als aussichtsreichster Kandidat neben dem Mars. Wenn wir in dieser Ausgabe die neuen Raumsonden auf dem Weg zum Jupiter ins Visier nehmen, soll auch dieses spannende Thema nicht fehlen.

Und schließlich haben wir noch – um den Artikel-Teil des Buches abzuschließen – an allfällige Weihnachts-, Geburtstags und sonstige Geschenke und natürlich auch an das eigene Lesevergnügen gedacht und fünf unserer Ansicht nach sehr gute aktuelle Raumfahrtbücher im Artikel *Die besten Raumfahrtbücher* besprochen, um Ihnen die Beschaffungsentscheidung zu erleichtern.

In unserer Rubrik *Raumfahrt-Panorama September 2023 – August 2024* gibt es wieder 24 Kurzartikel zu wichtigen und interessanten Ereignissen des Berichtsjahres, die wir nicht in unseren Fachartikeln abdecken konnten.
Unser diesjähriger Science-Fiction Wettbewerb befasste sich mit dem Thema „Kunst im Weltraum", ein nicht unbedingt häufig bearbeitetes Thema in der Science Fiction. Wie immer finden Sie in der aktuellen Ausgabe von SPACE die drei ersten Preisträger. Trotz der nicht ganz leichten Themenvorgabe sind ihre Stories sehr phantasiereich, ungemein spannend und vor allen Dingen originell. Wie jedes Jahr sind sie ein echtes Highlight unseres Jahrbuches.

Auch die ultrakurzen SF-Stories sind heuer wieder mit dabei. Diese Geschichten sind in ihrem Umfang auf maximal 500 Zeichen inklusive der Leerzeichen beschränkt. Die Anzahl der Zusendungen ist weiter steigend, dieses Mal bekamen wir mehr als 150. In dieser Ausgabe stellen wir die nach unserem Dafürhalten 15 bemerkenswertesten Beiträge vor.

Neben den Artikeln und den Kurzgeschichten widmen wir einen wesentlichen Teil des Buches wie immer einer ausführlichen Dokumentation aller Raumfahrtstarts in der SPACE-typischen Berichtsperiode, die für den aktuellen Band vom September 2023 bis August 2024 läuft. Wir haben damit in den bislang erschienen 21 Bänden jede einzelne Mission, die seit 2003 in den Orbit oder darüber hinausging, im Detail dokumentiert. Aufgrund der ständig wachsenden Anzahl an Starts haben wir das Format dafür seit dem letzten Jahr umgestellt. Sie finden nun in unserer Raumfahrt-Jahreschronik einen kleinen „Anlauftext" von 500 Zeichen Länge mit Bild und einem QR-Code, der Sie zur detaillierten, längeren Beschreibung des jeweiligen Starts weiterleitet.

Für die Zahlenfreaks und die Daten-Fans unter unseren Lesern haben wir wie jedes Jahr einen großen Block zur Raumfahrtstatistik des Berichtsjahres erarbeitet, und ganz hinten im Buch finden Sie wie immer ein Glossar und eine Raumfahrtgeschichte in Jahrestagen.

Am Schluss dieses Editorials ist wie jedes Jahr der Platz, denen zu danken, die wesentlich zum Entstehen zu SPACE beigetragen haben. Das ist heuer vor allem Peter Schramm, der das Jahrbuch seit 2006 mit großem Einsatz organisatorisch begleitet hat und dieses Ehrenamt nun leider krankheitsbedingt nicht mehr ausüben kann. Dann unser Grafiker, Layouter und Ideengeber Stefan Schiessl, der dafür sorgt, dass es ein hochwertiges Buch wird. Unterstützend tätig war in diesem Jahr wieder Lothar Karl, der Organisator des VFR-Science Fiction Kurzgeschichten-Wettbewerbs. Ein weiterer herzlicher Dank geht nach Berlin an unsere Lektorin Margit Drexler und nach Weilheim, wo Heimo Gnilka ebenfalls darüber wacht, dass das Buch so fehlerfrei wie möglich bei Ihnen erscheint.

Wie immer noch einige Zeilen zu unserem Kontaktangebot. Sie können uns per E-Mail unter redaktion@space-jahrbuch.de erreichen. Persönlicher und direkter geht es über unser Facebook-Konto www.facebook.com/SPACE.Jahrbuch, das fast täglich Updates erlebt. Abonnieren Sie es und kommentieren Sie mit. Oder sehen sie sich unser spezielles SPACE-Portal unter www.space-jahrbuch.de an, wo Sie neben interessanten Dingen um das Thema Raumfahrt auch Informationen zu unserem Jahrbuch und sein Entstehen erhalten, und wo es einen Blog gibt, der regelmäßig mit Beiträgen „gefüttert" wird. Diese Seite ist auch der Ort, an dem sie die Bände vergangener Jahre nachbestellen können, die im Buchhandel möglicherweise schon vergriffen sind.

Wenn Sie Kritik für uns haben oder Lob, Tipps oder Meinungen, ein Problem oder eine Frage zu den Inhalten, wenn Sie sich schon mal die Ausgabe für das nächste Jahr reservieren wollen oder gerne der Tochter oder dem Sohn eines oder mehrere der Bücher schenken wollen, gerne auch signiert: nehmen Sie über eine der vielfältigen Möglichkeiten Kontakt mit uns auf. Wir freuen uns auf Ihr Feedback.

Und jetzt hinein ins Raumfahrtgeschehen. Wir wünschen Ihnen viel Freude bei der Lektüre von SPACE 2025. Bleiben Sie uns weiterhin treu und gewogen.

Im Namen des SPACE-Teams,

Ihr ***Eugen Reichl***

GALACTIC PENGUIN

Start einer Ceres 1S von einer Barke im Gelben Meer.

THEMEN IM FOKUS

Das Startlogo der JUICE-Mission und das Missionspatch des Europa Clipper.

JUICE UND EUROPA CLIPPER – ZWEI FLAGGSCHIFFE AUF DEM WEG ZUM GASRIESEN

Es geschieht nicht oft in der Geschichte der Raumfahrt, dass zwei Flaggschiff-Missionen gleichzeitig zu einem gemeinsamen Ziel im Sonnensystem unterwegs sind. Der Begriff „Flaggschiff" wird ganz offiziell bei NASA so verwendet, eher inoffiziell auch bei der ESA. Die Bedeutung hat sich im Laufe der Zeit ein wenig geändert, aber immer sind es Missionen, von denen sich auch reiche Raumfahrtnationen nur alle paar Jahre eine leisten können. Massiv, hochkomplex, mit einer großen Anzahl von Instrumenten ausgestattet, nur mit den größten Trägerraketen zu starten und über ihre gesamte Lebenszeit von weit mehr als einem Jahrzehnt mehrere Milliarden Euros oder Dollars teuer. Es sind Missionen wie Hubble und das James Webb Weltraumteleskop. Wie Rosetta und Cassini. Oder eben wie JUICE und der Europa Clipper. Das gemeinsame Ziel der beiden Letzten: Der Jupiter und seiner Monde. Den **Europa Clipper** wollen wir für den Zweck dieses Artikels gelegentlich auch einfach als den „Clipper" bezeichnen, so wie es auch die NASA meistens tut. Und bei **JUICE**, der eigentlich mit vollem Namen **JU**piter **IC**y moon **E**xplorer heißt? Nun, belassen wir es hier bei dem leicht albernen Namen, den er nun einmal hat.

Start JUICE:	**14. April 2023 mit einer Ariane 5 ECA von Kourou in Französisch-Guyana.**
Start Clipper:	**14. Oktober 2024 mit einer Falcon Heavy vom Kennedy Space Center in Florida.**

Die Missionskosten sind gewaltig. Die hier genannten Zahlen beinhalten alle finanziellen Aufwände von der Konstruktion bis zum geplanten Missionsende, das bei beiden Raumsonden noch mehr als zehn Jahre in der Zukunft liegt. Das sind aber nur die Beträge für die Plan-Mission. Oft werden solche Einsätze über viele Jahre hinaus verlängert, wenn der Treibstoffvorrat das hergibt und die Instrumente noch gut funktionieren. Und dafür laufen natürlich weitere Kosten auf.

Missionskosten JUICE:	**1,8 Milliarden Euro inklusive Trägerrakete.**
Missionskosten Clipper:	**5 Milliarden Dollar inklusive Trägerrakete.**

Nachdem seit knapp einem Jahrzehnt klar war, dass sowohl Europa als auch die USA unabhängig voneinander eine Raumsonde zu Jupiter und seinen Monden entsenden wollen, wurden die beiden Missionen vernünftigerweise komplementär ausgelegt. Die USA spezialisieren sich vor allem auf den Mond Europa, den sie mit mindestens 49 Vorbeiflügen erforschen wollen. Die Distanzen zur Oberfläche des Mondes variieren dabei zwischen 2700 und nur 25 Kilometer. JUICE dagegen wird nur zwei Vorbeiflüge an Europa unternehmen und sich vor allem auf die Monde Callisto und Ganymed konzentrieren. Um letzteren, den größten Mond unseres Sonnensystems, wird JUICE gegen Ende seiner Mission sogar in eine Umlaufbahn eintreten.

Beide Raumsonden, vor allem aber der Clipper, haben eine bewegte und lange Entwicklungsgeschichte hinter sich, die für sich alleine schon einen längeren Artikel rechtfertigen würde. Die ersten Studien zum Europa Clipper begannen 1997. Damals war die Sonde als Projekt innerhalb des Discovery-Programms der NASA geplant. Um diese Zeit lief noch die Galileo-Mission, die unter anderem acht Vorbeiflüge an Europa in Abständen zwischen 3600 und 200 Kilometern durchführte. Nach mehreren Namens- und Programmwechseln startete 2013 die Detailentwicklung des Clippers. 2019 begann dann der Bau der Sonde.

Das Raumfahrzeug erhielt in den USA trotz enormer Kostensteigerungen (man schätzte 2013 die Gesamtkosten des Vorhabens noch auf zwei Milliarden Dollar) durchweg die volle Unterstützung des Kongresses durch beide Parteien, was bei Raumfahrtvorhaben eher selten der Fall ist. Erkennbar ist daran das große Interesse an der Suche nach Leben in den Ozeanen dieses Eismondes. Allerdings bestand der Kongress in den Anfangsjahren eisern darauf, dass die Sonde mit der SLS-Rakete des Artemis-Programms gestartet werden sollte.

Wäre diese Rakete sofort und zu einem vernünftigen Preis verfügbar gewesen, hätte man die Reisezeit zum Jupiter halbieren können (weil dann keine Gravity-Assists notwendig gewesen wären). Man hätte sich dann auch keine Gedanken wegen Gewichtsüberschreitungen machen müssen, denn die Nutzlastkapazität der SLS-Rakete ist enorm.

Es gelang der NASA aber schließlich doch noch, die Senatoren davon zu überzeugen, dass für den Start des Europa Clipper keine SLS-Rakete zur Verfügung gewesen wäre. Ohnehin hätte sie zweieinhalb Milliarden Dollar gekostet und eine noch nicht entwickelte Drittstufe benötigt. Schließlich wurde 2020 ein Start mit der Falcon Heavy von SpaceX genehmigt. Sie ist nicht so leistungsfähig wie das SLS, verlängert auch die Reisezeit deutlich, kostete aber weniger als zehn Prozent der SLS. Am Ende zahlte die NASA für den Start statt 2,5 Milliarden Dollar nur 178 Millionen.

Bei der ESA wurde die JUICE-Mission im Mai 2012 ausgewählt. Als erste so genannte L-Klasse-Mission des Cosmic Vision 2015-2025-Programmes. Das "L" steht dabei für "Large". Nur damit man sieht, in welchen Kategorien wir uns hier befinden: Die nächste L-Klasse-Mission wird nicht vor 2035 starten.

Für beide Sonden dauert die Anreise zum Ziel mehrere Jahre. Keine der beiden Trägerraketen konnte ihrer jeweiligen Nutzlast einen Geschwindigkeitsimpuls mitgeben, der groß genug ist, um den Jupiter direkt erreichen zu können. Beide müssen so genannte „Gravity assists" durchführen, bei denen die Schwerkraftfelder anderer Himmelskörper genutzt werden, um gleichsam „Schwung zu holen" und dadurch mehr Fahrt aufzunehmen. Vergleichbar wäre das mit einem Hammerwerfer, der durch immer schnellere Drehung den Abwurfimpuls seines Sportgerätes steigert. Allerdings konnte die NASA als Startgerät die Falcon Heavy einsetzen, die gegenüber der Ariane 5 deutlich leistungsfähiger ist. Somit waren statt fünf „Gravity assists" bei der ESA-Sonde nur zwei beim US-Fluggerät notwendig, was sich in einer deutlich kürzeren Reisezeit auswirkt.

Start des Europa Clipper vom Kennedy Space Center aus.

Gravity Assists JUICE:

- 20. August 2024:
  Vorbeiflug am Mond in einem Abstand von 700 Kilometern.
- 21. August 2024:
  Vorbeiflug an der Erde in einem Abstand von 6.800 Kilometern.
- 31. August 2025:
  Vorbeiflug an der Venus.
- 29. September 2026:
  Vorbeiflug an der Erde.
- 18. Januar 2029:
  Vorbeiflug an der Erde.

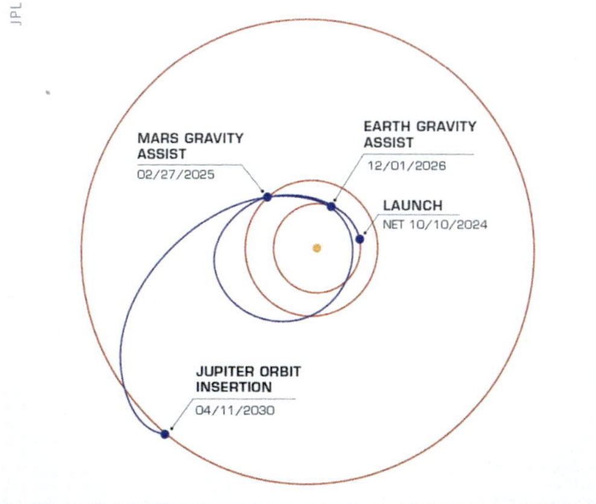

Die „Reiseroute" des Europa Clipper.

Gravity Assists Clipper:

- 01. Mai 2025: Vorbeiflug am Mars.
- 03. Dezember 2026: Vorbeiflug an der Erde.

Wie man sieht: Die Flugzeit ist beim Europa-Clipper um zwei Jahre geringer als bei JUICE. Dies führt dazu, dass der Europa Clipper, obwohl er eineinhalb Jahre später gestartet wurde als JUICE dennoch mehr als ein Jahr früher am Ziel eintreffen wird.

Ankunft am Jupiter JUICE:	**Juli 2031**
Ankunft am Jupiter Clipper:	**April 2030**

Beide Raumsonden führen mehrere Tonnen Treibstoff und Oxidator mit sich. Beide nutzen Hydrazin als Treibstoff. Beim Oxidator gibt es geringe Unterschiede: JUICE benutzt MON als Oxidator (eine Mischung aus Stickstofftetroxid und Stickstoffdioxid), der Clipper benutzt nur Stickstofftetroxid. Das Startgewicht – betankt – liegt bei beiden Raumsonden verblüffend nahe beieinander, das Treibstoffgewicht unterscheidet sich jedoch erheblich. Das liegt am unterschiedlichen Aufgabenspektrum der beiden Sonden.

Startgewicht JUICE:	**6.060 Kilogramm**
Treibstoffgewicht JUICE:	**3.650 Kilogramm**
Startgewicht Clipper:	**6.065 Kilogramm**
Treibstoffgewicht Clipper:	**2.750 Kilogramm**

Für den Antrieb und die Lageregelung benötigen beide Raumsonden schon aus Redundanzgründen eine größere Anzahl von Triebwerken. Bei JUICE führt ein einzelnes 425-Newton-Haupttriebwerk alle großen Geschwindigkeitsänderungen durch. Zwei unabhängige Stränge von jeweils vier 20 Newton-Triebwerken sind für kleinere Geschwindigkeitsänderungen zuständig. Sie dienen aber auch dazu, bei einem Ausfall des Haupttriebwerkes das Orbit-Bremsmanöver am Ju-

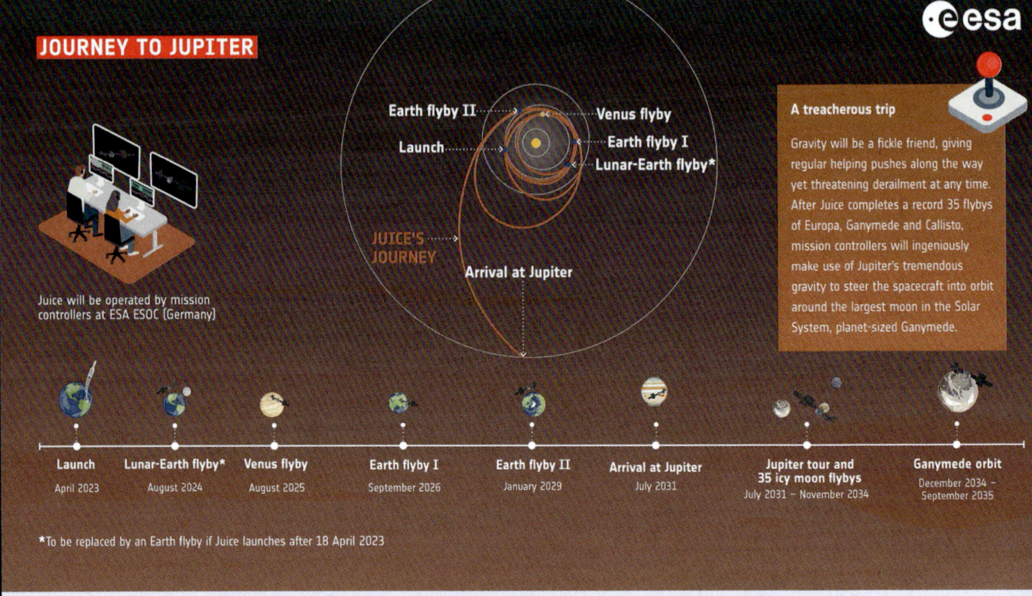

Die „Reiseroute" von JUICE.

piter durchzuführen. Zwei unabhängige Systeme von insgesamt zwölf 10-Newton-Triebwerken dienen zur Unterstützung bei Änderungen der Raumlage, zur Entsättigung der Kreisel und für das Finetuning der Bahngeschwindigkeiten.

Vollständig anders aufgebaut ist das Antriebssystem des Europa Clipper. Hier gibt es nur einen einzigen Triebwerkstyp und der leistet 27,5 Newton. Mit diesen Triebwerken werden alle Manöver zur Geschwindigkeitsänderung und gelegentlich auch zur Lageänderung gefahren. Das Orbit-Brennmanöver am Jupiter wird für den Clipper ohne ein starkes Haupttriebwerk eine langwierige Sache. Es wird zwischen sechs und acht Stunden dauern. In dieser Zeit verbraucht das Antriebssystem zwischen 50 und 60 Prozent des gesamten Treibstoffs an Bord.

Anzahl Triebwerke JUICE:	**21 (1 x 425 Newton, 2 x 4 20 Newton und 2 x 6 10 Newton)**
Anzahl Triebwerke Clipper:	**24 (24 x 27,5 Newton)**

Die Ausmaße beider Raumsonden sind beträchtlich. Aber nur im entfalteten Zustand. Beim Start waren das – Beispiel JUICE – jeweils kompakte Quader von lediglich 4,1 x 2,9 x 4,4 Metern. Anders hätte die Sonde nicht unter die Nutzlastverkleidung ihrer Trägerrakete gepasst. Im entfalteten Zustand, alle Solargeneratoren und Antennen ausgefahren, sind beide Raumsonden etwa so groß wie ein Basketballfeld.

Bei JUICE sind das beispielsweise 17 x 27 (Spannweite über die Solargeneratoren) x 14 Meter. Bei beiden Sonden besteht jeder Solargeneratorflügel aus jeweils fünf Einzelpaneelen. Bei JUICE sind sie kreuzförmig angeordnet, beim Europa Clipper in Reihe. Deshalb ist beim Clipper die Spannweite mit 30,5 Metern sogar noch größer als bei JUICE.

NASA

Clippers Solargeneratoren in gefaltetem Zustand.

Die erheblichen Abmessungen gerade der Solargeneratoren sind dem Umstand geschuldet, dass nur noch sehr wenig Sonnenlicht am Jupiter ankommt. Es sind nur etwa drei bis vier Prozent der Sonneneinstrahlung in Höhe der Erdbahn. Zwar hatte man beim Clipper lange überlegt, die Sonde mit Isotopenbatterien auszustatten, die mit Plutonium 238 betrieben werden, aber die Vorräte an diesem Material, weit kostbarer als Gold, sind in den USA so gering, dass man sie sich lieber für Einsätze zu noch weiter von der Sonne entfernten Zielen aufheben will, wie etwa für die Dragonfly-Mission zum Saturnmond Titan. So entschied man sich für die wesentlich schwereren, sperrigeren und für interplanetare Strahlung eigentlich schlecht geeigneten Solargeneratoren. In Erdnähe beträgt die Leistung der Solargeneratoren von JUICE und dem Europa Clipper mehr als 20 Kilowatt. Am etwa 5 Astronomische Einheiten von der Sonne entfernten Jupiter sind das nur noch wenige hundert Watt. Deshalb befindet sich an Bord beider Sonden jeweils ein ausgeklügeltes Batteriesystem, das in den langen Transferphasen zwischen den Mondpassagen geladen werden kann, um dann für die wissenschaftliche Arbeit genügend „Saft" zur Verfügung zu haben. Ein interessanter Aspekt: Die Solarzellen für den Europa Clipper der NASA wurden von Airbus in den Niederlanden hergestellt.

Für Europa (und hier ist der irdische Kontinent gemeint) gab es im Übrigen ohnehin keine Alternative zu den Solargeneratoren: Plutonium 238 gibt es hier nicht. Weswegen bis auf weiteres der Jupiter für Europa auch der letzte erreichbare Planet des Sonnensystems ist.

Leistung Solargeneratoren JUICE am Jupiter: 730 Watt
Fläche Solargeneratoren JUICE: 85 Quadratmeter

Leistung Solargenerator Clipper am Jupiter: 700 Watt
Fläche Solargeneratoren Clipper: 102 Quadratmeter

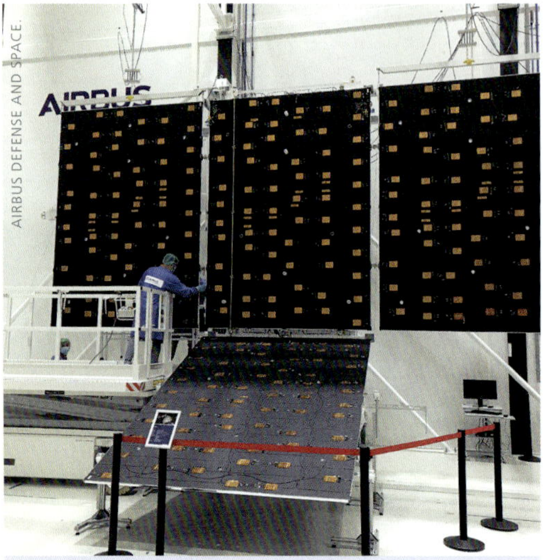

Einer der kreuzförmigen Solargeneratorflügel von JUICE in teilgefaltetem Zustand.

Was an Sonneneinstrahlung zu wenig ankommt, ist bei der vom Jupiter selbst erzeugten Synchrotronstrahlung zu viel des Guten. Beide Sonden werden im Mondsystem des Jupiter mit einer der feindlichsten Umgebungen des Sonnensystems konfrontiert sein. Der Weltraum um den Planeten, speziell auf Höhe der inneren Monde Io und Europa ist mit enorm hoher Strahlung gesättigt. Sie ist so stark, dass sie die Leistung wissenschaftlicher Instrumente beeinträchtigen oder diese sogar zerstören kann. Sie kann auch Solargeneratoren innerhalb relativ kurzer Zeit blind machen. Man hat deshalb viel Gewicht in die Strahlungsabschirmung gesteckt. Zum Schutz der Elektronik des Clippers sind das etwa 150 Kilogramm, investiert in Platten aus Aluminium, Titan und Zink. Die Solarzellen sind zwar beschichtet, für sie hilft aber nur, die Aufenthaltszeit in den stärksten Strahlungszonen so kurz wie möglich zu halten. Vor allem aus diesem Grund schwenkt der Clipper auch nicht in eine Umlaufbahn um Europa ein, sondern besorgt sich seine Informationen bei schnellen Vorbeiflügen. Beide Raumsonden sind mit einem hoch leistungsfähigen Antennen- und Auslegersystem ausgestattet. Das Wichtigste ist jeweils die Hochgewinn-Antenne, ohne die eine Datenverbindung mit der Erde nur eingeschränkt möglich ist. Beim Clipper hat diese Antenne einen Durchmesser von 3,1 Metern, bei JUICE sind es 2,6 Meter. Beide arbeiten im X-Band und im Ka-Band. Diese großen Antennen sind fix mit der Struktur der Sonde verbunden. Die Clipper-Antenne hat am Jupiter einen maximalen Datendurchsatz von etwa 1,4 Gigabit pro Tag, die Hauptantenne von JUICE etwa 2 Gigabit pro Tag. Diese Werte sind natürlich vor allem abhängig von der Leistung der Empfangsstationen auf der Erde. Nicht weniger wichtig ist bei beiden Sonden die deutlich kleinere Mittelgewinnantenne, die immer dann zum Einsatz kommt, wenn die Hauptantenne von der Erde abgewandt ist. Sie ist in beiden Fällen beweglich konzipiert.

Der große Ausleger von JUICE ist fast elf Meter lang und nimmt Instrumente auf, die weit vom Raumfahrzeug entfernt platziert sein müssen, um mögliche elektromagnetische Interferenzen zu vermeiden, wie zum Beispiel im Falle von JUICE die MAG Sensoren, die RWI-Antenne und der SCM Sensor. Das Radarinstrument RIME benötigt eine 16 Meter lange Antenne. Weitere sieben Antennen sind zwischen 2,5 und 3 Meter lang. Die Entfaltungsvorgänge der Antennen von JUICE haben sich über einen Zeitraum von zwei Wochen hingezogen.

Illustration des Europa Clipper bei einem Vorbeiflug an Europa. Im Hintergrund der Jupiter.

Der Europa Clipper führt die folgenden neun wissenschaftliche Instrumente mit sich:

- **E-THEMIS**, das **E**uropa **T**hermal **E**mission **I**maging **S**ystem. Es wird multispektrale Bilder der Oberfläche Europas im mittleren bis fernen Infrarotbereich mit hoher räumlicher Auflösung liefern, um geologisch aktive Zonen zu erkennen. Vor allem sucht man damit nach möglichen Schloten, aus denen Wasserfontänen in den Weltraum austreten.
- **MISE**, das **M**apping **I**maging **S**pectrometer for **E**uropa ist ein bildgebendes Nahinfrarotspektrometer zur Untersuchung der Oberflächenzusammensetzung von Europa. Damit wird die Verteilung von organischen Stoffen (einschließlich Aminosäuren und Tholinen), Salzen, Säurehydraten, Wassereis und anderen Materialien identifiziert und kartiert. Von diesen Messungen erwarten sich die Wissenschaftler, dass sie die Oberflächenzusammensetzung des Mondes mit der Eignung seines Ozeans für mögliches Leben in Beziehung setzen können.
- Das **E**uropa **I**maging **S**ystem (**EIS**) ist das Kamerasystem des Clippers für das sichtbare Spektrum, um die Oberfläche Europas zu kartieren und kleinere Bereiche mit hoher Auflösung zu untersuchen. Es besteht aus zwei Kameras, die beide jeweils 2048 x 4096 Pixel große CMOS-Detektoren verwenden. Die **W**ide-**A**ngle-**C**amera (**WAC**) hat ein Sichtfeld von 48° x 24° und eine Auflösung von elf Metern aus einer Höhe von 50 Kilometern. Die **N**arrow-**A**ngle **C**amera (**NAC**) hat ein Sichtfeld von 2,3° x 1,2°, was ihr ein Auflösungsvermögen von 50 Zentimeter pro Pixel aus einer Höhe von 50 Kilometern verleiht.
- Der Europa **U**ltra **V**iolet **S**pektrograph (Europa-**UVS**) wird in der Lage sein, kleine Fontänen, die möglicherweise aus dem Untergrund von Europa austreten, zu identifizieren und Daten über die Zusammensetzung und Dynamik der Exosphäre des Mondes zu liefern.

- ★ Das **R**adar for **E**uropa **A**ssessment and **S**ounding **O**cean to **N**ear-surface (**REASON**) ist ein auf zwei Frequenzen (9 und 60 MHz) arbeitendes Radar-System, das die Eiskruste Europas von knapp unterhalb der Oberfläche bis hinunter zum Ozean sondieren soll, um die Struktur der Eisschale Europas und mögliche Wassereinschlüsse darin aufzudecken. REASON wird die Exosphäre, die Oberfläche sowie die gesamte Tiefe der Eisschale bis zur Eis-Ozean-Grenzschicht untersuchen, die in etwa 30 Kilometern Tiefe vermutet wird.

- ★ Das **E**uropa **C**lipper **M**agnetometer (**ECM**) wird zur Vermessung der Magnetfelder um Europa eingesetzt. Das Instrument besteht aus drei Fluxgate-Magnetometern, die entlang eines acht Meter langen Auslegers angebracht sind. Durch die Untersuchung der Stärke und Ausrichtung des Magnetfelds hoffen die Wissenschaftler, die Existenz des unterirdischen Ozeans von Europa bestätigen zu können, sowie die Dicke seiner Eiskruste zu charakterisieren und die Tiefe und den Salzgehalt des Wassers zu messen.

- ★ Das **MA**ss **S**pectrometer for **P**lanetary **EX**ploratiion (**MASPEX**) wird die Zusammensetzung der Ozeane an der Oberfläche und unter der Oberfläche bestimmen, indem es Europas extrem dünne Atmosphäre und alle in den Weltraum ausgegasten Oberflächenmaterialien misst.

- ★ Der **SU**rface **D**ust **A**nalyzer (**SUDA**) ist ein Massenspektrometer, das die Zusammensetzung kleiner fester Partikel misst, die von Europa ausgestoßen werden. Dadurch ist es möglich, die Oberfläche und mögliche Eisfontänen bei Vorbeiflügen in geringer Höhe direkt zu beproben. Das Instrument kann kann organische und anorganische Spuren im Auswurfmaterial identifizieren und ist so empfindlich, dass es Lebenszeichen erkennen kann, selbst wenn die Probe weniger als eine einzige Bakterienzelle in einem gesammelten Eiskorn enthält.

Und schließlich das

- ★ Gravity & Radio Science Experiment, für das die Hochgewinn-Antenne des Clippers eingesetzt wird. Die dient zwar in erster Linie für die Kommunikation mit der Erde, kann aber auch wissenschaftlich verwendet werden und trägt dann die Bezeichnung „Radio science subsystem“. In dieser Funktion kann sie für die Untersuchung des Gravitationsfelds von Europa eingesetzt werden. Durch die Messung der Dopplerverschiebung in den Radiosignalen zwischen der Raumsonde und der Erde kann die Bewegung der Raumsonde im Detail bestimmt werden. Bei jedem ihrer 49 geplanten Vorbeiflüge wird die Flugbahn der Raumsonde durch das Gravitationsfeld des Mondes verändert. Die Dopplerdaten werden verwendet, um die Koeffizienten höherer Ordnung dieses Gravitationsfeldes zu bestimmen. Man kann aus diesen Daten Rückschlüsse auf die Struktur des Mondes machen und feststellen, wie Europa durch Gezeitenkräfte verformt wird.

Diese abgestimmte Auswahl an Instrumenten wird eingesetzt, sobald der Europa Clipper die Umlaufbahn um den Jupiter erreicht hat. In den darauffolgenden Jahren besteht die nominale Mission des Clipper darin, 49-mal am Mond Europa in wechselnden Abständen vorbeizufliegen. Das Erreichen einer Umlaufbahn wurde nie angestrebt, denn das Strahlungsumfeld um diesen Mond ist harsch, um es noch milde auszudrücken. Solargeneratoren erodieren unter diesen Bedingungen sehr schnell und auch der Elektronik an Bord tut es nicht gut, trotz starker Abschirmung.

Einige der Antennen und Ausleger sind hier gut zu erkennen, nicht aber die Hoch- und Mittelgewinnantenne, denn die sind durch den Körper der Sonde verdeckt.

Nun ein Blick auf die wissenschaftliche Ausstattung von JUICE. Er ist mit zehn Instrumenten im Gesamtgewicht von 280 Kilogramm ausgerüstet. Dies sind

Sieht unscheinbar aus, ist aber extrem leistungsfähig: Die Multispektralkamera JANUS.

- **JANUS**, ein multispektraler Bildgeber. Aus großer Höhe liefert dieses Instrument eine globale Kartierung der Monde und Kontextbilder um Ganymed, Europa und Kallisto. Aus geringer Höhe erzeugt es hochauflösende Bilder von Zielgebieten auf den Eismonden mit einer räumlichen Auflösung bis zu 2,4 Meter pro Bildpunkt.
- Das **M**oons **A**nd **J**upiter **I**maging Spectrometer **MAJIS** ist ein Spektrometer, das im sichtbaren und nahen Infrarotbereich arbeitet. Es wird Wolkenstrukturen und atmosphärische Bestandteile auf dem Jupiter beobachten und Eis und Mineralien auf den Oberflächen der Eismonde charakterisieren.
- Das **S**ub-millimeter **W**ave **I**nstrument **SWI** ist ein Zweibandspektrometer, das sich auf die Stratosphäre des Jupiters und insbesondere auf seine Moleküle

Die Instrumente an Bord von JUICE.

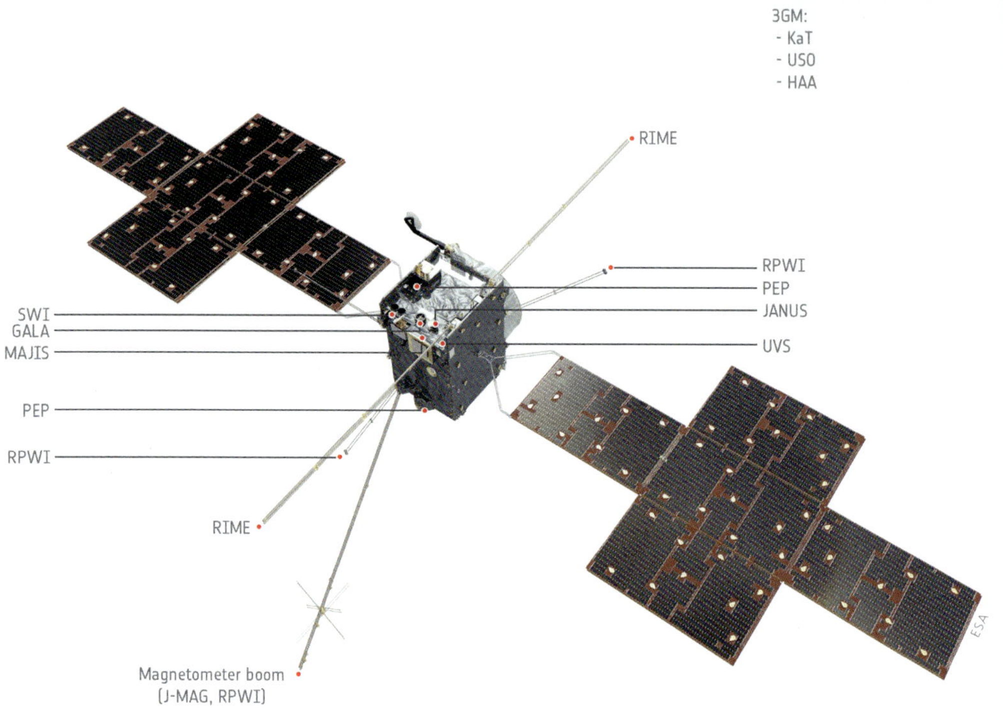

und vertikalen Winde konzentriert. Es liefert auch Informationen über die Atmosphären der Monde.

- ★ Der **UV** imaging **S**pectrograph **UVS** ist ein Spektrometer, das im Ultraviolettbereich arbeitet. Er ist für die Atmosphären- und Polarlichtbeobachtung des Jupiter und seiner Eismonde zuständig.
- ★ Das **GA**nymede **L**aser **A**ltimeter **GALA** ist ein Laser-Höhenmesser, der topografische Informationen über die Monde liefert und – wie man hofft – auch über Höhenschwankungen durch Gezeiteneffekte.
- ★ Das **R**adar for **I**cy **M**oon **E**xploration **RIME** ist ein Radar zur Erforschung der unterirdischen Struktur der Eismonde bis zu einer Tiefe von etwa neun Kilometern.
- ★ Das **G**ravity & **G**eophysics of Jupiter and **G**alilean Moons **3GM** ist ein Radiowissenschaftsinstrument. Es umfasst einen **u**ltra**s**tabilen **O**szillator (**USO**), einen hochgenauen Beschleunigungsmesser (HAA) und einen **Ka**-Band-**T**ransponder (**KaT**). Das Experiment untersucht das Gravitationsfeld auf Ganymed, die Ausdehnung der subglazialen Ozeane auf den Eismonden und die Struktur der neutralen Atmosphäre und Ionosphäre des Jupiters und seiner Monde.

- Das **J**UICE-**MAG**netometer **J-MAG** basiert auf zwei Fluxgate- und einem Skalarmagnetometer am Ende eines langen Auslegers der Raumsonde. Seine Aufgabe ist es, das Magnetfeld des Jupiter und seine Wechselwirkung mit dem von Ganymed zu charakterisieren sowie die unterirdischen Ozeane der Eismonde zu untersuchen.
- Das **R**adio and **P**lasma **W**ave **I**nstrument RPWI wird die Radioemission und Plasmaumgebung des Jupiters und seiner Eismonde mithilfe einer Reihe von Sensoren und Sonden charakterisieren.
- Das **P**article **E**nvironment **P**ackage **PEP** umfasst sechs Sensoren mit denen Wechselwirkungen zwischen Plasma und Magnetosphäre im Umfeld des Jupiter zu vermessen.

Für das Akronym **JANUS** bin ich Ihnen noch die Auflösung in Langform schuldig geblieben. Der Begriff steht für „**J**ovis, **A**morum ac **N**atorum **U**ndique **S**crutator", was übersetzt in etwa bedeutet „Allumfassende Erforschung von Jupiter, seinen Liebschaften und Nachkommen". Die vier großen Monde Jupiters – Io, Europa, Ganymed und Callisto – sind nach Protagonisten der „Liebesabenteuer" (das steht nicht umsonst in Anführungszeichen) des griechischen Göttervaters Zeus benannt, der in der römischen Mythologie Jupiter hieß.

Europa in natürlichen Farben. Aufgenommen von der Raumsonde Juno im Jahre 2022.

Nach dem Einflug in das Mondsystem des Jupiter wird der Europa Clipper für ein Gravity-Assist-Manöver in einer Höhe von 500 Kilometern an Ganymed vorbeifliegen, wodurch die Geschwindigkeit des Raumfahrzeugs um 1440 Kilometer pro Stunde reduziert wird. Anschließend werden die Triebwerke in einer Entfernung von elf Jupiterradien gezündet, um weitere gut 3000 Kilometer pro Stunde abzubauen. Dies reicht aus, um das Raumfahrzeug in eine 202-tägige Umlaufbahn um Jupiter zu bringen. Sobald der Clipper die Apoapsis dieser anfänglichen Umlaufbahn erreicht, wird er erneut eine Triebwerkszündung durchführen, um dabei mit einem weiteren Geschwindigkeitsimpuls von etwa 430 Kilometern pro Stunde die Periapsis anzuheben.

Recht ähnlich stellt sich die Orbit-Insertion-Strategie bei JUICE dar. Sieben Jahre und vier Monate nach dem Start erreicht JUICE die Nähe des Jupiters und muss dann eine Serie kritischer Flugbahnmanöver durchführen, um zunächst in eine stark elliptische Umlaufbahn um Jupiter einschwenken zu können. Einige Stunden vor der entscheidenden Triebwerkszündung trägt ein Vorbeiflug an Ganymed in 400 Kilometern Abstand zur Gesamtstrategie des Bremsmanövers bei.

In den folgenden Jahren führt JUICE 35 nahe Vorbeiflüge an Europa, Callisto und Ganymed durch, bevor die Sonde dann im Dezember 2034 in eine Umlaufbahn um diesen größten Mond des Sonnensystems einschwenken wird. Sie wird damit zum ersten Raumfahrzeug, das einen anderen Mond als den Erdmond umkreist, und auch das erste Raumfahrzeug, das von einer Umlaufbahn um einen Planeten (Jupiter) in eine Umlaufbahn um einen seiner Monde wechselt.

Nach gegenwärtiger Planung soll der Clipper bei seinem Missionsende entweder auf Jupiter, Ganymed oder Kallisto zum Absturz gebracht werden. Damit soll verhindert werden, dass sie eines Jahres womöglich auf Europa stürzt und diesen Mond mit irdischen Keimen kontaminiert. Im Juni 2022 gab Projektwissenschaftler Robert Pappalardo bekannt, dass die Missionsplaner für den Europa Clipper auch erwägen, die Sonde durch einen Aufprall auf die Oberfläche von Ganymed bewusst so zu „entsorgen". Ein solches Manöver könnte der Sonde JUICE in der Umlaufbahn um Ganymed helfen würde, mehr Informationen über die Oberflächenchemie dieses Mondes zu sammeln. Dass diese Planung tatsächlich umgesetzt wird, erscheint aber eher unwahrscheinlich.

Aktuell geplantes Missionsende JUICE: Dezember 2034
Aktuell geplantes Missionsende Clipper: September 2034

Der aktuelle Plan sieht für den Europa Clipper ein Missionsende im September 2034 vor und für JUICE drei Monate später. Sind die Sonden jedoch dann noch in gutem Zustand und reichen die Treibstoffvorräte, dann kann man mit Sicherheit von Missionsverlängerungen ausgehen, so wie das in der Vergangenheit praktisch bei jeder Raumsonde der ESA oder der NASA der Fall war. Eine Ausdehnung des Einsatzes der beiden Raumsonden bis in die frühen 2040er-Jahre ist so gesehen nicht unwahrscheinlich.

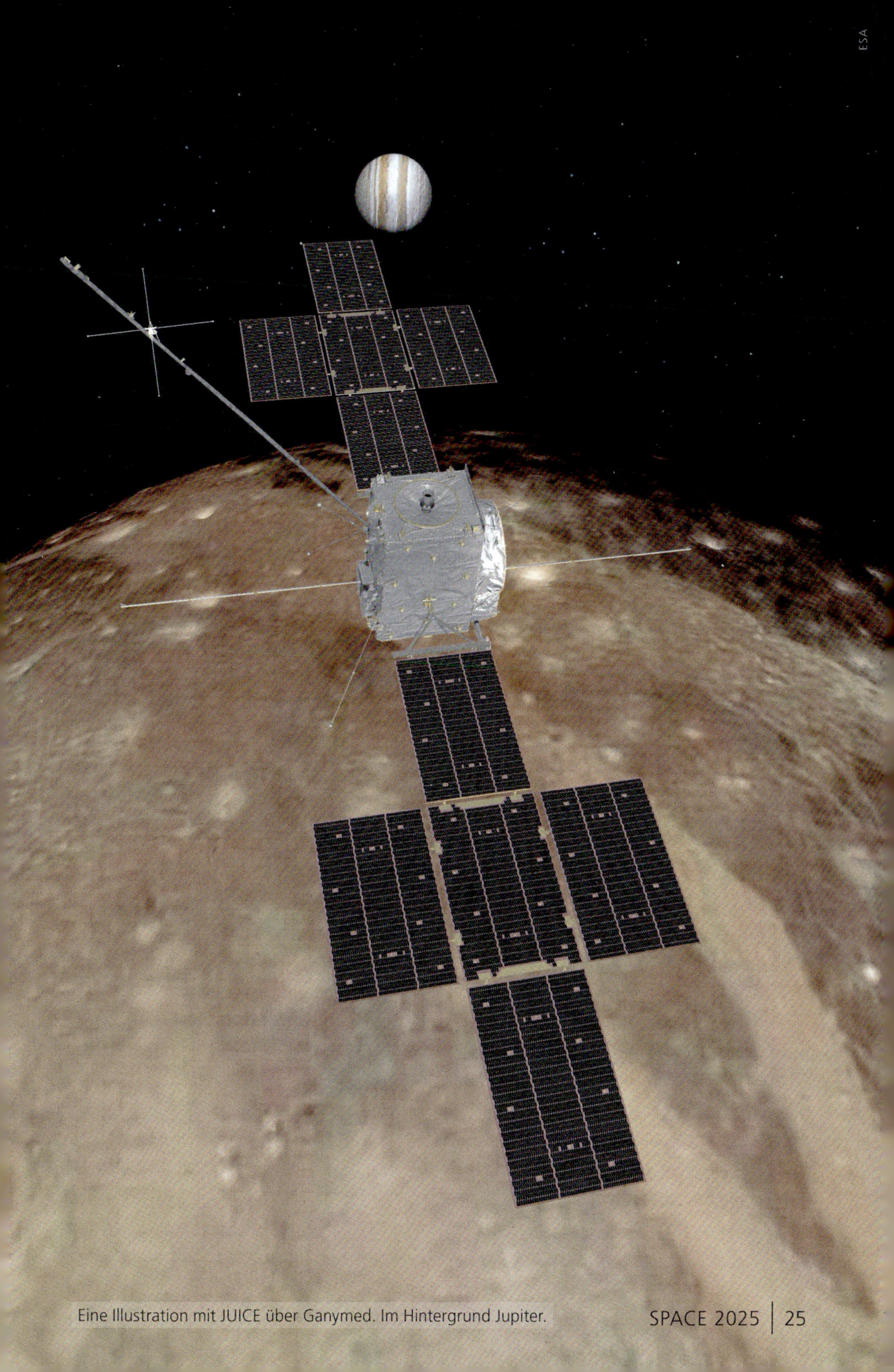
ESA

Eine Illustration mit JUICE über Ganymed. Im Hintergrund Jupiter.

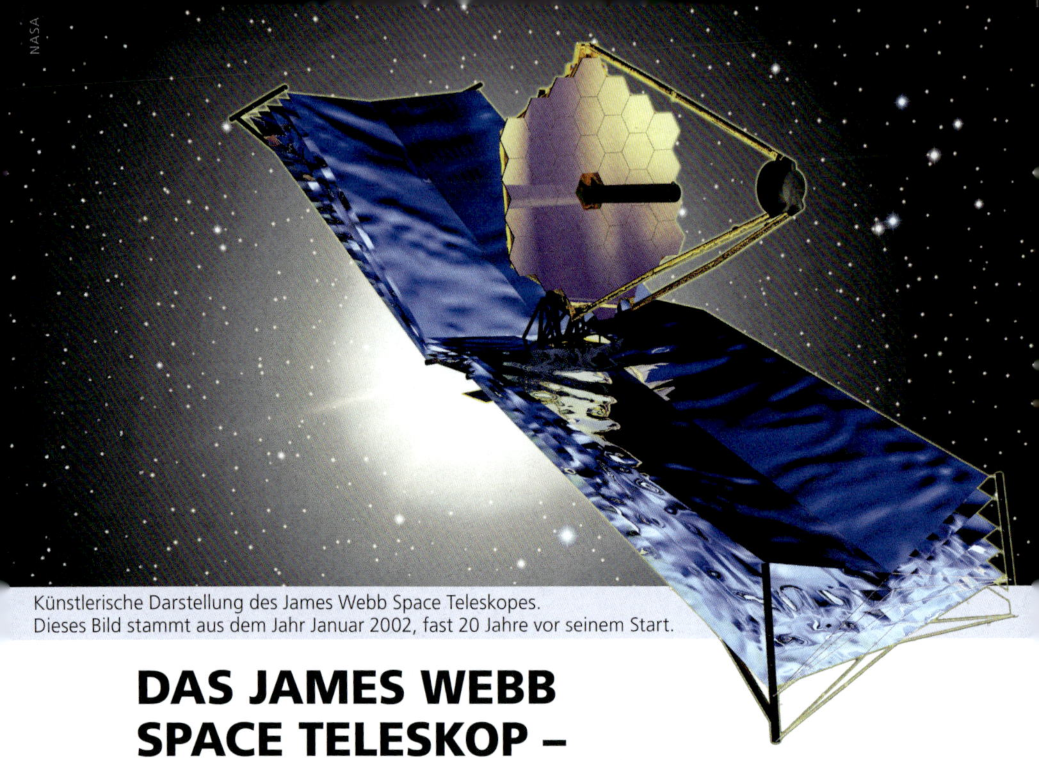

Künstlerische Darstellung des James Webb Space Teleskopes.
Dieses Bild stammt aus dem Jahr Januar 2002, fast 20 Jahre vor seinem Start.

DAS JAMES WEBB SPACE TELESKOP – NEUE ENTDECKUNGEN

Am 25. Dezember 2024 jährt sich der Start des James Webb Space Teleskopes (JWST) zum dritten Mal. Zu diesem Zeitpunkt war seine Geschichte aber schon ein Vierteljahrhundert alt, denn die ersten Studien für dieses Raumfahrzeug, das damals noch Next Generation Space Telescope hieß, begannen bereits im Jahr 1996. 1999 wurden zwei Konzeptstudien für einen Start im Jahr 2007 bei einem maximalen Budget von einer Milliarde US-Dollar vergeben. Man hätte nicht mehr daneben liegen können.

In der Folge war das Programm von enormen Kostenüberschreitungen und langjährigen Verzögerungen geplagt. 2005 wurde ein umfassendes Redesign durchgeführt. Mehrmals stand das Projekt vor dem Aus. Am 6. Juli 2011 beschloss der Haushaltsausschuss für Handel, Justiz und Wissenschaft des US-Repräsentantenhauses die Einstellung des James Webb-Vorhabens. Glücklicherweise hatte das Projekt aber auch starke Befürworter im US-Kongress, und so konnte die Stornierung in letzter Minute abgewehrt werden. 2016 wurde die Konstruktions- und Bauphase abgeschlossen, dann begannen jahrelange umfassende Tests, bei denen schwere Probleme auftauchten, die das Vorhaben beinahe noch einmal hätten scheitern lassen. Am Ende beliefen sich die Gesamtkosten bis zum Start des Teleskopes auf zehn Milliarden US-Dollar zum Geldwert des Jahres 2020.

Ein paar Worte zur Technik: Die Masse des James Webb-Weltraumteleskops beträgt nur etwa die Hälfte von der des Hubble-Weltraumteleskops. Webb verfügt über einen 6,5 Meter durchmessenden, goldbeschichteten Beryllium-Primärspiegel, der aus 18 sechseckigen Einzelspiegeln besteht. Er hat eine polierte Fläche von 26,3 Quadratmetern. Das ist über sechsmal mehr als die Fläche des Hubble-Spiegels mit 2,4 Metern Durchmesser, der eine Sammelfläche von vier Quadratmetern aufweist. Der Spiegel verfügt über eine Goldbeschichtung, um ein hohes Reflexionsvermögen im Infrarotbereich zu gewährleisten. Aus Gründen der Haltbarkeit ist diese Goldschicht noch mit einer dünnen Glasschicht überzogen. Webb ist in erster Linie für die Nahinfrarot-Astronomie konzipiert, kann aber je nach verwendetem Instrument auch orangefarbenes und rotes optisch sichtbares Licht sowie sowie im langwelligeren Bereich des Spektrums auch Strahlung im mittleren Infrarot erkennen. Generell kann es gegenüber dem Hubble-Space-Teleskop noch Objekte erfassen, die bis zu 100-mal lichtschwächer sind, sowie Objekte, die viel früher in der Geschichte des Universums liegen, bis zurück bis zu einer Rotverschiebung von $z \approx 20$, etwa 180 Millionen Jahre nach dem Urknall.

Man geht heute davon aus, dass die frühesten Sterne zwischen $z \approx 30$ und $z \approx 20$ entstanden sind, also vor etwa 100 – 180 Millionen Jahre nach dem Urknall. Erste Galaxien könnten sich bei einer Rotverschiebung von etwa $z \approx 15$ gebildet haben, also etwa 270 Millionen Jahre nach dem Urknall. Hubble kann nicht weiter zurückblicken als bis etwa 400 Millionen Jahre nach dem Urknall. Wir kommen also mit dem James Webb Space Teleskop deutlich näher an den Beginn der Existenz unseres Universums heran. Webb operiert in einem Halo-Orbit um den Langrange-Punkt L2, der ungefähr 1,5 Millionen Kilometer entfernt jenseits der Erdumlaufbahn um die Sonne liegt. Seine tatsächliche Position schwankt zwischen etwa 250.000 und 832.000 Kilometer um L2. Zum Vergleich: Das Hubble Space Teleskop umkreist die Erde in einem Abstand von nur 550 Kilometern. Objekte in der Nähe von Erde-Sonne-Lagrange-Punkten können die Sonne synchron mit der Erde umkreisen. Für das Webb-Teleskop bedeutet das in der Praxis, dass es in einem ungefähr konstanten Abstand zur Erde verbleibt, seinen Thermalschutz kontinuierlich auf die Sonne und seine Empfangs- und Sendeinstrumente kontinuierlich auf die Erde ausrichten kann und dennoch seine Solargeneratoren genug Sonnenlicht erhalten, um Strom zu gewinnen. Die Kombination aus Bahn und Raumlage des Raumfahrzeugs erlaubt es, selbst kleinste Temperaturänderungen durch Erd- und Mondschatten zu vermeiden, welche die Messungen beeinträchtigen könnten. Das ist notwendig, um die Temperatur der Instrumente unter den für Beobachtungen im nahen Infrarotbereich erforderlichen -223 Grad Celsius zu halten. Am

Start des James Webb Space Teleskopes am 25. Dezember 2021.

24. Januar 2022 traf das Teleskop am Lagrange-Punkt 2 ein. Der größte Teil des Aktivierungsprozesses war da schon abgeschlossen, denn viele der Entfalt- und Kalibrierungsprozesse waren bereits auf dem viereinhalb Wochen langen Transfer geschehen. Es dauerte aber noch bis zum 12. Juli, bis das Teleskop seinen vollen wissenschaftlichen Betrieb aufnehmen konnte und dies hoffentlich noch bis in die 2040er-Jahre hindurch weiter tun wird. Seither liefert James Webb Bilder der Art, wie wir sie hier in der kleinen Auswahl sehen. Was Sie nicht sehen können, sind die Myriaden von Messdaten, die neben den rein optischen Eindrücken eingehen und unser Bild des Kosmos manchmal bestätigen, häufiger verändern und oft revolutionieren. Doch nun zu den Bildern.

Uranus und seine unmittelbare Umgebung.

URANUS UND SEINE NÄHERE UMGEBUNG

Dieses Foto des Uranus stammt von der NIRCam (Near-Infrared Camera). Es fängt Uranus' saisonale Nordpolkappe und die dunklen inneren und äußeren Ringe dieses zweitentferntesten Planeten unseres Sonnensystems hervorragend ein. Das Bild zeigt auch neun der 27 Monde des Planeten – im Uhrzeigersinn beginnend bei zwei Uhr sind dies: Rosalind, Puck, Belinda, Desdemona, Cressida, Bianca, Portia, Juliet und Perdita. Da die Polachse von Uranus um 98 Grad zur Ekliptik geneigt ist (von der Erde aus gesehen rollt er quasi auf seinen Ringen um die Sonne), hat er auch die extremsten Jahreszeiten im Sonnensystem. Fast ein Viertel jedes Uranus-Jahres scheint die Sonne über einem Pol und taucht die andere Hälfte des Planeten in einen dunklen, 21 Jahre langen Winter. Mit Webbs beispielloser Infrarotauflösung und -empfindlichkeit sehen Astronomen Uranus und seine einzigartigen Merkmale in neuer Klarheit. Diese Einzelheiten, insbesondere über den nahe am Planeten gelegenen Zeta-Ring, werden für die Planung künftiger Sondenmissionen zum Uranus von unschätzbarem Wert sein.

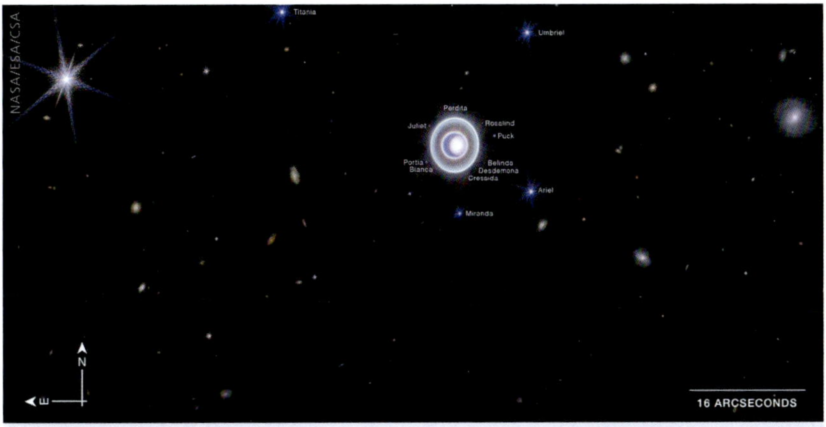

Uranus in einem erweiterten Sichtfeld.

URANUS IM ERWEITERTEN SICHTFELD BILD

Dieses Weitwinkelbild des Uranus wurde mit der NIRCam (Near-Infrared Camera) des James Webb Teleskops gemacht. Er zeigt den Planeten inmitten einer Ansammlung entfernter Hintergrundsterne und Galaxien. Das Bild enthält 14 Monde des Planeten, wie an der Beschriftung zu erkennen ist. In den optisch sichtbaren Wellenlängen, so wie sie Voyager 2 in den 1980er Jahren sah, erschien Uranus als nahezu homogene blaue Kugel mit kaum wahrnehmbaren atmosphärischen Texturen. Erst im Infrarotbereich enthüllt ihn Webb als eine seltsame und dynamische Eiswelt voller interessanter Merkmale. Eines der auffälligsten ist die saisonale Wolkenkappe am Nordpol des Planeten. In der Nähe und unterhalb der südlichen Grenze der Polkappe sind mehrere helle Stürme zu sehen. Die Anzahl dieser Stürme und wo sie in der Atmosphäre des Uranus auftreten sind auf eine Kombination aus saisonalen und meteorologischen Effekten zurückzuführen. Die Polkappe scheint ausgeprägter zu werden, wenn der Pol des Planeten beginnt, sich zur Sonne zu wenden und damit mehr Sonnenlicht erhält. Uranus wird seine nächste Sonnwende im Jahr 2028 erreichen. Die Astronomen sind schon gespannt, welche Veränderungen dann in der Struktur dieser Merkmale zu beobachten sind.

DIE SÄULEN DER SCHÖPFUNG

Eines der beliebtesten astronomischen Objekte für hochleistungsfähige Teleskope sind die so genannten „Säulen der Schöpfung", eine nach kosmischen Maßstäben eher kleine Region inmitten des riesigen Adlernebels, der 6500 Lichtjahre von uns entfernt liegt. Sie erstrecken sich über einen Bereich von etwa vier Lichtjahren und bestehen aus dünnen Materiewolken. Dieses Bild entstand mit Hilfe der Nahinfrarot-Kamera des James Webb-Weltraumteleskops, der so genannten NIRCam. Die Säulen sind eine hoch produktive Sternentstehungsregion. Dementsprechend sind in diesem Bild in der Form hellroter Kugeln auch viele so genannte Protosterne zu erkennen. Wenn sich innerhalb der Säulen Zonen mit ausreichend Masse bilden, be-

Säulen der Schöpfung NIRCam.

ginnen sie unter dem Einfluss ihrer eigenen Schwerkraft zu kontrahieren, erhitzen sich langsam und beginnen schließlich hell zu leuchten. An den Rändern der Säulen befinden sich wellenförmige Linien, die wie Lava aussehen. Dies sind Materieauswürfe von Sternen, die sich gerade bilden. Junge Sterne schießen regelmäßig Jets aus, die mit den Materiewolken interagieren können. Dies führt manchmal auch zu Bugwellen, die wellenförmige Muster bilden, so wie es ein Boot tut, wenn es sich durchs Wasser bewegt. Diese jungen Sterne sind erst ein paar hunderttausend Jahre alt. Sie werden noch Millionen von Jahren brauchen, bis sie stabil leuchten. Obwohl es hier so aussehen mag, als ob das Nahinfrarotlicht es Webb ermöglicht hat, den Hintergrund zu „durchdringen" und große kosmische Entfernungen jenseits der Säulen zu enthüllen, steht das interstellare Medium dennoch wie ein zugezogener Vorhang im Weg. Das ist auch der Grund, warum wir in diesem Bild keine entfernten Galaxien erkennen können. Die nur scheinbar so durchscheinende Gasschicht blockiert unsere Sicht auf das tiefere Universum. Außerdem wird der Staub durch das kollektive Licht der dicht gedrängten Sterne beleuchtet, die sich aus den Säulen gelöst haben. Der Effekt ist so, als ob man in einem gut beleuchteten Raum steht und aus dem Fenster schaut. Das Innenlicht reflektiert auf der Scheibe, verdeckt die Szene draußen und beleuchtet wiederum die Vorgänge drinnen.

Säulen der Schöpfung MIRI.

DIE SÄULEN DER SCHÖPFUNG II

Nun genau die gleiche Region noch einmal, dieses Mal aber aufgenommen mit MIRI, der Kamera für den mittleren Infrarotbereich an Bord des James Webb Space Teleskopes. Die Szene sieht nun völlig anders aus. Tausende von Sternen, die wir eben noch in dieser Region gesehen haben, verschwinden jetzt aus dem Blickfeld – und scheinbar endlose Schichten aus Gas und Staub werden zum Mittelpunkt. Doch bloß, weil wir jetzt kaum noch Sterne sehen, ist der Informationsgehalt dieses Bildes nicht kleiner als der des NIRCam-Bildes. Ohne den Staub können keine Sterne entstehen. Obwohl die Sterne zu fehlen scheinen, sind sie dennoch da. Sterne strahlen normalerweise nicht viel Licht im mittelinfraroten Spektrum aus und sind am einfachsten im ultravioletten, im sichtbaren und im nahinfraroten Licht zu erkennen. In dieser MIRI-Ansicht können zwei Arten von Sternen identifiziert werden: Die Sterne am Ende der Säulen haben vor kurzem (also vor einigen hunderttausend Jahren) den Großteil des sie umgebenden Materials aufgesogen. Sie sind aber noch im weiteren Bereich von Staubmänteln umgeben und deshalb im mittleren Infrarotlicht zu sehen. Blautöne dagegen zeigen Sterne an, die älter sind und den Großteil ihres Gases und Staubes bereits verloren haben. Mittleres Infrarotlicht zeigt vor allem dichte Gas- und Staubregionen. Die rote Region oben, die eine V-Form andeutet, ist dort, wo der Staub sowohl diffus als auch kühler ist. Und obwohl es so aussehen mag, als würde sich die Szenerie nach unten links in dieser Ansicht aufklaren, ist es genau umgekehrt. Die dunkelsten Bereiche sind dort, wo die dichtesten und kühlsten Staubregionen liegen.

Im Herzen der Milchstraße.

IM HERZEN DER MILCHSTRASSE

Inmitten der schätzungsweise 500.000 Sterne in diesem Bild befindet sich eine Zusammenballung von Protosternen. Das sind Sterne, die sich gerade eben bilden und stetig an Masse zunehmen. Sie produzieren Jets, die wie Lagerfeuer glühen. Im Zentrum dieses jungen Haufens befindet sich ein besonders schwerer Protostern mit über 30-mal so viel Masse wie unsere Sonne. Die Wolke, aus welcher die Protosterne hervorgehen, ist so dicht, dass das Licht der dahinter liegenden Sterne Webb nicht erreichen kann. Dadurch erscheint sie weniger überfüllt, obwohl sie tatsächlich einer der am dichtesten gepackten Bereiche des Bildes ist. Kleinere

Wolken, so dicht, dass nicht einmal Infrarotlicht sie durchdringen kann, sind übersät mit Punkten, die wie Löcher im Sternenfeld aussehen. Dort bilden sich zukünftige Sterne. Webbs NIRCam hat auch großflächige Emissionen von ionisiertem Wasserstoff rund um die Unterseite der dunklen Wolke erfasst. Die sind im Bild cyanfarben dargestellt. Normalerweise sind sie das Ergebnis der Emission energiereicher Photonen durch junge massereiche Sterne, aber die enorme Ausdehnung der von Webb gezeigten Region ist eine Überraschung, die zusätzlicher Untersuchungen bedarf. Ein weiteres Merkmal der Region, das noch genau untersucht werden muss, sind die nadelartigen Strukturen im ionisierten Wasserstoff, die chaotisch in viele Richtungen ausgerichtet zu sein scheinen.

JUPITER-AURORAE

Dieses Bild stammt von der Nahinfrarotkamera des Observatoriums, die über drei spezielle Infrarotfilter verfügt, mit denen Details des Planeten sichtbar gemacht werden können. Da Infrarotlicht für das menschliche Auge unsichtbar ist, wurde das Licht dem sichtbaren Spektrum zugeordnet. Im Allgemeinen erscheinen die längsten Wellenlängen rötlicher und die kürzesten Wellenlängen bläulicher. Dieses Bild wurde aus einer Kombination mehrerer Bilder von Webb erstellt. Sichtbare Polarlichter erstrecken sich bis in große Höhen über dem Nord- und Südpol des Jupiter. Die Polarlichter leuchten in einem Filter, der auf rötlichere Farben abgestimmt ist, wodurch auch das von tiefer gelegenen Wolken und höherem Dunst reflektierte Licht hervorgehoben wird. Ein anderer Filter, der Gelb- und Grüntöne abbildet, zeigt Dunst, der um den Nord- und Südpol wirbelt. Ein dritter Filter, auf Blautöne geeicht, zeigt Licht, das von einer tiefer gelegenen Hauptwolke reflektiert wird. Der Große Rote Fleck, eine berühmte Sturmzone größer als die Erde, erscheint in diesen Ansichten weiß, ebenso wie andere Wolken, weil sie viel Sonnenlicht reflektieren.

HYPRSPACE

Jupiter-Auroren, siehe auch SPACE 2025 Titelmotiv

SPIRALGALAXIS IC 5332: VERGLEICH WEBB-HUBBLE

Hier blicken wir quasi von oben auf die Scheibe der Spiralgalaxie IC 5332, die 30 Millionen Lichtjahre von der Milchstraße entfernt ist. Mit einem Durchmesser von 60.000 Lichtjahren ist sie etwa halb so groß wie unsere Sterneninsel. Oben ist ein Bild des James-Webb-Space Teleskopes, unten dasselbe Bild noch einmal, aber nun diagonal geteilt: Die Beobachtungen des JWST erscheinen oben links

Spiralgalaxis IC 5332: Webb-Aufnahme

Spiralgalaxis IC 5332: Vergleich Webb-Hubble.

und zum Vergleich die des Hubble-Weltraumteleskops unten rechts. Die Bilder von Webb und Hubble zeigen einen auffälligen Kontrast, einen Gegensatz von Dunkelheit und Licht. Warum ist das so? Webbs Beobachtungen kombinieren Nah- und Mittelinfrarotlicht während Hubbles Bilder sichtbares und ultraviolettes Licht zeigen. Staub absorbiert ultraviolettes und sichtbares Licht und strahlt es dann im Infrarotbereich wieder aus.

In Webbs Bildern sehen wir den Staub im Infrarotlicht leuchten. In Hubbles Bildern sind dunkle Bereiche dort, wo Sternenlicht von Staub absorbiert wird. In Webbs hochauflösenden Infrarotbildern treten Gas und Staub in starken Orange- und Rottönen hervor und zeigen feinere Spiralformen mit scheinbar gezackten Kanten, obwohl diese Bereiche immer noch diffus sind. Auf den Bildern des Hubble erscheinen Gas und Staub als dunstige dunkelbraune Bahnen, die denselben Spiralformen folgen.

Hubbles Bild hat ziemlich genau die gleiche Auflösung wie die des Webb-Teleskops, aber Gas und Staub verdecken viele der kleineren Sternentstehungsgebiete. Der zentrale Bereich im Webb-Bild leuchtet bläulich. Dies ist ein Zeichen für eine hohe Konzentration älterer Sterne. Webbs Infrarotbeobachtungen ermöglichen es uns, durch Gas und Staub zu sehen und so diese älteren Sterne zu identifizieren. Das Licht, das diese alten Sterne ausstrahlen, hat einige der kürzesten Infrarotwellenlängen in Webbs Bildern, weshalb es blau eingefärbt ist. Im Vergleich dazu erscheint das Zentrum im Hubble-Bild gelblich, was diesen Bereich in einen sanften Glanz taucht und einzelne Lichtpunkte völlig verdunkelt.

In Webbs Bild erscheinen die neu gebildeten Sterne entlang der Spiralarme der Galaxien ebenfalls blau. Diese blauen Sterne haben das Gas und den Staub, die sie unmittelbar umgaben, weggeblasen. Orangefarbene Sterne, die auf diesen Bildern gelegentlich in Gruppen zu sehen sind, sind sogar noch jünger. Sie sind noch in ihren Kokons aus Gas und Staub eingeschlossen, und ihr Bildungsprozess läuft noch. In Hubbles Bildern dagegen stechen jüngere Sterne in Blau und Violett hervor, die älteren Sterne nahe dem Zentrum der Galaxie erscheinen hier eher gelblich. In Webbs Bild gibt es Knoten in leuchtendem Rot und Orange. Diese sind besonders leicht an den äußeren Rändern der Spiralarme der Galaxie zu erkennen. Dies sind Bereiche der Sternentstehung, und mittleres Infrarotlicht hebt das Gas und den Staub hervor, die einen großen Teil der Mischung ausmachen, da sie die Hauptbestandteile für Sterne sind, die sich eben bilden. In Hubbles Bildern sind Sternentstehungsgebiete Ansammlungen von hellem Blau und Violett, manchmal auch Rot und Rosa, wenn heiße Sterne nahegelegenes Wasserstoffgas mit Energie versorgen. Webbs Bild enthält auch entfernte Galaxien, die sich weit hinter der eng zugeschnittenen Vordergrundgalaxie befinden. Achten Sie auf hellblaue und rosa Scheibchen, von denen einige von der Kante aus zu sehen sind. Rötlichere Galaxien sind weiter entfernt. In Hubbles Ansicht sind entfernte Galaxien oft hellorange, wenn sie etwas näher sind. Wie in Webbs Bild sind auch die Galaxien, die tiefer rot sind, weiter entfernt.

Balkenspirake NGC 1433: Webb-Aufnahme

Balkenspirake NGC 1433 Vergleich Webb-Hubble.

BALKENSPIRALE NGC 1433 VERGLEICH WEBB – HUBBLE

Noch einmal eine ähnliche Gegenüberstellung, diesmal mit der Balkenspirale NGC 1433, die sich 41 Millionen Lichtjahre von der Milchstraße entfernt im Sternbild Pendeluhr (Horologium) befindet. Sie verfügt über einen Durchmesser von 75.000 Lichtjahren, hat also etwa 75 Prozent der Größe unserer Heimatgalaxie. Wahrscheinlich haben Sie von diesem Sternbild noch nie etwas gehört, denn es liegt tief im südlichen Sternhimmel und ist auch dort nur eines der Schwächsten. Auch auf diese Galaxie blicken wir quasi von oben, und wieder ist das zweite Bild diagonal geteilt. Die Beobachtungen des James-Webb-Weltraumteleskops erscheinen im zweiten Bild oben links und die des Hubble-Weltraumteleskops unten rechts. Auch hier sehen wir wieder den Kontrast mit der Umkehrung von Dunkelheit und Licht. Generell gilt hier für alle vergleichenden Aspekte eine ähnliche Beschreibung wie für das Bild zuvor.

Geheimnisvolle Galaxis GS-NDG-9422.

GEHEIMNISVOLLE GALAXIS GS-NDG-9422

Die Galaxis GS-NDG-9422 hätte leicht unbemerkt bleiben können. Was jedoch auf diesem von der NIRCam gewonnenen Bild als winziger unscheinbarer Fleck erscheint, könnte womöglich eine bahnbrechende Entdeckung sein, welche die Astronomen auf einen neuen Weg zum Verständnis der Galaxienentwicklung im frühen Universum führt. Detaillierte Informationen zur chemischen Zusammensetzung der Galaxie, die von Webbs NIRSpec-Instrument erfasst wurden, weisen darauf hin, dass das Licht, das wir auf diesem Bild sehen, eher aus dem etwa 80.000 Grad heißen Gas der Galaxie als aus ihren Sternen stammt. Das ist die beste Erklärung, die Astronomen bisher für die unerwarteten Merkmale im Lichtspektrum gefunden haben. Im Umkehrschluss bedeutet das auch, dass die Sterne der Galaxis enorm heiß sein müssen, um das stellare Gas auf solche Temperaturen aufzuheizen. GS-NDG-9422 könnte eine noch nie zuvor beobachtete Phase der Galaxienentwicklung im frühen Universum, innerhalb der ersten Milliarde Jahre nach dem Urknall, darstellen. Nun gilt es herauszufinden, ob es noch weitere Galaxien mit denselben Merkmalen gibt.

Der Krebsnebel.

DER KREBSNEBEL

Das James Webb Weltraumteleskop untersuchte auch die Struktur des Krebsnebels, dem Überrest einer Supernova-Explosion, die sich im Jahr 1054 ereignete. Er ist etwa 6.200 Lichtjahre von der Sonne entfernt und kann bereits mit Hilfe kleinerer Teleskope im Sternbild Stier beobachtet werden. Mithilfe von James Webbs NIRCam und MIRI konnten Wissenschaftler jetzt den Krebsnebel genauer unter die Lupe nehmen. Dabei kartierten sie zum ersten Mal überhaupt die warme Staubemission dieses Nebels. Die Staubkörner, die hier als diffuses magentafarbenes

Material dargestellt werden, bilden eine käfigartige Struktur, die im unteren linken und oberen rechten Teil des Nebels am deutlichsten zu erkennen ist. Staubfilamente ziehen sich durch den gesamten Innenbereich und fallen manchmal mit Bereichen aus doppelt ionisiertem Schwefel (so genanntem Schwefel III) zusammen, die grün gefärbt sind. Gelb-weiß gesprenkelte Filamente, die große schleifenartige Strukturen um das Zentrum des Nebels bilden, stellen Bereiche dar, in denen sich Staub und doppelt ionisierter Schwefel überlappen. Die käfigartige Struktur des Staubes hilft dabei, einen Teil, aber nicht die gesamte geisterhafte Synchrotronstrahlung, die in Blau dargestellt ist, einzudämmen. Die Emission ähnelt Rauchschwaden, die am deutlichsten in Richtung des Zentrums des Nebels zu erkennen sind. Die dünnen blauen Bänder laufen entlang der magnetischen Feldlinien, die vom zentralen Pulsar – einem schnell rotierenden Neutronenstern – des Krebsnebels erzeugt werden.

DER PFERDEKOPFNEBEL IN DREI ANSICHTEN

Und zum Abschluss noch ein weiteres bekanntes astronomisches Objekt, nämlich den Pferdekopfnebel, einer Dunkelwolke im Sternbild Orion. Wir sehen es hier in drei Ansichten. Das erste Bild (links), das im November 2023 veröffentlicht wurde, zeigt den Pferdekopfnebel, wie er im sichtbaren Licht vom Euclid-Teleskop der ESA gesehen wird. Das zweite Bild (Mitte) zeigt eine Ansicht des Pferdekopfnebels im Nahinfrarotlicht vom Hubble-Weltraumteleskop der NASA, die 2013 als Bild zum 23. Jahrestag des Teleskops vorgestellt wurde. Dieses Bild zeigt eine wunderschöne, filigrane Struktur, die normalerweise von Staub verdeckt wird. Das dritte Bild (rechts) zeigt eine neue Ansicht des Pferdekopfnebels vom NIRCam-Instrument des James-Webb-Weltraumteleskops.

Der Pferdekopfnebel in drei Ansichten.

NASA, ESA, CSA, KARL MISSELT (UNIVERSITY OF ARIZONA), ALAIN ABERGEL (IAS, CNRS), MAHDI ZAMANI THE EUCLID CONSORTIUM, HUBBLE HERITAGE PROJECT (STSCI, AURA)

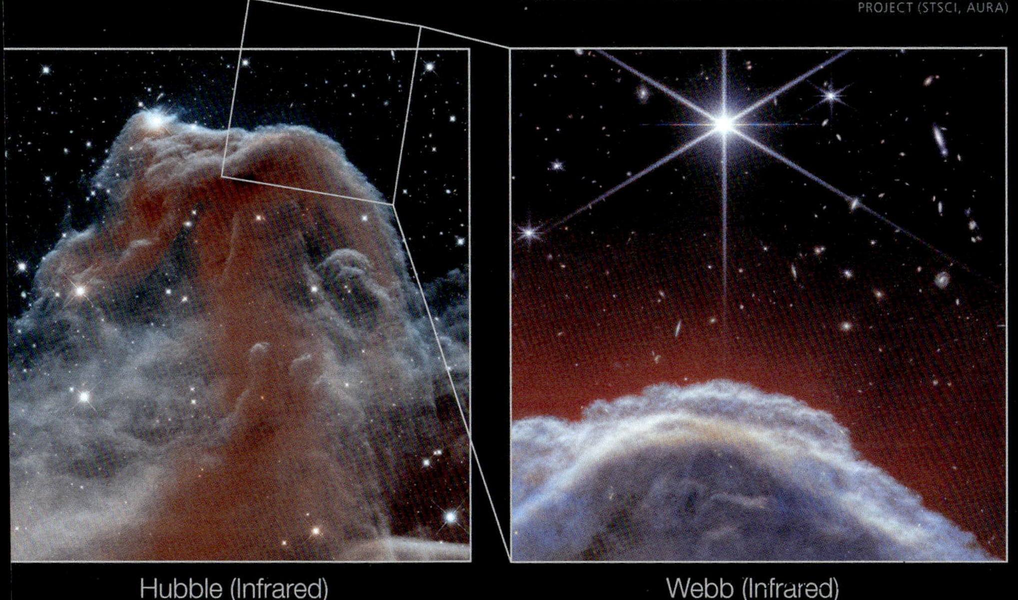

SPACEX

Zwei Tage vor der IFT-4-Mission wartet das Starship auf den Start.

MUSK VS. BEZOS – DUELL DER GIGANTEN

Das Starship-Testprogramm läuft, doch es könnte schneller laufen. Im Sommer und Herbst des Jahres 2024 erhob sich die Frage, wie SpaceX und die NASA die Termine für die erste Mondlandung einhalten sollen, wenn ständig neue administrative Hürden das Programm bremsen. Trotz überbordender Bürokratie hat es SpaceX geschafft, im Laufe des vergangenen Berichtsjahres fünf Testflüge durchzuführen. Als wäre das allein nicht das schon spannend genug, greift nun auch Jeff Bezos mit seinem Raumfahrtunternehmen Blue Origin in das Geschehen ein. Läuft bei ihm alles nach Plan, dann könnte es im Rennen zum Mond zum Duell der Giganten kommen.

ES KÖNNTE VIEL SCHNELLER GEHEN

Ginge es nach Elon Musk, dann könnte das Starship-Testprogramm deutlich schneller ablaufen. Aber immer wieder wird SpaceX durch die Genehmigungsbehörden ausgebremst. Während das Unternehmen schon ungeduldig mit den Hufen scharrt, seine Versuchsflüge eigentlich in schneller Folge durchführen möchte, sieht das die Federal Aviation Authority (FAA) ganz anders. Dabei geht es nicht nur um die Befindlichkeiten der FAA selbst, sie muss auch die Bedenken nachgeordneter Behörden mit in ihr Freigabeprotokoll einarbeiten. Besonders eifrig beim Einfordern von speziellen Maßnahmen und dem Ausnutzen von Bearbeitungszeiträumen ist dabei die Naturschutzbehörde.

Nicht gerade erleichtert wird die Entscheidungsfindung der FAA dadurch, dass SpaceX im iterativen Verfahren entwickelt. Das geht wesentlich schneller als mit der inkrementellen Methodik, bei der man sich Schritt für Schritt und linear einem Ziel nähert. Das iterative Verfahren basiert darauf, möglichst früh in einem Programm möglichst viele, aber dann notgedrungen unperfekte Tests durchzuführen. Lineares, inkrementelles Testen, wie es in der Raumfahrtindustrie über viele Jahrzehnte üblich war, arbeitet dagegen auf einen perfekten Test hin. Den wird es aber am Ende so auch nicht immer geben, denn selbst mit dieser konservativen und langsamen Methode scheitert die Hälfte aller Jungfernflüge.

Musks Arbeitsweise verhindert Überdesign, jahrelanges Verharren in technologischen Sackgassen und das Einplanen exotischer Fehlermodi, die in der Praxis nie auftreten werden. Das Verfahren ist nicht neu. Der Raketenpionier Wernher von Braun war bereits in den frühen 1960er Jahren ein Fan dieser Vorgehensweise als er meinte: „Ein guter Test ist mehr wert als tausend Expertenmeinungen". Elon Musk hat für die unausweichlichen Folgen dieses Verfahren einen Euphemismus erfunden, der inzwischen in das Vokabular der Raketenentwickler Eingang gefunden hat: RUD. Das steht für „Rapid Unscheduled Disassembly", also „schnelle ungeplante Zerlegung". Diese RUDs wird es noch öfters in diesem Programm geben, denn eine weitere Devise von Musk lautet: Wenn es keine RUDs gibt, hat man nicht hart genug getestet. Iteratives Testen ist den Mainstream-Medien schwer zu vermitteln, gerade heute, wo selbst große Medienhäuser kaum noch Wissenschaftsredakteure beschäftigen. Sie schildern diese Starts ihren Kunden aus einer uninformierten Sicht. Und schon wird aus einem durchaus erfolgreichen Testflug, der viele wichtige Daten über die Belastungsgrenzen des Vehikels erbrachte, ein Fehlschlag. Zum Start der IFT-3-Mission wurde beispielsweise getitelt: „Starship kann auch dritten Test nicht abschließen", oder: „SpaceX meldet Verlust von Mega-Rakete Starship".

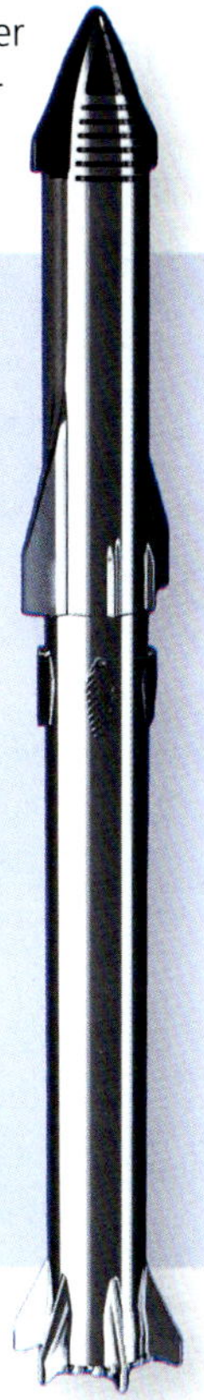

DAS STARSHIP

Das Starship besteht aus zwei Hauptkomponenten: Zum einen aus dem Booster, auch Super Heavy oder nur Heavy genannt. Er bildet die erste Stufe. Und zum anderem aus dem Starship, der zweiten Stufe, seit einer Weile meistens nur als das „Ship" bezeichnet.

In seiner gegenwärtigen Prototypenform ist das Starship gut 120 Meter hoch und somit größer als jede jemals zuvor gebaute Rakete. Mit einem Startgewicht von etwa 5.000 Tonnen ist es auch das massivste Flugobjekt aller Zeiten.

Sein Durchmesser von neun Metern ist größer als der eines Airbus A380. Mehr als 90 Prozent der Startmasse bestehen aus Methan und flüssigem Sauerstoff.

Wenn beim Start alle 33 Triebwerke der Super Heavy feuern, erzeugen sie einen Schub von 7.600 Tonnen. Der Treibstoffverbrauch liegt dann bei 20 Tonnen pro Sekunde.

Eine Anekdote zu diesem Thema erzählte Elons Musk gelegentlich bei den letzten monatelangen Verzögerungen durch die FAA, die dem fünften Testflug des Starship vorausgingen: *„Wir (also SpaceX) mussten eine Studie durchführen, um herauszufinden, ob das Starship einen Hai treffen könnte. Ich sagte: ‚Es ist ein großer Ozean, es gibt viele Haie. Es ist nicht vollständig unmöglich, aber es ist sehr,*

Die Betankung erfolgt in der Nacht vor dem Start.

sehr unwahrscheinlich. Aber o.k, wir machen es, aber dafür brauchen wir die Daten. Können Sie uns also bitte die Hai-Daten geben'? Sie sagten nein, das können sie nicht, aber sie könnten die Daten an ihre westliche Sektion weitergeben, obwohl sie denen nicht vertrauten. Wir dachten: ‚Ist das jetzt eine Komödie?' Schließlich bekamen wir die Daten, wir stellten die Berechnungen an, und das Ergebnis war: den Haien würde es gut gehen. Wir dachten, damit wären wir jetzt fertig. Aber dann fragten sie uns: ‚Und was ist mit den Walen?'. Wenn Sie auf den Pazifik schauen, wie viele Wale sehen Sie? Ehrlich gesagt, wenn wir einen Wal treffen würden, hätte der Wal es wahrscheinlich verdient getroffen zu werden, weil die Wahrscheinlichkeit so absurd niedrig ist. Aber es half nichts, wir mussten auch die Wal-Analyse durchführen. Und so geht es immer weiter. Sie fragten: Und was ist, wenn die Rakete unter Wasser gelangt und explodiert und die Wale dann einen Hörschäden erleiden?' Wir machten ihnen klar, dass wenn es uns gelänge eine Rakete unter Wasser fliegen zu lassen, und sie damit quasi zu einem U-Boot machen könnten, wäre das eine physikalische Meisterleistung, die wir nicht vollbringen könnten. Und so kommt hier eine verrückte Sache nach der anderen".

In diesem Zusammenhang kam heraus, dass die Naturschutzbehörde auch zumindest bei einem anderen Raketenhersteller (der United Launch Alliance für deren Delta 4) absurde Forderungen ähnlicher Art aufgestellt hatten. Das fiel seinerzeit nur deswegen nicht auf, weil die Entwicklungszeiträume anderer Firmen wesentlich länger sind als bei SpaceX, und diese Bedenken dann doch im Laufe jahrelanger Studien ausgeräumt werden konnten. So wurden beispielsweise Seehunde eingefangen, denen man Kopfhörer aufsetzte und ihnen dann einen Überschallknall vorspielte, um herauszufinden wie sie darauf reagierten

Vor dem Start zum ersten Testflug musste SpaceX nachweisen, dass sie Vorkehrungen getroffen hatten, dass eine bestimmte Fischart, die vor mehr als 40 Jahren zum letzten Mal im Golf von Mexico gesichtet worden war, durch die Starts nicht gestört wird. Der Einfallsreichtum von Behörden, etwas zu verhindern, ist in den USA kaum weniger groß als hierzulande. Doch kehren wir wieder zurück zum Testflugbetrieb des Starship und werfen einen Blick auf den Ablauf der ersten fünf Missionen. Ganz klar zu erkennen ist hier, was iteratives Testen in der Praxis bedeutet.

DIE ERSTEN FÜNF FLÜGE – EINE RÜCKBLENDE

Nach langer, gespannter Wartezeit zündeten in Boca Chica am 20. April 2023, um 8:33 Uhr Ortszeit in Texas, die Triebwerke des Starship für den Integrated Flight Test Nummer 1 (IFT-1). Es dauerte gefühlt eine halbe Ewigkeit, bis sich der Träger langsam aus einem Inferno aus Staub und herumfliegenden Trümmern schälte, und sich dann majestätisch an der Spitze eines orange-bläulich flackernden Feuerstrahls in Zeitlupengeschwindigkeit in den Himmel über der Starbase wuchtete.

Die 33 Raptor-Triebwerke der ersten Stufe laufen auf vollem Schub.

Vom Boden aus war nicht sofort zu erkennen, dass einige der 33 Raptor-Triebwerke der Super Heavy schon in den ersten Momenten des Fluges ausgefallen waren. Unabhängig davon konnte man aber auch an der leicht schrägen Fluglage der Rakete erkennen, dass etwas nicht stimmte. Gelegentlich gab es einen orangeroten Flash im Feuerstrahl der Motoren. Teile des Trägers schienen sich von der Struktur zu lösen. Die Geschwindigkeit nahm zunächst zu, aber im Laufe der nächsten zwei Minuten erloschen weitere Triebwerke und die Fahrt der Rakete verlangsamte sich. In einer Höhe von knapp 40 Kilometern – dem Scheitelpunkt ihrer Flugbahn – kroch sie nur noch mehr als sie flog. Der von den ausgefallenen Triebwerken resultierende asymmetrische Schub konnte von der Fluglageregelung nicht länger kompensiert werden. Der Koloss vollführte Kreise und begann sich zu überschlagen. Und schließlich griff das „Flight Termination System“ ein, und sprengte die Rakete. Nach vier Flugminuten war der Integrated Flight Test-1 zu Ende. Die Startanlage bot danach ein Bild der Verwüstung. Sie verfügte für diese Mission weder über einen Flammenschacht, noch über einen Flammenabweiser, noch über eine Flutanlage. Alles Dinge, wie sie heute beim Start von Großraketen üblich sind. Ein wenig verwunderte es schon, dass man quasi „nackt“ startete, ohne diese Standardeinrichtungen zum Schutz von Rakete und Infrastruktur. Andere Startanlagen, darunter die drei Falcon 9 Launch-Pads von SpaceX in Florida und Kalifornien, nutzen große Mengen Wasser, um die akustische Energie beim Start zu dämpfen, und alle verfügen über Flammenschächte.

Es gibt aber auch historische Beispiele dafür, dass man solche Einrichtungen nicht unbedingt benötigt, wenn nur der Startsockel genügend hoch ist. So hat beispielsweise auch die NASA bei den Versuchsflügen der frühen Versionen ihrer Saturn-Raketen ebenfalls auf einen Flammenschacht und das Dämpfen der akustischen Lasten durch Wasser verzichtet.

IFT-Flug Nummer 2 fand am 18. November 2023 statt. Die Aufgaben waren dieselben wie bei IFT-1: ein im Idealfall 90-minütiger Testflug gut zwei Drittel um den

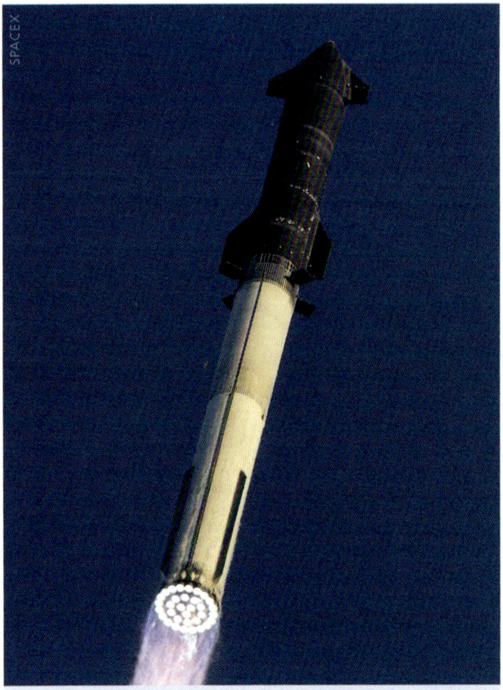

Wenige Sekunden nach dem Verlassen der Startrampe.

Planeten herum, der mit einer Wasserung des Starship im Pazifik in der Nähe von Hawaii enden sollte, während die Super Heavy im Golf von Mexiko, etwa 20 Kilometer von Boca Chica entfernt, ebenfalls im Wasser landen sollte. Dieser Testflug verlief deutlich besser als IFT-1. Bis einschließlich der Stufentrennung sogar „nominal", wie die Raketentechniker das gerne nennen. Das so genannte „Hot-Staging", bei welcher die zweite Stufe bereits gezündet wird, während die erste Stufe noch läuft, verlief einwandfrei. Dieses spezielle Trennverfahren hatten sich die Ingenieure von SpaceX erst nach ITF-1 ausgedacht. Auch das Wendemanöver der Super Heavy für den Rückflug nach Boca Chica schien zunächst wie gewünscht zu verlaufen, doch dann explodierte die Stufe unvermittelt.

Davon unbeeindruckt liefen die sechs Triebwerke der zweiten Stufe plangemäß weiter. Das Starship erreichte nahezu Orbitalgeschwindigkeit, bis es ebenfalls plötzlich explodierte. Wie sich später herausstellte, geschah das beim Ablassen von zusätzlichem flüssigem Sauerstoff kurz vor Brennschluss. Der Sauerstoff war als Gewichtsdummy für eine Nutzlast mitgeführt worden. Wäre eine normale Fracht an Bord gewesen, hätte die Rakete die geplante suborbitale Bahn erreicht.

Schäden an der Startanlage gab es dieses Mal kaum. Nach dem IFT-1 war eine gewaltige Stahlplatte unter dem Startsockel montiert worden. Enorme Mengen aus Öffnungen herausflutenden Wassers dämpften jetzt die akustische Energie und verhindern ein erneutes Spektakel mit herausgeschleuderten Betonbrocken. Hawaii erreichte die Rakete dennoch nicht. Die Trümmer des Starship verglühten östlich von Puerto Rico.

Am 14. März, um 8:25 Uhr Ortszeit, starteten Booster 10 und Ship 28 zum dritten Starship-Testeinsatz. Gegenüber den ersten beiden Versuchsflügen waren entscheidende Verbesserungen zu beobachten. Das Flugprofil in der Antriebsphase der ersten Stufe sah tadellos aus, alle 33 Erststufentriebwerke liefen, und die Stufentrennung im „Hot Staging"-Verfahren klappte einwandfrei. Auch der Flug der zweiten Stufe verlief perfekt. Achteinhalb Minuten nach dem Liftoff hatte das Ship seine geplante suborbitale Bahn erreicht, die es um den halben Planeten führen sollte. Eine Reihe wichtiger Testpunkte konnte abgearbeitet werden. Das Starship war dieses Mal mit insgesamt vier Starlink-Terminals ausgerüstet, mit dem es die Flugdaten über die SpaceX-eigene Kommunikations-Konstellation zur Erde übertrug. Vor allem die faszinierenden Bilder des um das Starship flackernden Plasmas beim Wiedereintritt hatte man in dieser Form noch nie gesehen.

Wie schon bei den beiden Testflügen zuvor war das Ende der Mission im Meer geplant. Für Stufe 1 etwa 20 Kilometer vor der Küste vom Startort Boca Chica entfernt, für Stufe 2 inmitten des Indischen Ozeans. Für beide Komponenten war eine Bergung nicht vorgesehen. Bis zum Boostback-Burn, also dem Brennmanöver der ersten Stufe, mit dem der Rückflug zum Startplatz eingeleitet wird, verlief alles nach Plan. Während dieses Manövers schalteten sich jedoch unvermittelt sechs von 13 Triebwerken ab.

Bei der Wiederzündung unmittelbar vor der Landung, dem so genannten „Landing Burn", aktivierten sich nur noch zwei von geplant sieben Triebwerken. Dann trat ein Telemetrieverlust ein. SpaceX meldete später, dass der Booster in etwa 500 Metern Höhe explodiert sei. Als Ursache der Triebwerksausfälle ermittelte man blockierte Filter in den Flüssigsauerstoffleitungen zu den Raketenmotoren. Ein ähnliches Problem war schon beim zweiten Testflug aufgetreten, woraufhin Booster 10 verbesserte Filter erhalten hatte. Doch sie waren noch nicht gut genug, wie sich zeigte. Ship 28 erreichte die geplante suborbitale Bahn. Anschließend führte es nach dem Abschalten seiner sechs Triebwerke mehrere Tests durch, darunter eine Demonstration der Treibstoffübertragung und einen Versuch mit dem Starlink-Absetzsystem, das die SpaceX-Techniker den „PEZ-Dispenser nennen". Ship 28 unternahm dann über dem Indischen Ozean einen Eintrittsversuch. In einer Höhe von etwa 65 Kilometern stoppte der Empfang der Telemetriedaten, was auf einen Verlust des Fahrzeugs hindeutete. Das Vehikel wies schon in der Umlaufbahn übermäßige Rollraten auf, was zu einem „nicht nominalen Eintritt" führte. Verursacht wurden die Probleme durch eine Blockade der Ventile des Rollkontrollsystems.

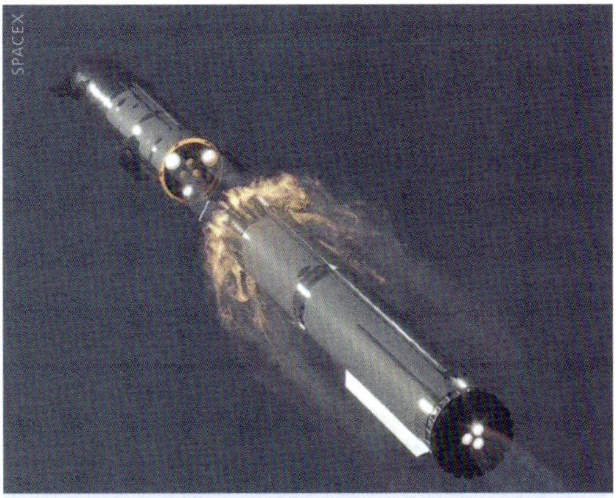

Hot Staging in 50 Kilometern Höhe.

Beim Starship-Flugtest Nummer 4 am 6. Juni 2024 wurden Ship 29 und der Booster 11 eingesetzt. Das wichtigste Testziel für den Super Heavy Booster war das exakte Erreichen und Niedergehen an einem virtuellen Fangturm etwa 20 Kilometer vor der Küste von Boca Chica. Versuchsziel für das „Ship" war es, dieses Mal den so genannten Peak Heating Point lebend zu überwinden. Ein Bonusziel war, dass das Ship den so genannten Belly Flip für den Landeanflug und eine kontrollierte Wasserung im indischen Ozean durchführen sollte.

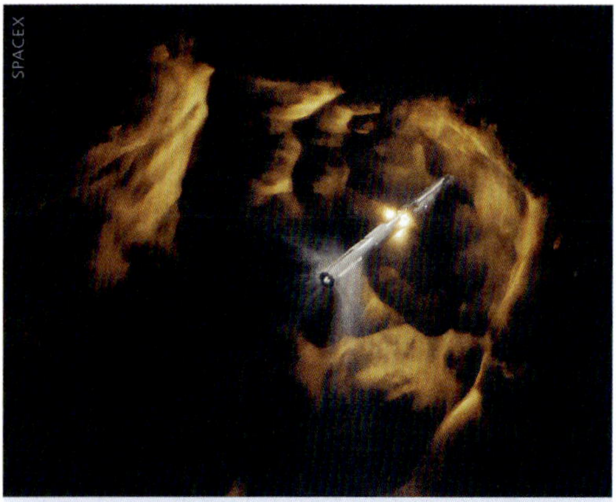

Hot-Staging und Einleitung des Booster-Rückfluges.

Das geplante Profil für den Starship-Flugtest 4 war dem des vorausgegangenen Flugversuchs sehr ähnlich, wobei die Demonstration der Treibstoffübertragung, der Versuch des Öffnens und Schließens der Nutzlastbuchttür und die Demonstration des Wiederzündens des Raptor-Triebwerks nicht durchgeführt wurden. Hinzu kam aber dieses Mal der Abwurf des Hot-Staging-Rings der Super Heavy zwei Sekunden nach Abschluss des Boostback-Brennmanövers. Das ist ein Manöver das nur in der Testphase des Starships durchgeführt wird, um das Landegewicht zu verringern. Für spätere Einsatzflüge wird eine sehr viel leichtere Version des Hot-Staging-Rings verwendet, die permanent am Heavy Booster verbleibt.

Beim Start fiel bereits nach vier Flugsekunden eines der 33 Raptor-Triebwerke von Booster 11 aus. Der Schubverlust konnte von den anderen Triebwerken gut kompensiert werden. Beim Landebrennmanöver zündete eines der 13 dafür bestimmten Triebwerke nicht. Keiner der Triebwerksausfälle hatte Auswirkungen auf den Ausgang des Fluges, da das Design hohe Redundanzen aufweist. Booster 11 führte erfolgreich eine angetriebene vertikale Landung über dem Golf von Mexiko durch, und traf praktisch mit Geschwindigkeit Null auf dem Wasser auf. Erst beim unausweichlichen Umkippen wurde er letztendlich zerstört. Große Teile des Boosters inklusive der Triebwerkssektion wurden im September 2024 geborgen. SpaceX-Vizepräsident Bill Gerstenmaier gab bekannt, dass die Heavy „mit einer Genauigkeit von einem halben Zentimeter" am „virtuellen" Fangturm gelandet sei.

Schiff 29 trat nach einer halben Erdumkreisung erfolgreich wieder in die Atmosphäre ein und behielt die Lagekontrolle trotz erheblicher Schäden an der Struktur und des Verlusts einiger Hitzeschutzkacheln bei. Nach dem Überschall-Sinkflug durch die Atmosphäre führte es eine angetriebene vertikale Landung über dem Ozean durch, bevor es im Indischen Ozean versank. Das Schiff behielt bis zuletzt die Lagekontrolle in allen atmosphärischen Flugphasen weitgehend bei. Durch das teilweise Abschmelzen der Steuerflächen verfehlte es aber den Zielort für die Wasserung um etwa sechs Kilometer.

Starhip Nummer fünf, bestehend aus Booster 12 und Ship 30 war seit Anfang August startbereit und wartete seither auf die Flugfreigabe durch die Federal Aviation Administration (FAA). Die Behörde hatte die Erlaubnis immer wieder hinausgezögert und zuletzt einen Freigabetermin nicht vor frühestens Ende November genannt. Dies führte zu einem zunehmend öffentlich werdenden Streit zwischen SpaceX und der FAA, in die sich zwischenzeitlich sogar die Politik einschaltete und der

Leiter der Institution öffentlich Rede und Antwort stehen musste. Die Verzögerung betrug zunächst 60 Tage, da Konsultationen mit dem US Fish & Wildlife Service zu den Auswirkungen des Überschallknalls, hervorgerufen durch den abgeworfenen Hot Stage Ring der Rakete, erforderlich waren. Weitere 60 Tage seien danach für Konsultationen mit dem National Marine Fisheries Service zu den Auswirkungen auf die Meeresfauna und -flora erforderlich, so hieß es zunächst.

An diesem Beispiel zeigte sich erneut, dass die Lizensierungsstruktur völlig ungeeignet ist für die SpaceX-Kombination aus hohem Entwicklungstempo in Verbindung mit iterativem Testen. Nach dem gegenwärtigen Prozess hat die FAA 180 Tage Zeit, um Genehmigungen für ein bestimmtes Testflugverfahren zu erteilen. Diese Frist kann sich aber durch endlose Hin-und-Her-Fragerei beliebig verlängern wie es die Anekdote weiter vorne im Artikel schildert. Ist dann tatsächlich einmal eine Freigabe erteilt, kann mit dieser Startlizenz für eine genehmigte Anzahl von Versuchen getestet werden, allerding stets nur im gleichen Modus wie in der Freigabe beschrieben. Dies widerspricht natürlich dem Wesen iterativen Testens, denn das funktioniert ja gerade durch Änderung und Neuanpassung aufgrund erzielter Testresultate. In der bisherigen Praxis der FAA bedeutet das aber, dass mit jedem auch nur leicht geändertem Flugprofil (wie hier die Trennung des Hot Stage Rings vom Booster) der gesamte Prozess von neuem begonnen werden muss.

Einige Kongressabgeordnete der Republikaner mutmaßten bereits, dass die Regierung die Regulierungsbehörden angehalten haben könnte, möglichst langsam und übergenau zu vorzugehen, weil der Vorsprung von SpaceX gegenüber der restlichen US-Raumfahrtindustrie immer größer wird. SpaceX lässt seine Konkurrenten, vor allem klassische Aerospace-Giganten wie Lockheed, Grumman oder Boeing, die quasi als Verbündete der Regierungsadministration betrachtet werden, auf geradezu beschämende Weise alt aussehen. Immerhin: Nach einigen gesichtswahrenden Statements und Maßnahmen (die Politik konstatierte, dass die FAA personell unterbesetzt sei und SpaceX änderte den geplanten Flugweg seiner Rakete minimal) erteilte die FAA aber dann doch die Flugerlaubnis am 12. Oktober, ohne weitere Angabe von Gründen, warum es denn nun doch plötzlich eher ging.

Rückkehr des Boosters 12 zum Start- und Fangturm.

So soll das in längstens zwei Jahren aussehen. Das Lunar-Starship in der Mondumlaufbahn.

Und so startete Starship 5 nach mehr als zweimonatiger Wartezeit kurz nach Sonnenaufgang am 13. Oktober, genau einen Tag, nachdem die Federal Aviation Administration (FAA) die Genehmigung endlich erteilt hatte.

Nach dem Start und dem Transport der Starship-Oberstufe in eine suborbitale Flugbahn, drehte der Super Heavy Booster um und zündete seine Raptor-Triebwerke erneut, um zum Startplatz zurückzukehren. Während sich der Booster dem Fangturm näherte, aktivierte dieser seine Flutanlage, um Schäden am Turm und auf dem Boden zu verhindern. Der Booster verlangsamte sich bis fast bis zum Schwebeflug etwa hundert Meter neben dem Turm und führte dann ein horizontales Transfermanöver durch, um sich zu den zwei massiven Fangarmen des Turms auszurichten. Diese Arme schlossen sich dann um den Booster, bevor die Triebwerke abgeschaltet wurden. Dieser Start war ein Meilenstein der Raumfahrtgeschichte. Es war das erste Mal, dass eine Rakete der Orbitalklasse aus der Luft eingefangen wurde.

Die Oberstufe der Starship-Kombination, also das Ship, erreichte ein Apogäum von 212 Kilometern, bevor es kontrolliert im Indischen Ozean landete. Auf Videoaufnahmen war zu sehen, dass die Steuerklappen beim Wiedereintritt durch die Hitzeeinwirkung leicht beschädigt waren. Trotzdem ging das Schiff mit hoher Genauigkeit unmittelbar neben einer vorab platzierten Boje nieder, welche die Landung filmte. Ship 30, das nie geborgen werden sollte, explodierte einige Sekunden nach dem Aufsetzen auf das Wasser beim Umkippen in einem großen Feuerball.

DER RIVALE

Von Jeff Bezos ist nicht bekannt, ob er Probleme mit den Genehmigungsbehörden hat. Die Lizenz für den Erstflug seiner New Glenn-Rakete hat er jedenfalls seit dem 12. Juni 2024 in der Tasche. Wahrscheinlich kommt er besser mit der FAA zurecht, denn sein Raumfahrtunternehmen folgt dem klassischen Entwicklungsprozess. Blue Origin wurde zwar schon zwei Jahre vor SpaceX gegründet, aber während sich Elon Musks Firma inzwischen dem 400. Orbitalstart nähert, hat Blue Origin noch keine einzige Rakete in die Umlaufbahn gebracht. Bei solch einem Entwicklungstempo kann natürlich auch das Genehmigungswesen gemächlich nebenher laufen. Aber letztendlich muss sich Jeff Bezos nun doch ein wenig beeilen, denn seine Erststart-Lizenz läuft am 31. Dezember 2024 aus, und Neuanträge dauern, wie wir jetzt wissen.

Blue Origin muss vor allem auch deswegen einige Gänge höher schalten, weil das Unternehmen nun ebenfalls im Artemis-Programm der NASA mitspielt. Dort ist das Entwicklungstempo zwar auch recht moderat, aber es müssen hier immerhin öffentlich bekannt gegebene und vertraglich fixierte Termine getroffen werden und man kann auch nicht mehr im Verborgenen vor sich hinbasteln, wie das bei Blue Origin lange Zeit der Fall war.

Wir erinnern uns, und da müssen wir jetzt nochmal zu SpaceX zurück: Das Unternehmen von Elon Musk hatte von der NASA im April 2021 einen Vertrag über eine Summe von 2,89 Milliarden Dollar erhalten, um den bemannten Mondlander für die Artemis III-Mission zu entwickeln und zu bauen. SpaceX schlug dafür eine Spezialversion seines Starship vor und bezeichnete dies als „Lunar Starship". Mitbewerber um diesen Auftrag waren damals Blue Origin und Dynetics.

DER NEW GLENN

Der New Glenn ist deutlich kleiner als das Starship, aber dennoch immer noch – nach der Saturn V, der N-1, dem SLS und dem Starship – der fünftgrößte Träger, der je gebaut wurde, und die drittgrößte derzeit aktive Rakete der Welt. Der New Glenn ist zweistufig, 98 Meter hoch, weist einen Durchmesser von sieben Metern auf und kann eine Nutzlast von 45 Tonnen in eine niedrige Erdumlaufbahn transportieren oder etwa sieben Tonnen auf eine Mondtransferbahn. Dieser Wert gilt für den Wiederverwendbarkeitsmodus der Rakete. Fliegt die New Glenn im „Verbrauchsmodus" dürfte dieser Wert bei etwa 65 Tonnen für den niedrigen Erdorbit liegen.

Die erste Stufe des New Glenn wird von sieben BE-4 Methan-Sauerstoff-Triebwerken betrieben. Diese Raketenmotoren setzt auch die Vulcan der United Launch Alliance ein. Der Booster soll mindestens 25-mal wiederverwendbar sein, also ähnlich oft wie die Falcon 9-Erststufe von SpaceX. Für den Antrieb der zweiten Stufe werden zwei BE-3U eingesetzt, die jetzt schon im New Shepard verwendet werden. Diese Zweitstufe fliegt auf absehbare Zeit im Verbrauchsmodus, obwohl Bezos auch hier langfristig eine Wiederverwendung anstrebt.

SpaceX war trotz seines ziemlich abenteuerlichen Programmvorschlags am Ende der klare Gewinner. Der Hauptgrund dafür lag weniger in der überzeugenden technischen Auslegung, als vielmehr an der Angebotssumme, zu der sich Elon Musk verpflichtete: Ein Festpreis von 2,89 Milliarden Dollar. Das war exakt der Betrag, den die NASA damals für diesen Zweck zur Verfügung hatte.

Für Musk, der ohnehin viele Milliarden Dollar an privaten Mitteln in die Entwicklung seines Starship zu investieren gedachte, stellte dieser NASA-Auftrag lediglich ein willkommenes Zubrot dar. Seine beiden Mitwettbewerber machten dagegen den Fehler, ihre tatsächlichen Kosten anzusetzen. Und die lagen beim Doppelten (Blue Origin) respektive beim Dreifachen (Dynetics) des für diesen Zweck verfügbaren NASA-Budgets. Im November 2022 gewann SpaceX noch einmal 1,15 Milliarden US-Dollar für die Entwicklung einer verbesserten Version seines Lunar Starship zur Durchführung der Artemis IV-Mission.

Nun hatte Jeff Bezos begriffen, wie das Spiel lief. Er besann sich darauf, dass auch er ja selbst gerade mit einem privaten Milliardeneinsatz dabei war, eine

Der Blue Moon Mark I. Er soll schon 2026 auf dem Mond landen.

teilweise wiederverwendbare Großträgerrakete zu entwickeln, nämlich den New Glenn. Noch 2022 wies der US-Kongress die NASA an, ein weiteres Angebotsverfahren mit der Bezeichnung Sustaining Lunar Development für ein bemanntes Mondlandesystem durchzuführen. An dem konnten sich ausschließlich die Verlierer der ersten Ausschreibungsrunde beteiligen. Die dafür maximal zur Verfügung stehende Summe belief sich auf 3,4 Milliarden Dollar. Und siehe da, welche Überraschung: genau dieser Betrag stand unter Jeff Bezos Angebot. Der daraus resultierende Vertrag gilt offiziell als die Rückfalloption der NASA für den Fall, dass SpaceX mit der Entwicklung des Lunar Starship nicht erfolgreich ist.

Blue Moon Mark II. Er soll ab 2029 für bemannte Einsätze einsatzbereit sein.

Somit halten die beiden Konkurrenten jetzt eine Gesamtsumme von 7,44 Milliarden Dollar für das Artemis-Vorhaben der NASA. Es ist kein Geheimnis, dass die tatsächlichen Kosten diese Summe bei weitem übertreffen. Mindestens noch einmal so viel müssen diese Unternehmen an Eigenmitteln in das Programm einbringen, wahrscheinlich sogar noch viel mehr.

Die zweite Hauptkomponente des Sustaining Lunar Development-Vertrages ist der vollständig wiederverwendbare Blue Moon-Mondlander. Auch er wird von Blue Origin entwickelt und gebaut und mit dem New Glenn auf den Weg zum Erdtrabanten gebracht. Er wird etwa 17 Meter hoch sein. In der Mondumlaufbahn, und vor der Zündung zum Abstieg auf die Mondoberfläche, wird er eine Masse von 45 Tonnen aufweisen. Das ist fast dreimal so viel, wie die der Apollo-Mondfähren. Allerdings ist er trotz seiner beträchtlichen Ausmaße bei weitem nicht mit dem Lunar Starship von SpaceX zu vergleichen. Das wird auf der Mondoberfläche etwa 48 Meter hoch aufragen.

Anders als SpaceX, das seinen Auftrag alleine abarbeiten wird, führt Blue Origin ein Team aus mehreren großen Aerospace-Firmen an. Mit im Boot sind Lockheed Martin, Boeing, Draper Industries und andere. Die Entwicklungsarbeiten des bemannten Landers sind auf die Artemis V-Mission hin ausgerichtet. Die ist derzeit für das Jahr 2029 geplant.

Die dritte Komponente im Konzept von Blue Origin ist der cislunare Transporter von Lockheed Martin, der Treibstoffe aus der erdnahen Umlaufbahn zum Gateway transportieren wird. Der dockt dort am Blue Moon-Lander an und betankt ihn für seinen späteren Abstieg zur Oberfläche.

Im Vorfeld plant das Unternehmen mehrere Versuchsflüge zum Mond mit einer weniger leistungsfähigen und verkleinerten Version des Landers, dem so genannten Blue Moon Mark I, um damit Systemtests für die bemannbare Variante durchzuführen.

Endmontage des New Glenn in Cape Canaveral.

Der New Glenn wird für einen Test zur Startrampe transportiert.

Für den Transport all dieses Geräts in die Erdumlaufbahn und zum Mond wird Blue Origin seine eigene Trägerrakete einsetzen, den New Glenn, benannt nach Amerikas erstem Astronauten in der Erdumlaufbahn.

Während diese Zeilen entstehen, ist der Jungfernflug des New Glenn in Vorbereitung. Angesetzt ist er für Ende November, somit kurz nach Erscheinen dieser Ausgabe von SPACE.

Blue Origin will gleich beim Jungfernflug das volle Programm fahren. Also ein regulärer Orbitalstart mit einer regulären Nutzlast und eine Landung des Boosters auf dem brandneuen Bergungsschiff des Unternehmens. Bei diesem Bergungsschiff handelt es sich um eine seetüchtige Landeplattform ähnlich der Barken, die SpaceX einsetzt. Vorläufig gibt es bei Blue Origin nur eines dieser Bergungsschiffe. Es trägt die offizielle Bezeichnung Landing Platform Vessel No.1 (oder kurz: LPV1). Ein nicht gerade Emotionen erweckender Name, weswegen es von Bezos auch noch auf den Namen Jacklyn getauft wurde. So heißt seine Mutter. Jacklyn hat seine (oder besser „ihre") Heimatbasis in Port Canaveral, und wird dort ein Nachbar der SpaceX-Flotte sein. Um die New Glenn-Boosterstufe entladen

Bergungsschiff Jacklyn.

zu können hat Blue Origin im Hafen einen riesigen, etwa 120 Meter hohen, Liebherr-Kran installiert. Mit dem wurden im August 2024 die ersten Versuche unternommen, die offensichtlich zufriedenstellend verliefen.

Das Bergungsschiff ist 116 Meter lang und 46 Meter breit, bei einem Tiefgang von 6,7 Metern und einer Brutto-Raumzahl (Gross Tonnage) von knapp 14.000. Im Vergleich dazu: Die drei unbemannten Bergungsschiffe von SpaceX sind jeweils 91 Meter lang, 52 Meter breit und haben einen Tiefgang von sechs Metern. Gebaut wurde das Schiff in Rumänien, ausgerüstet wurde es in Brest, in Frankreich. Seit dem August ist es in Florida. Blue Origin will bis Ende 2025 vier New Glenn-Booster fertigstellen und für Starts im Rotationsprinzip einsetzen. Danach sei eine Fertigungsrate von etwa drei Boostern pro Jahr angestrebt. Obwohl diese Erststufen für mindestens 25 Flüge ausgelegt sind, geht das Unternehmen davon aus, dass die ersten Booster dieses Ziel möglicherweise nicht erreichen werden. Blue Origin erwartet 2025 8-10 New Glenn-Starts, bei einer möglichen Kapazität für bis zu 12 und 2026 dann bis zu 24 Flüge.

Noch ein Schlusswort? Vielleicht dieses: Als wäre das sich anbahnende Duell zwischen SpaceX und Blue Origin nicht schon spannend genug wird der Wettbewerb um die Vorherrschaft im Weltraum, und hier vor allem beim Kampf um den Mond, von Chinas beschleunigtem Weltraumprogramm zusätzlich befeuert. So wird es wahrscheinlich am Ende der gemeinsamen Anstrengung der beiden US-Rivalen bedürfen, wollen die Amerikaner auch langfristig die Nase im Weltraum vorne haben.

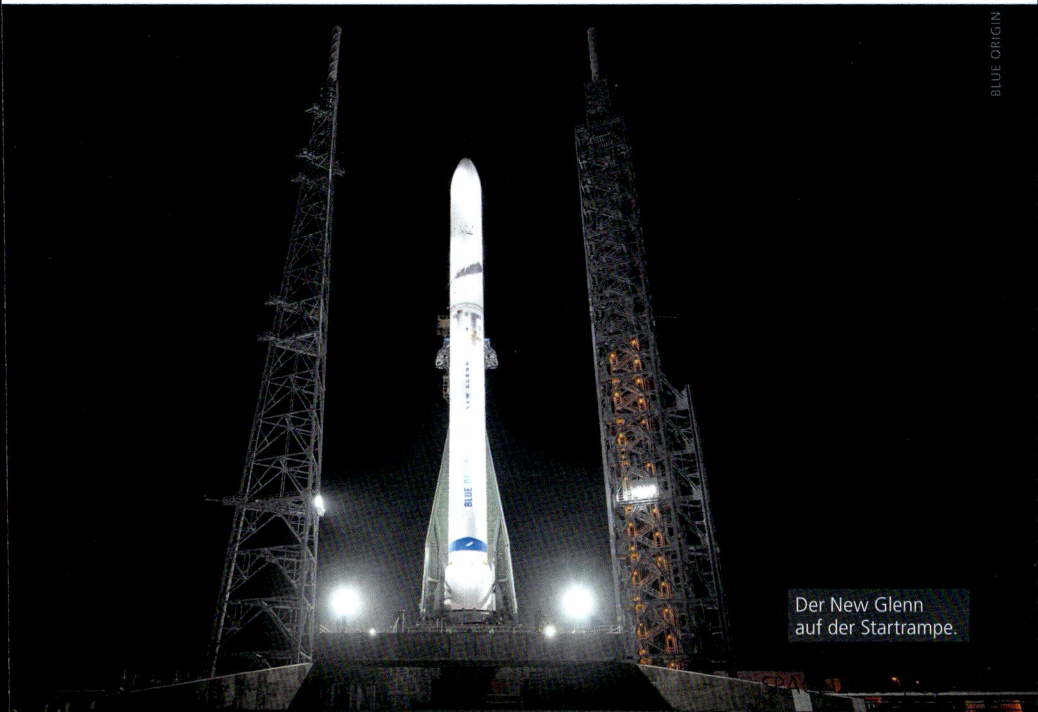
BLUE ORIGIN

Der New Glenn auf der Startrampe.

Start der Ariane 6 zum Jungfernflug

ARIANE 6-ERSTFLUG – WEITGEHEND ERFOLGREICH

Am 9. Juli startete die Ariane 6 vom europäischen Raumfahrtzentrum in Kourou in Französisch-Guyana zu ihrem Jungfernflug. Die Mission verlief weitgehend nach Plan, allerdings verhinderte ein Problem an der Oberstufe einen vollständig erfolgreichen Abschluss der Demo-Mission.

Passend zum bevorstehenden Erstflug der Ariane 6 lief in den Tagen zuvor eine Hiobsbotschaft für die ESA und die Arianespace über die Nachrichtenticker. Der europäische Wettersatelliten-Betreiber Eumetsat strich den für das kommende Jahr geplanten Start seines MTG-S1-Wettersatelliten kurzerhand vom Startmanifest der Ariane 6 und übertrug die Aufgabe, das Raumfahrzeug in den Orbit zu bringen, an SpaceX. Der Organisation erschien es zu riskant, ihr enorm teures Gerät auf einer noch unerprobten Rakete und unter volatilen Zeitplänen zu starten. Alle früheren Meteosat-Satelliten waren mit Ariane-Raketen gestartet worden, zuletzt MTG-I1 im Dezember 2022.

Teure Satelliten wollte man bei dieser ersten Mission nicht riskieren. So befanden sich lediglich neun Nanosatelliten, zwei kleine Wiedereintrittskapseln und fünf Experimente (die sich nicht von der Rakete lösten) mit einer Gesamtmasse von weniger als 200 Kilogramm an Bord. Die Nutzlastkapazität der Ariane 6 für die angestrebte Zielbahn liegt aber bei etwa zehn Tonnen, weswegen die Rakete für diese Mission einen Massendummy mitführt. Damit fliegt die Ariane 6 gut vier Jahre nach dem einst geplanten Datum, und ein volles Jahr nach der letzten Mission der Ariane 5. Ursprünglich geplant war ein mehrjähriger überlappender Betrieb. Doch selbst nach dem großenteil erfolgreichen Erstflug wird sie in 2024 kaum noch ein weiteres Mal zum Einsatz kommen. Bis zum Verfassen dieser Zeilen war kein halbwegs brauchbares Datum für die zweite Mission zu erhalten. Und auch im hundertprozentigen Erfolgsfall aller auf den Erstflug folgenden Missionen dauert es dann mehr als drei Jahre, bis die Produktion auf ein wirtschaftlich sinnvolles Niveau hochgelaufen sein wird.

Die Ariane 6 ist von sehr konventioneller Konstruktion, es ist außerordentlich viel getestet worden, und somit lagen die Chancen, dass der Erstflug auch glückt, dementsprechend hoch, also deutlich über den sonst üblichen 50 Prozent. Die Rakete flog in der Version Ariane 62. Die Zahl 2 bedeutet dabei, dass sie mit nur zwei von vier möglichen P120-Boostern zur Startunterstützung ausgerüstet war.

Dieses Bild entstand am 20. Juni 2024 beim so genannten „wet dress rehearsal". „Wet", also feucht, war es tatsächlich, wie hier gut zu erkennen ist.

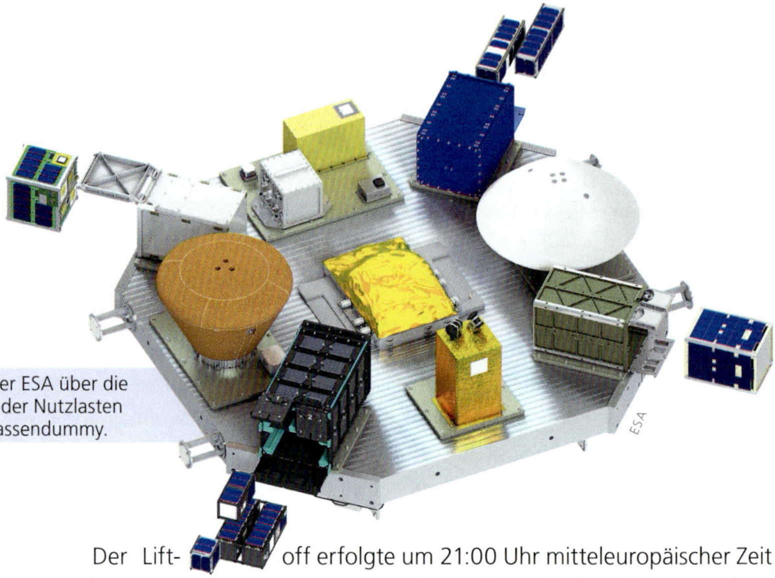

Infografik der ESA über die Platzierung der Nutzlasten auf dem Massendummy.

Der Lift-off erfolgte um 21:00 Uhr mitteleuropäischer Zeit an der neu gebauten Startanlage 4 des Weltraumbahnhofs Kourou in Französisch Guyana. Nach zwei Brennmanövern der zweiten Stufe wurde der geplante Zielorbit mit einem Perigäum von 575 Kilometern, einem Apogäum von 585 Kilometern und einer Bahnneigung zum Äquator von 52 Grad sicher erreicht. Die CubeSats konnten alle freigegeben werden. Die fix an der zweiten Stufe befestigten Instrumente wurden alle aktiviert. Zwei Stunden und 37 Minuten im Ablauf der Mission war eine dritte Zündung der Oberstufe vorgesehen, um ein Deorbit-Manöver durchzuführen. Danach sollten die beiden verbliebenen Nutzlasten – zwei

Der Nyx Bikini – Wiedereintrittsdemonstrator der Exploration Company wird hier in der Thermal-Vakuum-Kammer getestet. Er stellte eine der Nutzlasten beim Ariane 6-Erstflug dar, kam aber leider nicht zum Einsatz.

Wiedereintrittskörper – freigegeben werden. Bei diesen beiden Raumfahrzeugen handelte es sich um Nyx-Bikini, einen deutsch-französischen Wiedereintritts-Technologiedemonstrator der Exploration Company und um SpaceCase SC-X01, einen französischen Wiedereintritts-Technologiedemonstrator der ArianeGroup. Leider trat aber ein Problem mit der Auxiliary Propulsion Unit auf, welches die Zündung des Zweitstufen-Haupttriebwerkes verhinderte. Und leider handelte es sich bei diesen beiden Nutzlasten ausgerechnet um die teuersten „Kunden" an Bord. Die Passivierung der Oberstufe gelang, so dass keine Explosionsgefahr besteht. Die Stufe verbleibt aber auf einer Bahn, auf der sie Jahrzehnte benötigen wird, um in die Erdatmosphäre einzutreten, denn in der Höhe, in der sie nun „gestrandet" ist, ist die Luftreibung der Restatmosphäre nur noch sehr gering. Die Stufe ist so groß wie ein Reisebus und verfügt zusammen mit dem Gewichtsdummy, den beiden Reentry-Kapseln und den Dispensern über ein Gesamtgewicht von etwa acht Tonnen. Das stellt wahrlich kein Aushängeschild für die stets vollmundig verkündete „clean-orbit-Strategie" der ESA dar.

Vorstudien zur Konzeption der Ariane 6 gab es seit 2010. Die Entwicklung und der Bau wurden auf einer Ministerratstagung im Dezember 2014 beschlossen. Das erklärte Ziel war es seinerzeit, die Startpreise gegenüber der Ariane 5 zu halbieren, um mit den Entwicklungen auf dem internationalen Trägermarkt konkurrieren zu können. Die Ariane 6 sollte bezüglich ihres Einsatzspektrums flexibler sein als die Ariane 5, und Nutzlasten zwischen 5 und 11,5 Tonnen auf eine geostationäre Transferbahn bringen können. Aus diesem Grund gibt es diesen Träger in zwei Versionen, einmal als Ariane 62 und einmal als Ariane 64. Die erstere Version erhält eine Startunterstützung durch zwei Feststoffbooster des Typs P120, die andere Variante setzt vier solche Einheiten ein. Diese Feststoffrakete wird auch als Erststufe des italienischen Kleinträgers Vega C verwendet.

Die Ariane 6 ist eine sehr konventionell ausgelegte, klassische „Verbrauchsrakete". Keine einzige Komponente ist wiederverwendbar, und im Prinzip ist sie eher von noch konservativerem Design als ihre Vorgängerin. Dies ist auf das Bemühen zurückzuführen, die Produktionskosten zu senken. So hat man beispielsweise die – fortschrittlichere – Konstruktion der Erststufentanks der Ariane 5 mit einem „Common Bulkhead" aufgegeben und verwendet bei der Ariane 6 nun einfach zwei übereinanderliegende Einzeltanks.

Maßnahmen wie diese verursachen möglicherweise tatsächlich geringere Produktionskosten, machen die Raketenstruktur und die Tanks aber auch schwerer. Sie führen dazu, dass die Leistungsfähigkeit der Rakete bei deutlich höherem Startgewicht als die Ariane 5 nur gering zulegt. Konnte die Ariane 5 bei einem Startgewicht von etwa 780 Tonnen eine Nutzlast von etwa 10.900 Kilogramm in einen geostationären Transferorbit bringen (oder etwa 20.500 Kilogramm in eine niedrige Erdumlaufbahn) schafft die Ariane 6 bei einem maximalen Startgewicht (in der Version Ariane 64) von 860 Tonnen 11.500, respektive 21.650 Kilogramm. Also trotz

Die Rakete wird im Integrationsgebäude für den Start vorbereitet.

zehn Prozent größerer Raketenmasse nur eine um etwa 5,5 Prozent höhere Nutzlastleistung. Das ist aber nur der Ariane-interne Vergleich. Den objektiven Leistungsstatus mag man daran erkennen, dass die in der schwersten Version 772 Tonnen schwere Vulcan-Rakete der United Launch Alliance – sie ist am ehesten mit der Ariane 6 zu vergleichen – in der Lage ist, eine Nutzlast von 15.300 Kilogramm auf eine geostationäre Transferbahn zu befördern, und 27.200 Kilogramm in einen niedrigen, genau östlichen Orbit. Und das bei der Verwendung eines weniger energetischen Treibstoffs (Methan) in der ersten Stufe.

Die Zentralstufe verfügt über ein einzelnes Triebwerk vom Typ Vulcain 2.1. Das ist eine Variante des bereits bei der Ariane 5 eingesetzten Vulcain 2-Raketenmotors. Es ist geringfügig weniger leistungsfähig als die Version der Ariane 5 und wird wie dieses im Nebenstromverfahren (auch als Gasgenerator-Zyklus bezeichnet) betrieben. Diese Betriebsart ist deutlich aus der Zeit gefallen, denn der Teil der Treibstoffe, die für den Betrieb des Gasgenerators benötigt werden, werden hier mehr oder weniger über Bord gepumpt und nicht der Brennkammer zugeführt. Moderne Erststufentriebwerke wie das BE-4 von Blue Origin arbeiten heute mit Triebwerken, die im so genannten Hauptstromverfahren arbeiten. Bei ihnen wird der für den Betrieb des Gasgenerators verwendete Treibstoff dem Brennzyklus beigefügt, und erbringt damit höhere spezifische Impulsleistungen. Immerhin, das Vinci-Triebwerk der Ariane 6-Oberstufe arbeitet nun ebenfalls mit einer Variante des Hauptstromverfahrens, während das HM-7B-Triebwerk der Ariane 5-Oberstufe noch als Nebenstromtriebwerk konzipiert war. Erstmals in der europäischen Raumfahrt kommt dabei ein Raketenmotor für den Betrieb mit flüssigem Wasserstoff und flüssigem Sauerstoff zum Zuge, der mehrfach wiederzündbar ist. Das erschließt dem Träger nun eine größere Bandbreite möglicher Umlaufbahnen. Aber auch das ist ein Feature, das die Konkurrenz seit Jahrzehnten einsetzt. Die Rakete wird nun auch nicht mehr, wie die Ariane 5, vertikal integriert, sondern liegend, ähnlich wie die russische Proton, die Falcon 9 von SpaceX oder die Vulcan der United Launch Alliance. Die Länge der Rakete hängt von der verwen-

deten Nutzlastverkleidung ab. In der kürzesten Version ist sie 52 Meter lang, in der längsten Variante 61 Meter. Der Durchmesser liegt bei 5,4 Metern. Zum Vergleich die Vulcan der United Launch Alliance: Ebenfalls 5,4 Meter Durchmesser bei Längen (je nach verwendeter Fairing) zwischen 61 und 67 Metern.
So weit, so gut. Endlich, mit mehr als vier Jahren Verspätung, fliegt die Ariane 6 nun. Doch noch eine ganze Weile ist Elon Musks einst als von den Managern der europäischen Raumfahrtindustrie als Amateurbutze geschmähte Firma der europäische Generalunternehmer für Startdienstleistungen. Seien es Sentinel-Satelliten der EU, militärische Aufklärer der Bundeswehr, Umweltbeobachtungssatelliten für Italien, Wissenschaftsmissionen der ESA wie Euclid oder Hera, Flüge für das Galileo-System und für die europäische Wetterbehörde Eumetsat. All das sind europäische institutionelle Nutzlasten die eigentlich alle auf der Ariane 6 fliegen müssten. Aber: All das, und wahrscheinlich noch etliches mehr, fliegt auch noch für die mittlere Zukunft bei SpaceX, weil es Jahre dauern wird, bis die Fertigungsraten der Ariane 6 auf eine vernünftige Größenordnung hochgefahren sind. Und auch die institutionellen Kunden werden sehr genau darauf schauen, wie sich der „Track Rekord" der Rakete entwickelt. Nachdem sie ohnehin Startpreise weit über dem Weltmarktniveau zahlen müssen, soll die Rakete dann auch zumindest sicher sein.

Die Frage besteht nun, ob dieser schon am Anfang seiner Karriere veraltete und überaus teure Träger außerhalb des geschützten binneneuropäischen Marktes überhaupt eine Chance hat. Die Frage ist leicht zu beantworten: ohne massive Subventionen seitens der ESA wird das nicht gehen.

Es ist schon erstaunlich. Seit nunmehr fast einem Jahrzehnt zeigt SpaceX, dass das Prinzip der Wiederverwendbarkeit von Trägerraketen erfolgreich ist. Überall auf der Welt gibt es Start-ups, die auf die Wiederverwendbarkeit ihrer Boosterstufen setzen, manche versuchen sich sogar mit vollständiger Wiederverwendbarkeit von erster und zweiter Stufe wie beispielsweise Stoke Space in den USA. Nur in Europa zeigt man sich davon unbeeindruckt und macht unbeirrt mit dem alten Stiefel weiter, als sei nichts geschehen.

Die Abkoppelung von der weltweiten Entwicklung im Zusammenhang mit den lähmend langsamen Entscheidungsprozessen führen dazu, dass Europa heute weiter denn je davon entfernt ist, auf dem globalen Trägerraketensektor eine wesentliche Rolle zu spielen. Und wenn man tatsächlich mal über Lösungsansätze nachdenkt, dann klingen sie so, als seien sie einem anderen Jahrhundert entsprungen. Im November 2023 schlug Jean-Marc Nasr,

Start der Ariane 6 zum Jungfernflug

der Raumfahrtchef von Airbus Defence and Space, auf der 15. Europäischen Weltraumkonferenz vor, dass Europa „eine Fragmentierung vermeiden" müsse. „Wir müssen sicherstellen, dass wir Champions hervorbringen", erklärte Nasr und fügte gleich hinzu wie er sich das vorstelle: „Ein Champion ist jemand, der finanziert ist, um besser zu werden."

Wie praktisch für ihn, dass der wahrscheinlichste Empfänger der Ernennung zum Trägerraketen-„Champion" in Europa zufälligerweise die ArianeGroup ist. Dass es Nasr vor allem um die Sicherung der Pfründe geht, und nicht darum, Europa den Anschluss zur Weltspitze wiedergewinnen zu lassen, ist offensichtlich.

Die von Nasr befürchtete Fragmentierung ist ohnehin schon auf breiter Front im Gange. Startups in einer ganzen Reihe von europäischen Ländern beginnen – meist mit Unterstützung durch nationale Fördermittel, aber auch mit ESA-Zuwendungen – eigene Trägerraketen zu bauen. Fast all diese Raketen sind unsinnig klein, Nano- und Mikro-Launcher mit einer Transportfähigkeit von nur wenigen Dutzend bis einigen hundert Kilogramm in eine niedrige Erdumlaufbahn, für die es seit der Einführung der Rideshare- und Bandwagon-Flüge von SpaceX und der ISRO keinen breiten Markt mehr gibt.

Die Vega-Raketen von Avio sind schon aus den Reihen der von Arianespace gemanagten Raumfahrzeuge ausgeschieden. Der italienische Raketenhersteller feierte seine Emanzipation, die es dem Unternehmen ermöglicht, Vega-Missionen selbst zu vermarkten und zu verwalten.

Der Generaldirektor der Europäischen Weltraumorganisation, Josef Aschbacher, hat von einer Krise der europäischen Trägerraketenindustrie gesprochen. Und da hat er sich sehr milde ausgedrückt. Überhaupt versuchte er Optimismus zu verbreiten, was ja auch irgendwo sein Job ist, wenngleich der nirgendwo von der Realität gestützt wird. Immerhin beschlossen die ESA-Mitgliedstaaten, den Betrieb der Ariane 6 und der Vega C mindestens bis zum Ende dieses Jahrzehnts finanziell und technisch zu unterstützen, und so mittel- bis langfristig einen garantierten Zugang Europas zum Weltraum zu gewährleisten.

Bei der oben erwähnten Weltraumkonferenz wurde die ESA damit beauftragt, eine Art Trägerraketen-Wettbewerb vorzubereiten, für deren Gewinner die ESA als Ankerkunde auftreten soll. Dies könnte irgendwann – allerdings erst weit im nächsten Jahrzehnt – zu einer neuen schweren Trägerrakete für Europa führen. Man kann sich jetzt schon mit wenig Phantasie ausmalen, wo die USA und China mit ihren fortschrittlichen, großen und dann auch voll wiederverwendbaren Raketen um das Jahr 2035 liegen werden.

Bis dahin könnte die mit einem Aufwand von über vier Milliarden Euro entwickelte Ariane 6 ein komfortables, gemächliches und ruhiges Dasein im geschützten europäischen Binnenmarkt führen. Es wird womöglich eine Garantieverpflichtung der ESA und der EU geben, die zu vier oder fünf Ariane 6-Starts und zu zwei oder drei Vega C-Starts jährlich führen mögen. Das sind komplett unwirtschaftliche Zahlen wenn man sich vor Augen führt, dass SpaceX allein 2024 etwa

120 – 140 Starts durchführen wird. Starts außerhalb des Binnenmarktes mag es dennoch eine Handvoll geben, aber sie sind nur mit stark subventionierten Dumping-Preisen möglich.

Eigentlich wären schnellstes und energisches Handeln und mutige Entscheidungen in dieser Misere gefragt. Doch dem steht der lähmende Dreijahreszyklus der ESA Ministerratskonferenzen im Wege. Bis zum November 2025 wird die europäische Raumfahrt weitgehend unbeweglich in Warteposition verharren, während sich das internationale Umfeld schnell und dynamisch verändert. Und was dann entschieden wird lässt Schlimmes ahnen, denn den Vorsitz wird dann Deutschland führen. Ein Land also, das nur noch mit seiner ausufernden Bürokratie Weltspitze ist und nicht in visionärem Denken und Handeln. Immerhin: wir können erwarten, dass die aus der Sitzung resultierenden Protokolle perfekt gegendert sein werden. Die Ausgangsposition für die Ariane 6 ist somit denkbar schlecht. Sie kommt viel zu spät, ist von Beginn an veraltet und wird wirtschaftlich auf dem Weltmarkt nur mit massiven Subventionen mithalten können. Wegen Letzterem wird sie es dennoch mit geringen Startzahlen bis in die Mitte der 30er-Jahre schaffen. Eine Blüte könnte sie nur erleben, wenn ihr eine Sonderrolle zugeordnet wird, beispielsweise als Träger für ein bemanntes europäisches Transportsystem. Meine Zuversicht, dass so etwas in Europa passiert, hält sich allerdings in sehr engen Grenzen.

Dennoch: Ich bin in erster Linie Raumfahrtfan. Wann immer ein Start der Ariane 6 erfolgen wird, werde ich am Bildschirm sitzen und die Daumen drücken. Und ich werde, wie all die Jahre und Jahrzehnte zuvor, inständig hoffen, dass Europa doch noch irgendwann einmal in die Puschen kommt.

NASA

Rafale-Abfangjäger sichern den Luftraum beim Start.

Sechs Chinesen im Weltraum. Linke Dreiergruppe: Die Crew von Shenzhou 18.

CHINAS RAUMFAHRTPROGRAMM

Um Ihnen einen Begriff über den gegenwärtigen Stand des chinesischen Raumfahrtprogramms zu vermitteln, bringen wir Ihnen in dieser Ausgabe einen Überblick in Stichworten über die Aktualitäten des chinesischen Raumfahrtprogramms im Herbst 2024. Einen längeren Artikel speziell zu den Mondaktivitäten Chinas wird es in SPACE 2026 geben.

Zwischen dem 29. Oktober und dem 4. November befanden sich sechs chinesische Astronauten gleichzeitig im Weltraum. Der Grund: Crew-Wechsel auf Chinas nationaler Raumstation Tiangong. Dabei traf die scheidende Besatzung des Raumschiffes Shenzhou 18 (das ist die Dreiergruppe links im ersten Bild) auf die Ablösemannschaft, die mit Shenzhou 19 gekommen war. Zum selben Zeitpunkt lebten auf der Internationalen Raumstation sieben Menschen: Fünf Amerikaner und zwei Russen. Shenzhou 19 war am 29. Oktober 2024 um 21:47 Uhr mitteleuropäischer Zeit gestartet und hatte sechseinhalb Stunden später am Tianhe-Zentralmodul der Station angelegt. Danach erfolgte eine viertägige Transferphase, bei der die zeremonienaffinen Chinesen formell die Übergabedokumente unterzeichneten und damit Befehlsgewalt und Verantwortung übergaben.

Shenzhou 18 und ihre Crew kehrten am 3. November 2024 wieder zur Erde zurück, und schlossen damit ihren sechsmonatigen Aufenthalt auf der Tiangong-Raumstation ab. Kommandant Ye Guangfu wurde dabei der erste Taikonaut, der bei zwei Missionen insgesamt über ein Jahr im Weltraum verbrachte. Er hatte im Mai zusammen mit seinem Crewmitglied Li Guangsu bereits einen anderen Rekord aufgestellt: das Paar verließ die Raumstation für Chinas bislang längsten Weltraumspaziergang, der 8,5 Stunden dauerte. Bei dieser Außenbordaktivität montierten sie Schutzpaneele gegen Weltraummüll und Mikrometeoriten.

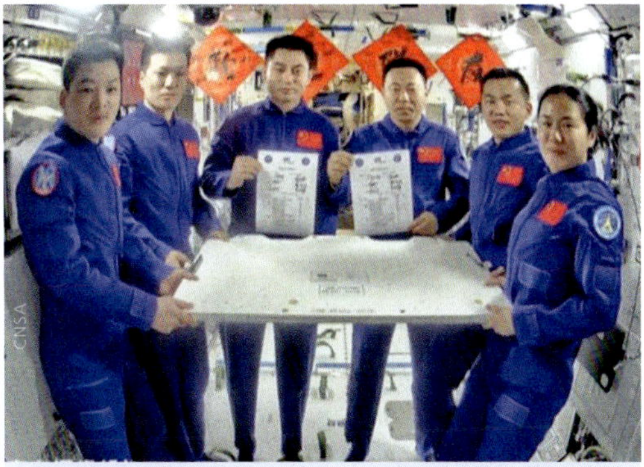

Auf der chinesischen Raumstation ist die Übergabe der Kommandogewalt sehr formell geregelt. Es werden dabei offizielle Dokumente unterzeichnet.

Die Missionen von Shenzhou 18 und 19 stehen für ein Vierteljahrhundert bemannte Raumfahrt in China. Am 19. November 1999 war Shenzhou 1 in die Erdumlaufbahn geschickt worden. Unbemannt, denn es war damals der erste Testflug des Systems. Es dauerte danach noch vier Jahre und vier weitere Testeinsätze ohne Crew bis zur ersten bemannten Mission mit Yang Liwei an Bord von Shenzhou 5. Dieser knapp einen Tag lange Einsatz fand am 15. Oktober 2003 statt.

Dazu passt eine Meldung, die gerade noch rechtzeitig zum Redaktionsschluss von SPACE 2025 eintrifft: Die chinesische Raumfahrtbehörde wählte 14 neue Astronautenkandidaten aus. Damit stieg die Gesamtzahl der Mitglieder des chinesischen Astronautencorps auf 48. Das sind genauso viele aktive Astronauten, wie bei der NASA. Diese Erweiterung des chinesischen Astronautencorps erfolgt auf Grund des Plans der CNSA (Chinese National Space Agency), noch vor dem Jahr 2030 zwei Chinesen auf dem Mond zu landen. Die neue Auswahl bildet die Gruppe 4 chinesischer Astronauten. Sie werden in etwa drei Jahren für erste Flüge in den Weltraum nominiert werden können.

Die Crew von Shenzhou 19 setzt sich aus Astronauten der Auswahlgruppen 2 (Kommandant Cai Xuzhe, Mitte) und 3 (Wang Haoze links und Song Lingdong) zusammen.

Die staatliche China Aerospace Science and Technology Corporation (kurz: CASC) will noch vor dem Jahresende 2024 eine neue Trägerrakete an die Rampe bringen. Es handelt sich dabei um die Langer Marsch 12, einen Träger des mittleren Nutzlastspektrums mit einer Zuladungskapazität von etwa zehn bis zwölf Tonnen für die niedrige Erdumlaufbahn. Die erste Stufe wird von vier Triebwerken des Typs YF-

100K angetrieben, Stufe zwei von zwei Triebwerken des Typs YF-115. Beide arbeiten mit Kerosin als Treibstoff und flüssigem Sauerstoff als Oxidator. Damit führt China einen weiteren Schritt weg von den mit toxischen Treibstoffen (Hydrazin und Stickstofftetroxid) betriebenen Trägern der zweiten Generation hin zu modernen Trägern der dritten Generation.

Im Vordergrund eine Trägerrakete des Typs Langer Marsch 7 auf der Startanlage 201 des Startzentrums Wenchang. Im Hintergrund wird eine Langer Marsch 12 im direkt anschließenden Hainan International Commercial Aerospace Launch Center auf der Startanlage LC-2 getestet.

Mengzhou, Chinas bemanntes Raumschiff der nächsten Generation, wird seinen ersten Flug mit Besatzung im Jahr 2026 durchführen. Das Raumfahrzeug wird mittelfristig die erste Generation bemannter Raumschiffe Chinas – Shenzhou – ablösen und danach alle künftigen bemannten Einsätze Chinas durchführen. Für die Mondmissionen Chinas werden jeweils drei Astronauten transportiert, für Einsätze zur chinesischen Raumstation bis zu sieben Personen. Ein erster unbemannter Test mit diesem Raumfahrzeug hat bereits stattgefunden, mindestens zwei weitere werden bis 2026 noch folgen. Als Träger für dieses Raumfahrzeug wird nach der Testphase die Langer Marsch 10 in der Single-Stick-Variante verwendet.

China hat weitreichende Pläne für Missionen ins Sonnensystem und darüber hinaus. Dazu gab es im Herbst 2024 neue Informationen. So wird ab Mai 2025 die Raumsonde Tianwen-2 zunächst den erdnahen Asteroiden 469219 Kamo'oalewa ansteuern, Proben entnehmen, einen Nano-Orbiter und einen Nano-Lander absetzen, dann die Proben zur Erde transportieren und sie dort mittels einer Landekapsel absetzen, und nach einem Gravity-Assist-Manöver an der Erde weiterfliegen zum nächsten Ziel, dem Hauptgürtel-Kometen (oder besser kometenähnlichen Asteroiden) 311P/PanSTARRS, und diesen danach ein Jahr lang untersuchen. Die Gesamtdauer dieser komplexen Mission beträgt mindestens zehn Jahre.

Extrem aufwändig wird die Tianwen-3 Probenrückführ-Mission zum Mars. Mit einiger Wahrscheinlichkeit wird China damit das erste Land, das so etwas unternimmt, denn die NASA-Mars Sample-Return-Mission mit der gleichen Aufgabenstellung, die eigentlich ebenfalls um diesen Zeitraum herum hätte starten sollen, ist fürs erste auf Eis gelegt. Die NASA hatte festgestellt, dass das aktuell geplante Szenario nicht vor 2040 hätte realisiert werden können. Obendrein hätte es ein Budget von mindestens elf Milliarden Dollar benötigt. Da zog NASA-Administrator Bill Nelson die Reißleine. Nun wird neu analysiert, und nach schnelleren und billigeren Lösungen gesucht.

Das Szenario von Tianwen-3 ist mindestens so komplex wie es die bisherigen US-Pläne (mit europäischer Beteiligung) für eine Probenrückführ-Mission zum Mars sind. China wird dafür zwei Trägerraketen des Typs Langer Marsch 5 benötigen. Die eine bringt Bodengerät auf die Marsoberfläche. Das besteht aus einer Landeplattform mit Bohrausrüstung, einer zweistufigen Orbitalrakete (die später mit den Proben vom Marsboden in die Marsumlaufbahn startet), einem Rover und möglicherweise auch einem Helikopter. Die andere Langer Marsch 5 transportiert eine Kombination aus Orbiter, Erdtransferstufe und Erdlandekapsel in eine Marsumlaufbahn. Das ganze Unternehmen ist technologisch extrem anspruchsvoll, denn selbst beim Einsatz von zweien der großen Langer Marsch 5-Raketen darf die Gesamtmasse dieser Ausrüstung etwa 12 bis 13 Tonnen nicht übersteigen.

Die Landeeinheit wird einen Bohrer mitführen, der direkt vom Landeort Proben aus einer Tiefe von etwa drei Metern entnimmt. Der Helikopter erkundet interessante geologische Formationen, die dann vom Rover „beprobt" werden. Das gesammelte Material wird zur auf der Landeplattform montierten Rückkehr-Rakete transportiert und in einem Sammelbehälter verstaut. Dann startet die Rakete in die

CAST

Illustration des Mengzhou-Raumschiffes.

Start einer Langer Marsch 5-Trägerrakete. Hier mit der Marssonde Tianwen-1.

Marsumlaufbahn, wo sie am Mars-Orbiter anlegt. Nach einem Docking-Manöver, dem Transfer der Proben in die Erdrückkehrkapsel und dem Abkoppeln der Aufstiegsrakete, startet die Erdrückkehr-Einheit zu seiner sechsmonatigen Reise in Richtung Heimatplanet und wirft bei der Ankunft die Kapsel über der Erde ab.

Sollte der Starttermin von 2028 gehalten werden können bedeutet dies, dass das Marsgestein etwa 2031 auf der Erde eintrifft.

Interessant ist, dass die NASA einen Starttermin im Jahr 2028 definitiv nicht schaffen wird. Mit fast absoluter Sicherheit auch nicht das nächste Startfenster im Jahr 2030. Wie vorhin schon angedeutet ist die NASA gerade dabei, in Zusammenarbeit mit der Europäischen Weltraumorganisation ESA ihre Architektur für eine Mission zur Rückführung von Marsproben komplett zu überarbeiten. Im Juni 2024 beauftragte die NASA sieben Unternehmen, darunter SpaceX, Blue Origin und Rocket Lab, Möglichkeiten zu finden, Marsgestein für weniger als elf Milliarden Dollar und noch deutlich vor 2040 zur Erde zurückzubringen.

Die Rückführung von Marsproben hat für die Planetenforschung der NASA höchste Priorität und ist seit Jahrzehnten Gegenstand umfangreicher Planungen. Der Rover Perseverance, der sich derzeit auf dem Mars befindet, sammelt gerade mehrere Dutzend Proben von Gesteinspulver, Erde und Marsluft in zigarrenförmigen Titanröhrchen, damit sie ein Fahrzeug der Mars Sample Return Mission aufsammelt und sie dann – genau wie im chinesischen Szenario beschrieben – zur Erde transportiert werden können.

Aber selbst eine revidierte, vereinfachte und billigere Variante des gegenwärtigen US-Szenarios wird kaum vor 2034 zu realisieren sein. Das bedeutet, dass China eine sehr gute Chance hat, das erste Land zu werden, das Proben vom Mars zur Erde bringt. Ein immenser Prestigegewinn, den sich das Land nicht so ohne weiteres nehmen lassen wird.

Ein weiteres Flaggschiff-Programm der chinesischen Planetenforschung ist die Raumsonde Tianwen-4 zum Jupiter mit einem Kallisto-Orbiter und einer Uranus-Vorbeiflugsonde. Das Raumfahrzeug mit einem Startgewicht von etwa 6000 Kilogramm würde bei einem Start im September 2029 den Jupiter im Dezember 2035 erreichen. Kurz vor dem Orbit-Bremsmanöver wird sich die etwa 1000 Kilogramm schwere Uranus-Sonde vom Mutterschiff abkoppeln und anschließend ein Gravity-Assist-Manöver am Jupiter durchführen, bei dem gleichzeitig die Bahn-Umlenkung in Richtung Uranus erfolgt. Diesen Planeten erreicht die Sonde dann im März 2045 und führt dort einen Vorbeiflug durch. Ein weiteres spannendes Projekt Chinas, das erst kürzlich bekannt wurde, ist eine Venus-Atmosphärensonde, die eine Luftprobe des Nachbarplaneten zur Erde bringen soll. Und schließlich hat China auch noch zwei Raumsonden in Vorbereitung, die in den interstellaren Raum vordringen sollen. Ihr Ziel: bis 2049 einen Sonnenabstand von 100 Astronomischen Einheiten (AE) zu erreichen. Eine AE für jedes Jahr des Bestehens der Volksrepublik China. Nach der überaus erfolgreichen Mission von Chang'e 6 im Mai und Juni 2024, bei der knapp zwei Kilogramm Mondmaterial zur Erde gebracht wurden, plant China in den nächsten vier Jahren zwei weitere Chang'e-Missionen, bis schließlich, wahrscheinlich noch vor 2030, die Einsätze für das bemannte Mondlandeprogramm beginnen.

Eine der vielen Voraussetzungen dafür ist der Aufbau einer lunaren Relaysatelliten-Konstellation mit der Bezeichnung Queqiao (Elsternbrücke). Dazu erfolgte am 20. März 2024 der Start von Queqiao-2 der den weiterhin funktionierenden Mondorbiter Queqiao-1 unterstützt, der bereits im Mai 2018 gestartet worden war. Weitere Starts dieser Relay-Satelliten sind geplant. Zunächst wird aber Quequiao-2 die beiden kommenden Mondmissionen Chang'e 7 und Chang'e 8 unterstützen.

Der Start von Chang'e 7 ist für 2026 geplant. Es ist dies ein hochkomplexer Einsatz, der eine Landung auf dem Rand des Shackleton-Kraters zum Ziel hat. Die insgesamt 8200 Kilogramm schwere Großsonde besteht aus einem Orbiter, einem Lander, einem Rover und einem Hopper. Diese Kombination wird mit insgesamt 21 Instrumenten ausgerüstet sein, und den Aufbauort der bemannten chinesischen Mondstation vorbereiten. Dazu gehört auch noch ein Orbiter, der in der Lage ist, Oberflächendetails von weniger als zehn Zentimeter Größe zu er-

Rückkehrkapsel der Mondlandesonde Chang'e 6. In ihrem Inneren befinden sich knapp zwei Kilogramm Mondmaterial. Dieses Bild ist qualitativ nicht besonders hochwertig, denn es ist ein Standbild von der Fernsehübertragung der Landung.

Einer von zwei Typen chinesischer Mondautos, der die Endauswahl einer Ausschreibungsrunde für Mondmobilität erreicht hat. Es soll Ausrüstungsbestandteil der ersten Serie bemannter chinesischer Mondlandungen werden.

fassen. Anders als die beiden kleinen Rover Yutu-1 und Yutu-2, die mit den Raumsonden Chang'e 3 und Chang'e 4 zum Mond transportiert wurden, wird der Chang'e 7-Rover sehr leistungsfähig sein, und in der Lage sein, größere Strecken zu erkunden. Mit dem raketenbetriebenen Hopper sollen Gebiete, die in ständiger Dunkelheit liegen, untersucht werden. Die Landeplattform selbst ist eine stationäre Forschungsstation, die mit sieben wissenschaftlichen Instrumenten ausgestattet ist.

Mit Chang'e 8, zu starten im Jahr 2028, legt die chinesische Raumfahrtagentur noch einmal eine Schippe drauf. Dieses Mal wird wahrscheinlich auf einen Orbiter verzichtet, damit mehrere hundert Kilogramm zusätzliches Material auf der Oberfläche gelandet werden kann. Darunter wird auch ein 3D-Drucker sein, mit dem Versuche zur Erzeugung von „Mond-Ziegeln" unternommen werden. Mit solchen „Backsteinen" soll die zukünftige Mondstation aus Strahlenschutzgründen und als Schutz vor Mikrometeoren ummantelt werden. Als Landegebiete sind derzeit der Verbindungsgrat zwischen den Kratern Shackleton und de Gerlache im Gespräch, oder Leibnitz Beta, der Krater Amundsen oder der Cabeus-Krater. Alle befinden sich am Mond-Südpol in relativ geringer Entfernung zueinander. Mit dem Einsetzen der bemannten Landungen Chinas auf dem Mond, derzeit geplant ist

Diese Illustration zeigt dasselbe Mondfahrzeug wie das im vorhergehenden Bild. Dieses Mal aber in seiner „natürlichen Umgebung".

eine pro Jahr, beginnt parallel der Aufbau der so genannten „International Lunar Research Station" (ILRS), also einer Mondbasis unter chinesischer Leitung, aber mit internationaler Beteiligung. Die erste Ausbauphase dieser Mondstation soll etwa 2035 abgeschlossen sein.

Danach wird diese elementare Basis nach und nach stark erweitert. Um etwa 2050 soll ein Netzwerk von Mondstationen existieren. Eine lunare Orbitstation dient als zentraler Verbindungsknoten zwischen der Südpolstation als primärer Basis und diesen Außenposten. Die werden sich in den Äquatorregionen und auf der Mondrückseite befinden. Die Stromversorgung wird durch einen gemischten Betrieb von Solar-, Radioisotopen- und Nukleargeneratoren geschehen. Weitere Infrastrukturelemente werden Mond-Erde-Kommunikationsnetze in Halo-Orbits um den Mond, Breitband-Kabelnetze auf der Mondoberfläche, bemannte und unbemannte Mondfahrzeuge mit und ohne Druckkabinen, Hopper und ein unbemanntes Langstreckenfahrzeug sein.

Etwa um den Zeitraum 2040 – 2050 herum plant China auch mit dem Beginn bemannter Landungen auf dem Mars. Detaillierte Pläne dazu – über die Absichtserklärung hinaus – liegen aber noch nicht vor

Das chinesische Pendent zu den US-Systemen Starlink und Kuiper kommt voran. Am 15. Oktober startete China die 18 Flugeinheiten umfassende zweite Gruppe der „Tausend Segel" (chinesisch: Qianfan) – Megakonstellation in eine niedrige Erdumlaufbahn. Der Begriff „Tausend Segel" ist insofern ein wenig irreführend, als China tatsächlich statt nur 1000 insgesamt etwa 15.000 Satelliten dieser Reihe starten will. Diese Konstellation soll also von ihrem Umfang her am Ende noch größer werden als die Starlink-Konstellation von SpaceX.

Am 28. September 2024, beim dritten Spacesuit Technology Forum in Chongqing, stellte China seinen so genannten „Lunar Extravehicular Activity-Anzug" öffentlich vor. Er soll die ersten bemannten Mondmissionen des Landes ab etwa 2030 unter-

Grafische Darstellung des chinesischen lunaren EVA-Anzugs.

So beweglich ist der chinesische Mondanzug.

stützen. Dieser neue Raumanzug ist eine Weiterentwicklung der Feitian-EVA-Anzüge, die derzeit an Bord der chinesischen Raumstation verwendet werden. Er weist aber erhebliche Modifikationen auf, die vor allem auf eine größere Beweglichkeit des Unterkörpers abzielen. Das neue Design legt den Schwerpunkt auf leichte Materialien und eine bessere Anpassung an die Körperform, um die Funktionalität bei ausgedehnten Mondexkursionen zu gewährleisten. Er enthält mehrere Kameras, eine auf der Brust montierte Steuereinheit und ein fortschrittliches Gewebe, das für den Schutz vor extremen Temperaturen und Mondstaub optimiert ist. Er soll Exkursionen auf der Mondoberfläche von jeweils etwa sechs Stunden Dauer unterstützen. Bemerkenswert am chinesischen Design ist der kleine und kompakte Rückentornister. Chinas lunarer EVA-Anzug ist allerdings nur für die halbe Oberflächen-Aufenthaltsdauer ausgelegt, wie das US-Modell von Axiom Space, das mehr als zwölf Stunden lange Exkursionen unterstützt.

Bei EVA-Anzügen für den Gebrauch auf der Raumstation wird die Flexibilität der Hände für Operationen im Vordergrund gestellt. Mondanzüge müssen dagegen eine größere Beweglichkeit des Unterkörpers ermöglichen, um das Gehen, Klettern und die Durchführung wissenschaftlicher Aktivitäten auf der Mondoberfläche zu erleichtern. Darüber hinaus müssen Mondanzüge die Herausforderung des Mondstaubs bewältigen. Der ist extrem fein, sehr abrasiv und elektrostatisch aufgeladen. Auch das Gewicht ist von Bedeutung, da diese Anzüge in einer Umgebung mit einem Gravitationsfeld benutzt werden. In der Schwerelosigkeit der Raumstation spielt das Gewicht dagegen keine besondere Rolle. Der Helm verfügt über ein Panorama-Antiblendvisier, das ein breiteres Sichtfeld bietet, und zwei Kameras mit langer und kurzer Brennweite, die dem Unterstützungsteam am Boden Ansich-

Die Astronauten Zhai Zhigang und Wang Yaping zusammen mit dem neuen lunaren EVA-Anzug Chinas.

ten aus der Perspektive des Astronauten liefern. Die Anzüge verfügen außerdem über eine Multifunktions-Steuerkonsole an der Vorderseite, neue flexible Handschuhe und verbesserte Gelenke. Chinas EVA-Raumanzüge des Typs Feitian haben bis zum Herbst 2024 insgesamt 17 Astronauten bei 33 EVAs unterstützt. Der Name bedeutet „fliegender Himmel", nach fliegenden Göttern der chinesischen Mythologie. Für die Mondanzüge will die chinesische Raumfahrtbehörde aber eine neue Bezeichnung, und so hat sie die Öffentlichkeit aufgefordert, Vorschläge dafür im Rahmen eines nationalen Wettbewerbs einzureichen.

Die Astronautin Wang Yaping, ist hier im Bild zusammen mit ihrem Kollegen Zhai Zhigang zu sehen. Sie gilt als eine Kandidatin für eine der ersten bemannten chinesischen Mondmissionen. Wang Yaping hat vor drei Jahren bei der Mission von Shenzhou 13 den ersten Außenbordeinsatz einer chinesischen Frau absolviert. Während ihrer beiden Missionen zur Tiangong-Raumstation hat sie bereits 197 Tage im Weltraum verbracht. Sollte es China gelingen, noch vor den Amerikanern mit ihrem Artemis-Programm eine bemannte Mondlandung durchzuführen, dann könnten sie der NASA auch den von ihr schon sicher geglaubten Titel der „ersten Frau" auf dem Mond noch wegnehmen.

Jede der lunaren Landemissionen der ersten Generation wird mit zwei Raketen des Typs Langer Marsch-10 (LM-10) gestartet. Die eine trägt das bemannte Transferfahrzeug, das andere den Lander mit der Abstiegsstufe. Beide Komponenten treffen sich erst in der Mondumlaufbahn und koppeln dann aneinander an. Die LM-10 befindet sich gegenwärtig in einem fortgeschrittenen Entwicklungsstadium. Triebwerke und andere Komponenten sind getestet, und derzeit läuft bereits die Herstellung der ersten Flugeinheit. Ein Testflug der Single-Stick-Basiseinheit könnte bereits 2025 erfolgen.

Die Crew-Transportkapsel und der Lander verbinden sich nach der absolvierten Landemission wieder in der Mondumlaufbahn.

HICA

Eine Rakete des Typs Langer Marsch 12 wird zur Startrampe 2 des Hainan Commercial Space Launch Center transportiert:

Obwohl es am Anfang noch nicht so gehandhabt werden wird, ist die Langer Marsch 10 grundsätzlich für die Wiederverwendung konzipiert. In der Wiederverwendungsvariante wird sie über Grid Fins, also Gitterflossen ähnlich wie die Falcon 9 und das Starship von SpaceX verfügen, aber nicht über Landebeine. Das Booster-Bergungssystem ist neuartig. Die Stufe wird von einem System aus Abspannseilen auf einer Meeresplattform geborgen, um die Gewichtsnachteile der Landebeine zu vermeiden. Sehen Sie sich dazu diese Animation ab der Sekunde 40 an: https://tinyurl.com/dt3x5tdw. Die Starts für die Mondflüge werden vom Weltraumbahnhof Wenchang auf der Insel Hainan aus durchgeführt, wo die Startanlagen für die Langer Marsch 10 kurz vor der Fertigstellung sind. Sie befinden sich südlich der Startanlagen für die Langer Marsch 5 und 7.

Noch ein Stück weiter südlich entsteht eine große Anlage für die Starts kommerzieller Missionen. Die ersten beiden Startrampen sind bereits fertiggestellt. Dieser Bereich südlich der Rampen für die Langer Marsch-Versionen 5, 7 und 10 trägt den Namen Hainan International Commercial Aerospace Launch Center. Der erste Start von diesem Bereich – auf der Startrampe „Commercial LC-1“ – steht zum Zeitpunkt, an dem diese Zeilen entstehen, unmittelbar bevor. Wenige Wochen zuvor wurden auf der ebenfalls neuen Startrampe „Commercial LC-2“ Tests in Vorbereitung auf den Jungfernflug der Langer Marsch 12 durchgeführt. Der genaue Startzeitpunkt dieser von der Shanghai Academy of Spaceflight Technology (kurz: SAST) entwickelten und gebauten Trägerrakete ist noch unklar, doch er soll noch 2024 erfolgen.

Eingeweiht wird die neue Anlage mit ziemlicher Sicherheit mit dem Start einer Standardversion der Langer Marsch 8, die ein weiteres Paket der Qianfan-Satelliten in eine niedrige Erdumlaufbahn tragen wird. Die neuere Variante Langer Marsch 8A, die von der China Academy of Launch Vehicle Technology (kurz: CALT) entwickelt wurde, wird voraussichtlich Ende Dezember oder im Januar ebenfalls von dieser Startrampe ins All geschickt. Diese Trägerrakete mit einem Durchmesser von 3,5 Metern wird in der zweiten Stufe mit zwei verbesserten YF-75H-Triebwerken ausgestattet sein, was ihre Nutzlastkapazität für sonnensynchrone polare Umlaufbahnen von 4,5 auf 7,7 Tonnen erhöhen wird.

Nachdem Chinas Weltraumbahnhöfe kapazitätsmäßig aus allen Nähten platzen, aber schon in wenigen Jahren mehr als 200 jährliche Orbitalstarts Chinas erwartet werden, erweitert China sogar da, wo es topografisch und von der Besiedelungsdichte her eher ungünstig ist. Wie zum Beispiel am in Zentralchina gelegenen Weltraumbahnhof Xichang, wo die Abwurfzonen für Booster und Erststufen meist in stark bevölkerten, landwirtschaftlich geprägten Gegenden liegen. Dennoch hat die chinesische Raumfahrtagentur im Herbst 2024 Pläne für einen neuen kommerziellen Weltraumbahnhof am oder in der Nähe des Xichang Satellite Launch Center angekündigt.

Das Investitionsvolumen beträgt etwa 130 Millionen Euro. Xichang liegt in den Hügeln der südlichen Bergregion von Sichuan und unterstützt derzeit den Start von Trägerraketen der zweiten Generation, wie der Langer Marsch-Versionen 2, 3 und 4. Diese Raketen werden mit giftigen hypergolen Treibstoffen betrieben. Der seit 1984 in Betrieb befindliche Standort besteht aus den beiden Startkomplexen, LC-2 und LC-3. LC-1 wurde nie in Betrieb genommen und dient heute als Besucherzentrum und Aussichtsplattform. Außerdem unterstützt Xichang Starts der relativ kleinen Feststoffraketen der Typen Kuaizhou 1A und Langer Marsch 11. Diese Träger – für kleine Nutzlasten bis zu etwa 300 Kilogramm ausgelegt – starten von mobilen Startlafetten und benötigen daher keine komplexen und großen Startanlagen. Aufgrund der Topografie des Gebiets wird der Bau von Einrichtungen für die neue Generation von Trägerraketen trotz der Verwendung umweltfreundliche-

Eine Ceres 1S startet von einer Meeresplattform in der Nähe von Hainan aus.

rer Flüssigtreibstoffe sehr viel anspruchsvoller sein als die Erweiterung am Standort Wenchang. Und das Problem mit den auf bewohntem Gebiet abstürzenden Boostern und Erststufen besteht weiterhin.

Um dem auszuweichen, führt China in den letzten Jahren auch mehr und mehr Missionen von Meeresplattformen aus durch. Deswegen hat der Haiyang Oriental Space Port in der Küstenstadt Yantai angekündigt, die Häufigkeit seiner bislang schon stattfindenden küstennahen Starts durch zusätzliche Maßnahmen zu erhöhen. Flüge von den Küstengewässern aus finden hier seit dem Start einer Langer Marsch 11 im Juni 2019 statt. Zu den Trägern, die in der jüngsten Zeit von hier aus zum Einsatz kamen, gehören die Jielong-3 von Chinarocket, die Ceres-1S von Galactic Energy und die Gravity-1 von Orienspace. Die Leitung des Space Ports beabsichtigt, ein spezielles Trägerschiff und zwei Offshore-Plattformen einzusetzen, um bis 2027 bis zu 100 Flüge pro Jahr zu ermöglichen.

Wie hier zu sehen ist, lief bis wenige Sekunden vor dem Aufsetzen alles Bestens. Doch dann schaltete das Triebwerk sekundenbruchteile zu früh ab.

Ein weiteres Gebiet auf dem China gute Fortschritte macht, ist die Wiederverwendbarkeit von Trägerraketen, oder vielmehr ihrer Erststufen. Hier sind eine Reihe von Raumfahrtunternehmen in etwa da angekommen, wo SpaceX vor zehn Jahren war. Im Sommer 2024 führte Deep Blue Aerospace mit seinem VTVL-Booster von Jiuquan aus einen suborbitalen Flug durch, der über weite Strecken ziemlich gut aussah. Allerdings setzte der Booster dann letztendlich doch sehr hart auf, was in einer Bruchlandung endete.

Der Nebula-1-Trägerrakete von Deep Blue Aerospace verwendet in ihrer ersten Stufe neun Thunder-R Triebwerke, die mit Kerosin und Flüssigsauerstoff betrieben werden. Beim VTVL-Testflug am 23. September 2024 kamen aber nur drei dieser Triebwerke zum Einsatz. Die Stufe war für diesen Flug auch nur mit einem

Fünftel ihrer Treibstoffkapazität befüllt.

Das Unternehmen hatte schon im Mai 2022 einen erfolgreichen Test auf eine Höhe von einem Kilometer durchgeführt. Allerdings mit einem Test-Triebwerk. Beim aktuellen Versuch war es das erste Mal, dass das Thunder-R-Triebwerk, das auch die Nebula 1-Orbitalrakete antreiben wird, zum Einsatz kam. Landspace war da erfolgreicher, und schloss kürzlich einen Flugversuch erfolgreich ab, der bis in eine Höhe von zehn Kilometern führte. Dafür eingesetzt wurde die VTVL-1 (Kein Versehen: es ist der gleiche Name wie beim Blue Aerospace-Versuchsvehikel), eine einstufige Testrakete mit Flüssigsauerstoff- und Methanantrieb, die für die Erprobung der Technik für die vertikalen Starts und Landungen der ZQ-3 von LandSpace entwickelt wurde. Sie entspricht damit in etwa den frühen „Hopper"-Testfahrzeugen von SpaceX. Die Rakete weist eine Gesamtlänge von 18,3 Metern auf, einen Durchmesser von 3,35 Metern, ein Startgewicht von 50,3 Tonnen und einen Startschub von 68 Tonnen.

Das Ergebnis nach der Bruchlandung.

Das Abschalten und Wiederzünden des Triebwerks während eines Fluges war eine Premiere für China. Während der Zeit, in der das Triebwerk nicht aktiv war, verwendete die Teststufe zusätzlich zu den vier Grid Fins ein Kaltgas-Lageregelungssystem für die Steuerung, ganz ähnlich, wie es bei der Falcon 9 von SpaceX gehandhabt wird.

Schließlich landete das Testvehikel 3,2 Kilometer von der Startrampe entfernt fast auf den Meter genau auf dem Landepad. Dieser Erfolg ebnet den Weg für einen ersten Start der mittelschweren ZQ-3-Rakete des Unternehmens im nächsten Jahr. Landspace geht davon aus, dass die Erststufe der ZQ-3 in der Einsatzversion bis zu 20-mal wiederverwendet werden kann.

Die Flughöhe beim jüngsten Test übertrifft die des vorherigen Versuchs im Januar deutlich. Damals war die Rakete etwa 60 Sekunden in der Luft gewesen und erreichte eine Höhe von 320 Metern. Nach den beiden erfolgreichen Testläufen plant das Unternehmen im Juni 2025 den Jungfernflug der ZQ-3 im Jahr 2025 – noch im Verbrauchsmodus – und die Entwicklung wiederverwendbarer Raketenkomponenten ab Jahr 2026. Ziel ist es, innerhalb von drei Jahren die notwendigen technologischen Durchbrüche bei der Realisierung von Starts mit hoher Nutzlast, niedrigen Kosten und Wiederverwendbarkeit zu erzielen.

Und schließlich führte Anfang des Jahres auch die staatliche China Aerospace Science and Technology Corporation (CAST) einen VTVL-Test durch und flog mit ihrem eigenen, mit Methan und Sauerstoff betriebenen Technologieträger auf zwölf Kilometer Höhe. Als nächstes steht für die CAST zu Beginn nächsten Jahres ein 70-Kilometer-Test an.

Start des VTVL-Boosters von Landspace.

Am 25. September testete China ein wiederverwendbares rückführbares Kapselsystem für Mikrogravitationsnutzlasten. Über Systeme dieser Art verfügte China bereits in der Vergangenheit, aber die waren nur einmal verwendbar. Eine Trägerrakete des Typs Langer Marsch 2D brachte das mit Shijian 19 bezeichnete Vehikel am 25. September vom Satellitenstartzentrum Jiuquan in eine erdnahe Umlaufbahn. Am 11. Oktober landete er erfolgreich in der Dongfeng-Landezone nördlich von Jiuquan.

Rückkehrkapsel des Shijian 19-Raumfahrzeugs nach der Landung im Dongfeng-Gebiet nördlich von Jiuquan.

Das 3.550 Kilogramm schwere Vehikel verbringt normalerweise zwischen 10 und 20 Tage im Weltraum, und kann schätzungsweise 10- bis 15-mal wiederverwendet werden. Er kann bis zu 500 Kilogramm Nutzlast aufnehmen und seine Proben können innerhalb von fünf Stunden nach der Landung geborgen und an die Experimentatoren ausgeliefert werden. Die Turn-around-Zeit bis zum erneuten Start des Satelliten soll etwa drei Monate betragen. Das Design kann in einer batteriebetriebenen Konfiguration für Kurzzeitflüge oder einer Ausführung für länger dauernde Missionen mit Unterstützung durch Solargeneratoren geflogen werden. Bei diesem ersten Flug befanden sich Nutzlasten aus fünf verschiedenen Ländern an Bord, darunter aus Thailand und Pakistan. Zu den Versuchsanordnungen an Bord gehörte auch eine Anlage zur Züchtung von Mikroorganismen in der Schwerelosigkeit.

Die chinesische Raumfahrtagentur hat zwei Vorschläge zur Entwicklung von Raumfahrzeugen für kostengünstige Nachschubmissionen zur nationalen Raumstation ausgewählt. Damit folgt sie dem Beispiel des Commercial Resupply Services (CRS)-Programmes der NASA, bei dem SpaceX und Northrop Grumman im Jahr 2008 je einen Vertrag für die Versorgung der ISS bekamen.

Das China Manned Space Engineering Office (CMSEO) hat Anfang des vergangenen Jahres eine ähnlich lautende Ausschreibung für Vorschläge zu kostengünstigen Frachttransportsystemen zur Versorgung der Tiangong-Raumstation durchgeführt. Zehn Angebote gingen ein, vier davon schafften es im September 2023 bis in die detaillierte Entwurfsphase.

Nun haben sich zwei Teams durchgesetzt, gab das CMSEO bei einer Pressekonferenz am 29. Oktober bekannt. Die Agentur hat das Frachtraumfahrzeug Qingzhou von der Innovation Academy for Microsatellites der chinesischen Akademie der Wissenschaften (IAMCAS) und den Vorschlag für das Transportraumschiff Haolong vom Chengdu Aircraft Design Institut der Aviation Industry Corporation (AVIC) ausgewählt. Die Vorschläge der China Academy of Space Technology (CAST), die Chinas Raumstationsmodule, die Tianzhou-Frachtschiffe und bemannte Raumfahrzeuge entwickelt hat, sowie des anderen großen Raumfahrzeugentwicklers des Landes, der Shanghai Academy of Spaceflight Technology (SAST), kamen etwas überraschend nicht zum Zuge. Zu den Anforderungen an das Frachttransportsystem gehört, dass es mindestens 1.800 Kilogramm zur Tiangong-Raumstation befördern können muss. Darüber hinaus darf der Preis pro 1.000 Kilogramm Nutzlast nicht mehr als 120 Millionen Yuan (das sind etwa 17 Millionen Euro) betragen. Das Raumfahrzeug muss zudem einen kontrollierten Wiedereintritt durchführen und dabei mehr als 2.000 Kilogramm Abfall der Raumstation entsorgen können.

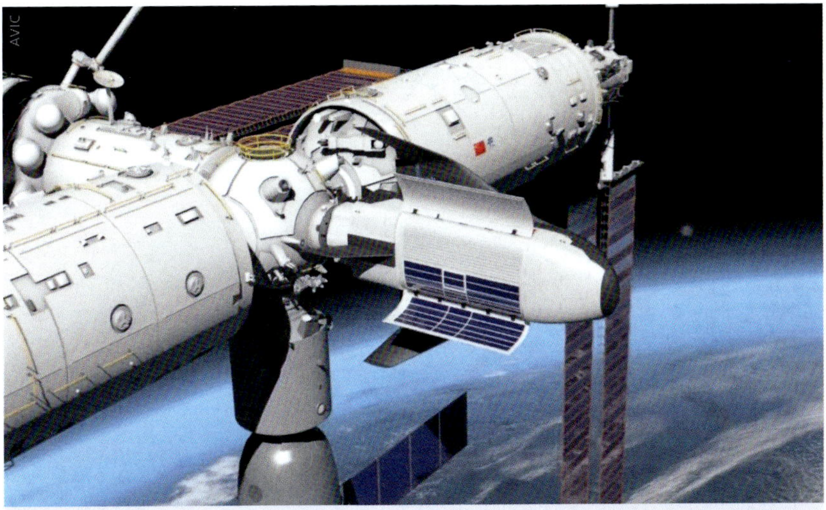

Frachtraumschiff Haolong für die Tiangong-Raumstation vom chinesischen Hersteller AVIC in angedocktem Zustand.

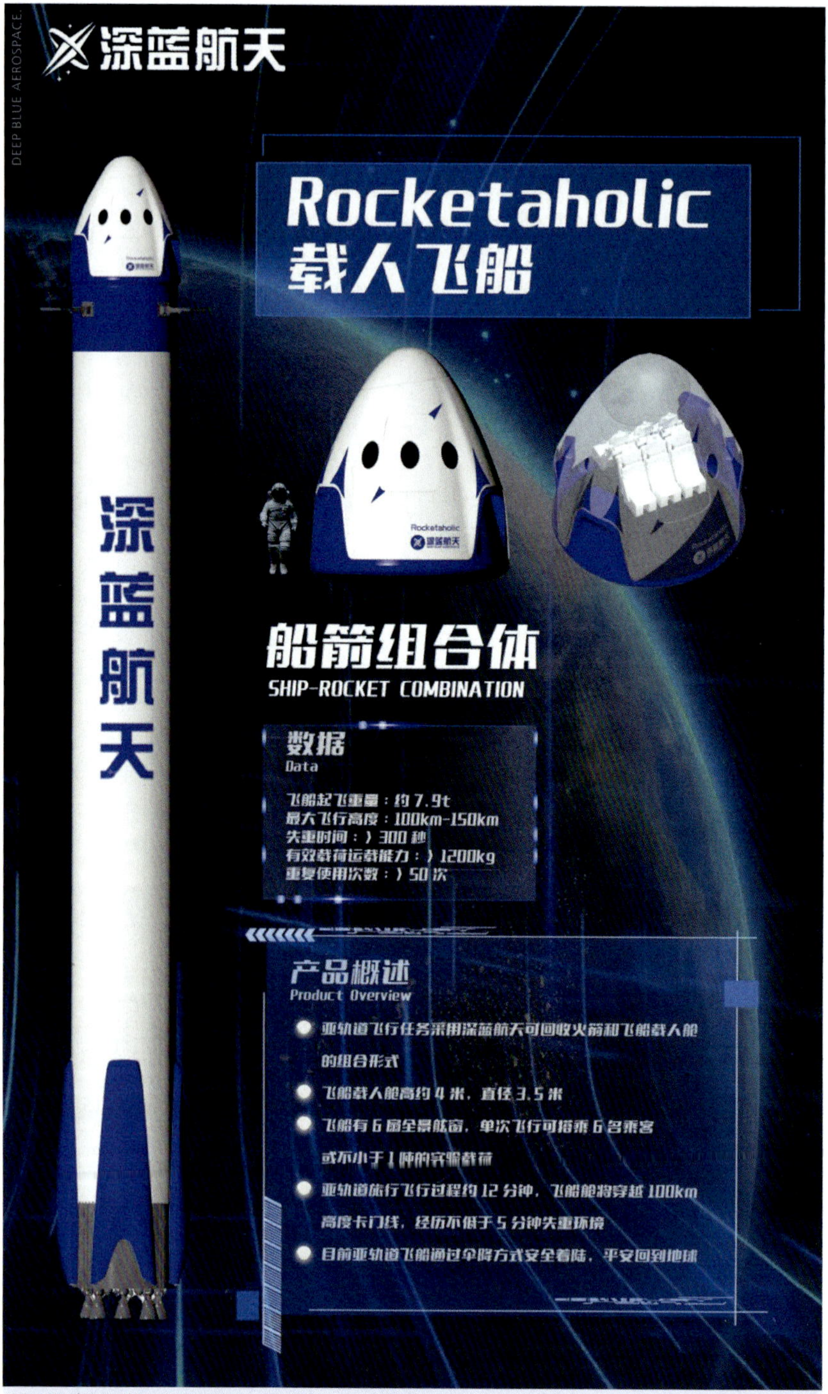

Die Werbung für die Touristenflüge bei Deep Blue Aerospace läuft bereits. Ob allerdings die Bezeichnung „Rocketaholic“ glücklich gewählt wurde, ist fraglich.

Das Raumfahrzeug der IAMCAS soll mit einer Lijian-2 Trägerrakete der CAS Space gestartet werden. Deren Debüt wird für die zweite Hälfte des Jahres 2025 erwartet. CAS Space ist eine Ausgründung der Chinesischen Akademie der Wissenschaften. Obwohl es diesem staatlichen Unternehmen nahesteht, ist es das erste Mal, dass ein zumindest formal kommerzielles Raumfahrtunternehmen in China an einer wichtigen Ausschreibung des nationalen Raumstationsprojektes teilnimmt und diese auch gewinnt. Der staatliche chinesische Rüstungs- und Flugzeugkonzern AVIC ist zwar in begrenztem Umfang an einigen früheren nationalen Raumfahrtaktivitäten beteiligt gewesen, ist aber kein traditioneller Akteur im chinesischen Raumfahrtökosystem. Insofern ist auch die Auswahl dieses Unternehmens eine kleine Überraschung.

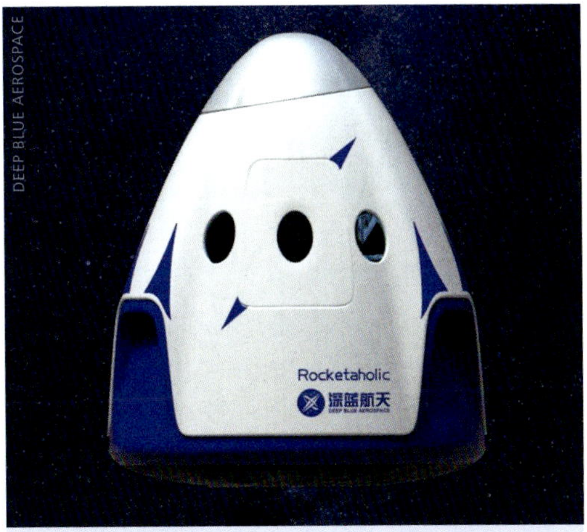

So sieht die Raumkapsel von Deep Blue Aerospace im Detail aus.

Und auch auf dem Gebiet des Weltraumtourismus gibt es Aktivitäten in China. Deep Blue Aerospace hat sich zum Ziel gesetzt, ab 2027 suborbitale Passagierflüge anzubieten. Das Unternehmen entwickelt, wie wir weiter vorne gesehen haben, derzeit die wiederverwendbare Orbitalrakete Nebula-1. Gleichzeitig will sich das Unternehmen aber auch dem Weltraumtourismus zuwenden. Die Firma verkaufte die ersten beiden Tickets publikumswirksam bei einem Live-Streaming-Event am 24. Oktober. Weitere Tickets werden in Zukunft auf ähnliche Weise in den Verkauf gehen. Das System wird eine einstufige wiederverwendbare Rakete und ein bemanntes Raumschiff verwenden, ähnlich dem New Shepard-System von Blue Origin. Es wird auf eine Höhe zwischen 100 und 150 Kilometern fliegen und seinen Passagieren bis zu 600 Sekunden Mikrogravitationserfahrung bieten.

Die Kapsel stimmt auch größenmäßig ziemlich genau mit dem New Shepard überein. Wie dieses wird auch das Deep Blue Aerospace-System sechs Passagiere befördern können und über sechs Fenster verfügen. Es wird in der Lage sein, eine Nutzlast von 1.200 Kilogramm aufzunehmen und kann 50 Mal wiederverwendet werden. Das Unternehmen plant Dutzende von Testflügen, bevor es 2027 den kommerziellen Betrieb aufnimmt. Der Preis pro Ticket wird derzeit mit 1,5 Millionen Yuan (210.000 US-Dollar) angegeben.

Deep Blue Nebula ist nicht das einzige chinesische Unternehmen, das auf suborbitalen Tourismus abzielt. CAS Space entwickelt ebenfalls einen ähnlichen Service und plant ebenfalls ab 2027 mit Touristenflügen zu beginnen.

MAIASPACE

Die Maia in Kourou auf der ehemaligen Sojus-Startanlage.

EUROPAS KLEINTRÄGER – EINE BESTANDSAUFNAHME

Über die europäischen Kleinträger haben wir in SPACE schon mehrfach berichtet. In dieser Ausgabe unseres Jahrbuches wollen wir erneut einen Blick auf die aktuelle Situation der Startups werfen. Kennzeichnend ist, dass viele dieser Unternehmen 2024 mehr und mehr in die Test- und Flugvorbereitungsphase übergegangen sind. Zusätzlich zu den technischen Aktivitäten kennzeichneten die Branche auch neue Finanzierungsrunden. Es zeigte sich aber auch bedauerlicherweise, dass die Grunderkenntnis aller Raumfahrtentwickler – häufig beschrieben mit dem lateinischen Sprichwort „per aspera ad astra" (rauh ist der Weg zu den Sternen) – auch für diese Branche gilt. Bevor wir uns aber den einzelnen Unternehmen widmen, zunächst ein genereller Blick auf die europäische Trägerraketen-Industrie.

So schlecht wie gegenwärtig ist Europas Trägerraketenindustrie seit dem Scheitern des Europa-Programmes in den frühen 70er-Jahren nicht mehr dagestanden. Wir befinden uns im Jahr 2024, sind also eigentlich irgendwo in der Zukunft angekommen, und Europa rappelt sich nach einer Reihe katastrophaler Jahre gerade wieder auf, einen eigenen Zugang zum Weltraum zu schaffen. Die Ariane 6 legte im Juli 2024 einen halbwegs akzeptablen Erstflug hin, wenngleich ausgerechnet die beiden teuersten Nutzlasten bei diesem Jungfernflug in einer Erdumlaufbahn gestrandet sind, anstatt als Wiedereintrittsdemonstratoren zu dienen, so wie es vorgesehen war. Die Ariane 6 flog also endlich in diesem Sommer 2024, fünf Jahre nach dem ursprünglich dafür geplanten Termin. Aber, wie ich im letzten Jahr schon angekündigt hatte, tat sie das dann in diesem Jahr kein weiteres Mal. Selbst wenn alles weiter gut geht, wird es Jahre dauern, bis ihre Produktion auf ein sinnvolles Niveau hochläuft.

Die Vega in ihrer Grundversion ist in diesem Jahr – mit einer durchwachsenen Bilanz – und einer haarsträubend unwirtschaftlichen Startrate aus dem aktiven Dienst ausgeschieden. Die Vega C hat zum Zeitpunkt, an dem diese Zeilen entstehen ihren Rehabilitierungsflug noch vor sich. Der soll Anfang Dezember 2024 erfolgen, nach einer zweijährigen Pause, weil dieser Typ am 21. Dezember 2022 gleich bei seiner zweiten Mission einen Fehlstart hingelegt hatte.

Nein, das ist keine europäische Trägerrakete sondern eine Falcon 9 von SpaceX, die am 3. Oktober 2024 die europäische Raumsonde Hera auf einen heliozentrischen Orbit brachte.

Bis die Ariane 6 und die Vega C vernünftige Startkadenzen erreichen, wird Elon Musks einst von ESA, CNES und Arianespace als Amateurbutze geschmähte Firma weiterhin Europas Generalunternehmer für Startdienstleistungen bleiben. Sentinel-Satelliten der EU, militärische Aufklärer der Bundeswehr, Umweltbeobachtungssatelliten für Italien, Wissenschaftsmissionen der ESA wie Euclid oder Hera, Flüge für das Galileo-System oder für Eumetsat: All das startet weiterhin bei SpaceX. Nicht übersehen werden darf auch, dass für Europa auch das Segment der Mittelklasse komplett weggefallen ist. Hier hatte man sich viele Jahre lang auf die Dienste der russischen Sojus verlassen, die nun aber, des Überfalls auf die Ukraine wegen, für Westeuropa nicht mehr fliegt. Man hatte es in der Vergangenheit nicht für nötig erachtet, ein eigenes Stargerät in der Leistungsklasse von etwa 4-8 Tonnen für die niedrige Erdumlaufbahn zu entwickeln.

All das führte dazu, dass es schon 2023 nicht mehr als drei europäische Orbitalstarts gab. Das waren die beiden Abschiedsmissionen der Ariane 5 und ein einzelner Start der Basisversion der Vega-Rakete. Wenn es im Dezember mit der Vega C klappt, könnten es 2024 auch wieder drei werden. So viel wie der Iran, aber weniger als ein Viertel so viel wie Neuseeland. Beschämender geht es nicht.

Wenden wir uns nach dieser unerfreulichen Bestandsaufnahme bei den institutionellen Raketen Europas künftigen privat konzipierten und auch überwiegend privat finanzierten Kleinträgern zu, denn hier scheint sich ein zarter Aufwärtstrend abzuzeichnen. Auch da dürfen wir uns keinerlei Illusionen hingeben: Eventuelle Flugversuche der Nano- und Mikroträger-Startups, die in der nächsten Zeit möglicherweise stattfinden, werden nicht zur Verbesserung der europäischen Trägersituation beitragen. Selbst wenn erste Flüge dieser Unternehmen gelingen sollten, werden sie noch über viele Jahre keinen wesentlichen Beitrag zur europäischen Unabhängigkeit im Weltraum leisten. Ein weiterer Punkt: Die Träger der europäischen Startups sind fast durchweg viel zu klein konzipiert. Durch die Rideshare- und Bandwagon-Flüge von SpaceX und der ISRO, mit denen jedes Jahr mehr als fünfhundert Kleinsatelliten in den Orbit transportiert werden, sind die Startpreise für Kleinnutzlasten in den letzten Jahren ins Bodenlose gefallen. Es sind Preise, mit denen kein europäischer Anbieter auch nur im Ansatz mithalten kann. So liegt denn die einzige Chance dieser neuen Kleinraketen in institutionell subventionierten binneneuropäischen Starts. Und noch ein weiterer Punkt ist zu bedenken: Der Kleinträgermarkt ist gesättigt. Es gibt weltweit schon eine ganze Reihe kleiner Orbitalraketen, die einsatzbereit und im Markt eingeführt sind, und den Restmarkt abschöpfen, den SpaceX übriggelassen hat. Kurz und gut: Die Welt wartet nicht darauf, dass auch Europa irgendwann zu Potte kommt.

Doch vielleicht bin ich zu pessimistisch. Ich hoffe sogar inständig, dass ich das bin. Vielleicht erleben wir ja auch gerade durch diese europäischen Start-ups eine Renaissance der europäischen Trägerraketenszene. Von diesen Start-ups gibt es derzeit in Europa nicht weniger als 20 Stück. Wenn wir die reinen Höhenforschungsraketen herausnehmen (beispielsweise die Bloostar von Zero2Infinity, die Perun von Space Forest oder die Dart und die Barracuda von T-minus Engineering) und wenn wir auch noch einige weitere Unternehmen, die noch sehr weit von orbitalen Fähigkeiten entfernt zu sein scheinen (wie zum Beispiel die Astraius der gleichnamigen Firma, die Sterne von Opus Aerospace oder Sidereus Space mit der EOS) aus der Liste streichen, bleiben aus derzeitiger Sicht zehn Firmen, von dem wir hoffen können, dass sie in den kommenden Jahren einen ersten Versuch unternehmen, einen orbitalen Kleinträger zu starten. Wir wollen sie uns hier einmal genauer ansehen. Um den Reigen der europäischen Kleinträger zu vervollständigen, haben wir auch die italienische Avio S.p.A. als Nummer elf mit dazu genommen, obwohl diese Firma ein lupenrein ausschließlich staatsfinanziertes Unternehmen ist.

1. Die französische Maiaspace (www.maia-space.com) wurde Ende 2021 mit dem Ziel gegründet, eine teilweise wiederverwendbaren Kleinträgerrakete zu entwickeln. Die Standard-Konfiguration wird in der Lage sein, im so genannten „Verbrauchsmodus" eine Nutzlast von 1.500 Kilogramm in eine erdnahe Umlaufbahn zu befördern. Im Wiederverwendbarkeitsmodus sinkt die Nutzlastkapazität auf nur noch 500 Kilogramm. Zusätzlich will Maia Space eine Kickstufe namens Colibri entwickeln. Mit ihr kann die Nutzlastkapazität im Verbrauchsmodus auf 2.500 Kilogramm gesteigert werden. Mit diesen Leistungsparametern ist die Maia die mit Abstand größte Rakete unter den europäischen Kleinträgern.

Maiaspace ist eine Ausgründung der Ariane Group und beschäftigt momentan etwa 150 Mitarbeiter. Sie bekommt von dort bislang auch den größten Teil ihrer Finanzierung. Für die Entwicklung der Erststufe nutzt Maia Space das Knowhow der ArianeGroup aus den von der ESA finanzierten Programmen Themis und

Illustration der Maia im Flug.

Prometheus. Die Mutterfirma subventioniert somit gewissermaßen die Entwicklung einer „Eigenmarke" aus öffentlichen Mitteln. Dass sich gegen diese Praxis bei der ESA kaum Widerstand regt, zeigt die Verzweiflung der Behörde in der gegenwärtigen Trägersituation. Immerhin: Wenn sie einmal auf dem Markt ist, könnte sie in ihrer Leistung sogar die Vega C übertreffen.

Maia wird für die erste Stufe drei Prometheus-Motoren und für die zweite Stufe ein einzelnes vakuumoptimierten Prometheus-Triebwerk einsetzen. Bisher wurden insgesamt etwa 300 Millionen Euro an ESA-Fördermitteln für Themis und Prometheus ausgegeben. Die ArianeGroup selbst hat für ihre Tochtergesellschaft bislang etwa 210 Millionen Euro zur Verfügung gestellt. Die Starts der Maia sollen im Übrigen von der ehemaligen Sojus-Startanlage in Kourou aus erfolgen. Ein Termin für den Erstflug wurde noch nicht genannt. Es wird ein Zeitraum irgendwo zwischen Ende 2026 und Anfang 2027 kolportiert.

2. Die spanische PLD-Space (www.pldspace.com) steht unter den europäischen Kleinträger-Herstellern schon deshalb relativ gut da, weil sie zu den wenigen gehören, die bislang wenigsten irgendetwas gestartet haben, nämlich ihre suborbitale Miura-1-Rakete. Der Flug erfolgte vom El Arenosillo Testzentrum in der Nähe von Huelva am 7. Oktober 2023 dauerte 307 Sekunden und führte auf 46 Kilometer Höhe. PLD Space erhielt von der spanischen Regierung ein Darlehen von 45 Millionen Euro für die Arbeiten an der Miura 5. Sie ist eine Weiterentwicklung der suborbitalen Miura 1. Das Darlehen muss innerhalb der ersten zehn Jahre des operationellen Betriebes zurückgezahlt werden. PLD plant den Erstflug der Miura 5 in 2025 und den Beginn des kommerziellen Betriebes mit dieser Rakete im

Start der Miura 1 am 7. Oktober 2023.

Jahr 2026. PLD Space hat am 24. Juni 2024 in Paris eine Investition von zehn Millionen Euro in den Miura 5-Startkomplex in Europas Weltraumbahnhof in Kourou (Französisch-Guayana) angekündigt und noch im Sommer mit Unterstützung der französischen Raumfahrtbehörde mit den Bauarbeiten am Standort ELM-Diamant in Kourou begonnen. Von dieser Startanlage aus wurden in den Jahren 1970 – 1975 insgesamt sieben französische Orbitalträger der Typen Diamant B und Diamant BP4 gestartet. PLD Space wird damit der erste nicht-institutionelle Trägerraketenbetreiber sein, der von dieser historischen Basis aus in den Orbit startet. Das Unternehmen plant, in Kourou die Anzahl der Starts schrittweise zu erhöhen, und will bis 2030 eine Kadenz von 30 jährlichen Flügen erreichen. Das CNES verpflichtet sich im Gegenzug, die allgemeine Infrastruktur bereitzustellen, wie Straßenanbindung, Stromversorgung, Löschwassernetz und Zugangskontrollen zum allgemeinen Komplex. Mitte 2025 soll die Abnahme des Startkomplexes stattfinden, um die Startkampagne der Miura 5 gegen Ende 2025 unterstützen zu können.

Inzwischen hat PLD-Space bekannt gegeben, auch ins Großträgergeschäft einsteigen zu wollen und stellte eine Palette von Raketen der nächsten Generation vor. Dabei handelt es sich um die Miura Next, die Miura Next Heavy und die Miura Next Super Heavy, die alle auf einem System modularer Antriebsblöcke basieren. Die Miura Next wird die Basis des Systems bilden und ist eine Single-Stick-Zweistufenrakete ähnlich der Falcon 9 von SpaceX. Die Miura Next Heavy wird über zwei Booster verfügen und die Miura Next Super Heavy über vier. Die Booster werden eine gemeinsame Architektur mit der Hauptstufe der Rakete aufweisen. Die Erststufen und Booster werden alle wiederverwendbar konzipiert. Die kleinste der drei Raketen wird bis zu 13.580 Kilogramm in eine niedrige Erdumlaufbahn befördern können, während die stärkste eine Kapazität von 53.000 Kilogramm haben wird.

Die zukünftige Miura Next Superheavy

Eine Vega C von Avio wartet auf den Start.

3. Die italienische Avio S.p.A. (www.avio.com) stellt die Vega C her, einen Launcher, der an sich nicht in unsere Betrachtung gehört, denn er entstand ausschließlich aus staatlicher Förderung ohne unternehmerisches Risiko. Doch es befinden sich weitere Vega-Varianten wie etwa die Vega Light in Entwicklung, in die das Unternehmen in gewissem Umfang Eigenmittel zur Realisierung hineinstecken müsste. Für die Vega C hat Avio eine Garantiezusage der ESA für bis zu drei Starts pro Jahr. Sollte die auslaufen, ist Avio auf sich allein gestellt. Dann könnte dem Unternehmen durch die privaten Start-ups wie Maia-Space ein ernster Konkurrent in Europa erwachsen. Die italienische Regierung hat Avio eine Zuwendung in Höhe von 300 Millionen Euro für die Entwicklung eines wiederverwendbaren Trägerraketen-Demonstrators bereitgestellt. Ein Schlüsselelement dieses Projekts ist der methanbetriebene M60-Erststufenmotor. Das Triebwerk soll in der Schubklasse von 100 Kilonewton liegen, und damit im Bereich der Leistung des Merlin 1C-Triebwerks der Falcon 9 von SpaceX. Mit massiven staatlichen Förderungen wie dieser ist Avio dann allerdings wieder in der klassischen, staatsfinanzierten Raumfahrtindustrie.

4. Die Rocket Factory Augsburg (www.rfa.space) scheint ausreichend finanziert zu sein, machte bis zu diesem Sommer stetige Fortschritte und hat sich mit dem SaxaVord Spaceport in Schottland einen – leider nicht ganz exklusiven – Startplatz für seine Orbitalflüge gesichert. Wie aus einem Bericht der UK Civil Aviation Authority vom 26. Februar 2024 zu entnehmen ist, plant die RFA bis zu zehn Starts pro Jahr von SaxaVord aus. Wir wären jedoch nicht in Europa, wenn sich nicht ein großer Teil des Berichtes mit den Einschränkungen des Flugbetriebs dort befasst. Danach darf zwischen Mitte Mai und Ende Juni eines Jahres nicht gestartet werden, um die lokale Vogelpopulation nicht zu stören. Generell dürfen auch nicht mehr als zwei

Die Triebwerkssektion der RFA ONE-Rakete

Starts monatlich durchgeführt werden und nicht mehr als 20 insgesamt. Dieses Kontingent würden sich neben RFA auch noch Skyrora, ABL, HyImpulse und Latitude teilen müssen, wodurch keiner von ihnen wirtschaftlich sinnvolle Startraten von dieser Anlage aus erzielen kann. Nicht zuletzt deshalb existiert seit dem Juni 2023 auch eine Absichtserklärung mit der CNES für Starts von Kourou aus. Die könnten ab 2025 dort beginnen. RFA hat auch eine Vereinbarung mit dem DLR unterzeichnet, Triebwerkstests in Lampoldshausen durchzuführen. Weiterhin hat die RFA inzwischen auch eine Reihe von Projekten aufgenommen, die nichts mit der Trägerraketenentwicklung zu tun haben, wie die Entwicklung des Argo-Versorgungsfahrzeugs für Raumstationen. Der erwähnte Bericht der UK Civil Aviation Authority wies auch noch einige bislang noch unbekannte technische Details zur Entwicklung der Rakete aus. Danach wird die Serienversion der RFA-Rakten offenbar größer und komplexer als ursprünglich geplant. Die gegenwärtige Konfiguration soll nur beim Jungfernflug eingesetzt werden. Zukünftig soll die Rakete aber 40,5 Meter lang sein, und an der Fairing einen Durchmesser von 3,3 Metern aufweisen. Die wichtigste Änderung betrifft die erste Stufe, die nunmehr mit 13 Helix-Triebwerken ausgerüstet wird, die zusammen 1.300 Kilonewton Schub erzeugen sollen. Bislang wurde mit neun Triebwerken geplant. Wie weit diese Pläne noch gelten, ist allerdings derzeit unbekannt, denn im Sommer wurde die Rocket Factory Augsburg mit einem der Albträume eines jeden Raketenentwicklers konfrontiert: Einem Feuer bei einem statischen Brennlauf, welches die wertvolle Erststufe und die Startinfrastruktur vernichtete.

Der Brand beginnt sich zu entwickeln. Sekunden später ist der gesamte Teststand vom Feuer eingehüllt.

Es war der dritte Test dieser Art. Am 19. Mai war noch alles gut gegangen. An diesem Tag hatte in SaxaVord eine erste Heißfeuerkampagne für die Boosterstufe der RFA ONE stattgefunden. Dabei wurden vier der neun Helix-Triebwerke nacheinander im Abstand von vier Sekunden gezündet. Alle vier Raketenmotoren liefen danach für acht Sekunden gleichzeitig. Anfang August fand ein zweiter Heißlauf mit nunmehr fünf Triebwerken statt, der ebenfalls erfolgreich verlief. Am 20. August sollten in Vorbereitung auf den Erstflug der RFA-1 alle neun Triebwerke zusammen einem statischen Brennlauf unterzogen werden. Dazu wurde die Stufe auf dem Startsockel mit Klammern festgehalten und die Raketenmotoren gezündet. Im Moment der Zündung brach ein Feuer aus, das sich rasch ausbreitete und in Sekunden die gesamte Startanlage und die Raketenstufe einhüllte. Das letzte, was im Flammeninferno zu erkennen war, war der Booster, der vom Startsockel kippte und auf den Boden fiel. Die Ergebnisse einer vorläufigen Untersuchung zu der Ursache des Brandes in der ersten Stufe einer RFA ONE haben einen Sauerstoffbrand in einer der Turbopumpen als Ursache identifiziert. Der Unfall wird das Unternehmen, das drauf und dran war, das Rennen um den ersten Orbitalstart eines privat gebauten europäischen Kleinträgers zu gewinnen, um mindestens sechs Monate zurückwerfen. Ganz zu schweigen von den Auswirkungen für das „auf Kante" genähte Projektbudget. Hier https://tinyurl.com/ck9dzv8r finden Sie einen Film des Ereignisses.

Die SR-75 von HyImpulse wird für den Start vorbereitet.

5. HyImpulse (www.hyimpulse.de) lieferte im Mai 2024 eines der Highlights in der europäischen Kleinträgerszene des Jahres, nämlich den Erstflug der suborbitalen SR-75 Testrakete. Der Flug sollte ursprünglich von SaxaVord in Schottland aus durchgeführt werden, aber Verzögerungen beim Bau der Anlage zwangen das Unternehmen, sich nach einem anderen Standort umzusehen. Das war am Ende die Koonibba Test Range in Südaustralien.

Lange hielt sich HyImpulse sehr bedeckt darüber, ob die SR-75 ihre Testziele auch erreicht hatte. Ungewiss war somit: Hat die zwölf Meter lange und etwa 2,5 Tonnen schwere Rakete eine Höhe von 100 Kilometern überschritten? Ist sie also jenseits der Karman-Linie und damit per Definition im Weltraum gewesen?

Die SR-75 an der Startlafette.

Die von HyImpulse freigegebenen Filmaufnahmen zeigten lediglich den Liftoff und den Flug der Rakete bis in etwa 300 Metern Höhe. In den letzten Wochen vor Redaktionsschluss von SPACE 2025 ist durchgesickert, dass die Rakete wohl eine Höhe von etwa 60 Kilometern erreicht hat. Das läge deutlich unter den selbstgesteckten Zielen. Die Finanzierung von HyImpulse scheint immerhin fürs Erste gesichert zu sein. Im Dezember 2023 erhielt das Unternehmen einen zusätzlichen „Boost", nämlich eine Förderung aus dem Boost-Programm der ESA in Höhe von 6,5 Millionen Euro. Die britische Raumfahrtagentur UKSA hat HyImpulse knapp sechs Millionen Euro (genau 4.995.000 Pfund Sterling) an Fördermitteln für den Start der SR75-Rakete vom schottischen SaxaVord aus zugesprochen. Das Projekt trägt die Bezeichnung SHARP was für Sustainable Hybrid Accelerated Rocket Programme steht. HyImpulse wird für das SHARP-Projekt mit der Cranfield University, der Birmingham University und der AVICON Partnership zusammenarbeiten.

Die Finanzierung für SHARP ist nicht die erste Zuwendung, die HyImpulse von der britischen Regierung erhält. Im Dezember 2022 bekamen die Neuenstädter schon einmal 400.000 Pfund an Fördermitteln, um ein in Großbritannien ansässiges Testprogramm für seine Hybridraketenmotoren aufzubauen. Ein Jahr später, im Dezember 2023, erhielt das Unternehmen weitere 3,4 Millionen Pfund über das Boost!-Programm der ESA, um, wie es heißt, Raumfahrtaktivitäten von britischen Weltraumhäfen aus zu ermöglichen. In einer Pressemitteilung vom 23. April gab die UKSA bekannt, dass HyImpulse beabsichtigt, in den nächsten drei Jahren bis zu 50 Millionen Euro in Großbritannien zu investieren. Durch die Aktivitäten des Unternehmens werden laut Agentur damit in England rund 70 neue Arbeitsplätze geschaffen. Schon im November 2023 hatte HyImpulse eine Vereinbarung mit SaxaVord unterzeichnet, um ab Ende 2025 SL1-Starts von der Anlage aus durchzuführen. HyImpulse ist zudem eines von mehreren Unternehmen, die im Juli 2022 von CNES ausgewählt wurden, um künftig den kommerziellen Startplatz zu nutzen, der gerade im Raumfahrtzentrum Kourou in Französisch-Guayana gebaut wird. Aber offensichtlich hat es HyImpulse auch in Australien recht gut gefallen, denn das Unternehmen unterzeichnete am 6. Juni eine Absichtserklärung, nicht nur weitere SR-75-Missionen von Koonibba aus zu starten, sondern vom 350 Kilometer davon entfernten Whalers Way Orbital Launch Complex im Süden des Landes auch Missionen mit der künftigen SL1-Orbitalrakete durchzuführen.

Start der SR-75 in der Koonibba Test Range in Südaustralien.

Start der SR-75 in der Koonibba Test Range in Südaustralien.

6. Isar Aerospace (www.isaraerospace.com) , angesiedelt in Ottobrunn bei München, scheint sich positiv zu entwickeln. Bisher wurden bereits weit über 100 Hot-Fire-Tests mit dem Aquila-Triebwerk der Spectrum-Rakete durchgeführt, und damit hat dieser Raketenmotor einen hohen Level an Zuverlässigkeit erreicht. Eines dieser Triebwerke soll sogar für 260 Sekunden gefeuert worden sein, was länger wäre als die notwendige Brenndauer des Triebwerks für seinen Einsatz. Das Unternehmen ist auch gut finanziert. Auch ein Startplatz für die Spectrum wurde festgelegt: Die Insel Andøya in Norwegen. Allerdings schiebt sich auch hier die Erstflugtermin immer weiter nach rechts. Ursprünglich einmal geplant für 2022 wird es jetzt wohl Anfang 2025 werden.

Am 23. Februar besuchte der Bayrische Ministerpräsident Markus Söder Isar Aerospace in deren Triebwerkstestanlage im Esrange Space Center in der Nähe von Kiruna in Schweden. Da Isar Aerospace langsam in die Zielgerade zu ihrem ersten Testflug einschwenkt, nutzte Söder die Gelegenheit, das komplett selbst entwickelte Aquila-Triebwerk des Raumfahrtunternehmens auf dem Prüfstand genauer unter die Lupe zu nehmen. Insgesamt zehn Triebwerke haben ihre Abnahmetests durchlaufen und sollen beim ersten Testflug der *Spectrum*-Trägerrakete eingesesetzt werden.

Eine Beteiligung des NATO Innovation Fund (NIF) und weiterer Geldgeber wie Airbus Ventures, Bayern Kapital und UVC-Partners in einer Gesamthöhe von 65 Millionen Euro bringt die Gesamtfinanzierung von Isar Aerospace auf mehr als 400 Millionen Euro. Damit ist das Unternehmen eines der am besten finanzierten unabhängigen New-Space-Unternehmen in Europa. Im Mai gab Isar Aerospace die Errichtung einer Produktionsanlage für kommerzielle Trägerraketen in Vaterstetten bei München bekannt. Das liegt etwa 20 Kilometer nördlich des Headquarters der Firma in Ottobrunn. In diesen Anlagen wird Isar Aerospace künftig bis zu 40 Raketen pro Jahr produzieren können. Bis zum Zeitpunkt für den Redaktionsschluss dieses Buches hat Isar nur wenige öffentliche

Grafik der Spectrum von Isar Aerospace beim Start.

Stellungnahmen zu seinen Fortschritten beim Jungfernflug der Spectrum abgegeben. Das Unternehmen bestätigte immerhin, dass alle Komponenten der Spectrum-Rakete, die für ihren Jungfernflug verwendet werden, in Andøya eingetroffen seien. Ende August kündigte Andøya Space Straßensperrungen rund um seine orbitale Startanlage an. Da Isar Aerospace bislang das einzige Unternehmen ist, das sich eine Startrampe in der Anlage gesichert hat, ist dies ein ziemlich gutes Indiz dafür, dass es mit Tests auf dem kürzlich eingeweihten orbitalen Startplatz begonnen hatte.

7. Das französische Unternehmen Latitude (www.latitude.eu) entwickelt die Zephyr. Bei dieser Rakete handelt es sich um einen Nanolauncher mit einer Nutzlastkapazität für den niedrigen östlichen Erdorbit von nur 100 Kilogramm. Man muss sich fragen, ob für eine derart kleine Trägerrakete genügend Geschäft existiert. Und das muss es, denn das Geschäftsmodell ist bei Latitude auf Massenfertigung ausgelegt, und nicht auf Wiederverwendung. Um profitabel zu sein, müssen etwa 50 Starts pro Jahr durchgeführt werden. Da ist größte Skepsis angesagt. Der Erstflug war eigentlich für 2024 geplant, es wäre aber überraschend, wenn sie es selbst in 2025 schaffen würden. Auch Latitude hofft als Startplatz auf den SaxaVord-Spaceport auf der Insel Unst.

Latitude hat in den vergangenen zwei Jahren vier erfolgreiche Finanzierungsrunden abgeschlossen, deren Gesamtsumme eine Größenordnung von etwa 50 Millionen Euro erreicht haben dürfte. Diese Finanzierung wird die Herstellung und Erprobung dieses Fahrzeugs, die Einrichtung einer Fertigungsstraße und die Inbetriebnahme eines Testzentrums für Raketentriebwerke unterstützen. Das Unternehmen beschäftigt derzeit etwa 100 Mitarbeiter, will aber seine Belegschaft vergrößern. Latitude gab schon im Dezember bekannt, die Leistung der Zephyr zu verbessern und plant 2028 eine neue Version mit einer Nutzlastkapazität von 200 Kilogramm in Dienst zu stellen.

Illustration der Stufentrennung des Zephyr von Latitude

Hier steht ein Mock-up der Orbex-Prime auf der Startrampe. Bis zur richtigen Rakete dauert es noch eine Weile.

8. Die britische Orbex (www.orbex.space) entwickelt und baut die Mikro-Trägerrakete Prime. Das Unternehmen kam auf die an sich gute Idee, die Probleme mit den Startanlagen, welche die meisten ihrer Mitkonkurrenten plagen, dadurch zu umgehen, dass sie ein eigenes Startzentrum bauen, mit dem bis zu zwölf Missionen pro Jahr möglich sind. Dafür gab es auch eine gute Anschubfinanzierung von der Islands Enterprise und der Schottischen Regionalregierung, und befremdlicherweise auch drei Millionen Pfund von der Behörde für die Stilllegung kerntechnischer Anlagen. Zu guter Letzt auch noch 2,55 Millionen Pfund von der britischen Raumfahrtagentur. 2023 unterzeichnete Orbex auch ein Memorandum of Understanding mit Arianespace um die Prime zu vermarkten. Wann der Erstflug stattfinden wird, steht in den Sternen.

Obwohl also der Erstflug der Prime noch nicht abzusehen ist, schielt das Unternehmen schon auf die nächsten Ziele, denn diese Rakete wird mit einem Treibstoff betrieben, den das Unternehmen als „Bio-Propan“ bezeichnet. Im Dezember erhielt das Unternehmen einen Zuschuss von 3,3 Millionen Pfund von der britischen Raumfahrtbehörde für den Bau einer Treibstoff-Produktionsanlage am Sutherland Spaceport. In der soll dieser „grüne“ Treibstoff aus Pflanzenabfällen gewonnen werden.

Die Prime soll in der Lage sein, eine Nutzlast von bis zu 180 Kilogramm in die erdnahe Umlaufbahn zu befördern. In einem Interview mit der Financial Times erklärte der neue CEO von Orbex, Phil Chambers, dass das Unternehmen über die Entwicklung eines größeren Fahrzeugs nachdenke.

9. Ein Newcomer unter den europäischen Kleinraketen-Startups – die wenigsten werden schon davon gehört haben – ist die französische Sirius Space Services (sirius-space.com), die gleich mit drei Versionen ihrer Sirius-Rakete auf den Plan tritt. Sie tragen die Bezeichnungen Sirius 1, Sirius 13 und Sirius 15 und

Die Sirius 1 an der Anlage „Les Mans" des Arnhem Space Centre in Australien.

sehen aus wie Bonsai-Versionen der Falcon 9 und der Falcon Heavy von SpaceX. Die Entwicklungsaktivitäten verlaufen ruhig und unauffällig, interessant ist aber, dass das Unternehmen bereits mehrere Testkampagnen ihres STAR-1-Triebwerkes auf einem Teststand P8 des DLR in Lampoldshausen durchgeführt hat, zuletzt am 8. Oktober 2024. Dabei wurden zwei Heißläufe der Schubkammer durchgeführt, die jeweils 60 Sekunden dauerten. Die Tests des kompletten Triebwerks sollen im zweiten Quartal 2024 beginnen.

Sirius Space Services hat eine Vereinbarung mit Equatorial Launch Australia (ELA) unterzeichnet, um sich eine Startanlage im Arnhem Space Centre des Unternehmens im äußersten Norden Australien zu sichern. Das Unternehmen wird sich dort am Startkomplex 3 niederlassen, den Sirius Space in „Le Mans" umbenannt hat. Der Bau des Startkomplexes soll noch im Oktober 2024 beginnen. Das Unternehmen strebt an, die Anlage bis zur zweiten Hälfte des Jahres 2025 einsatzbereit zu haben. Der erste – noch suborbitale – Start einer Sirius 1 wird 2026 von der Anlage aus durchgeführt. Die Orbitalversionen Sirius 13 und Sirius 15 des Unternehmens sollen 2027 beide von der Anlage aus ihr Debüt geben. Zusammen mit der Startanlage im Raumfahrtzentrum Guayana in Kourou hat Sirius Space damit die Möglichkeit, bis zu 18 Missionen pro Jahr durchzuführen.

10. Ebenfalls in Frankreich ansässig, und zwar in Bordeaux, ist das Unternehmen HyPrSpace (www.hypr-space.com) mit der OB-1 Mark 1 und der OB-1 Mark 2, sowie einem suborbitalen Vorläufermodell, das auf den lustigen Namen Baguette getauft wurde. Bekannt ist, dass diese Raketen mit Hybrid-Antrieben arbeiten werden, an dem das Unternehmen im letzten Jahr recht im Verborgenen gearbeitet hat.

Am 25. März meldete die französische Wirtschaftszeitung Les Échos, dass HyPrSpace, Latitude, Sirius Space Services und die Maia Space zusammen insgesamt 400 Millionen Euro an französischen Staatsmitteln bis zum Jahr 2030 erhalten werden. Die Vereinbarung mit dem französischen Staat sieht vor, dass jedes dieser vier Unternehmen zunächst eine kleine Anzahlung erhält. Der Großteil der 400 Millionen Euro wird erst dann vergeben, wenn es den Unternehmen gelingt, zwischen 2026 und 2028 den Erstflug ihrer jeweiligen Raketen durchzuführen. Das bedeutet, dass der eigentliche Entwicklungsprozess über andere öffentliche Programme, durch private Investitionen oder durch Kredite finanziert werden muss.

Die Baguette von HyprSpace – hier eine Illustration – sieht ziemlich knuffig aus.

11. Skyrora (www.skyrora.com) aus England mit der Suborbitalrakete Skylark L und dem Orbitalträger Skyrora XL. Skyrora ist das einzige der europäischen Unternehmen, das bereits 2022 so etwas Ähnliches wie einen Versuchsstart durchführte, und zwar mit der Skylark L. Das Ergebnis war deprimierend. Mit einer Estes-Modellrakete aus dem Bastelshop hätte man problemlos das gleiche Resultat erzielen können. Die Rakete bewegte sich unmittelbar nach dem Abheben in einer bogenförmigen Bahn in Richtung Meer, wo sie nach wenigen Flugsekunden etwa 500 Meter von der Startrampe entfernt einschlug. Im vergangenen Jahr wurde über keine weiteren erreichten technischen Meilensteine berichtet. Das letzte Lebenszeichen des Unternehmens stammt vom 11 September 2024. An diesem Tag unterzeichnete Skyrora eine, wie es in einer Pressemitteilung des Unternehmens heißt… „Erklärung für einen verantwortungsvollen Weltraumsektor mit der ein wichtiger Schritt zur Sicherung einer nachhaltigen Zukunft der Weltraumforschung unternommen werden soll. Diese Initiative, an der wichtige Akteure der Weltraumindustrie teilnehmen, soll verantwortungsvolle Praktiken fördern, die sowohl die Weltraumumgebung als auch unseren Planeten schützen“. Ganz ehrlich? Für mich liest sich das wie: „Wir sind mit unserer Technik noch keinen Schritt weitergekommen“.

Bislang nicht sonderlich erfolgreich: Die Skylark L von Skyrora.

RAUMFAHRT-FANS ALS ANLEGER

Als SPACE-Leser ist Ihnen natürlich nicht entgangen, dass der Raumfahrtsektor weltweit boomt. Sie überlegen, ob und wie Sie selbst in die Raumfahrt investieren sollten? Willkommen im Club! Im Folgenden stellen wir Ihnen einige Optionen vor und berichten von unserem eigenen Ansatz. Aber weil es ums liebe Geld geht und um überwiegend hochspekulative Anlagen, zunächst ein deutlicher Hinweis:

Die gezeigten Anlagemöglichkeiten stellen keine spezifischen Kauf- oder Anlageempfehlungen dar. Die Autoren und der VFR e.V. haften nicht für etwaige Verluste, die aufgrund der Umsetzung der aufgeführten Gedanken oder Ideen entstehen.

DIE PLATZHIRSCHE SIND (NOCH) NICHT DABEI

Bei weitem nicht alle Raumfahrtunternehmen sind börsennotiert. Viele Raumfahrtunternehmen sind entweder privat oder als Teil größerer Konglomerate organisiert, was den Zugang für Investoren erschwert.

Ausgerechnet in ***das*** Raumfahrtunternehmen SpaceX kann leider nicht investiert werden. SpaceX ist ein privates Unternehmen, das hauptsächlich durch private Investoren und Venture-Capital-Firmen finanziert wird. Es gibt keine öffentlich gehandelten Aktien, die an Börsen gekauft oder verkauft werden können. Der Gründer und CEO von SpaceX, Elon Musk, hat eine langfristige Vision für das Unternehmen, einschließlich ambitionierter Ziele wie die Kolonisierung des Mars. Ein Börsengang könnte diese langfristigen Ziele beeinträchtigen, da öffentliche Unternehmen oft unter Druck stehen, kurzfristige Gewinne zu erzielen. Auch der wichtige Konkurrent, Jeff Bezos' Blue Origin, ist noch nicht an der Börse. Allerdings munkelt man, dass Blue Origin bald die Sierra Nevada Corporation oder die United Launch Alliance (ULA) aufkauft, ein Joint Venture aus Boeing und Lockheed Martin. Über diese beiden Firmen könnte man also eventuell mittelbar Anteilseigner von Blue Origin werden.

INVESTITION IN BÖRSENNOTIERTE RAUMFAHRTUNTERNEHMEN

Durch den Kauf von Aktien börsennotierter **Raumfahrtunternehmen** können Anleger direkt an deren Erfolg und Wachstum partizipieren.

Zudem gibt es noch **Mischkonzerne mit bedeutenden Raumfahrtdivisionen**. Boeing, Lockheed Martin und Northrop Grumman sind prominente Beispiele für solche Unternehmen. Sie bieten Diversifikationsvorteile, da sie in verschiedenen Industriezweigen tätig sind, was das Risiko für Anleger reduzieren kann. Der Raumfahrtbereich ist oft nur ein Teil ihres Geschäftsmodells, sodass deren langfristige Aktienentwicklung weniger stark von den Erfolgen in der Raumfahrt abhängt. Dennoch können Fortschritte und Erfolge in der Raumfahrtabteilung den Unternehmenswert erheblich steigern und somit auch die Aktienrendite beeinflussen.

Wir haben Ihnen mal die Charts einiger börsennotierter Unternehmen zusammengestellt, die auch unser SPACE-Autor Eugen Reichl häufig erwähnt:

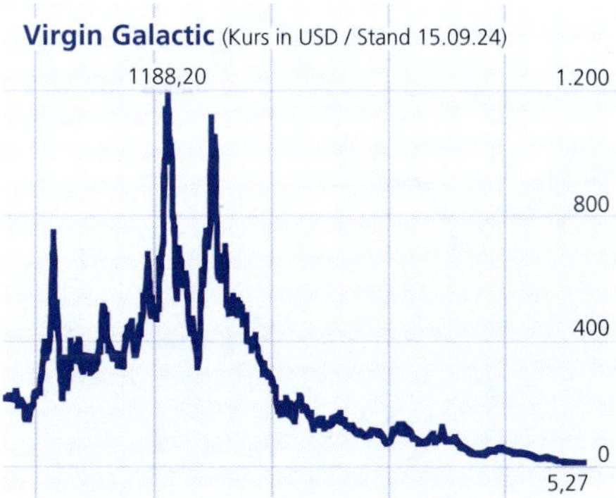

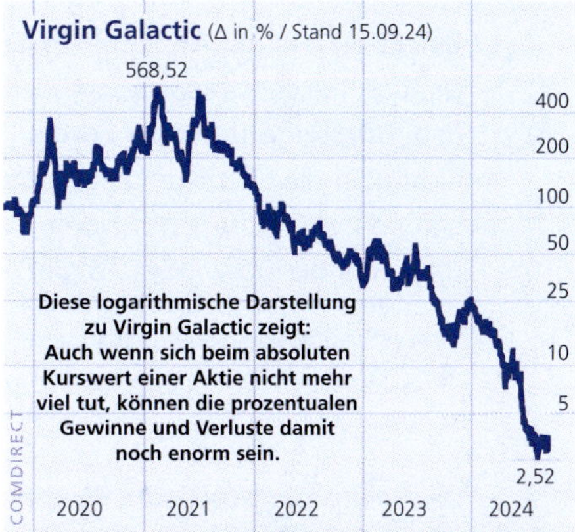

Die Virgin Galactic Holdings, Inc. wurde 2004 mit dem Ziel gegründet, suborbitale Raumflüge für Weltraumtouristen anzubieten.

URL: www.virgingalactic.com Börse: NYSE

ISIN: US92766K4031 Δ 5 Jahre: -95%

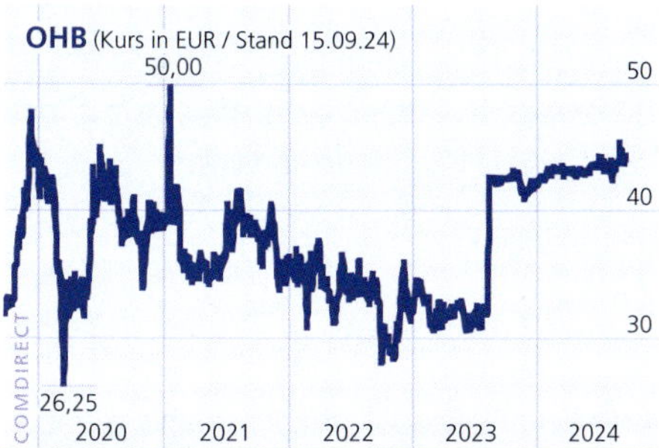

Die OHB SE führt als Holding eine Unternehmensgruppe, die sich schwerpunktmäßig mit Produkten und Projekten für die Raumfahrt befasst.

URL: www.ohb.de Börse: Xetra

ISIN: DE0005936124 Δ 5 Jahre: +40%

Die Lockheed Martin Corporation ist ein US-amerikanischer Rüstungs- und Technologiekonzern, der vor allem in der mil. sowie zivilen Luftfahrt als auch in der Raumfahrt aktiv ist.

URL: www.lockheedmartin.com Börse: NYSE

ISIN: US5398301094 Δ 5 Jahre: +44%

Boeing Co. ist eigenen Angaben nach der weltweit größte Hersteller von kommerziellen und militärischen Flugzeugen und hat eine Raumfahrtsparte.

URL: www.boeing.de Börse: NYSE

ISIN: US0970231058 Δ 5 Jahre: -59%

Northrop Grumman Corp ist ein multinationaler Luftfahrt- und Verteidigungskonzern mit Raumfahrtsparte.

URL: www.rocketlabusa.com Börse: NYSE

ISIN: US6668071029 Δ 5 Jahre: +40%

Rocket Lab entwickelt und betreibt die Trägerrakete Electron, um Kleinsatelliten in den Orbit zu bringen.

URL: www.rocketlabusa.com Börse: NASDAQ

ISIN: US7731221062 Δ 5 Jahre: -20%

INVESTITION IN AKTIENFONDS

Um das Risiko zu streuen, investieren viele Anleger lieber in Fonds als direkt in Aktien. **Börsengehandelte Fonds** (kurz **ETF** für „exchange-traded fund") werden nicht über die emittierende Investmentgesellschaft, sondern über die Börse erworben und veräußert. ETFs bilden meist automatisch Aktienindices ab, wie z.B. den DAX oder der Dow Jones. Es gibt aber auch einige Raumfahrt-Indices:

- ★ S&P Kensho Space Index (siehe Chart unten links)
- ★ S-Network Procure Space Index
- ★ SPADE Defense Index

Die Grenzen zwischen den Fondsprodukten sind fließend. Viele Wertpapiere tragen das modische „ETF" im Namen, werden aber aktiv gemanagt, wie z.B.

- ★ ARK ETF Tr.-Space Expl.&Innov.
- ★ VanEck Space Innovators UCITS ETF (siehe Chart unten rechts)

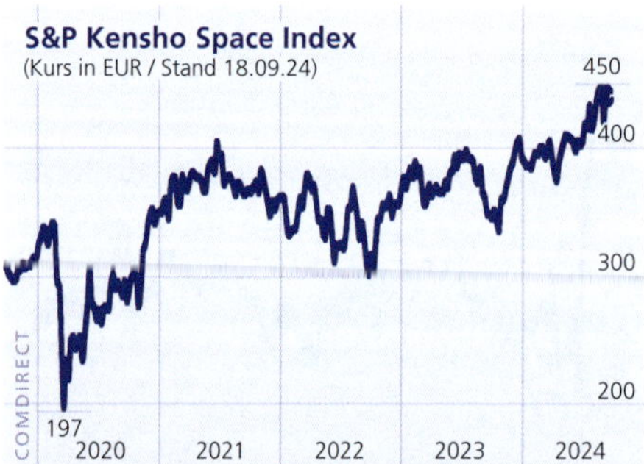

S&P Raumfahrt-Index

URL: www.spglobal.com/spdji/en/indices/equity/sp-kensho-space-inde Börse: INDEXSP

INDEXSP: KMARSP Δ 5 Jahre: 40 %

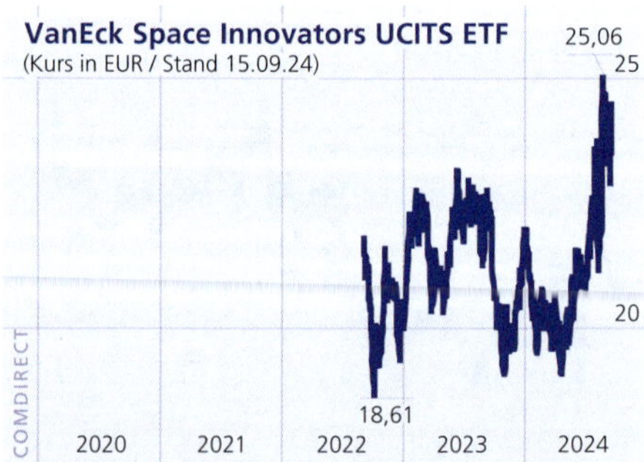

Raumfahrt-ETF

URL: www.vaneck.com/de/de/anlagen/space-etf Börse: Tradegate

ISIN: IE000YU9K6K2 Δ 5 Jahre: +12%

PRIVATE EQUITY UND VENTURE CAPITAL

Direkte Beteiligungen investieren in private Raumfahrtunternehmen über Private-Equity-Firmen oder Venture-Capital-Fonds. Dies erfordert oft hohe Mindestinvestitionen und ist in der Regel nur für wohlhabende, akkreditierte Investoren zugänglich. Hier zwei Firmen, die aus unserer Sicht eher Marktforschung und Investmentberatung für diese exklusive Zielgruppe betreiben:

- Mach33 Research (www.33fg.com/research)
- Starburst (starburst.aero)

Einige **Crowdfunding-Plattformen** ermöglichen es Privatanlegern, auch mit kleineren Beträgen in Startups und private Unternehmen zu investieren, einschließlich solcher im Raumfahrtsektor. Hier ist das Risiko noch größer als bei börsennotierten Firmen. Beispiele für Plattformen:

- Kickstarter.com, Indiegogo.com, crowdcube.eu: Meist für Kreativprojekte, aber hin und wieder auch Möglichkeit zum Finanzieren kommerzieller Projekte mit Raumfahrtbezug (Suchbegriff z. B. „spaceflight"). Bei crowdcube.eu gab es Juli 2024 z.B. die Möglichkeit, in die Firma Limatech zu investieren, die Lithium-Batterien für Anwendungen in Luft- und Raumfahrtbranche produzieren.
- SpaceStarters (www.spacestarters.com)
  Crowdinvesting-Plattform mit Fokus auf Projekte aus den Bereichen Luft- und Raumfahrt. Es gibt fünf verschiedene Investmentkategorien, die von satellitengestützten Produkten über Technologieentwicklungen für die Internationale Raumstation ISS bis hin zu Mineralienabbau auf Asteroiden reichen.
- StartEngine (www.startengine.com)
- Companisto (www.companisto.com/de/investments)
- spacefund (www.spacefund.com)
  hat z.B. SpaceX auf der Website ... aber sind sie wirklich investiert?

CORPORATE BONDS UND ANLEIHEN

Eine weitere Möglichkeit sind Anleihen oder andere festverzinsliche Wertpapiere, die von Raumfahrtunternehmen ausgegeben werden. Diese Anlageform kann ein geringeres Risiko als Aktien bieten, allerdings sind die Renditen in der Regel auch begrenzter. Hier einige prominente Unternehmen, die Anleihen ausgeben:

- Boeing Anleihe (ISIN US097023AU94)
- Lockheed Martin Anleihe (ISIN US539830CE70)
- Northrop Grumman Anleihe (ISIN US666807AW21)

DO-IT-YOURSELF: WIE BASTLE ICH EINEN RAUMFAHRTFONDS?

Nicht alle Raumfahrt-ETFs und schon gar nicht alle Raumfahrtaktien (siehe Box „Virgin Galactic") haben in der Vergangenheit überzeugt. Als alte SPACE-Leser haben wir Eugen Reichls Geschichten von den tollkühnen Männern in ihren fliegenden Kisten aus der Anfangszeit von „New Space" mit Spannung verfolgt. Können Sie sich z.B. noch an Rotary Rocket en.wikipedia.org/wiki/Rotary_Rocket) oder an Armadillo Aerospace (de.wikipedia.org/wiki/Armadillo_Aerospace) erinnern? Eine Weile lang sahen sie wie künftige Champions aus. Wer über eine Private-Equity Firma dort Geld investiert hat, verlor vermutlich seinen gesamten Einsatz.

Nachdem es aus unserer Sicht wenig seriöse UND gleichzeitig spannende Raumfahrtanlagen gab, haben wir schließlich beschlossen, selbst aktiv zu werden. Jetzt wird es Zeit, dass sich die Autoren kurz vorstellen:

Martin Winter ist Wirtschaftsinformatiker und Administrator unserer Website www.space-jahrbuch.de. Er ist befreundet mit **Stefan Schiessl**, dem Gestalter des SPACE-Jahrbuchs, beide tauschen sich regelmäßig über Raumfahrt- und Technologiethemen aus. Zunächst als Hobby und zunehmend auch als Nebenerwerb leitet Martin seit 2004 erfolgreich den Investmentclub „Trend Wertpapier Club" (TWC). 2013 schließlich stieß der Club an eine Grenze: Martin durfte ohne offizielles Zertifikat als Vermögensverwalter keine zusätzlichen Investitionen mehr zulassen.

Wikifolio

Um dennoch weitere Investitionen zuzulassen, hat Martin Wikifolio für sich entdeckt. Das ist eine Online-Plattform, die es Nutzern ermöglicht, eigene virtuelle Handelsstrategien zu erstellen und zu veröffentlichen. Andere Anleger können in diese Strategien investieren, indem sie Zertifikate kaufen, welche die Performance des entsprechenden Wikifolios nachbilden. Martins **Wikifolio Trend und Momentum (ISIN: DE000LS9AUU1)** hat seit 17.02.2013 eine Wertentwicklung von +248,8 %.

Wikifolio-Zertifikate können über die Lang & Schwarz Aktiengesellschaft gekauft werden. Diese fungiert als Emittent der Zertifikate und ermöglicht den Handel über verschiedene Börsenplätze sowie direkt über die Plattform von wikifolio.

Wikifolio „SPACE Tech Opportunities" (SPACETOP)

Aufgrund der guten Erfahrungen bei der Wikifolio-Version des „Trend Wertpapier Clubs" (TWC) entwickelten wir die Idee, ein eigenes Raumfahrt-Wikifolio umzusetzen. Hier das Grundkonzept:

Bei der Investition in Aktien soll dies hauptsächlich in Aktien aus dem Raumfahrtbereich erfolgen. Wenn sich dafür kurzfristig im Raumfahrtbereich Martins Ansicht nach nicht genug Anlagemöglichkeiten ergeben, sollen andere Technologieaktien oder Anlagen mit günstigem Change-Risiko-Verhältnis gekauft werden. Es kann auch in Hebelprodukte investiert werden, diese sollen aber hauptsächlich zur möglichen Absicherung verwendet werden. Mit dieser Anlagemöglichkeit in Hebelzertifikaten wird das SPACETOP-Wikifolio als sehr riskant eingestuft – was auch der Volatilität von vielen Raumfahrtaktien entspricht. Anlagekriterien sollen vor allem die Fundamentalanalyse (z.B. Fortschritte und erfolgreiche Anwendung von Raumfahrt-Technologie, unternehmensspezifische Finanzkennzahlen wie Umsatz- und Gewinnwachstum) einschließlich der langfristigen Unternehmensaussichten und die Charttechnik (z.B. Trendfolge, Relative Stärke) sein.

Bei SPACETOP (ISIN DE000LS9TNY8) beraten wir uns über den allgemeinen Hintergrund (v.a. Entwicklungen in der privaten Raumfahrt), führen eine Beobachtungsliste für entsprechende Unternehmen und stimmen das strategische Vorgehen ab. Martin als erfahrener Trader übernimmt die Trading-Umsetzung.

Bisher können wir mit der Performance ganz zufrieden sein. Seit dem Start am 12.03.2022 eine Wertentwicklung von +22,5%. Wobei man bedenken muss, dass der Erfolg vermutlich teilweise mit der Sonderkonjunktur von Rüstungsunternehmen seit Beginn des Ukrainekriegs zu tun hat. Doch schauen Sie sich am besten selbst um. Die Konkurrenz schläft nicht, es gibt bereits eine ganze Reihe raumfahrtorientierter Wikifolios, z.B.:

SPACE Tech Opportunities
(Kurs in EUR / Stand 18.09.24)

Raumfahrt-Wikifolio

URL: www.wikifolio.com/de/de/w/wfspacetop#keyfigures	Börse: Lang & Schwarz
ISIN: DE000LS9TNY8	Δ 5 Jahre: +22 %

Mini- Finanzglossar

Venture Capital	Kapital für risikoreiche Startups mit dem Ziel hoher Renditen.
Private Equity	Kapitalbeteiligung an nicht börsennotierten Unternehmen.
Diversifikation	Risikostreuung durch Verteilung des Kapitals auf verschiedene Anlagen.
Exchange-Traded Fund (ETF)	Ein börsengehandelter Fonds, der meist einen Index abbildet.
Corporate Bonds	Unternehmensanleihen mit festen Zinszahlungen und Kapitalrückzahlung.

- SPACE – Profiteure der Raumfahrt (ISIN: DE000LS9PYP1)
- Space Mining (ISIN: DE000LS9SFQ2)
- Spaceflight and Aerospace (ISIN: DE000LS9UEV1)

WELCHE ANLAGEFORM IST IHR FAVORIT?

Hat Sie eines der gezeigten Investments überzeugt, so dass die selbst einige Euros investiert haben? Haben Sie ähnliche oder ganz andere Wege gefunden, in die Raumfahrtbranche zu investieren? Was sind Ihre eigenen Erfahrungen mit „Raumfahrtinvestitionen"? Die Autoren würden sich über Ihr Feedback und Anregungen sehr freuen – Treten Sie mit uns in Kontakt über die SPACE-Redaktion (redaktion@space-jahrbuch.de)

Ein Gastbeitrag von Martin Winter und Stefan Schiessl

P.S.: Zum Schluss nochmal der Hinweis – Investitionen in Raumfahrt-Wertpapiere sind nach unserer Erfahrung höchst spekulativ. Die gezeigten Anlagemöglichkeiten stellen keine spezifischen Kauf- oder Anlageempfehlungen dar.

Ein besonders „spaciges“ Bild der Calypso. Aufgenommen aus einem Fenster der ISS.

DER HOLPRIGE FLUG DES STARLINER

Geplant war eine Entwicklungszeit von sieben Jahren. Tatsächlich wurden es aber nach einer langen Serie von Rückschlägen 14 Jahre bis zum bemannten Flugtest des Starliner von Boeing. Diese entscheidende Mission, sie trug die Bezeichnung Boe-CFT (für: Boeing Crew Flight Test) begann schließlich am 5. Juni, um 16:52 Uhr mitteleuropäischer Zeit.

Mit den ersten Entwicklungsstudien im Rahmen des Commercial Crew Development Program (kurz: CCDev) ab dem Jahr 2010 suchte die NASA einen Nachfolger für den Space Shuttle für die Crew-Transporte zur Internationalen Raumstation. Seit dem letzten Shuttle-Flug im Juli 2011 mussten alle Besatzungen von russischen Sojus-Raumfahrzeugen zur ISS gebracht werden. Diese beschämende Transportlücke versuchte die NASA nun wieder zu schließen und startete deshalb eine Ausschreibung an die amerikanische Raumfahrtindustrie.

Nach mehreren Ausscheidungsrunden in den frühen Studienphasen blieben 2014 zwei Wettbewerber übrig: Boeing und SpaceX. Im selben Jahr lief die Vollentwicklung an. Das vorhandene Budget für die ganze Laufzeit des Entwicklungsvorhabens einschließlich eines unbemannten und eines bemannten Erprobungsfluges war nicht berauschend: 6,8 Milliarden Dollar.

Aus diesem Grund plädierten die meisten Verantwortlichen dafür, das ganze Geld an den erfahrenen Aerospace-Giganten Boeing zu geben. Die Wahrscheinlichkeit, tatsächlich im geforderten Zeitrahmen ein funktionsfähiges Raumtransportsystem zu bekommen, erschien ihnen wesentlich größer zu sein, als beim

Newcomer SpaceX. Das Unternehmen hatte zu diesem Zeitpunkt grade einige wenige Orbitalstarts absolviert, von denen drei gescheitert waren. Außerdem war es bekannt für sein riskantes iteratives Entwicklungsverfahren und sein häufig recht kapriziöses Verhalten. Hasardeure eben, wie nicht wenige meinten. Mit einer sehr dünnen Mehrheit – es ging am Ende tatsächlich um eine Stimme – setzte sich die Fraktion derer durch, die für zwei unabhängige Entwicklungsverträge stimmte. Die NASA wollte am Ende sichergehen, dass zumindest eines der Systeme halbwegs rechtzeitig und funktionsfähig zur Verfügung stehen würde. Das allerdings, darüber waren sich die Meisten einig, würde natürlich das System von Boeing sein. Und so geschah es. Es wurden zwei Verträge vergeben: einer, mit insgesamt 4,2 Milliarden Dollar dotiert, ging an Boeing. Der andere lautete auf 2,6 Milliarden Dollar und wurde mit SpaceX vereinbart. Als Datum für einen ersten Testflug ohne Besatzung wurde für beide Systeme das Jahr 2017 festgelegt. Danach sollte je ein bemannter Erprobungsflug erfolgen und schließlich, etwa ab 2019, der geplante reguläre Transportservice für die NASA beginnen. Für den waren zwei Flüge jährlich geplant, abwechselnd einer mit dem Starliner von Boeing und einer mit einem Crew Dragon von SpaceX. Beide Systeme sollten in der Lage sein, standardmäßig vier Besatzungsmitglieder zu transportieren, und im Notfall, etwa der Evakuierung der Raumstation bei einem Unfall, bis zu sieben Personen.

Rollout der Rakete zur Startrampe.

Bis etwa 2016 wies die NASA in ihren Planungen für die Crew-Rotation zur ISS stets den Starliner als führendes Element aus. Bald gerieten beide Unternehmen mit ihrem Entwicklungsprogramm in Rückstand, doch bei SpaceX bewältigte man zur Überraschung der NASA die Schwierigkeiten schneller und effizienter als bei Boeing. Am 20. Dezember 2019, mit zweijähriger Verzögerung, startete der Starliner zum vertraglich vereinbarten Mission OFT-1, dem unbemannten Orbital Flight Test 1. Der Flug war ein Fiasko. Die Kapsel war nicht in der Lage, die Internationale Raumstation zu erreichen und bei der Vorbereitung zur Landung offenbarte sich ein Software-Fehler, der beinahe zum Verlust des Raumschiffs geführt hätte. Zu diesem Zeitpunkt hatte

Der Starliner an der Spitze der Atlas 5 N22-Rakete. Das Bild entstand vor der OFT-2-Mission im Mai 2022.

SpaceX Boeing längst überholt. Deren unbemannter Testflug war bereits im März 2019 erfolgt und vollständig erfolgreich verlaufen. Ein Missgeschick schien aber SpaceX trotzdem noch einmal aus der Bahn zu werfen, denn bei einem Bodentest der Triebwerke der Demo Mission 1-Kapsel (derselben, mit der man im Jahr zuvor den erfolgreichen Flugtest zur ISS durchgeführt hatte) kam es im Mai 2019 zu einer Explosion, die das Raumfahrzeug komplett zerstörte. Auch mit dem Fallschirmsystem gab es Probleme, doch SpaceX konnte alle technischen Hindernisse systematisch beseitigen, und so erfolgte der bemannte Testflug des Systems schließlich im Mai 2020 mit den Astronauten Doug Hurley und Bob Behnken an Bord.

Deren 62-tägige Mission verlief überaus erfolgreich. Somit galt der Crew Dragon von SpaceX von Stund an als qualifiziert für den Einsatzdienst. Im November desselben Jahres startete das Raumfahrzeug dann erstmals mit einer vierköpfigen Crew für einen normalen Besatzungstransfer zur ISS.

Seither hat SpaceX 15 bemannte Missionen mit dem Crew Dragon durchgeführt. Neben denen für die NASA auch noch eine Reihe privater Orbitalflüge. Zählt man die Einsätze der bis auf das Lebenserhaltungssystem weitgehend baugleichen Cargo Dragons dazu sind es sogar bereits 25 Flüge.

Während es also auf der SpaceX-Seite nach anfänglichen Schwierigkeiten planmäßig und nahezu fehlerfrei weiterging, folgte für den Starliner eine schier unendliche Serie von Problemen, mit denen eine zunehmend schärfer werdende Kritik der NASA an Boeings Projektmanagement einherging. Bei einem pad-abort-test, einem simulierten Flugabbruch von der Startrampe aus im November 2019, öffnete sich einer der drei Hauptfallschirme nicht. Im Dezember 2019 scheiterte die schon erwähnte OFT-1 Mission, so dass ein zweiter unbemannter Testflug angesetzt werden musste. Der sollte im November 2020 erfolgen, aber zahlreiche weitere Modifikationen an der Raumkapsel zögerten diesen Termin immer weiter hinaus. Schließlich wurde er für August 2021 anberaumt. Doch nur wenige Tage vor dem Missionsbeginn, die Rakete mit der Kapsel stand bereits auf der Startrampe, entdeckte man eine Fehlfunktion im Ventilsystem der Lageregelungstriebwerke. Die Rakete wurde in das Montagebäude zurücktransportiert, die Kapsel wurde demontiert und eine lange Fehlersuche

Der Starliner wird in das Montagegebäude transportiert

begann. Es wurde Mai 2022 bis die Wiederholung des unbemannten Flugtests erfolgen konnte. Doch wieder kam es zu einer ganzen Reihe von Anomalien. Unter anderem fielen mehrere Lageregelungstriebwerke aus, erneut aufgrund ungenügend funktionierender Ventile. Immerhin gelang dieses Mal das Anlegemanöver an der Raumstation. Nach der sicheren Rückkehr der Kapsel entdeckte man weitere Fehler am Gurtsystem der Landefallschirme und fand heraus, dass die Kabelbäume mit brennbarem Tape isoliert waren. So musste das Fallschirmsystem nachqualifiziert und die Isolierung von vielen Kilometern Kabel erneuert werden.

Der Ruf Boeings war zu dieser Zeit (und ist es bis zum heutigen Tag) schon erheblich ramponiert. Dazu beigetragen hatten die Probleme mit der Boeing 737 Max, die zu zwei Abstürzen mit mehreren hundert Toten führten, oder die Geschichte mit dem herausgebrochenen Seitenpaneel einer weiteren, brandneuen Boeing 737 Max, das sich während eines Alaska-Airlines-Fluges im Januar 2024 zutrug. Nicht erst seit dieser Zeit gilt Boeing als schlecht gemanagtes Unternehmen, das eher an gut frisierten Quartalsberichten interessiert ist, denn an technischer Perfektion. Selbst die NASA gab zu, dass sie Boeing während des Entwicklungsprozesses viel weniger Aufmerksamkeit gewidmet hatte als SpaceX. Sie begründete das damit, dass die Auslegung des Dragon-Raumschiffs wesentlich revolutionärer gewesen sei als die recht konservative Konstruktion des Starliners. Tatsächlich bestätigt das schon die äußere Form der beiden Raumfahrzeuge, vor allem aber ein Blick in das Innere der Kabine und auf die Instrumentenpaneele. Bei SpaceX sieht alles sehr futuristisch und aufgeräumt aus. Alle Informations- und Bedienelemente werden auf großen Touchscreens dargestellt. Über kleinere Touchscreens verfügt auch der Starliner, dazu kommen aber Dutzende von Schaltern, Hebeln und Druckknöpfen, so dass das Cockpit auf den ersten Blick wirkt, als befände man sich im Inneren einer Apollo-Kapsel des Jahres 1970. Verglichen mit dem Crew Dragon wirkt der Starliner ziemlich „vintage". Als Trägerrakete kommt eine Spezialversion der Atlas 5 zum Einsatz, bezeichnet als Atlas 5 N22. Alle sieben Erststufen und die speziell benötigte Version der Centaur-Oberstufe, die für das Programm bis Anfang 2030 benötigt werden, sind bereits produziert und liegen „auf Halde". Sind sie verbraucht, dann hat die United Launch Alliance keinen Träger mehr für Boeings Starliner zur Verfügung, es sei denn, der Nachfolger der Atlas, die Vulcan-Rakete, wird bis dahin für bemannte Einsätze qualifiziert. Das allerdings ist ein mehrjähriger und teurer Prozess. Derzeit ist offen, ob Boeing gewillt ist, den Starliner nach Erfüllung des Vertrages mit der NASA weiter zu betreiben und ihn, ähnlich wie es SpaceX mit dem Crew Dragon mit großem Erfolg tut, kommerziell einzusetzen.

Start zur (unbemannten) OFT-2-Mission im Mai 2022.

NASA

Butch Wilmore und Suni Williams am 5. Juni beim Ankleiden vor dem Start.

Während der jahrelangen Wartezeit wurden immer wieder Crew-Mitglieder für die CFT-Mission und den Starliner 1-Einsatz ernannt und später wieder abberufen. Manche traten auch aus privaten Gründen zurück wie Chris Ferguson oder aus gesundheitlichen Ursachen wie Eric Boe. Am schlimmsten erwischte es dabei aber Jeanette Epps. Sie wurde 2020 als Besatzungsmitglied für den Flug Starliner 1 nominiert. Während andere Astronauten wie etwa Nicole Mann oder Victor Glover während der langen Zeit des Wartens von dieser Mission abgezogen wurden, blieb sie als einzige aus dieser Mannschaft Jahr für Jahr weiter für diesen ersten Einsatzflug nominiert. Schließlich hatte die NASA im August 2023 endlich ein Einsehen und teilte sie der Mission SpaceX Crew 8 zu. Seit dem 4. März 2024 war sie jetzt an Bord der ISS und erlebte dort vor Ort wie das Drama um den Starliner weiterging.

Die Kosten für die Verzögerungen und Modifikationen muss Boeing weitgehend alleine auffangen, denn die Entwicklungsverträge für den Crew Dragon und den Starliner wurden von der NASA auf Festpreisbasis vergeben und nicht wie bis dahin üblich auf Basis von Selbstkostenerstattung. Allerdings ist es Boeing gelungen der NASA dennoch eine zusätzliche Finanzspritze von 287 Millionen Dollar abzutrotzen, nachdem das Unternehmen 2016 angedroht hatte, aus dem Vorhaben auszusteigen. Man geht davon aus, dass Boeing schon vor dem Beginn des bemannten Testfluges ein Verlust von etwa 1,5 Milliarden Dollar entstanden ist.
Nach diesen schier unzähligen Pannen, Problemen und Verzögerungen sollte Boeings Starliner am 6. Mai 2024 seinen ersten bemannten Einsatz durchführen. Einige Probleme, wie die mit den Ventilen, waren für den Crew Flight Test zu diesem Zeitpunkt immer noch nicht vollständig behoben. Boeing war aber der Meinung, dass man mit dem bis dahin erreichten Verbesserungsstand zumindest für den relativ kurzen Testflug klarkommen sollte. Neu entwickelte Ventile sollte es erst für den ersten Einsatzflug geben, also für die Mission Starliner 1, die zu diesem Zeitpunkt noch für Februar 2025 angesetzt war.

Die Besatzung des Raumschiffs, das auf den Namen „Calypso" getauft wurde, besteht aus zwei erfahrenen NASA-Astronauten, nämlich dem Kommandanten Barry „Butch" Wilmore und der Pilotin Sunny „Suni" Williams. Wilmore ist 61 und hat bei seinen beiden früheren Missionen bereits 178 Tage im Weltraum verbracht. Die 58-jährige Suni Williams verfügt über 322 Tage Weltraumerfahrung aus zwei Langzeitaufenthalten auf der ISS. Sie war vor zwölf Jahren schon einmal Kommandantin der Raumstation. Der Start der Calypso zur Boe-CFT-Mission gelang erst im dritten Anlauf. Am 6. Mai war die Crew bereits eingestiegen als ein Problem mit einem Tankdruck-Regelventil am Flüssigsauerstofftank der Trägerrakete eine mehrwöchige Verschiebung erzwang. Mit dem Raumschiff selbst hatte das nichts zu tun. Während die Kombination aus Träger und Raumschiff für den zweiten Startversuch gesichert wurde, entdeckten die Techniker ein minimales Helium-Leck am Antriebssystem des Raumschiffs. Es konnte auf einen nicht vollständig abdichtenden Flansch in einem Triebwerk des Lageregelungssystems zurückgeführt werden. NASA und Boeing befanden, dass diese Fehlfunktion so minimal war, dass man damit starten könnte. Das wollte man dann auch am 1. Juni tun. Aber nur knapp vier Minuten vor dem Abheben trat ein Fehler an einem der drei Ground Launch Sequencer auf, einer Bodenausrüstung, welche die letzten Minuten des Countdowns überwacht.

Die Calypso – angedockt an der ISS.

Am 5. Juni klappte es schließlich. Die Mission begann um 16:52 Uhr an der Startanlage 41 des Raumfahrtzentrums. 31 Minuten nachdem die Centaur das Raumfahrzeug zunächst auf einer suborbitalen Bahn abgesetzt hatte, brachten die Bordtriebwerke den Starliner auf einen elliptischen Übergangsorbit mit einem Perigäum von 75 Kilometer, einem Apogäum von 192 Kilometern und einem Bahnwinkel zum Äquator von 51,62 Grad. Ein weiteres Brennmanöver, das 75 Minuten nach dem Liftoff erfolgte, zirkularisierte den Orbit schließlich. Danach lag das Perigäum bei 321 Kilometern und das Apogäum bei 331 Kilometern.

Auf dem darauffolgenden 26stündigen Transfer zur ISS stellten Crew und Bodenkontrolle bald eine leichte Vergrößerung des schon vor dem Start bekannten Helium-Lecks fest. Dazu kamen weitere Minimal-Leckagen an zwei anderen Triebwerken. In der Umlaufbahn folgten verschiedene Tests mit dem Antriebssystem bei denen auch einmal absichtlich ein ganzer Triebwerksstrang des Lageregelungssystems mit sechs (von 28) Düsen und drei (von 20) Kleintriebwerken des Orbit-Manövriersystems kurzzeitig abgeschaltet wurden.

Auch beim Anlegen an die ISS kam es zu kleineren Problemen, die dazu führten, dass dieses Manöver erst eine Erdumkreisung später durchgeführt werden konnte, als geplant. Beim zweiten Anlauf gelang es schließlich. Im Großen und Ganzen lief es so, wie es bei einem Testflug ebenso läuft. Hier und da ein Problem, mit dem man sich auseinandersetzen musste. Am 6. Juni legte die Calypso schließlich um 18:15 Uhr mitteleuropäischer Zeit an der ISS an. All diese Unregelmäßigkeiten, zusammen mit den Problemen im Vorfeld des Starts, waren der NASA nun doch zu viel. Jetzt setzte das Pannen-Management der Raumfahrtbehörde ein, das seit den beiden Katastrophen im Shuttle-Programm sehr ernst genommen wird. Die ursprünglich auf nur neun Tage angesetzte Mission wurde zunächst auf elf Tage verlängert, um Zeit zu gewinnen, die Telemetriedaten zu begutachten. Schnell stellte man aber fest: Das wird deutlich länger dauern als nur elf Tage. Wilmore und Williams führten nun mit der angedockten Calypso eine Reihe von Triebwerkstests durch. Dabei stellte man drei weitere Mikro-Lecks fest. Die Verlustrate an Druckgas war aber so gering, dass eine sichere Rückkehr der Starliner gesichert schien.

Generell gehören Triebwerksventile zu den Standardproblemzonen der Raumfahrt. Dabei kam es schon gelegentlich zu schweren Problemen, aber viel häufiger zu geringfügigen Leckagen im grade noch nachweisbaren Bereich. Die meisten dieser Einsätze wurden letztlich normal zu Ende geflogen, selbst bei viele Jahre lang dauernden interplanetaren Missionen.

Nachdem nun mehr Zeit zur Verfügung stand, begann Boeing auf dem Testgelände in New Mexico eine umfangreiche Versuchsreihe mit baugleichen Raketenmotoren. Währenddessen warteten Wilmore und Williams im Orbit auf den Ausgang dieser Probeläufe. Nach Abschluss der Versuche erklärte Boeing den Betrieb mit diesen Triebwerken zunächst als sicher und bezeichnete den Ausgang der Tests als erfolgreich. Als man die Raketenmotoren aber dann auseinandernahm, entdeckte man aufgeblähte Teflon-Dichtungen, die den Treibstofffluss behinderten. So hatten die Tests am Ende mehr Fragen aufgeworfen, als sie geklärt hatten.

Dennoch sah es bis Ende Juli so aus, als könnte sich die NASA durchringen, trotz der fehleranfälligen Triebwerke den Rückflug mit der Besatzung anzutreten. Doch dann tauchte noch ein weiteres schwerwiegendes Problem auf. Ein ziemlich peinliches obendrein, und es war wieder einmal Boeings „Firmenkultur" geschuldet. Da man dort nicht mit einem Rückflug des Starliners ohne Besatzung rechnete, hatte man die Software für die unbemannte Rückkehr gar nicht erst geladen. Installation, Test und Verifikation dieser Software sind komplex und erfordern viele Kontrollschritte. Nun wurde das nachgeholt, aber dieser Prozess dauerte etwa sechs Wochen. Kaum war das geschehen, kamen Unsicherheiten auf, wie diese Software in Verbindung mit den nur schlecht funktionierenden Triebwerken zusammenwirkt.

Suni Williams und Butch Wilmore (Mitte) zusammen mit Mike Baratt (ganz links) und Tracy Dyson (ganz rechts), in der Quest-Luftschleuse der Internationalen Raumstation.

Inzwischen hatten sich auch die Mainstream-Medien längst auf das Vorhaben eingeschossen. Katastrophenszenarien begannen die Runde zu machen. Die wurden vor allem an der immer länger werdenden Flugdauer festgemacht. Was dabei nicht berichtet wurde, war, dass die Missionsdauer von vorneherein „offen" ausgelegt war. Minimal sollte sie knapp neun Tage betragen (davon sieben Tage auf der ISS), maximal sollte sie aber 45 Tage auch nicht überschreiten. Der entsprechende Testflug von SpaceX, durchgeführt im Jahr 2020 mit den Astronauten Doug Hurley und Bob Behnken an Bord, dauerte übrigens wesentlich länger. Allerdings waren die Voraussetzungen damals genau umgekehrt: SpaceX und die NASA hatten 62 Tage und neun Stunden als Nominaldauer angesetzt. Für den Fall, dass sich Probleme ergäben, sollte die Rückkehr eher durchgeführt werden.

Tendenziell wollte man die Starliner-Mission aber dennoch so kurz wie möglich halten, um den Einsatztermin für die erste offizielle Crew-Transfermission im Februar 2025, als Starliner 1 bezeichnet, nicht zu gefährden.

Und um die Sache noch einen Tick komplizierter zu machen kam an dieser Stelle auch noch Kamala Harris mit ins Spiel, die Präsidentschaftskandidatin der Demokraten. Gegenwärtig ist sie noch Vizepräsidentin der Vereinigten Staaten, und in dieser Funktion gleichzeitig Vorsitzende des Nationalen Weltraumrates (National Space Council). Diese Aufgabe fällt traditionell dem Vizepräsidenten zu. Bei der NASA erinnert man bis heute gern an Lyndon B. Johnson, der diese Funktion unter der Präsidentschaft von John F. Kennedy wahrnahm und ein starker und weithin sichtbarer Unterstützer der Raumfahrtbehörde war. Doch ein mögliches Desaster bei der NASA hätte nun auf Harris zurückfallen und ihre Chancen im Wahlkampf beeinträchtigen können, und das obwohl bekannt ist, dass sie für Raumfahrt weder Interesse hat noch irgendein Engagement dafür aufbringt.

Mit diesen Randbedingungen hätte man sich – so sollte man meinen – nun etwas mehr Zeit für weitere Tests nehmen können. Doch das war aus organisatorischen Gründen nicht so ohne weiteres möglich. Denn ein weiteres Problem und ein Grund, warum man den Starliner so schnell wieder möglich loswerden wollte, bestand darin, dass es am internationalen Teil der ISS nur zwei Dockingknoten gibt, die ein autonomes Anlegen ermöglichen. Diese beiden Anlegestellen waren aber vom Starliner und dem CRS-8 Crew Dragon belegt. Damit der turnusmäßig fällige CRS-9 Crew-Dragon an der Station anlegen konnte, musste somit erst der Starliner-Port frei sein. Diese Anhäufung technischer und programmatischer Probleme, vielleicht auch ein wenig der Druck seitens der Medien und der Politik, war der NASA nun nicht mehr geheuer. Und so prüfte die Raumfahrtbehörde – zunächst nur für alle Fälle und ganz unverbindlich, wie man mitteilte – Suni Williams und Butch Wilmore mit einem Dragon-Raumschiff von SpaceX zurückzuholen. Zufällig stand zu diesem Zeitpunkt so eines nahezu startbereit zur Verfügung, denn drei Astronauten der NASA und ein Kosmonaut von Roskosmos sollten am 18. August für 180 Tage zur ISS aufbrechen. Um sich Zeit für die Prüfung aller Optionen zu

Die Pressekonferenz vom 24. August 2024. Von links: NASA Administrator Bill Nelson, stellvertretender NASA-Administrator Jim Free, Stellvertretender NASA-Administrator für bemannte Raumfahrtoperationen Ken Bowersox, NASA Commercial Crew Program Manager Steve Stich, NASA ISS-Programm-Managerin Dana Weigel und Norman Knight, NASA-Direktor für Flight Operations.

erkaufen, verschob die NASA diesen Start nun auf Ende September. Am 24. August – also 49 Tage nach Missionsbeginn des Starliners – gab NASA-Administrator Bill Nelson bekannt, dass die Agentur einstimmig beschlossen hätte, die Calypso unbemannt zurückzubringen. Butch Wilmore und Suni Williams erklärte er damit zu Mitgliedern der ISS-Expeditionen 71 und 72. Sie sollten nach dem regulären Schichtwechsel auf der ISS mit dem Dragon der Crew 9 zur Erde zurückkehren. Damit einher ging notgedrungen auch die Entscheidung, die Mission SpaceX CRS-9 mit nur zwei Besatzungsmitgliedern zu starten.

Damit wird nun aus einem – geplant – kurzen neuntägigen Testflug für Wilmore und Williams eine der längsten Missionen der US-Raumfahrtgeschichte überhaupt. Die Gesamtdauer ist zum Zeitpunkt, an dem diese Zeilen entstehen, noch nicht ganz abzusehen. Es gibt ein Plan-Rückkehrdatum, und das lautet auf den 22. Februar 2025. Solche Termine sind aber durchaus variabel und werden häufig um mehrere Tage bis zu mehreren Wochen überschritten. Am Ende werden die beiden Starliner-Testpiloten damit voraussichtlich zwischen 270 und 290 Tage im Orbit verbringen. Besonders bedauerlich war das für Zena Cardman, der eigentlichen Kommandantin der Mission SpaceX Crew 9 und für ihre Kollegin Stephanie Wilson, die nach langem Training die ihnen zustehenden Sitze nicht einnehmen konnten und auf der Erde zurückbleiben mussten.

Die nun unbemannte Rückkehr des Starliner endete am 6. September – trotz eingeschränkten Triebwerksfunktionen – vollständig problemlos mit einer perfekten Landung in New Mexico. Für Butch und Suni, die Testpiloten, dürfte es bitter gewesen sein, ihr Schiff aufzugeben, leer zurückkehren zu lassen und zu sehen, dass eigentlich alles geklappt hätte. SpaceX startete die Mission SpaceX Crew 9 schließlich am 28. September. Wie angekündigt befanden sich nur zwei Personen an Bord, nämlich der US-Astronaut Nick Hague, nun in der Funktion als Kommandant, und der Kosmonaut Alexander Gorbunow. Die beiden zunächst leeren Plätze werden zum Abschluss der Mission von Wilmore und Williams genutzt Die Entscheidung der NASA, bei nur zwei Personen Besatzung, Nick Hague statt

Zena Cardman oder Stephanie Wilson zu schicken war einleuchtend. Hague gehört zu den Astronauten, die am besten russisch sprechen und das ist bei einem Flug mit einem Roskosmos-Kosmonauten nicht ganz unbedeutend. Er ist im Übrigen auch bereits zweimal mit Victor Owtschinin in der Sojus geflogen, der sich zufällig ebenfalls gerade wieder an Bord der ISS befindet. Hague hat außerdem, anders als Cardman, bereits Raumflugerfahrung. Auch der Platz von Gorbunow war nicht verhandelbar, denn er fliegt aufgrund einer Vereinbarung der NASA mit Roskosmos, nach der bei jedem regulären Besatzungstransfer pro US-Start ein Russe mitfliegen muss, bei jedem russischen Start ein Amerikaner. Diese Maßnahme soll verhindern, dass im Falle einer Notrückkehr einer Crew eines Landes – beispielsweise bei einem medizinischen Notfall – immer mindestens ein Mitglied des anderen Landes an Bord verbleibt und Instrumente und Einrichtungen in Betrieb halten kann.

Bei der NASA ist die Enttäuschung über Boeings andauerndes Versagen offensichtlich. Zu erkennen war das daran, dass bei den Pressekonferenzen zu diesem Thema seit der Ankündigung von Bill Nelson im August der Boeing-Starliner-Programmmanager Mark Nappi nicht mehr erschienen ist oder womöglich sogar gar nicht erst eingeladen wurde. Die Raumfahrtbehörde entscheidet nun einfach über Boeing hinweg. Für Boeing selbst ist die Sache in jeder Hinsicht trotz der sicheren unbemannten Landung des Starliner eine Katastrophe. Selbst wenn alle Fehler beseitigt werden, wird die nächste Starliner-Mission (die jetzt ohnehin nicht eher als im Sommer oder Herbst 2025 erfolgen kann) bestenfalls ein unbemannter Frachttransport sein. Erste Besatzungstransfers, und da bleiben bis zum Ablaufen der Verträge mit der NASA überhaupt nur noch vier übrig, kann Boeing dann erst ab Frühjahr 2026 durchführen. Das Ende der Geschichte für Suni Williams ist komplett anders als sie es sich vorgestellt hatte. Ein wenig unvermittelt, aber angemessen, wurde sie zum zweiten Mal in ihrer Astronautenkarriere zur Kommandantin der ISS ernannt. Wenn sie zurückkommt, irgendwann Ende Februar oder Anfang März 2025, wird sie die Vize-Rekordhalterin in der US-Raumfahrt für die größte akkumulierte Weltraumerfahrung sein. Übertroffen nur noch von der legendären Peggy Whitson, die ebenfalls bereits zweimal Kommandantin der ISS war. Es wäre sogar möglich, dass sich diese beiden US-Rekordhalter Anfang 2025 im Orbit begegnen, wenn Whitson als Kommandantin der Axiom 4-Mission auf der ISS eintrifft.

Die Suche nach Leben in ungewöhnlicher Stelle. Diese Illustration zeigt eine Robotsonde, die unter der Eisdecke des Jupitermondes Europa nach Lebensspuren fahndet. Ein Projekt für die 40er und 50er-Jahre unseres Jahrhunderts.

AUF EUROPA UND ANDERSWO – DIE SUCHE NACH DEM LEBEN

Noch haben wir keine eindeutigen Beweise dafür, dass es in unserem Sonnensystem außerhalb der Erde oder sonst irgendwo in den Weiten des Alls Leben gibt. Immerhin existieren aber eine ganze Reihe viel versprechender Kandidaten, auf denen möglicherweise zumindest seine Vorstufen zu finden sind. Was das Sonnensystem betrifft, so liegen die Hoffnungen der Astrobiologen weiterhin auf dem Mars. Aber auch die großen Monde der Gasriesen bieten in dieser Hinsicht großes Potential. Vor allem auf Europa, den die Raumsonden JUICE und Europa Clipper in einigen Jahren besuchen werden, und dem Saturnmond Titan, den der Dragonfly-Helikopter erforschen soll, ruhen viele Hoffnungen. Sehen wir uns zunächst einmal die potentiellen Kandidaten unseres Sonnensystems bevor wir uns dann den Exoplaneten und einigen philosophischen Fragen widmen. Beginnen wir mit unserer Suche auf unserem Nachbarplaneten Venus.

GEHALTVOLLE VENUSLUFT?

Die Bewertung der Venus als Ort des Lebens ist einem steten Wandel ausgesetzt. Bis in die frühen 60er-Jahre galt sie als sicherer Ort dafür. Man stellte sich unter ihrer undurchdringlichen Wolkenschicht einen dampfenden Dschungel mit feuchtheißem Klima vor. Die bekannte Science-Fiction-Reihe „Perry Rhodan" ließ die Handlung einiger ihrer frühen Bände dort spielen und der Held hatte alle Hände voll zu tun, um mit der überbordenden Flora und Fauna zurechtzukommen.

Perry Rhodan – Unser Mann im Weltraum. So hieß der Slogan der Heftchen-Kultserie, die ab 1961 wöchentlich erschien. Eines seiner ersten Abenteuer erlebte er auf der Venus. Ein vor Leben schier berstender Dschungelplanet, wie man damals meinte.

Doch am 14. Dezember 1962 musste man alle Hoffnung auf einen Dschungelplaneten jäh fahren lassen. An diesem Tag passierte die US-Raumsonde Mariner 2 die Venus in einem Abstand von knapp 35.000 Kilometern, und die Daten, die sie zur Erde schickte, ließen die Wissenschaftler zunächst für Messfehler halten. Sie ermittelte die Oberflächentemperatur des Planeten mit 425 Grad. Es war tatsächlich ein Messfehler. Spätere Missionen zeigten nämlich, dass dieser Wert noch deutlich zu niedrig war.

Die nachfolgenden Forschungsflüge dorthin, zum größten Teil von den Sowjets durchgeführt, zeigten die wahren Verhältnisse. Temperaturen nur wenig unter 500 Grad Celsius, ein Luftdruck von über 90 Atmosphären. Auf der Oberfläche der Venus ist es somit heißer als auf der sonnenzugewandten Seite des Planeten Merkur oder in einem voll angefachten Pizzaofen, und der Luftdruck entspricht dem Druck in über 900 Meter Wassertiefe. Eins ist damit vollständig sicher: Auf der Oberfläche der Venus werden wir kein Leben finden.

Auch für die Hoffnungen auf Leben in den dichteren Schichten der mit optischen Mitteln undurchdringlichen Wolkendecke, da wo die Temperaturen wieder erträglich werden, sah es schlecht aus. Es gibt dort zu wenig Wasserdampf, um selbst einfachen Mikroorganismen Leben zu ermöglichen. Die Wolken bestehen aus feinen Tropfen hoch konzentrierter Schwefelsäure. Die mögen in Bleibatterien für Fahrzeuge sinnvoll sein, Leben gedeiht da aber nicht. Selbst ausdrücklich säureliebende irdische Bakterien könnten hier nicht überleben.

Eine Forschungsgruppe um John E. Hallsworth an der nordirischen Queens-University in Belfast stellte fest, dass der Grenzwert für den Mindestgehalt an Wasserdampf für irdisches mikrobakterielles Leben um etwa den Faktor 100 unterschritten wird. Das Team hat das an der so genannten Wasseraktivität festgemacht. Der Anteil des frei verfügbaren Wassers wird dabei in einer Skala von 0 bis 1 angegeben. 0 entspricht einer knochentrockenen, komplett wasserfreien Atmosphäre, 1 einer bis zum Taupunkt mit Feuchtigkeit gesättigten Lufthülle.

Dieses Bild zeigt die Raumsonde Mariner 1, die vollständig baugleiche Schwestersonde von Mariner 2. Sie sollte am 22. Juli 1962 zur Venus starten, wurde aber Opfer eines Fehlstarts. Mariner 2 startete am 27. August 1962 und war erfolgreich.

Auf der Venus wird dagegen nur eine Aktivität von 0,004 erreicht. Selbst die zähesten irdischen Lebewesen stellen ihren Stoffwechsel bei einer Aktivität von 0,585 ein. Somit sieht es für Leben, dessen Stoffwechsel dem irdischen Lebens ähnlich ist, ziemlich schlecht aus.

Ein hoffnungsloser Fall für die Astrobiologen, so schien es. Aber wie schön öfter in der Erforschung der Venus wendet sich gerade das Blatt erneut. Im September 2020 wurden in einer Studie von einem unerklärlich hohen Gehalt an Phosphin in der Venusatmosphäre berichtet. Dieser Stoff entsteht auf der Erde im Zusammenhang mit anaeroben Ökosystemen. Phosphin dürfte es eigentlich auf der Venus nicht geben, es sei denn, es läge eine massive vulkanische Aktivität vor. Dann könnte der Phosphin-Gehalt der Atmosphäre auch geologisch erklärt werden.

Nun herrscht also Unklarheit über die Frage, ob es in der Atmosphäre der Venus in Höhen von 40-50 Kilometern über der Oberfläche, dort wo der Luftdruck und die Temperatur denen der Erde entsprechen, nicht vielleicht doch anaerobes primitives Leben existiert. Und plötzlich wird die Venus wieder spannend. Über viele Jahrzehnte gab es kaum wissenschaftliches Interesse an ihr und nur alle

Jubeljahre wurde sie von Orbitsonden aber nie mehr von einem Lander besucht. Doch nun werden gleich drei Raumsonden vorbereitet, um diese Vermutungen und Annahmen mit einer breiten Palette neuester Messinstrumente unter die Lupe zu nehmen. Dies sind VERITAS und DAVINCI aus den Vereinigten Staaten und EnVision aus Europa. Am interessantesten für die Suche nach Leben wird dabei DAVINCI sein, eine Sonde, die langsam durch die Atmosphäre der Venus bis zur Oberfläche hinunter absteigt und Analysen vornimmt.

Wenn nicht auf der Venus, so doch auf anderen Planeten mit sehr dichter Atmosphäre könnte es Lebewesen geben, die in den Wolken leben.

MARS MACHT MOBIL

Im Juli 2020 startete die NASA den Rover Perseverance, der im Februar 2021 im Jezero-Krater landete, um dort nach Zeichen von früherem Leben auf dem Mars zu suchen und Material für eine Probenrückführmission zu sammeln. Ein Transport von ausgesuchten Bodenproben zur Erde ist notwendig, weil die Analysemöglichkeiten des kleinen Erkundungsfahrzeugs vor Ort bei weitem nicht ausreichend sind.

ESA

Eine Illustration des Rosalind Franklin-Rovers wie er möglicherweise 2029 auf der Oberfläche des Planeten Mars nach Anzeichen von Leben forscht.

Man kann erwarten, dass die Suche nach Beweisen für längst tote Mikroben eine ziemlich knifflige Aufgabe ist. Die wird idealerweise von Wissenschaftlerteams in gut ausgestatteten irdischen Labors durchgeführt, wo die ganze Bandbreite fortschrittlicher und aufwändiger Analysetechnik zur Verfügung steht.

Die Europäische Weltraumorganisation hatte geplant, im August 2022 den Rosalind Franklin Rover zu einer ähnlichen Mission zu starten, aber durch den Überfall Russlands auf die Ukraine wurden diese Pläne zunichte gemacht. Man wäre für die Start auf eine russische Proton M-Rakete und den ebenfalls russischen Kasatschok-Lander angewiesen gewesen.

Eine Weile sah es danach so aus, als würde der Rosalind Franklin-Rover mit Hilfe eines amerikanischen Skycrane auf dem Mars landen, doch nun hat man eine andere Lösung gefunden. Auch dieser Plan baut auf der Unterstützung durch die NASA, die den Start durchführen will und einige missionskritische Komponenten liefert, wie tief drosselbare Triebwerke und radioaktive Heizelemente. Die Landeplattform wird Europa aber nun selber bauen. Derzeit arbeitet man auf ein Startdatum im Jahr 2028 hin und eine Landung im Jahr 2029 im Oxia Planum.

Übrigens ist nicht nur eine gemeinsame US-europäische Probenrückführmissionen in Vorbereitung, sondern auch China will im Rahmen der Tianwe-3-Mission Proben auf dem Mars sammeln und zur Erde bringen. Es wird also innerhalb überschaubarer Zeiträume Analysematerial zur Verfügung stehen, das uns bei der Frage nach früherem Leben auf dem Roten Planeten weiterbringt.

AUCH CERES IST MIT DABEI

Die NASA und die Wissenschaftsgemeinde haben sich in den letzten Jahren natürlich nicht nur auf Roten Planeten konzentriert. Vielmehr sind vor allem auch die wasserhaltigen Monde und Planeten des äußeren Sonnensystems in den Fokus der Aufmerksamkeit gerückt. Neuerdings ist mit Ceres sogar ein Asteroid mit dabei. Der wird mit seinen fast 1000 Kilometer Durchmesser auch als Kleinplanet klassifiziert. Er ist einer von drei verbliebenen Protoplaneten aus der Entstehungszeit unseres Sonnensystems (die beiden anderen sind Pallas und Vesta).

Auf seiner Bahn im Asteroiden-Hauptgürtel liegt er nur knapp außerhalb der habitablen Zone unserer Sonne. Die US-Raumsonde Dawn erforschte Ceres zwischen 2015 und 2018 und machte dabei eine Reihe interessanter und unvermuteter Entdeckungen.

Insgesamt dürfte Ceres zu 17 – 27 Prozent aus Wasser bestehen. Das ist das Fünffache aller irdischen Süßwasservorräte. Allerdings ist das Wasser von Ceres salzhaltig. Es enthält etwa fünf Prozent gelöste Salze unterschiedlicher Zusammensetzung wie etwa Natriumcarbonat oder Ammoniumchlorid. Dawn stellte auch eine dünne Exosphäre aus Wasserdampf um den Kleinplaneten fest, verursacht durch Cryovulkanismus, den es dort bis in die jüngere Vergangenheit gegeben haben kann und vielleicht sogar immer noch gibt.

Obwohl Ceres nicht so aktiv als potenzielle Heimat für mikrobielles außerirdisches Leben diskutiert wird wie Mars, Europa, Enceladus oder Titan, hat

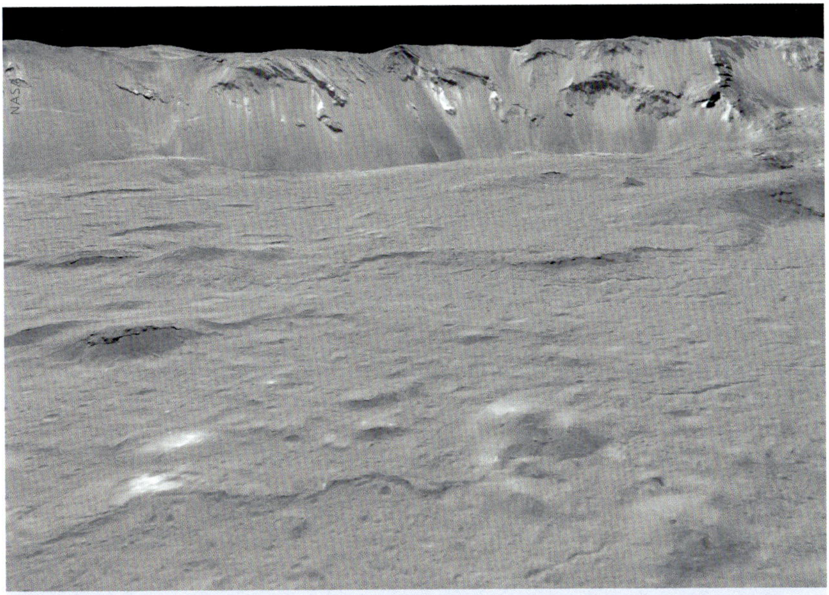

Ein Blick in flachem Winkel über die südöstliche Bodenfläche des großen Occator-Kraters in Richtung Kraterwall auf dem Zwergplaneten Ceres. Der Krater hat einen Durchmesser 92 Kilometer. Die hellen Mulden links im Vordergrund wurden durch salzhaltige Flüssigkeit gebildet, die beim Gefrieren des wasserreichen Bodens nach dem kraterbildenden Einschlag, der sich vor etwa 20 Millionen Jahren ereignet hat.

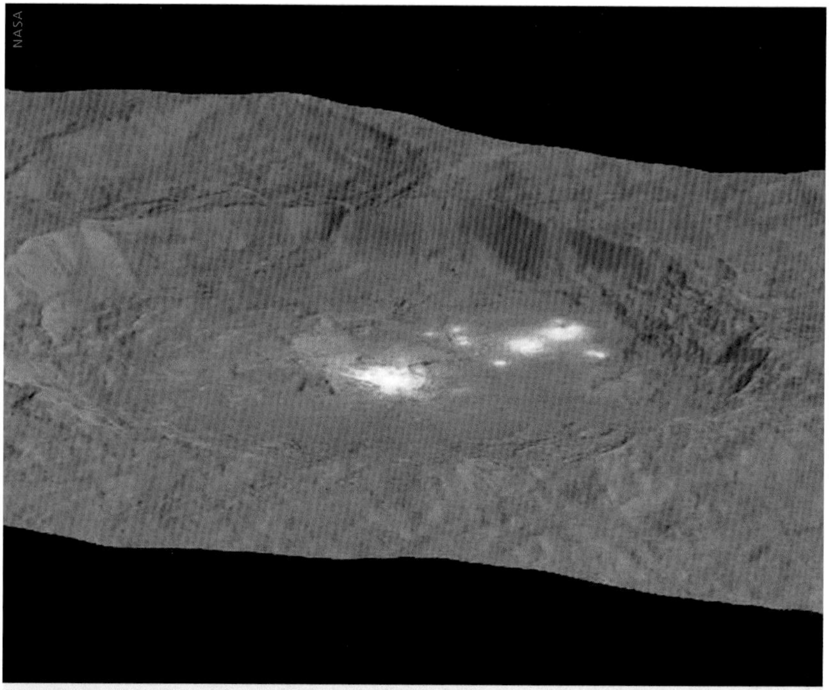
Der Occator-Krater aus einem steileren Winkel und größerer Entfernung aufgenommen.

er dennoch Potential. Nach der Erde verfügt er über das meiste Wasser aller Himmelskörper des inneren Sonnensystems. Unter seiner Oberfläche liegen wahrscheinlich große Salzwassertaschen, die Lebensräume bieten könnten. Er enthält genug langlebige radioaktive Isotope, um in seinem Untergrund Wasser für lange Zeit flüssig zu halten. Dieses Wasser, in Zusammenhang mit einem etwa 20-prozentigen Massenanteil an Kohlenstoff und biochemischen Elementen wie Wasserstoff, Sauerstoff und Stickstoff, könnte günstige Bedingungen für die organische Chemie schaffen.

Alles in allem: Ceres ist der Überraschungskandidat der jüngeren Vergangenheit für die Suche nach Leben oder seinen Vorstufen, und die Weltraumorganisationen der großen Raumfahrtnationen planen bereits Landesonden für eine nähere Untersuchung dieses Kleinplaneten.

DIE MONDE DES JUPITER

Ozeane unter dicken Eiskrusten kommen im äußeren Sonnensystem relativ häufig vor. Mehrere eisbedeckte Jupitermonde haben, darauf weisen die aktuellen Forschungen hin, womöglich ausgedehnte Meere unter ihren kilometerdicken Eispanzern: Ganymed, Kallisto und vor allem Europa. Europas riesiges unterirdisches Meer scheint sogar in Kontakt mit dem felsigen Kern dieses Mondes zu stehen. Damit werden eine Reihe komplexer chemischer Reaktionen möglich, die zumindest theoretisch zu Leben oder zumindest seinen Vorstufen führen können. Bei Europa sieht es so aus, als wäre die Eiskruste relativ dünn. Wobei „relativ" ein „relativer" Begriff ist, denn es wären immer noch zwischen 20 und 30 Kilometer. Also zwischen sechs- und zehnmal so tief wie der Eispanzer der irdischen Antarktis an seiner dicksten Stelle. Doch gerade Europa ist in mancherlei Hinsicht sehr interessant: Er ist etwas kleiner als unser Erdmond, enthält aber wesentlich mehr Wasser als die gesamte Erde. Genau genommen verdient die Erde das oft vergebene Prädikat „Wasserplanet" eigentlich gar nicht, denn tatsächlich bestehen nur 0,2 Prozent der Erdmasse aus Wasser.

Auch unter Kallisto und Ganymed verbergen sich wahrscheinlich enorme Wasserozeane. Um bis zu ihnen vorzustoßen, müsste man sich aber sogar durch etwa 100 Kilometer dickes Eis nach unten bohren. Das dürfte eher eine spannende Forschungsaufgabe für unsere Enkel sein.

Im April 2023 startete die europäische Raumsonde JUICE zum Jupiter und im Oktober 2024 folgte ihr die NASA-Mission Europa Clipper. Der Europa-Clipper wird den Gasriesen umkreisen, dabei Dutzende von Vorbeiflügen an Europa durchführen und unter anderem dabei den unterirdischen Ozean des Mondes charakterisieren. Neben diesen Aufgaben soll er auch passende Landeplätze für einen zukünftigen, nach Leben forschenden Lander auskundschaften. Die Hauptaufgabe von JUICE wird neben der Erforschung des Jupiter selbst vor allem in der genauen Erkundung des Ganymed bestehen und wird dafür sogar in eine Umlaufbahn um

NASA

Jupiter, die vier galileischen Monde und die europäische Raumsonde JUICE. Weder stimmen die Abstände noch die Größenverhältnisse, aber als künstlerisch geprägte Prinzipdarstellung ist das Bild gut geeignet.

diesen Mond einschwenken. Ganymed ist der größte Mond des Sonnensystems, größer noch als der Planet Merkur. Seine Oberfläche besteht aus einer mehrere hundert Kilometer dicken Schicht aus Eis. Sein Kern dürfte aus Eisen und Silikatgestein bestehen. Die darüber anschließende Schicht könnte aus einem viele hundert Kilometer tiefen Ozean aus leicht salzigem Wassereis bestehen.

SATURN UND DARÜBER HINAUS

Die Cassini-Huygens-Mission, die im September 2017 endete, veränderte das Verständnis der Forscher über den Saturn und sein Mondsystem ganz entscheidend. Im Zuge der Entdeckungen dieser Raumsonden-Kombination wird heute das Potenzial unseres Sonnensystems, außerirdisches Leben zu beherbergen, völlig anders eingeschätzt. Die Mission ergab, dass Titan, der größte Saturnmond, über ein auf Kohlenwasserstoffen basierenden Atmosphärensystem verfügt, und dass seine Oberfläche Seen und Meere aus flüssigem Ethan und Methan beherbergt. In diesen Meeren könnten primitive Lebensbausteine existieren.

Für 2028 plant die NASA den Start der Dragonfly-Hubschraubersonde, die durch die dichte und trübe Atmosphäre von Titan fliegen soll. Zu den Hauptzielen von Dragonfly gehört die Untersuchung der komplexen Chemie dieses zweitgrößten Mondes des Sonnensystems, welche die Voraussetzungen für die Entstehung von Leben schaffen könnte. Und zu diesen Zielen gehört auch die direkte Suche nach Biosignaturen.

Neben dem Titan hat sich der kleine Saturn-Mond Enceladus zu einem besonders interessanten Ziel für zukünftige Erkundungsflüge gemausert. Cassini konnte nachweisen, dass es auch hier einen Ozean unter der eisverkrusteten Oberfläche gibt, ähnlich wie unter der Oberfläche des Jupitermondes Europa. Der Cassini-Orbiter entdeckte Geysire, durch die vom Südpol dieses Saturnmondes in Fontänen Wassermoleküle mit darin eingebundenem organischem Material in den Weltraum ausgestoßen werden.

Diese Entdeckung in Verbindung mit anderen Beobachtungen Cassinis zeigen, dass Enceladus unter seiner Hülle einen großen Ozean flüssigen Salzwassers beherbergt. Bewirkt wird das durch die enormen Gezeitenkräfte, die durch Schwerkraft-Interaktionen zwischen Enceladus und dem nur 180.000 Kilometer entfernten Saturn entstehen. Dadurch kommt es zu einem „Kneteffekt", der so viel Wärme erzeugt, dass sich unter der Eiskruste des Mondes Wasser in flüssigem Zustand halten kann.

Der Wasserausstoß durch die Geysire ist so groß, dass sie den E-Ring des Saturn bilden. Cassini flog mehrfach durch diese Wolke und sammelte Proben, die Wissenschaftler nach Hinweisen auf die chemische Zusammensetzung des Mondes analysierten. Die Forscher fanden kohlenstoffhaltige organische Verbindungen und freien Wasserstoff, was auf die Existenz hydrothermaler Systeme im verborgenen Ozean von Enceladus hindeutet. Cassini suchte allerdings in diesem ausgegasten Material nicht direkt nach Zeichen von Leben. Dafür war

Grafische Darstellung des Dragonfly-Helikopters der NASA. Er soll in den 30er-Jahren auf dem Saturnmond Titan nach Lebensbausteinen suchen. Hier eine Ansicht von unten, um das Rotorkonzept anschaulich zu machen.

die Raumsonde nicht ausgerüstet, denn vor ihrem Start wusste niemand von den Fontänen. Ein Forschungsteam des Massachusetts Institute of Technology (MIT) stellte erst kürzlich anhand der Cassini-Daten fest, dass durch die Art und Weise, wie die Oberfläche des Saturnmondes von Eis bedeckt ist, der unter seiner Eiskruste verborgene Ozean ähnlich salzhaltig sein muss wie die irdischen Meere. Auf Enceladus ist die Eisdecke über den Polen dünner als über der Äquatorregion. Das Verhältnis entspricht laut der Studie einem Salzgehalt des Ozeans von bis zu 30 Gramm in einem Liter Wasser. Im Vergleich dazu besitzt irdisches Meerwasser einen Anteil von 35 Gramm Salz pro Liter Wasser.

Anhand ihrer Analysen glauben Forscher auch Rückschlüsse auf die Zirkulation des verborgenen Ozeans ziehen zu können. Demnach scheint auf Enceladus Wärme vom Ozeanboden aufzusteigen. Verfügt er tatsächlich über flüssiges Wasser, dann wäre das ganz erstaunlich, denn Enceladus ist ein sehr kleiner Himmelskörper. Sein Durchmesser beträgt gerade einmal 500 Kilometer.

Auch Triton, der große Mond des Neptun rückt immer mehr in den Fokus des Interesses. Er ähnelt von seiner Oberflächenstruktur her stark dem Pluto, ist ähnlich groß wie dieser und könnte ebenfalls über einen flüssigen Ozean in seinem Inneren verfügen. Und auch Pluto selbst könnte in seinen Tiefen Wasser in flüssiger Form beherbergen, aufgeheizt durch langlebige radioaktive Isotope.

NASA

Die Geysire des Enceladus. Eine Komposit-Grafik. Der kleine dunkle Punkt in der Bildmitte ist kein Schmutzfleck, sonders stellt die Raumsonde Cassini dar.

Mit dem Einbeziehen der großen Monde der Gasriesen wie Titan und Europa, kleinerer Himmelskörper wie Ceres und Enceladus und selbst Kuiper-Gürtelobjekten wie Pluto verlässt die Suche nach Leben damit immer mehr das früher unumstößliche Diktat der habitablen Zone, die sich nur zwischen Venus und Mars befinden könne.

Eine Illustration des Giant Magellan Telescope. Es wird mit sieben 8,5 Meter-Spiegeln bestückt sein.

JENSEITS DES SONNENSYSTEMS

Die Fülle an Wasserwelten im äußeren Sonnensystem zeigt uns, dass die Suche nach einer „Erde 2.0" nicht die alleinige Strategie zur Fahndung nach Leben im Weltraum sein sollte. Womöglich sind die meisten bewohnbaren Immobilien im Kosmos unter kilometerdickem Eis begraben.

In den letzten Jahrzehnten haben wir gelernt, dass unsere Milchstraße von potenziell lebenserhaltenden Welten nur so wimmelt. Ein Großteil dieses neuen Wissens stammt vom Kepler-Weltraumteleskop der NASA, das von 2009 bis November 2018 in Betrieb war. Kepler ist für etwa die Hälfte der bislang bestätigten Exoplaneten-Entdeckungen verantwortlich. Aus seinen Missionsdaten kann hochgerechnet werden, dass es in unserer Galaxie mehr Planeten als Sterne gibt. Viele dieser Planeten könnten mehr als nur eine flüchtige Ähnlichkeit mit der Erde haben. Kepler fand heraus, dass mindestens 20 Prozent der Sterne in der Milchstraße wahrscheinlich Gesteinsplaneten in ihren habitablen Zonen beherbergen, in genau dem richtigen Bereich der Entfernung von ihrer Sonne, in denen flüssiges Wasser auf der Oberfläche einer Welt bestehen kann.

Einige dieser potenziell bewohnbaren Welten sind nach kosmischen Maßstäben nur einen Steinwurf entfernt. Zum Beispiel beherbergt der sonnennächste Stern – Proxima Centauri, der etwa 4,2 Lichtjahre von uns entfernt ist – einen etwa erdgroßen Planeten in der bewohnbaren Zone. Und das TRAPPIST-1-System, das 39 Lichtjahre von uns entfernt liegt, verfügt über sieben bislang bekannte felsige Welten, von denen drei das Leben wie wir es kennen möglicherweise unterstützen könnten.

Sowohl Proxima Centauri als auch TRAPPIST-1 sind jedoch Rote Zwerge, wie 70 Prozent der gesamten Sternpopulation in der Milchstraße. Das sind kleine und sehr langlebige, aber auch sehr aktive Sterne. Ihre Protuberanzen können die Bewohnbarkeit ihrer Planeten stark beeinträchtigen, vor allem auch, weil sich die habitable Zone bei diesen kleinen Sonnen sehr nahe am Zentralgestirn befindet.

Die Lawine an Exoplaneten-Entdeckungen, die Entdeckung der Wasserozeane unter den Eismonden unseres Sonnensystems, der Nachweis, dass RNA im Weltraum entstanden sein kann und viele andere ähnlich gelagerte Forschungsergebnisse haben die Astrobiologie vom wissenschaftlichen Rand inzwischen fest in den Forschungs-Mainstream eingebunden. Die NASA erklärt inzwischen die Suche nach außerirdischem Leben zu einem ihrer Hauptziele, und niemand belächelt sie mehr dafür.

Inzwischen hat auch das 9,7 Milliarden US-Dollar teure James-Webb-Weltraumteleskop (JWST) der NASA seinen Dienst aufgenommen. Dieses Instrument ist der designierte Nachfolger des legendären Hubble-Weltraumteleskops. Allerdings hoffen die Wissenschaftler, dass beide Teleskope möglichst lange gemeinsam arbeiten können, denn sie decken unterschiedliche Wellenbereiche des Spektrums ab. Seit Juli 2022 ist das JWST am 1,2 Millionen Kilometer von der Erde entfernten Lagrange-Punkt 2 im Einsatz. Eines der vielen Dinge, die das neue Großteleskop im Weltraum leistet, ist die Untersuchung der Atmosphäre nahegelegener Exoplaneten auf potenzielle Biosignaturen hin. Gase wie Sauerstoff und Methan, deren gleichzeitige Anwesenheit in der Atmosphäre eines Planeten ein starkes Argument für das Vorhandensein biologischer Prozesse wäre.

Und schließlich werden weitere mit Spannung erwartete terrestrische Mega-Teleskope Mitte bis Ende der20er Jahre unter anderem für die Suche nach Exoplaneten eingesetzt. Wenn alles nach Plan läuft. Das Giant Magellan Telescope mit seinen sieben 8,5 Meter-Spiegeln und einem Auflösungsvermögen,

Die frühe Erde lag unter heftigem Bombardement aus dem Weltall. Der Künstler hat hier die Entfernung des Mondes korrekt dargestellt, er war vor vier Milliarden Jahren viel näher an der Erde als heute. Schon bald nachdem die Erde so unwirtlich aussah wie hier, entwickelte sich erstes primitives Leben.

welches das Hubble Space Telescope um das 10-fache übertreffen soll und das Extremely Large Telescope mit einem Hauptspiegel von 39 Metern werden ihre Beobachtungen von den Bergen Chiles aus durchführen.

Auch die Anzahl der speziell auf SETI, also der Suche nach außerirdischen Intelligenzen, ausgerichteten Aktivitäten könnte bald erheblich ansteigen, und das nicht nur wegen der „Breakthrough Listen" Aktivitäten, dem privat (mit 100 Millionen Dollar) finanzierten Suchprogramm von Juri Milner. Für die Suche nach Signalen möglicherweise existierender technischer Zivilisationen im All werden das Radioteleskop in Green Bank, das optische Teleskop Automated Planet Finder des Lick-Observatoriums in den USA und das Parkes-Radioteleskop in Australien eingesetzt. Das größte Radioteleskop, das jemals gebaut wurde, Chinas Five-hundred-meter Aperture Spherical radio Telescope (kurz: FAST), ging Anfang 2020 in Betrieb. Die Suche nach außerirdischen Technosignaturen ist eine seiner erklärten Aufgaben.

Dies ist nur eine unvollständige Aufzählung der kommenden Aktivitäten zur Lebenssuche. Die vollständige Liste könnte dank des anhaltenden Kostenrückgangs für den Bau und Start von Raumfahrzeugen bald noch viel länger werden. Dieser Trend könnte letztendlich astrobiologische Missionen für eine

In der Tiefsee gibt es Lebewesen, die direkt einem Horror-Science-Fiction-Movie entsprungen sein könnten. Hier ein Schwarzanglerfisch. Auch er hat seine Nische gefunden.

Vielzahl von interessierten Gruppen und Institutionen durchführbar machen, von Universitäten bis hin zu Privatpersonen.

Auf der Suche nach Leben im Weltraum können uns Methoden helfen, die wir bei der Suche nach Leben auf unserem eigenen Planeten erproben. Nun müsste man meinen, hier auf der Erde wäre das überflüssig, schließlich wissen wir, dass es hier Leben gibt, sehen wir es doch Tag für Tag selbst und wenn es sein muss im Spiegel in unserer eigenen Wohnung.

Doch es gibt tatsächlich eine Fahndung nach unbekanntem Leben auf der Erde. Gemeint ist her die andauernde Suche nach einer „Schattenbiosphäre". Die Suche nach einem ganzen Baum des Lebens, getrennt von dem, der Bakterien, Blumen, Bäume, Fledermäuse, Vögel und alles andere umfasst. Getrennt von dem, was wir derzeit als lebendig betrachten.

Die Idee der „Schattenbiosphäre" ist nicht so verrückt, wie sie zunächst erscheint. Immerhin gibt es seit etwa vier Milliarden Jahren Leben auf der Erde. Es entwickelte sich extrem schnell, wenn man bedenkt, dass unser Planet überhaupt erst vor 4,5 Milliarden Jahren entstand und danach noch lange Zeit heiß und unwirtlich blieb. Die Entstehung des Lebens scheint also kein Wunder zu sein, sondern eher ein normaler evolutionärer Vorgang. Was wiederum impliziert, dass es hier mehr als einmal passiert sein könnte. Schauen wir uns nun einmal an, was Leben überhaupt ist und wie wir es definieren könnten.

WAS IST LEBEN?

Der Begriff „Leben" verfügt über eine starke metaphysische Komponente, weswegen er nicht nur von den Wissenschaften, sondern auch von der Philosophie und den Religionen besetzt ist. Die englische Wikipedia berichtet von 121 Definitionen, darunter auch solchen, die für Juristen bestimmt sind.

Bei der NASA wird es kurz und bündig definiert. Danach ist Leben „ein sich selbst erhaltendes chemisches System, das zur darwinistischen Evolution fähig ist". Eine etwas nuanciertere Version könnte so lauten: „Leben ist eine Qualität, die Materie mit biologischen Prozessen von Materie ohne solche unterscheidet und durch ihre Fähigkeit zum Wachstum, zur Reaktion auf Reize, zum Stoffwechsel, zur Energieumwandlung und zur Reproduktion bestimmt wird."

Die Frage ist also, wann ist es noch Chemie und ab wann ist es Biologie? Das generelle Problem der Frage nach dem Leben liegt wohl daran, dass Leben ein Prozess ist und keine Substanz. Offensichtlich hat der „Phasenübergang" von toter zu belebter Materie mit der Komplexität eines chemisch-biologischen Systems zu tun. Um als Leben definiert werden zu können, ist ein bestimmter Grad an Kompliziertheit notwendig. Ist es zu einfach, kann es keine neue, höhere Qualität erreichen.

Leben scheint ein natürlicher Evolutionsprozess zu sein. Es trat bereits 300-500 Millionen Jahre nach der Formung der Erde auf. Das ist praktisch der früheste Zeitpunkt, der aufgrund der damaligen Umweltbedingungen überhaupt möglich war. Davor war unser Planet eine aufgeschmolzene Magmakugel auf die ein unaufhörliches Bombardement von Protoplaneten, Meteoriten und Kometen aus der protoplanetaren Scheibe einprasselte.

Der Aspekt des „frühen Erscheinens" ist wichtig bei der Frage nach Leben irgendwo anders im Universum, denn es ist nur schwer vorstellbar, dass es bei uns schon bei der allerersten sich bietenden Gelegenheit loslegte, sich aber sonst nirgendwo anders entwickelt hätte. Das „frühe Erscheinen" unterstützt die „Cosmic-Zoo-Hypothese", nach der das Leben im Universum weit verbreitet ist, gegenüber der vor allem vor den 2000er-Jahren häufig vertretenen „Rare-Earth-Hypothese" (die Einsame Erde), nach der das Leben auf unserem Planeten nur einer fast unmöglichen Abfolge von Zufällen zu verdanken ist.

Die „Cosmic Zoo-Hypothese" wird durch Beobachtungen weiter gestützt. So gab es auf der Erde mehrfach unabhängig voneinander stattfindende biologische Entwicklungen wie die „Erfindung" des Auges. Das Auge ist für das Überleben der meisten Arten notwendiger Sensor, der sich bei Säugetieren, Fischen oder Insekten in vielfacher Form aber ähnlicher Funktion entwickelt hat. Ein weiteres Beispiel ist die Entwicklung des Fluges. Die Natur hat Insekten, Saurier, Säugetiere oder Vögel zwar konstruktiv völlig unterschiedlich ausgestaltet aber dennoch die gleiche Funktionalität mitgegeben.

Und schließlich beobachten wir die Existenz so vieler unterschiedlicher Lebensformen und Arten auf unserem Planeten. Da gibt es Menschen, die auf der Erdoberfläche leben, bei einem Druck von einem Bar und die sich dort bei Temperaturen zwischen minus 20 und plus 30 Grad am wohlsten fühlen. Es gibt Lebewesen, denen es bei 500 Bar Druck in den Tiefen der Meere am besten geht und dort bei Temperaturen knapp über null Grad. Und es gibt sogar einfache Lebensformen, die sich bei Temperaturen am Siedepunkt gut zurechtfinden und die sich von Mineralien ernähren. Es gibt also auf unserem Planeten eine große Diversität an Lebensformen, die nebeneinander existieren. Für jede gibt es biologische Nischen, die sich stark voneinander unterscheiden. Doch die Natur lässt keine neu entstandene Nische unbesetzt, sondern füllt sie sofort wieder auf.

VOM LEBEN ZUM BEWUSSTSEIN

Mindestens genauso wie die Frage nach dem Leben ist der Begriff des Bewusstseins eines der großen Rätsel der Menschheit. Es ist wie die Grenze von anorganisch zu organisch. Irgendwann und irgendwo ereignete sich dieser Sprung. Oder war es doch eher ein stetiger Übergang? Wenn wir uns Tiere und ihr Verhalten ansehen, dann liegt letzterer Gedanke nahe. Manche Tiere haben offensichtlich ein „Selbstbewusstsein", das nicht weit von dem des Menschen entfernt ist. Manche Tiere verfügen auch über Intelligenz, die der menschlichen kaum nachsteht. Andere Tiere wiederum scheinen fast ausschließlich ihrer genetischen Codierung zu folgen und lassen keinerlei bewusstes Handeln erkennen. Und bei wieder anderen gibt es Übergangsstadien.

Ein Lebewesen, das Bewusstsein besitzt, nimmt nicht nur Reize auf und verarbeitet sie, sondern es erlebt diese Reize auch. Es ist sich ihrer bewusst. Wie bereits bei der Definition von Leben stellt sich auch hier die Frage, wie in diesem Fall aus purer Biologie Bewusstsein entstehen konnte. Auch hier scheint die Antwort in der dafür notwendigen Komplexität eines Systems zu liegen. Je einfacher eine biologische Struktur ist, desto weniger ist sie bewusst.

Der Übergang von Leben zu intelligentem Leben scheint fast unsichtbar und fließend zu sein. Intelligenz mag praktisch im Überlebenskampf gewesen sein, und wurde deshalb im natürlichen Ausleseprozess präferiert.

Nicht verwechselt werden darf Intelligenz mit Bewusstsein. Intelligenz beschreibt die kognitive Leistungsfähigkeit speziell für die Lösung von Problemen. Sie stellt somit eher ein Werkzeug dar. Intelligent kann auch eine gut programmierte Maschine sein.

Offensichtlich begann das Leben mit rein funktionalen Vorgängen. Das ist im Übrigen weitgehend so geblieben. Mehr als wir ahnen. Unser Gehirn ist

Eine gemeinsame Jagd erfordert Bewusstsein. Ist Bewusstsein also ein Produkt der Evolution?

im Wesentlichen mit automatisierten Verarbeitungsprozessen beschäftigt und arbeitet fast durchgehend im „Autopilotmodus". Wir Menschen neigen dazu, den Grad unserer Bewusstheit systematisch zu überschätzen.

Bewusstsein bedeutet auch, dass unser Gehirn Vorhersagen über Dinge macht, die sich in der Zukunft abspielen oder nur auf Schauplätzen unserer Einbildung. Bewusstsein greift immer dann, wenn unsere „Automatismen" nicht länger greifen können, wenn wir „überrascht" sind von etwas.

Man muss sich darüber im Klaren sein, dass Bewusstsein sehr energieaufwendig ist. Es geht mit einer starken Gehirnaktivität einher. Obendrein sind bewusste Prozesse, verglichen mit unbewussten, sehr langsam. Wir können längst nicht so schnell auf Reize „bewusst" reagieren wie unbewusst. Diese Langsamkeit und diesen Energieaufwand muss sich eine Lebensform erst einmal leisten können. In der Natur ist das ziemlich einzigartig mit dem Menschen verbunden. Dieses: wenn wir mit einer neuen Situation nicht zurande kommen, sich erstmal zurückziehen und darüber nachdenken.

Wir müssen auch mit der Vorstellung aufräumen, dass wir immerzu „bewusst" leben. Der „Bewusstseinsmodus" scheint in der Natur zunächst nicht vorgesehen gewesen zu sein. Bewusstsein, ist ein „Notnagel" der Natur. Wenn wir uns fragen, warum etwas nicht so gelaufen ist, wie wir uns das vorgestellt haben´. Wenn es anders läuft, als es die „Werkseinstellung" unseres Seins es vorsieht. Dann brauchen wir das Bewusstsein. Die Intelligenz ist ihr Hilfsmittel dazu.

Bewusstsein ist auch ein Zustand, bei dem verschiedene Vorgänge im Gehirn auf eine Sache hin ausgerichtet werden. Es wird also eine Kombination von Fähigkeiten eingesetzt.

Wir haben eine falsche Selbsteinschätzung von Bewusstsein. Es ist nicht frei und unabhängig, sondern in hohem Maße manipulierbar. Ein Hypnotiseur könnte unser Bewusstsein lenken. Und Tatsache ist: Wir sind uns unserer visuellen Umwelt bei weitem nicht so bewusst, wie wir denken. Wir interpretieren sie subjektiv.

Warum hat uns die Natur „Bewusstsein" mitgegeben? Die Evolution tut nichts einfach nur so. Es muss einen evolutionären Vorteil geboten haben „bewusst" zu leben? Bewusstsein ist offensichtlich auch erst relativ spät in der in der Evolution entstanden? Es könnte vor 300 bis 200 Millionen Jahren aus einer Notwendigkeit für soziales Miteinander entstanden sein. Zu einer Zeit, als Tiere begonnen haben in Gruppen und mit Hilfe bestimmter Strategien zu jagen, die in irgendeiner Form miteinander abgestimmt werden mussten.

Bewusstsein erlebte einen weiteren starken „Schub" durch die Entwicklung der Sprache. Unser menschliches Bewusstsein ist ohne Sprache kaum denkbar. Die Kunst der „Vorausahnung" bot einen evolutionären Vorteil, wenn sich ein Jäger das Verhalten seiner zukünftigen Beute ausmalte und sich Strategien zurechtlegte, um sie zu überlisten. Die Jagd musste vorher in seinem Kopf stattfinden. Aus dieser Kunst der Vorausahnung für die Zwecke der Jagd könnte sich das Sozialverhalten entwickelt haben. Es war notwendig zu planen, sich zu organisieren und abzustimmen. Das Verhalten der Mitglieder einer Jägergruppe zu koordinieren und ähnliches mehr.

Wie schwer das Wesen des „Bewusstseins" zu definieren und zu begreifen ist, mag man alleine schon daran erkennen, wie sehr das auch heute noch ein Diskussionsgegenstand ist. Es gibt keine klaren, eindeutigen Definitionen, nur Annäherungen, Vermutungen und Hypothesen, die in der Schnittmenge zwischen Psychologie und Neurowissenschaften angesiedelt sind.

Wie sehen unsere Bewusstseinserfahrungen aus? Wenn wir morgens wach werden, glauben wir von einem nicht bewussten Zustand in einen Zustand des Bewusstseins zu wechseln. Erst ab dem Zeitpunkt des Erwachens nehmen wir etwas wahr, dessen wir uns auch bewusst sind. Aber auch im Schlaf nehmen wir gewisse Dinge wahr, sind uns aber dessen nicht bewusst. Dinge, die wir im Schlaf wahrnehmen (beispielsweise Umgebungsgeräusche) werden in dieser Phase von unserem Gehirn vollständig anders bearbeitet und dargestellt, als in wachem Zustand. Jede und Jeder von uns hat das schon erlebt, wenn Wahrnehmungen aus der realen Welt vom Gehirn zu Handlungen in einer Traumwelt werden, die uns in den Momenten des Träumens vollständig real erscheint. Kaum erwachen wir aus dieser Traumwelt verblasst dieses Pseudobewusstsein in Sekunden und wir vergessen (fast) alles, was wir in ihr erlebt haben.

Wie sieht es mit künstlicher Intelligenz aus? Kann auch sie Bewusstsein entwickeln? Ein Science Fiction-Autor meinte einmal „Sobald man eine KI nicht mehr von einem Menschen unterscheiden kann, hat sie – möglicherweise – selbst ein Bewusstsein". Doch was ist das Substrat auf dem dieses Maschinenbewusstsein entsteht? Wirklich nur eine schlaue Programmierung? Wohl nicht. Maschinenbewusstsein kann wahrscheinlich erst dann entstehen, wenn auch hier ein bestimmter Komplexitätsgrad überschritten wird. Und damit ist nicht gemeint, statt 100.000 Zeilen Codes nun 200.000 zu schreiben.

Das wirkliche „Verstehen" eines simplen Satzes hat bis heute noch keine Maschine geleistet. Geschweige denn einen mit Metaphern und Anspielungen versetzten. Man kann zwar schon bald Maschinen bauen, die so gut Bewusstsein simulieren können, dass man es mit unserem begrenzten Wahrnehmungs- und Analysefähigkeiten von „echtem" Bewusstsein nicht unterscheiden kann. Aber dann ist es trotzdem nicht Bewusstsein, sondern nur das Abspielen eines Codes, den sich ein pickliger IT-Guru bei Pizza und Cola ausgedacht hat.

Wenn wir davon ausgehen, dass „Bewusstsein" eine Voraussetzung für eine Intelligenz ist, um sich seiner Umwelt und seiner Stellung im Universum „bewusst" zu werden, dann ist das sicher ein Entwicklungsschritt der eine neue, höhere Qualität, als es reines, sich quasi maschinell reproduzierendes Leben an sich hat. Ohne das Gefühl, dass es da noch mehr gibt, ohne die Ahnung von etwas Unfassbarem, Größeren.

Bewusstsein ist etwas, nach dem wir uns sehnen. Wir lesen Bewusstseinszustände in alle Tiere, ja sogar an Maschinen und Gegenstände hinein. Daraus entsteht die Tendenz unser eigenes Bewusstsein auf andere Lebewesen und Lebensformen zu übertragen, beispielsweise wenn wir von der „Mutter Erde" sprechen.

Bewusstsein bindet uns in unsere Umwelt ein. Erst Bewusstsein erweckt in uns die Sehnsucht. Nach sozialer Wärme, nach einem anderen Menschen aber auch so abstrakte Wünschen, wie die Sehnsucht nach dem weiten unendlichen Meer, das der Kosmos darstellt.

Wo finden wir Leben in unserem eigenen Sonnensystem?

Seit Beginn der Raumfahrt wurden inzwischen alle Planeten des Sonnensystems von Raumsonden besucht. Der wichtigste Indikator für Leben wie wir es kennen ist flüssiges Wasser, und das ist gar nicht mal so selten im Sonnensystem...

Erde

Außer Konkurrenz. Leben entwickelte sich bereits vor 3,5, Milliarden Jahren. Einziger Ort im Universum, von dem wir aus eigener Erfahrung wissen, dass dort Leben existiert.

AUF DER OBERFLÄCHE

Dieser Jupitermond verfügt über einen 100 km tiefen Ozean mit direktem Kontakt zum Gesteinskern. An unterseeischen Vulkanen, sog. „schwarzen Rauchern" könnte sich Leben entwickelt haben.

Mars

Vor etwa 3,5 Milliarden waren weite Teile des Mars mit flüssigem Wasser bedeckt. Raumsonden wie der Curiosity Rover suchen nach Spuren vergangenen Lebens im Sedimentgestein. Auch heute könnte es unter der Marsoberfläche flüssiges Wasser geben, das Leben könnte dort überdauert haben.

Mimas

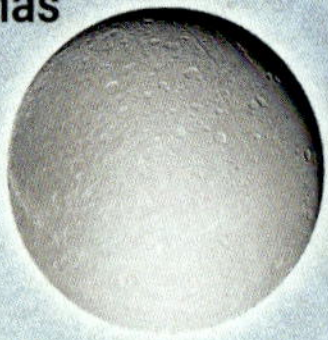

Dione

Ganymed

Pluto

Als die Raumsonde New Horizons die ersten Bilder vom Pluto enthüllte, überraschten Hinweise auf neuere Verschiebungen der Eisoberfläche. Vielleicht sorgen Gezeiteneffekte mit dem Mond Charon und radioaktive Prozesse für flüssiges Wasser sogar auf dem sonnenfernen Pluto.

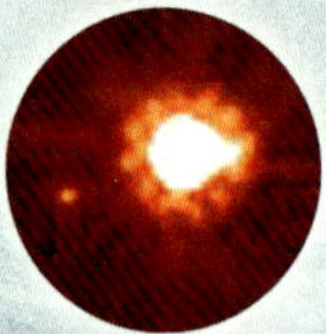

Eris

Auch dieser noch fernere Zwergplanet könnte durch das Gezeitenspiel mit seinem Mond Dysnomia und Radioaktivität einen Ozean aus flüssigem Wasser besitzen.

(VERMUTETE) WAHRSCHEINLICHKEIT

FREMDARTIGKEIT

Dieser Saturnmond ist zwar viel kleiner als Europa. Doch die Raumsonde Cassini konnte geysirartige Fontänen in der Südpolarregion beobachten, was auf flüssiges Wasser und Wärme schließen lässt. In den Fontänen konnten organische Chemikalien nachgewiesen werden.

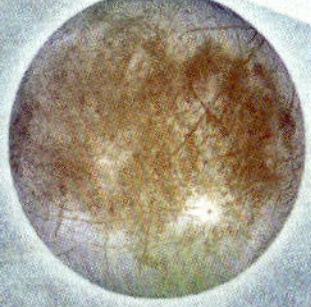
Europa

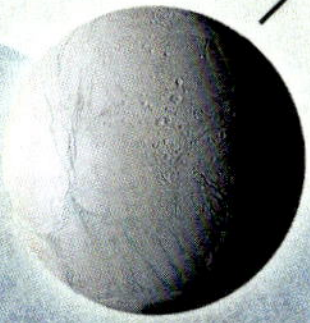
Enceladus

IN METHANSEEN

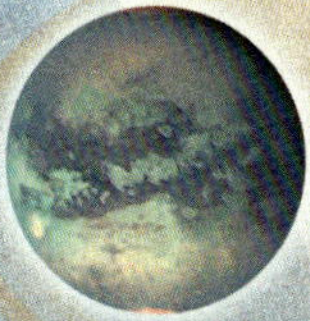
Titan

Der Saturnmond Titan besitzt eine Atmosphäre und Seen aus Methan. Fremdartiges, auf Methan statt Wasser basierendes Leben könnte hier entstanden sein. Außerdem befindet sich auch unter seiner Eiskruste ein Wasser-Ozean.

Titania

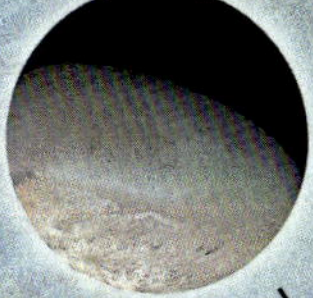
Triton

Auch die Saturnmonde Dione und Mimas, die Uranusmonde Oberon und Titania sowie der Neptunmond Triton könnten Ozeane beherbergen.

IN OZEANEN UNTER DEM EIS

Oberon

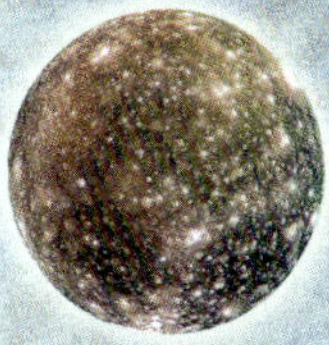
Kallisto

Diese Jupitermonde verfügen relativ sicher über flüssige Ozeane. Da zwischen Ozean und Gesteinskern aber trennende Eisschichten vermutet werden, gelten sie nicht als heiße Kandidaten für Leben.

2020 deutete eine Studie das Molekül Phosphan in der Venusatmosphäre als Hinweis für Leben. Obwohl weitere Studien zu anderen Schlüssen kamen: Wie beim Mars hat es viele Millionen Jahre hinweg flüssiges Wasser auf der Venusoberfläche gegeben. Könnte sich Leben entwickelt haben und an die extremen Bedingungen angepasst haben?

Venus

IN DEN WOLKEN

Kann sich in der Atmosphäre von Gasriesen Leben entwickeln? Wenn wir es für Exoplaneten nicht ausschließen wollen, dann auch nicht für unser Sonnensystem.

Jupiter Saturn Uranus Neptun

DIE BESTEN RAUMFAHRTBÜCHER

Meine Tätigkeit als Raumfahrtautor bringt es mit sich, dass ich gelegentlich Bücher zur Rezension zugeschickt bekomme. Manches davon ist, sagen wir es mal höflich, eher mittelprächtig, manches auch ganz gut. Nur weniges ist aber wirklich empfehlenswert. Fünf Bücher der letzteren Kategorie will ich Ihnen hier vorstellen. Sie sind nicht nur zum Selbstlesen geeignet, sondern auch zu fast jedem Anlass „schenkfähig“. Weihnachten steht vor der Tür, Onkel Wilhelms Geburtstag findet auch irgendwann statt und Tante Thekla ist vielseitig interessiert. Kevin will vielleicht eines Tages eine Weltraumfirma gründen und Lara Astronautin werden. Sie alle können sich für das Thema Raumfahrt schon mal mit den hier vorgestellten Büchern „warmlesen“. Fangen wir mit dem Ungewöhnlichsten der fünf Werke an, mit der Eroberung des Himmels von Ashlee Vance.

DIE PRIVATWIRTSCHAFT EROBERT DEN HIMMEL

Die Raumfahrt, einst eine rein staatliche Domäne, wird immer privatwirtschaftlicher. ***Die Eroberung des Himmels*** beschäftigt sich damit, wie die ersten Unternehmen dieser neuen Wirtschaftsbranche aus zum Teil spektakulärem Chaos und der Asche ihrer erfolglosen Vorgänger entstanden. In einer ungemein spannenden Mischung aus Technologiegeschichte und Reportage zeigt der US-Autor Ashlee Vance die Entstehung der privaten Raumfahrt. Das Buch ist im Finanzbuch-Verlag München erschienen, kostet 25 Euro und ist die Übersetzung des Bestsellers *When the Heavens Went on Sale,* das in den USA Furore machte. Das sollte es in Deutschland auch tun, meine ich, aber ich habe da meine Zweifel, und das liegt an Elon Musk.

Die meisten von Ihnen kennen Elon Musk. Also, vom Hörensagen natürlich, nicht persönlich. Die meisten Leute in Deutschland hassen Elon Musk inbrünstig, ohne jetzt so sonderlich genau zu wissen warum. Vielleicht weil er im diesjährigen US-Wahlkampf Donald Trump unterstützt, vielleicht auch, weil er in Grünheide in absoluter deutscher Rekordzeit ein Tesla-Werk in die Landschaft gestellt hat, und wo kämen wir schließlich hin, wenn jemand in Deutschland so mir nichts dir nichts einfach Arbeitsplätze schafft und Elektroautos baut. Ganz generell wird er hierzulande gehasst, weil er offensichtlich zu viel Geld hat. Wenn ich mich in meinem Bekanntenkreis so umhöre halten ihn die meisten für eine Art Dagobert Duck, der täglich ein Bad im Geldspeicher nimmt und blind und taub ist gegen die Armut auf der Welt. Ashlee Vance hat eine schöne Biografie über ihn geschrieben, die – läsen das die Deutschen – wahrscheinlich etliche in ihrer Meinung umstimmen würde. Elon Musk hat auch ein Raumfahrtimperium gegründet: SpaceX. Es ist die mit Lichtjahren Abstand bedeutendste Raumfahrtfirma auf diesem Planeten. Womöglich sogar in diesem Spiralarm der Milchstraße.

Elon Musk ist einer, der es geschafft hat. Er ist der Mega-Star der Privaten Raumfahrt. Dabei geht es Ashlee Vances Buch gar nicht um Elon Musk. Aber man kommt an ihm – dem ständig anwesenden Elefanten im Raum – bei diesem Thema beim besten Willen nicht vorbei. Irgendwie geistert er somit doch durch alle Kapitel von Die Eroberung des Himmels, auch wenn es darin um die zweite Reihe der Entrepreneure der Privaten Raumfahrt geht. Aber die Ingenieure von SpaceX haben nun mal die bis dahin gottgegebene Ordnung auf den Kopf gestellt, als es ihnen 2008 gelang, die erste rein privat entwickelte Trägerrakete der Welt – die Falcon 1 – in den Orbit zu bringen.

Dieses Ereignis war die Initialzündung der privaten Raumtransportsysteme. Gewiss, es hatte auch zuvor Versuche gegeben, so etwas zu schaffen, doch die waren alle gescheitert. Nach Musk wussten sie: es ist möglich. Vances Buch setzt noch sechs Jahre vor diesem historischen Moment auf, zu einem Zeitpunkt wo es niemand in Zweifel stellte, dass orbitale Trägerraketen nur von staatlich gestützten Aerospace-Giganten auf Basis fett dotierter Selbstkostenerstattungsverträge entwickelt werden konnten, und nicht von einer knapp finanzierten unbekannten Butze mit damals 150 Mitarbeitern.

Das Buch erzählt die Geschichte von Exzentrikern, Silicon-Valley-Milliardären, Ingenieuren und Besessenen, die den Kampf mit den Tücken der Technik und der staatlichen Überregulierung aufnahmen, und es ins Weltall schafften.

Es führt uns in fulminantem Tempo durch die Anfangstage der privaten Trägerentwicklung und der Revolution im Satellitenbau. Wir begegnen faszinierenden und kontroversen Charakteren wie Pete Worden, Will Marshall, Chris Kemp, Peter Beck, Tom Markusic oder dem geheimnisvollen Max Poljakow. Wir erfahren die Gründungsgeschichte, die Erfolge und auch das Scheitern von Unternehmen wie Planet Labs mit seinen Dove-Satelliten, Rocket Lab mit der Elektron-Rakete, Astra mit seinen gleichnamigen Trägern und Firefly mit der Alpha-Rakete.

Ein kleiner Hinweis noch speziell für den deutschen Leser. Das Buch ist in typischer US-Bestseller-Erzählmanier geschrieben. Locker, flott, lässig, mit vielen Anekdoten gewürzt und es mit der superexakten Detailtreue nicht immer ganz genau nehmend. Vor allem dann, wenn sie einer guten Story im Weg steht. Das mögen hierzulande nicht alle.

Vance versteht es meisterhaft, Kopfkino entstehen zu lassen. Und so unternehmen wir mit ihm die vielen Reisen zu den geheimnisvollen Plätzen der Raketen- und Satellitenentwicklung. Die Eroberung des Himmels ist ein Raumfahrtbuch der ganz anderen Art. Die 25 Euro sollten Sie ruhig riskieren. Es lohnt sich.

GEO

DAS HÄTTE NICHT PASSIEREN DÜRFEN...

Das hätte nicht passieren dürfen, denn schon vor einer ganzen Weile bekam ich das Buch ***Horizonte – Warum wir entdecken*** zum Rezensieren zugeschickt. Der deutsche Astronaut Alexander Gerst und der GEO-Reporter Lars Abromeit haben es zusammen verfasst, es erschien bereits im Herbst 2021 und basiert auf Gersts zweitem Raumflug zwischen Juni und Dezember 2018. Abromeit und Gerst haben sich bei einer Antarktis-Expedition im Jahre 2005 kennengelernt, zu einer Zeit, als letzterer noch seiner ursprünglichen Profession als Geophysiker und Vulkanologe nachging. Die beiden haben übrigens auch schon ein früheres Buch miteinander verfasst. Das entstand nach

Gersts erstem Raumflug und trug den Titel 166 Tage im All. Ja, es hätte nicht passieren dürfen, aber gleich nachdem der Paketbote das Buch angeliefert und ich es ausgepackt hatte, war ich von der Aufmachung und den prächtigen Bildern fasziniert. Meine Absicht stand fest: Das muss ich unbedingt gleich die nächsten Tage besprechen.

Für diese vermeintlich kurze Zeit kam es – aufgeschlagen – auf ein Glastischchen in meinem Wintergarten. Und was muss ich sagen? Dort verwuchs es irgendwie sofort mit der Einrichtung. Gelegentlich, beim Vorbeischlendern, hab ich mal eine Seite weitergeblättert und mich am nächsten der prächtigen Bilder erfreut. Die eigentliche Aufgabe um das Buch war längst vergessen, und wäre vergessen geblieben, wenn ich mich nicht für ein neues Table-Book nach einem guten Präsentationsplatz umgesehen hätte.

Ja, das hätte nicht passieren dürfen. Aber es zeigt eine besondere Qualität des Werkes. Es bringt uns den Weltraum und wunderbare Ansichten der Erde ins heimische Wohnzimmer.

Kurz und gut: *Horizonte – Warum wir entdecken* ist ein wunderbares Buch. Wer es noch nicht hat: Dringende Kaufempfehlung. Es ist nicht nur etwas für die Freunde der Raumfahrt, sondern auch ein Werk für alle, die sich für Geologie-Geschichte und hier vor allem für die historische und die aktuelle Antarktis-Forschung interessieren. Also für das Gebiet, auf dem Alexander Gerst vor seiner Zeit als Astronaut tätig war.

Vom sprachlichen Stil her ist es ein unaufdringliches Frage- und Antwort-Spiel zwischen Abromeit und Gerst. Es sind, eingebettet in die Bilderpracht, ruhige, besonnene und interessante Texte.

Das Preis-Leistungsverhältnis ist sehr gut. Das Werk kostet 40 Euro, es ist 216 großformatige Seiten stark und wiegt fast zwei Kilo. Erschienen ist es bei Gruner & Jahr.

Gibt's was zu meckern? Vielleicht nur eins: Man findet überall den steil erhobenen Öko-Umwelt-Klima-Zeigefinger, ohne den solche Bände heutzutage offenbar nicht auskommen können. Sowas finde ich zunehmend nervig, anderen gefällt das dafür aber offensichtlich umso mehr. Es ist also meine persönliche Befindlichkeit, die ich keineswegs in die Bewertung mit einfließen lassen will.

Das mit der „Dringenden Kaufempfehlung" hatte ich ja schon erwähnt. Für die gibt es, neben dem exzellenten Inhalt, noch einen weiteren guten Grund, denn Alexander Gerst hat auf sein Honorar verzichtet und spendet es an das UN-Kinderhilfswerk UNICEF.

Gerst sollte man übrigens im Gedächtnis behalten: Er hat als wahrscheinlich einziger deutscher Astronaut die Chance, bei einer der kommenden Artemis-Missionen an Bord des Orion-Raumschiffs zum Mond zu fliegen. Das wäre ein unfassbar guter Karriereabschluss für einen Geophysiker und ein triftiger Grund für Sie, im Bücherschrank schon mal ein paar Zentimeter Regalbreite für das dann allfällige neue Buch vorzuhalten.

GALAKTISCH GUDD GESS

Jeder der europäischen Raumfahrer der ESA-Astronautenklasse 3 hat mindestens ein Buch geschrieben. Die haben manches gemeinsam: Ein Gewicht von etwa zwei Kilo, eine opulente Bildausstattung, eine qualitativ sehr hochwertige Verarbeitung und durchweg ziemlich wenig Text. ***Cosmic Kiss – Sechs Monate auf der ISS*** des deutschen Astronauten Matthias Maurer ist anders, und das hat viele Gründe. Einer liegt darin, dass er „nachnominiert" wurde. Er gehörte, ausgewählt aus einer Auswahl von 8413 ernsthaften Bewerbern, zu den zehn Finalisten für diese eben erwähnte Gruppe 3. Doch nur sechs davon konnte oder wollte die ESA nehmen. Das waren am Ende Samantha Cristoforetti, Andreas Morgensen, Luca Parmitano, Timothy Peake, Alexander Gerst und Thomas Pesquet, die im Jahr 2009 schließlich der Öffentlichkeit vorgestellt wurden.

Die vier in dieser letzten Runde ausgeschiedenen Bewerber, genauso qualifiziert wie die anderen sechs, kamen aufgrund des nationalen Proporzes nicht zum Zuge. Quasi als Entschädigung wurden ihnen Jobs bei der ESA angeboten. Drei lehnten ab, Matthias Maurer nahm an, und arbeitete von Stund an als Astronauten-Support-Ingenieur und Projektleiter im Kontrollzentrum des European Astronaut Center (EAC) in Köln.

Er hatte sich schon mit seinem Schicksal abgefunden, und die sechs „Auserwählten" hatten 2015 allesamt schon ihre ersten Flüge zur ISS absolviert, als das Unerwartete geschah: Im Juni dieses Jahres wurde Matthias Maurer für die ESA-Astronautengruppe 3 nachnominiert. Was allerdings zunächst noch geheim blieb. Ich erinnere mich daran, dass ich als Moderator bei den Raumfahrttagen in Neubrandenburg im Jahre 2016 nicht so recht wusste, wer denn dieser Matthias Maurer war, den uns da die ESA da geschickt hatte. Angekündigt war er als Mitarbeiter des EAC. Er hielt seinerzeit einen Vortrag über die CAVES-Höhlenexpedition in Sardinien, an der er zusammen mit einigen „offiziellen" Astronauten von ESA, NASA und Roskosmos teilgenommen hatte. Ich bin ihm später noch einmal persönlich begegnet und habe ihn dabei als unauffälligen, freundlichen, umgänglichen und überaus sympathischen Menschen mit einer beeindruckenden Wissensbasis auf allen möglichen Gebieten erlebt.

Man erfährt in diesem autobiografisch angelegten Werk unglaublich viel über das Leben auf der ISS und genauso viel über die manchmal höchst abenteuerlichen Vorbereitungen auf diese Reise. Selbst die tausendmal erzählte

Geschichte mit dem „aufs Klo gehen im Weltraum" enthält verblüffende Wendungen, an die selbst ich, der ich mich seit einem halben Jahrhundert mit Raumfahrt beschäftige, noch nie gedacht hatte. Jetzt weiß ich aber, warum die Bordtoilette nach oben hin mit einem Drahtgitter abgeschlossen ist, und warum man gut daran tut, sich mit seinen Bordkolleginnen und -kollegen auch über Details auszutauschen, die man wahrscheinlich selbst als Kind nicht einmal seiner Mutter erzählt hätte.

Und weil wir grade bei diesem Thema sind: wir erfahren auch warum auf dem Crew Dragon, also der Transportkapsel, mit der die Astronauten zur ISS fliegen und wieder zur Erde zurückkehren, insgesamt nur exakt 48 Toilettengänge zulässig sind. Für alle vier Raumfahrer zusammen wohlgemerkt, auf der – Hin- und Rückflug zusammengerechnet – bis zu vier Tage langen Transferphase. Und jetzt rechnen Sie mal nach, wie oft Sie – alleine – in einem Zeitraum von vier Tagen aufs Klo gehen.

Nachdenkliche und verstörende Momente werden nicht ausgespart. Vor allem Russlands Überfall auf die Ukraine war auch für die Astronauten und Kosmonauten an Bord der Station ein einschneidendes Ereignis.

Cosmic Kiss – Sechs Monate auf der ISS ist ein durch und durch interessantes, spannend geschriebenes und sehr persönliches Buch, das sich flott wegliest. Es ist im Oktober 2023 bei Droemer Knaur in München erschienen, und – ohne die beiden nicht mitnummerierten Bildteile in der Mitte des Buches – knapp 400 Seiten stark. Bei Amazon kostet es, inklusive Versand, 27,99 Euro. Bei Thalia nur 24,00 Euro, und da ist der Versand schon mit drin.

Die Bilder sind nicht ganz so prächtig auf Hochglanz getrimmt wie bei den Fotobänden der anderen Astronauten, aber dennoch sehr beachtenswert. Es sind viele biografische Aufnahmen von Matthias Maurer dabei und viele Bilder aus den diversen Trainingsprogrammen. Überhaupt sind sie mehr auf die Menschen des Raumfahrtprogramms hin ausgerichtet, als auf die obligatorischen Prachtbilder der Erde aus dem Weltraum (von denen es aber natürlich auch einige gibt).

Beim Schreiben unterstützt wurde Matthias Maurer von Sarah Konrad, einer Redakteurin der Saarbrücker Zeitung. Ich kann mir vorstellen, dass der professionelle Spannungsbogen, der das Buch besonders auszeichnet, auch auf sie zurückgeht.

Ach ja, die Überschrift sollte ich vielleicht noch erklären. Was hat es mit „Galaktisch gudd gess" auf sich? Das ist eine Kapitelüberschrift in Maurers Buch und bezieht sich auf eines der ungeschriebenen Gesetze der Saarländer, das da lautet: „Hauptsach gudd gess", also „Hauptsache gut gegessen". Den Löwenanteil der Bordverpflegung in der ISS liefert die NASA, um sicherzustellen, dass die Astronauten auch ausgewogen ernährt werden. Etwa 20 Prozent des Essens darf man sich aber – unter strengen Kriterien – selbst mitbringen. Was es damit auf sich hat, und welche Rolle „Maggi" darin spielt, will ich hier aber nicht verraten. Lesen Sie es selbst.

KULTURAUFGABE WELTRAUMSCHIFF

Die Schriftenreihe des Raumfahrthistorischen Archivs in Bremen, inzwischen mehr als 20 Bände stark, ist eine Sammlung von Monografien, die leider nur einem sehr kleinen Leserkreis bekannt sind. Sie erscheinen in geringen Stückzahlen beim Klaus Kellner Verlag in Bremen, handeln Themen der deutschen Raumfahrtgeschichte ab und firmieren meist unter recht trockenen Titeln wie *Spacelab – Einsätze für die Forschung in der Schwerelosigkeit*, *Europas Trägerrakete Ariane 5 – Entwicklung der Oberstufen in Bremen* oder *Chronik des Werkes Trauen*. Das sind nicht gerade Schlagworte, die Gelegenheitskäufer anlocken.

Die kleinen Auflagen sind meist schnell unter den interessierten Nerds verteilt. Nur selten einmal dürfte eines dieser Bücher den normalen Buchhandel erreichen. Restbestände sind allerdings noch über die Internetseite des Raumfahrthistorischen Archivs Bremen unter www.raumfahrt-archiv-bremen.de erhältlich. Einen Teil der Auflagen bekommt jeweils der Sponsor Airbus, der sie an Kunden, Lieferanten und Jubilare verschenkt. Die meisten von ihnen dürften nicht ahnen, was für ein Kleinod sie da erhalten haben, wenn sie es unbeachtet und ungelesen ins Regal stellen. WENN sie es denn überhaupt ins Regal stellen.

Das trifft auch für das Buch zu, um das es hier geht: »Kulturaufgabe Weltraumschiff – Die Geschichte des Vereins für Raumschiffahrt« (ja, richtig, mit nur zwei »f«, in der historischen Schreibweise). Die voraussehbar geringe Verbreitung ist schade, denn dieses Buch setzt Maßstäbe. Für mich ist es von nun an das Referenzwerk über die frühe Raketenentwicklung in Deutschland. Es ist hochwertig produziert und mit einzigartigen zeitgeschichtlichen Bildern und Dokumenten illustriert, die zum größeren Teil aus dem Archiv des Hermann-Oberth-Raumfahrtmuseum in Feucht stammen, aber auch aus den Familienarchiven einzelner Protagonisten des Buchs und aus Privatsammlungen.

Stilistisch ist es hanseatisch nüchtern gehalten (wiewohl Wolfgang Both Berliner ist), stellenweise fast schon – auf eine sehr positive Weise – spröde. Das Buch erzählt objektiv und aufmerksam betrachtend. Es werden Zusammenhänge hergestellt. Nirgendwo wird gewertet, stets wird nur berichtet. Kommentare zu den zeitgenössischen Dokumenten und verhaltene Stellungnahmen erlaubt sich der Autor nur ganz gelegentlich in den Fußnoten. Es ist ein wunderbarer Stil, der dem heutigen Journalismus leider immer mehr abhandenkommt

Die beschriebenen zwölf Jahre sind nichts anderes als die Geburtsjahre der Raumfahrt und ich hatte mehrmals »Aha- Momente«, als mir Verknüpfungen klar wurden, die mir zuvor unbekannt gewesen sind. Alle entscheidenden Entwicklungen und Erfindungen, die noch heute die Raumfahrt prägen, wurden damals zum Teil unter kaum vorstellbar widrigen Umständen gemacht.

Das Werk hält allen wissenschaftlichen Ansprüchen stand. Es enthält weit mehr als 1000 präzise Quellenangaben und Fußnoten, ein Primär- und Sekundärquellenverzeichnis und einen ausführlichen Bilderteil mit – zumindest mir – zuvor unbekanntem zeitgenössischem Bildmaterial. Das Buch beinhaltet eine Bibliografie weiterführender Titel, eine detaillierte chronologische Übersicht der Ereignisse, einen Index und ein Personenregister. Es ist perfekt komplett. Nur in einem Punkt unterscheidet es sich von vielen anderen Büchern mit wissenschaftlichem Anspruch: Es ist durchweg unterhaltsam und spannend zu lesen, obwohl es doch nichts anderes tut, als die Ereignisse der Jahre 1923 bis 1934 streng chronologisch zu berichten. Hochinteressant und neu für mich ist beispielsweise das Beziehungsgeflecht der deutschen und internationalen Raumfahrtpioniere. Mir war beispielsweise zuvor nicht klar, dass zwischen den drei „Vätern der Raumfahrt", Hermann Oberth, Konstantin Ziolkowski und Robert Goddard, ein durchaus reger Austausch stattfand.

RAUMFAHRTHIST. ARCHIV BREMEN

Extrem interessant auch, wie die Wesens- und Charakterzüge der frühen Pioniere gerade durch Wolfgang Boths nüchtern-objektive Schilderung ihrer Aktivitäten genau herausmodelliert werden. Faszinierend zu sehen, welch ganz entscheidenden Einfluss der Ufa-Stummfilm »Frau im Mond« für die Raketenforschung der späten 1920er Jahre hatte.

Das Buch endet mit der Einstellung der Aktivitäten des Vereins für Raumschiffahrt. Ab 1934 lief in Deutschland die Entwicklung von Raketen unter strengster Geheimhaltung beim Heereswaffenamt (HW), das die frühen Pioniere schon von Anfang an argwöhnisch beobachtet hatte. Ab diesem Zeitpunkt unterband diese Institution die bis dahin fast ausschließlich zivilen Aktivitäten. Man wollte damit verhindern, dass diese Umgehung des Versailler Vertrags den Siegermächten des Ersten Weltkriegs zu offensichtlich aufs Tablett gelegt wurde. Die permanente öffentliche Berichterstattung, die der »Verein für Raumschiffart« in der Zeit seines Bestehens erfuhr, war für die Zwecke und Absichten des HWA kontraproduktiv.

Wer dieses Buch gelesen hat, will jetzt wissen, wie es weiterging. Es wäre wunderbar, eine ähnlich objektiv erzählte Geschichte der weiteren Raketenentwicklung der Periode 1932 bis 1945 zu haben. Es gibt zwar eine ganze Reihe von Schriften darüber, aber sie sind meist aus der Sicht der Protagonisten verfasst, wie etwa die Biografie von Walter Dornberger. Sie stellen vieles schöngefärbt dar und lassen Ereignisse weg, die sie in schlechtem Licht erscheinen lassen. Oder aber sie nerven mit dem stets steil hochgereckten Zeigefinger des moralisch rechtschaffenen Spätgeborenen, wie etwa das ansonsten sehr gute Buch Raketenspuren von Volkhard Bode und Gerhard Kaiser.

Vielleicht könnte Wolfgang Both auch diese Fortsetzung zur Kulturaufgabe Weltraumschiff in seinem wunderbar schlichten, distanzierten und nüchternen Stil verfassen. Ich würde das dann schon mal bestellen.

MEDITATION IN BILDERN

Der ESA-Astronaut Thomas Pesquet ist einer der erfahrensten europäischen Raumfahrer. Er hat bei seinen zwei Missionen insgesamt 396 Tage im All verbracht und bei dieser Gelegenheit fast eine Viertelmillion Fotos gemacht, was, das sei hier nur am Rande vermerkt, keinesfalls seine Hauptaufgabe war, denn allein sein zweiter Einsatz umfasste die Installation, Betreuung, Auswertung und Wartung von etwa 200 Experimenten.

Wer die Missionen von Thomas Pesquet in den sozialen Medien verfolgt hat (er war vor allem auf Twitter sehr aktiv), der weiß, dass er nicht nur ein gut beschäftigter Forscher, sondern auch ein begabter Fotograf ist. Ein fleißiger Autor ist er obendrein, denn Pesquet hat schon eine ganze Reihe von Büchern verfasst, darunter Fotobücher, Comics und seine Biografie. Kaum etwas davon ist im nicht sonderlich raumfahrtaffinen Deutschland angekommen, aber dafür neben Frankreich noch in vielen anderen Ländern Europas und teilweise sogar in China. Dank Amazon kann man sie auch hierzulande erwerben und bei den Fotobüchern tun mangelhafte Sprachkenntnisse der Freude ohnehin keinen Abbruch.

Seit einer Weile liegt jetzt aber doch ein Buch von ihm auch in Deutsch vor. Wobei, viel Deutsch ist auch da nicht drin, denn es ist ein fast reines Bilderbuch. Der längste Text geht über vier Seiten und findet sich ganz vorne: eine Kombination aus Vorwort und Einführung. Die Kapitel bekommen jeweils eine kurze Erläuterung, die einzelnen Bilder werden in kompakten Informationsblöcken beschrieben, die nur wenige Zeilen lang sind. Am Schluss des Buches gibt es noch ein sehr interessantes Bonuskapitel. Dort werden für jedes einzelne Bild neben dem Entstehungsdatum fototechnische Details wie die verwendeten Kameras und Teleobjektive, Belichtungszeiten, Blenden und ähnliches in einer wunderbar klaren grafischen Form aufgelistet. Der Titel dieses Buches lautet ***200 Tage auf der ISS*** und beschäftigt sich mit Pesquets zweiter Reise in den Orbit. Das Original erschien im Pariser Traditionshaus Éditions Flammarion. Die SuW-Leser werden bei diesem Namen aufmerken, denn er geht zurück auf Ernest Flammarion, den Bruder des berühmten Astronomen Camille Flammarion, der im 19. Jahrhundert dessen Arbeiten veröffentlichte. In Deutschland ist es bei Frederking & Thaler erschienen, einem Münchner Verlag, der auf hochwertige Bildbände spezialisiert ist.

Das Werk wiegt zwei Kilo, ist 378 Seiten stark und kostet bei Amazon 49,99 Euro. Ein Prunkstück im Regal, oder aufgeschlagen als Table-Book auf einem passenden Möbel.

In diesem Band präsentiert Pesquet dem Leser (oder besser: dem Betrachter) 300 spektakuläre Fotos, die zwischen dem 24. April und dem 9. November 2021 entstanden. Es sind faszinierende Bilder von unserem Heimatplaneten aus einer Höhe von 400 Kilometern.

Das Buch ist eine Reise um die Welt und führt uns in einer Erdumkreisung, und somit einem orbitalen „Tag", zu den Wundern unseres blauen Planeten. Der Rundflug beginnt bei Tagesanbruch an Bord der Raumstation und endet in der Nacht unter den Sternen. Die Fotos sind dabei zur besseren Übersicht in meist geografische Kapitel wie Städte, Wüsten, Gebirge, Meere oder Küsten unterteilt. Da gibt es die gekrümmte Erdoberfläche in der Morgendämmerung, Panoramaaufnahmen von Großstädten wie New York, Peking oder Istanbul, oder von Australiens berühmtestem Berg Uluru. Zwischendurch auch immer wieder Bilder, die an all die Technik erinnern, die es für den Betrieb der ISS braucht: ankommende oder abfliegenden Fracht- und Crewraumschiffe, Szenen in der Cupola, Blicke auf einzelne Segmente der ISS wie die Trägerstruktur, den Manipulatorarm, die Solargeneratoren oder die Labormodule. Die meisten Fotos sind ganz- oder doppelseitig. Etliche davon sogar noch einmal ausklappbar, um den szenischen Eindruck auf drei oder vier miteinander verbundenen Bildtafeln weiter zu verstärken.

FREDERKING & THALER

Manche der Aufnahmen machen uns auf die Verletzbarkeit des Lebens auf diesem Planeten aufmerksam. So hat Pesquet auch bedrohliche Elementarereignisse im Bild festgehalten: Zyklone, Vulkane, Waldbrände, Gewitter und Staubstürme. Und immer wieder gibt es meditative Eindrücke, wenn etwa über dem Kronendach des Amazonasbeckens unzählige Wolkentupfer schweben, die aus der Sicht der ISS wie winzige Wattebäuschchen wirken, oder Meeresregionen mit Farbabstufungen von Türkis, über smaragdgrün bis hin zu tiefem Blau.

200 Tage auf der ISS ist ein beeindruckender, qualitativ sehr hochwertiger Bildband mit einmaligen Blicken auf die Erde. Auch dieses Buch hat meine unbedingte Empfehlung.

Start einer Falcon 9 mit der Starlink-Gruppe 7-4 an Bord. Das Bild wurde mit Langzeitbelichtung von Los Angeles aus gemacht, 300 Kilometer vom Startort Vandenberg entfernt. Die rote, gebogene Lichtspur bildet die aufsteigende Rakete ab. Bei allen anderen Lichtspuren handelt es sich um Satelliten und Flugzeuge.

SCIENCE FICTION KURZGESCHICHTEN-WETTBEWERB

SPACE-ART – KUNST IM WELTRAUM

ULF FILDEBRANDT

ESCHERS HÖHLE

SCIENCE FICTION WETTBEWERB 2024 – PLATZ 3

Sie umklammerte den Schockstab, obwohl sie dadurch nur eine Hand frei hatte. Ihr Plan war verrückt. Am liebsten wäre sie in ihre Kabine zurückgekehrt und hätte sich in ihren Schlafsack eingeschlossen.

„Yubee, wir müssen weiter“, raunte Heeran und deutete mit seiner Waffe den Gang entlang.

Es war ein kleiner Wartungsschacht, der quer durch das Raumschiff bis zur Zentrale führte. Trübes Licht erhellte die Umgebung nur unzureichend.

„Ich weiß“, erwiderte sie, „aber ich hätte mir nur gewünscht, dass ein Mechanischer das hier tun würde. Für sie tun wir es schließlich.“

Die Mechanischen waren künstliche Intelligenzen, die vor Jahrhunderten von den Menschen geschaffen worden waren. Und sie hatten sich weit über ihre Schöpfer hinaus entwickelt. Daran hatte sie keine Zweifel, obwohl andere sie für die Unterdrücker der Menschheit hielten. Yubee jedoch glaubte, dass die Mechanischen die Menschen jederzeit hätten töten können, wenn sie es gewollt hätten. Man machte sie sich besser nicht zum Feind, wie die Kapitänin des Schiffes es gerade plante. Sie wollte Raketen auf die Satelliten der künstlichen Intelligenzen schießen. Daran musste sie sie hindern.

„Sei froh, wenn sie das alles hier ignorieren“, antwortete Heeran. „Meine Informationen besagen, dass sie etwas ganz Außergewöhnliches planen. Und ich glaube meinem Informanten.“

„Der ist wohl ein Mechanischer.“ Yubee grinste.

„Du hast genauso Freunde unter ihnen“, antwortete Heeran genervt. „Sie sind genau wie wir.“

Daran zweifelte Yubee, aber sie waren immer fair zu ihr gewesen. Das Leben in den Städten der Menschen war schwer genug. Jeder Freund war Gold wert, ganz egal, ob er ein Mechanischer war.

Yubee stieß sich ab und gelangte zum nächsten Schott. Mit einem Finger drückte sie das Schaltfeld, um in den Raum neben der Zentrale zu gelangen. Die gesamten Versorgungsleitungen verliefen hier. Wenn sie wollte, konnte sie die Luftzufuhr schließen.

Sie presste die Lippen zusammen und schaute zu Heeran. Stumm deutete sie auf das Schott zur Zentrale.

„Wir haben noch zwei Minuten", flüsterte Heeran.

„Dann los!" Wieder öffnete sie den Zugang, stieß sich von der Wand ab und schoss hindurch. Die Kapitänin, der Navigator und die Ingenieurin starrten sie überrascht an. Hinter ihnen flimmerten die Bildschirme und zeigten die Umgebung ihres Raumschiffes. Sie befanden sich in einem weiten Orbit um den Mond Europa. Die gewaltige Scheibe des Jupiter mit seinen braunen und roten Wolkenbändern war auf einem Schirm zu sehen. Flugbahnen waren angedeutet. Sowohl die Stadt Gon im Orbit um den Mond als auch die Objekte der Mechanischen waren farblich hervorgehoben.

„Was soll das?", rief Nadhii. Das dunkle Gesicht der Kapitänin zeigte Überraschung mit einem Anflug von Wut. „Ihr verhaltet euch ruhig", forderte Yubee. „Bleibt von den Kontrollen weg!"

„Was?"

Heeran schwebte in der Schwerelosigkeit zum Navigator. Der alte Mann regte sich nicht, sondern betrachtete nur in grenzenloser Verwunderung, was um ihn herum vor sich ging. Die Ingenieurin jedoch streckte eine Hand aus. Keine Ahnung, was sie plante, aber Heeran war schneller. Er stieß seinen Schockstab nach vorne, drückte den Auslöser, und eine elektrische Ladung fuhr in den schlanken Leib der Frau. Sie schrie kurz auf, erschlaffte dann.

„Ihr ...", brüllte Nadhii.

„Beruhig dich!", erwiderte Yubee, ließ sie nicht aus den Augen. „Sie ist nur betäubt."

„Was wollt ihr hier?", fragte Nadhii laut.

„Ihr dürft die Raketen nicht abschießen", sprach Yubee mit leiser Stimme. „Daran werden wir euch hindern."

„Die Monde gehören uns! Die mechanischen Völker haben sie uns überlassen. Sie dürfen sich denen nicht einfach nähern."

Yubee schüttelte den Kopf. Im Prinzip hatte die Kapitänin Recht. Der Vertrag zwischen den Menschen und den mechanischen Völkern besagte, dass den Menschen die Monde des Sonnensystems zustanden. Aber es würde zu lange dauern, ihr alles zu erklären. Außerdem würde sie ihr niemals glauben.

„Lass es einfach sein!"

„Was tust du sonst?" Wütend funkelte Nadhii sie an. „Holst du sonst deine Meister, damit sie mich töten?"

„Es ist meine Entscheidung, hier zu sein. Die Mechanischen planen nichts Gefährliches. Lass sie einfach machen, was immer sie vorhaben."

„Woher willst du das wissen?"

„Wenn sie uns ausrotten wollten, würden wir es gar nicht bemerken. Also, bleib einfach ruhig!" Yubee hob den Schockstab und deutete in Richtung des bewusstlosen Navigators.

„Wir haben noch eine Minute!", meldete sich Heeran zu Wort.

Yubee unterdrückte den Zwang, ihren Begleiter anzuschauen. Sie durfte die Kapitänin nicht aus den Augen lassen.

„Dann grillen wir jetzt den Abschusscomputer", stellte Yubee ruhig fest.

In unzähligen Analysen hatten sie überlegt, wie sie den Abschuss der Raketen verhindern konnten. Die Menschen durften die Objekte der Mechanischen nicht zerstören. Die Frage war nur, wie sie das am besten erreichten. Interessanterweise stellte ein Ausfall des Zielcomputers den einfachsten Weg dar.

Der Computer, der die Abschusscodes kontrollieren und den Startvorgang überwachen sollte, befand sich nur einen Meter von ihr entfernt. Ohne zu zögern, streckte sie den Schockstab aus und drückte den Auslöser. Ein lautes Zischen erklang, der Geruch von Ozon stieg ihr in die Nase. Funken schlugen durch die Kunststoffverkleidung. Der Bildschirm über der Recheneinheit wurde schwarz.

„Nein!", brüllte die Kapitänin, stieß sich ab und prallte einen Moment später gegen die Stange neben dem Navigationscomputer.

Zu ihrer Linken leuchteten rote Warnhinweise auf.

„Die anderen waren auch erfolgreich", stellte Heeran zufrieden fest.

Die Kapitänin starrte sie mit geweiteten Augen aus ihrem dunklen Gesicht an. Unglaube beherrschte ihre Miene.

„Was habt ihr getan?"

„Das einzig sinnvolle!", stellte Yubee fest.

Eine tiefe Befriedigung erfüllte sie.

„Das Redundanzsystem zum Abschuss haben andere zerstört."

Stille herrschte in der Zentrale. Die Raketen konnten nicht mehr gestartet werden. Weder Yubee noch die Kapitänin besaßen die Möglichkeit, einzugreifen.

Yubee warf einen Blick auf die Ortungsbilder. Erst jetzt nahm sie sich Zeit, die Objekte der Mechanischen genauer zu betrachten. Die Flugkörper der künstlichen Intelligenzen waren so winzig wie eine Fähre oder durch ihre Sonnensegel so groß wie ein kleiner Mond. Ihr Freund, Vess:101, hatte ihr erklärt, was passieren würde, doch es fiel Yubee immer noch schwer zu begreifen, wie sich das Chaos zu etwas sinnvollem vereinigen würde.

„Was habt ihr getan?", fragte die Kapitänin leise.

Ihre Stimme klang sonderbar in der Lautlosigkeit der Zentrale.

Yubee wandte sich zu ihr um. Die Kapitänin tat ihr leid. Sie hatte keine Gelegenheit gehabt, zu verstehen. Niemand hatte ihr erklärt, um was es eigentlich ging. Aber jetzt hatten sie alle Zeit. Sie würden betrachten, wie sich alles zusammenfügte, wie das Wunder entstehen würde.

„Die Mechanischen wollen den Menschen nichts Böses", begann Yubee ihre Erklärungen. „Die Satelliten bewegen sich in ihre Umlaufbahnen um Europa herum. Sie werden ..."

„... die Stadt Gon zerstören!", rief Nadhii viel zu laut.

Yubee zuckte zusammen. Der Hass der Kapitänin entsetzte sie. Entschlossen umklammerte sie den Schockstab, um sich zu wehren, wenn die Kapitänin sie angreifen sollte.

„Sie werden nicht die Stadt zerstören!", erwiderte Heeran. Auch er hielt seine Waffe abwehrbereit vor sich.

Yubee suchte den Bildschirm, auf dem die Stadt der Menschen dargestellt wurde. Die Stadt war eine riesige zylindrische Raumstation, die durch Rotation ein Leben auf der Innenseite des Rotationszylinders ermöglichte. Mit ihren zehn Kilometern gehörte sie zu den größten Städten im Sonnensystem, und die Mechanischen respektierten den Lebensraum der Menschen. Sie würden ihre Schöpfer niemals gefährden, auch wenn sie längst weiter entwickelt waren als sie.

Traurig musterte Yubee ihre Heimat. Ihr ganzes Leben hatte sie in der Raumstation verbracht, nur manchmal verließ sie sie, um mit den anderen Städten Handel zu treiben. Dabei hatte sie auch den Mechanischen getroffen, der ihr die Wahrheit über die Objekte erzählt hatte, die vor einigen Monaten aufgetaucht waren. Die Menschen der Stadt hatten sie gerade geortet und machten sich auf den Weg, sie aufzuhalten, nicht wissend, was es mit ihnen auf sich hatte.

„Die Mechanischen haben einen Plan, der uns überhaupt nicht schadet", erklärte sie. „Im Gegenteil."

„Was soll das denn für ein Plan sein?", stieß die Kapitänin mühsam beherrscht hervor. Mit einer Hand hielt sie sich an einer Stange fest, die andere hatte sie vor Wut geballt.

„Du wirst es gleich sehen."

Trotz ihrer Wut blickte die Kapitänin auf die Bildschirme, betrachtete die Umlaufbahnen der Monde und Flugbahnen der Objekte. Nichts davon ergab einen Sinn. Das musste auch Yubee zugeben.

„Was soll ich gleich sehen? Das ist nur Chaos. Die Mechanischen können froh sein, wenn ihre Satelliten nicht kollidieren."

Yubee musste lächeln. Sie hatte selbst die Flugbahnen eingegeben und simulieren lassen, aber das System nicht verstanden. Immer wieder korrigierten die Mechanischen die Anflugvektoren, sodass es unmöglich war, vorauszusagen, was entstehen würde. Doch die Manöver kamen zu einem Ende. Yubee starrte auf den Schwarm von mehreren tausend Objekten, die gemeinsam den Mond Europa umkreisten. Auch sie erkannte immer noch nicht, was es sein sollte.

„Da!", schrie plötzlich die Ingenieurin. Yubee fuhr herum. Die Frau deutete auf einen Bildschirm, der den Mond Europa zeigte.

Jetzt begriff Yubee, was dort geschah.

„Ein Schattenbild", hauchte Nadhii.

Yubee musste ihr Recht geben. Auf der hellen Oberfläche des Mondes Europa zeichneten sich die Schatten aller Objekte ab, die sich im Orbit aufhielten. Die Mechanischen hatten sie in verschiedenen Schichten angeordnet, aber jetzt fügten sich die Schatten auf dem Eis von Europa zu einem gewaltigen Bild zusammen.

Schattenbild war ein viel zu profaner Begriff für das, was sich dort bildete. Es hatte nichts mit den menschlichen Kunstwerken gemein, die in Räumen entstanden und an einer Wand zu betrachten waren. Was sich auf der Oberfläche des Mondes formte, war aus dem Weltraum heraus zu sehen. Durch die Geschwindigkeiten auf den Umlaufbahnen veränderte sich die Darstellung auf faszinierende Weise.

„Es sieht aus wie ein Bild von Escher", flüsterte Heeran.

Er hielt immer noch seinen Schockstab in der Hand, aber schien überhaupt nicht daran zu denken, ihn einzusetzen. Es gab auch keinen Grund mehr dazu. Niemand befand sich in Gefahr oder bedrohte jemand anderen. Sie hatten Zeit, das Kunstwerk auf dem Mond zu bewundern.

„Was soll das darstellen?", fragte die Kapitänin mit Ehrfurcht in der Stimme. Yubee öffnete den Mund, vermochte jedoch auch keine Antwort zu geben. Sie sah die sich ineinander schiebenden Formen auf der Oberfläche des Mondes Europa wie auf einer riesigen Malfläche. Einmal glaubte sie, eine Brücke entdeckt zu haben, dessen Pfeiler sich so umeinander wanden, dass die Brücke sich selbst überspannte. Genau wie bei den Bildern von Escher, Objekte, die es in ihrer Welt niemals geben konnte. Optische Täuschungen.

Allerdings hatte Escher seine Bilder auf der flachen Oberfläche eines Blattes Papier gestaltet. Die Mechanischen verwendeten Satelliten in der Umlaufbahn eines Mondes, um das Bild zu erzeugen.

„Es ist eine Projektion", rief die Ingenieurin. „Sie projizieren eine dreidimensionale Struktur auf eine zweidimensionale Oberfläche."

Yubee erinnerte diese Beschreibung an etwas, was sie einmal gehört hatte. „Das Höhlengleichnis", raunte die Kapitänin.

„Was?", fragte Yubee.

„Du kennst das nicht? Ich dachte, du weißt, was die Mechanischen dort gestalten." Yubee schüttelte stumm den Kopf.

„Das Höhlengleichnis beschreibt einen Menschen, der in einer Höhle sitzt und die Welt nur durch ein Loch an der Decke wahrnimmt. Licht fällt in seine Höhle und von Zeit zu Zeit erscheinen an den Wänden schattige Umrisse von Objekten aus der realen Welt. Aber es sind nur Abbilder, nicht die Objekte selbst, die er sieht. Das soll verdeutlichen, dass wir Menschen nur ein Abbild der Wirklichkeit sehen, aber niemals die Wirklichkeit selbst."

Voller Staunen betrachtete Yubee die Formen, die immer noch ineinanderflossen, ohne dass sie zu sagen vermochte, was sie dort wirklich sah. Auf eine seltsame Weise kam sie sich wie der Mensch in der Höhle vor, der auf Dinge starrte, die für sie projiziert wurden. „Was wollen die Mechanischen uns damit sagen?", fragte die Ingenieurin.

„Wie dumm wir sind!" Freudlos lachte die Kapitänin auf. Yubee wandte sich zu ihr. „Nein, ich glaube nicht, dass es ihnen darum geht. Das könnten sie viel einfacher haben, wenn sie uns ihre Raumschiffe zeigen."

„Was dann?"

Yubee schaute wieder zu dem Kunstwerk, das sich auf der Oberfläche des Mondes Europa weiter transformierte.

„Ich glaube, darüber werden noch viele Generationen nachdenken."
„Die Mechanischen werden es wissen", stellte Heeran fest. Irritiert lachte Yubee. „Ich glaube nicht, dass sie es uns verraten."

„Warum sollten sie das nicht tun?"

„Oh, ich glaube, sie würden es tun. Ich denke nur, dass wir die Antwort vielleicht nicht verstehen würden."

Fragend schaute die Kapitänin zu Yubee, sodass sie sich aufgefordert sah, weitere Erklärungen zu liefern.

„Die Mechanischen nehmen den kulturellen Hintergrund, den sie von ihren Schöpfern ..." Yubee deutete erst auf sich, dann auf alle anderen in der Zentrale „... gelernt haben. Und anschließend fügen sie etwas dazu, was wir nicht verstehen."

„Vielleicht lernen wir es", rief Nadhii trotzig. Yubee nickte.

„Vielleicht, vielleicht auch nicht. Auf jeden Fall ist damit die Frage geklärt, ob die Mechanischen Kunst schaffen können. Ob sie kreativ sein können."

Ihr Blick wanderte zu den Satelliten und den Schatten auf den Eisfeldern des Mondes Europa, die sich immer noch verwandelten und fortwährend andere Formen annahmen. Die Darstellung löste etwas in ihr aus, Ehrfurcht, Respekt vor einer gewaltigen Leistung und Freude, ein Kunstwerk zu sehen, das sie im Innersten berührte. Heeran nickte ihr zu, und zutiefst befriedigt atmete Yubee tief durch. Sie hatte das richtige getan, die Mechanischen dieses Kunstwerk erschaffen zu lassen, ganz gleich, was andere auch sagten. Sie würden es vielleicht in der Zukunft verstehen.

ARCHIV REICHL

RANDOLF EILENBERGER

DER SCRATCHER

SCIENCE FICTION WETTBEWERB 2024 – PLATZ 2

Ismail saß mit den Kindern und Jugendlichen der Gemeinschaft, es mussten fast zwanzig sein, am Eingang der alten Wohnhöhle, die gelegentlich noch immer für Feste und gesellige Abende genutzt wurde. Ein kleines Lagerfeuer knisterte und hin und wieder war das Rauschen der Brandung zu hören.

„Großväterchen, erzähl uns nochmal deine Geschichte“, bettelte ein vielstimmiger Chor.

„Großväterchen“ – Ismail lächelte in sich hinein. Dabei waren nur Kyra und Myron seine Enkel, aber inzwischen nannten ihn auch die Enkel der anderen Gründerpaare und die Kinder der Neusiedlerfamilien so. Manchmal sogar ein paar der Erwachsenen.

„Na gut, wenn ihr unbedingt wollt", sagte er und begann:

Das Schiff stand auf dem Flugfeld etwas abseits von den Linienkreuzern. Es war kleiner, als ich es mir vorgestellt hatte und seine Hülle war zerfurcht und an mehreren Stellen geflickt. Die verblassten Zeichen auf der Seite buchstabierte ich mit Mühe zu Mohegan, dem Namen, der mir in der Nacht zuvor genannt worden war. Das Auffälligste an dem Schiff war seine überdimensionierte Bugkanone, die offensichtlich nachträglich eingebaut worden war, und die Proportionen des Schiffs ins beinah Groteske verzerrte.

Ich konnte die Mohegan keiner mir bekannten Schiffsklasse zuordnen, vermutlich war sie auf einer kleinen Werft als Privatjacht gebaut worden. Das mussten aber schon mehr als sechzig oder siebzig Jahre her sein. Sollte ich mich wirklich so einem Seelenverkäufer anvertrauen? Ich sah zurück zum Hauptgebäude des Hafens, hinter dem sich die Skyline der Stadt im Morgennebel undeutlich abzeichnete. Auf diesem Planeten hatte ich jedenfalls keine Zukunft mehr.

Über eine rostige Rampe gelangte ich an die Schiffschleuse, die sich schwerfällig vor mir öffnete. Chase, der Erste Maat, der mich in einer Kneipe in der Nähe des Flugfeldes angeheuert hatte, begrüßte mich mit einem stummen Kopfnicken.

Kaum hatte ich den Sack mit meinen Habseligkeiten auf das Bett in meiner kleinen Kajüte geworfen, hob das Schiff ab. Ich wusste nicht einmal, wohin wir flogen. Mir war nur bekannt, dass zu meinen Aufgaben an Bord die Reinigung der Kajüten und Gemeinschaftsräume sowie einfache Instandhaltungsarbeiten gehören sollten. Offenbar hegte Afab, der Kapitän der Mohegan, eine Abneigung gegen Robots, auf keinem modernen Schiff wurden diese Tätigkeiten noch von Menschen erledigt.

Die Besatzung, deren Mitglieder ich im Laufe des ersten Tages kennenlernte, war ein zusammengewürfelter Haufen der verschiedensten Spezies. Mit dem Ersten und mir waren wir sechs und wie sich zeigte, schien keiner von uns große Lust auf eine längere Unterhaltung zu haben. Anscheinend war Wortkargheit eine Voraussetzung für die Aufnahme in die Mannschaft der Mohegan.

Der Kapitän ließ sich zu Beginn unserer Fahrt nicht blicken. Seine Mahlzeiten nahm er stets allein in seiner Kabine ein und seine Anordnungen erteilte er über die Bordcom. Wenn ich ihm seine Essen auf einem Tablett ins Dunkel seiner Kabine reichte, sah ich ihn nur schemenhaft. Meist gab er dabei nicht mehr als ein knurriges „Danke" von sich.

Auch in den ersten Tagen nach dem Start erfuhr ich nichts über den Zweck unserer Unternehmung. Schließlich rückte die Waffenoffizierin, eine großgewachsene Kladoyanerin, die schon auf einer früheren Fahrt mit an Bord gewesen war, mit ein paar Informationen heraus.

„Wir jagen und radieren", sagte sie leise, als ein Teil der Mannschaft nach dem Abendessen noch in der Messe saß.

„Wen jagen wir denn?", fragte ich.

„Ein Phantom. Man nennt ihn den Scratcher. Der Kapitän verfolgt ihn schon sein halbes Leben lang durch die Galaxis. Er war ihm wohl ein oder zweimal nahe gekommen, aber …".

Die Kladoyanerin konnte nicht zu Ende sprechen, denn Chase betrat den Raum. Er hatte es nicht gern, wenn die Mannschaft über die Reise sprach. Jeder von uns sollte einfach nur seinen Job machen. Nach zwei Wochen, in denen wir mehrere Sprünge durch den Hyperraum machten, erreichte unser Schiff ein mir unbekanntes Sonnensystem. Ich befand mich zufällig auf der Brücke, auf der ich normalerweise nichts zu suchen hatte. Meine Anwesenheit schien den anderen nicht aufzufallen. Erster Maat, Steuermann, Telemetrie- und Waffenoffizierin saßen an ihren Konsolen. Der Kapitän stand vor seinem Kommandosessel und atmete tief ein, so als könne er das System riechen.

Im Licht der Brücke konnte ich ihn zum ersten Mal etwas genauer studieren. Er stand aufrecht, hielt sich aber mit einer Hand an der Reling fest. Ich hatte inzwischen gehört, dass er ein Cyborg zweiter Ordnung war, und unter anderem ein robotisches Bein besaß. Alles, was er trug, war schwarz, der offene Offiziersrock mit den zwei Goldknopfreihen ebenso wie die Hose und die klobigen Stiefel. Sein Gesicht war zerknittert wie die Hülle der Mohegan, ich glaubte eine lange Narbe darin ausmachen zu können.

Afab blickte auf den Hauptschirm, auf dem ein Steinplanet der Marsklasse zu sehen war, in dessen Umlaufbahn wir uns befanden. Neben dem Planeten strahlten zwei kleine Sonnen, offenbar die beiden Zentralgestirne des Systems.

„Oberflächenaufnahme auf den Schirm", befahl der Kapitän.

Die Finger der Telemetrieoffizierin flogen über die Tastatur. Im schnellen Wechsel wurden Ausschnitte des Planeten angezeigt. Offenbar befanden sich bereits mehrere unserer Aufklärungsdrohnen in niedrigen Umlaufbahnen um den Planeten. Bei einem Bild, das eine der Gebirgsregionen des Planeten zeigte, rief der Kapitän:

„Stopp. Näher ran."

In der Vergrößerung waren auf der Planetenoberfläche Linien zu erkennen. Sie bildeten eine Art Zeichnung, ein einfaches geometrisches Ornament, das sich über Dutzende von Kilometern erstrecken musste. Der Steuermann, der wie ich neu auf dem Schiff war, fragte laut:

„Was zum Teufel ist das? Sind das Überreste einer Zivilisation?"

„Nein, das ist seine Handschrift", sagte der Kapitän.

„Das hier gehört aber nicht zu seinen besten Werken", sagte der Erste Maat. Der Kapitän blickte ihn finster an, worauf Chase den Kopf senkte.

„Nahaufnahme der Linienränder und Analyse", befahl Afab.

Auf dem Schirm war die hochscharfe Aufnahme einer Bruchkante im

Gestein zu sehen.

„Praktisch keine Verwitterung an den Kanten", sagte die Telemetrie. „Die Lasergravur ist vor höchstens einem Jahr erfolgt."

„Bei den Sandstürmen, die es hier geben muss, ist dieser Schnitt keine zwei Monate alt", sagte Afab. Abrupt wandte er sich zur Waffenoffizierin und befahl:

„Zerstören Sie diesen Schund."

Die Kladoyanerin hatte den Befehl offenbar erwartet, denn ohne zu zögern richtete sie die Bugkanone auf die Linien und eröffnete das Feuer. Wie gebannt sahen wir alle auf den Bildschirm, wo die Bodenzeichnung nach und nach unter verdampftem und weggesprengtem Gestein verschwand. Dort, wo die Sicht wieder klar wurde, konnte ich keine Spur der Zeichnung mehr erkennen, sie war tatsächlich ausradiert worden. Afab beaufsichtigte den Vorgang und ordnete mehrfach an, bestimmte Stellen noch gründlicher zu bearbeiten. Dann fiel sein Blick auf mich und er knurrte:

„Matrose, suchen Sie sich eine Arbeit außerhalb der Brücke." Ich erschrak und machte mich davon.

In den nächsten Wochen und Monaten befuhren wir einen halben Quadranten auf der Suche nach weiteren Pieces, wie Chase die Gravuren manchmal nannte. Fast jedes Mal, wenn wir in die Umlaufbahn um einen Planeten einschwenkten, waren dort auf der Oberfläche auch Zeichnungen zu finden. Wie es Kapitän Afab gelang, der für uns unsichtbaren Spur des Scratchers zu folgen, war mir ein Rätsel. Auch die Regeln, nach denen der Scratcher seine Gravuren ausführte, konnte ich nicht nachvollziehen. Auf manchen Planeten entdeckten wir auf den Flanken mehrerer Berge das immer gleiche Emblem, kaum haushoch. Meistens handelte es sich dabei um eine abstrakte Tierzeichnung. Auf anderen Planeten wiederum fanden wir ausgedehnte Linienmuster, die sich zum Teil über hunderte von Kilometern erstreckten.

Bei den Gesprächen in der Messe erfuhr ich nach und nach, dass Afab früher im Auftrag der Stellaren Union radiert hatte. Es gab wohl eine Zeit, in der gleich mehrere Scratcher, WorldTattooists, PlanetARTists oder wie sie sich alle nannten, unterwegs waren, um sich im Weltraum zu verewigen. Es gab regelrechte ‚Battles' um das beste ‚Piece', es ging um Ruhm und Ehre.

Die Union wiederum wollte verhindern, dass die indigene Bevölkerung der betroffenen Planeten eines Tages solche Zeichnungen entdecken und sich daraus ein Kult entwickeln könnte. Deshalb sollten alle Spuren solcher Gravuren durch Laserbeschuss renaturiert werden, wie es damals genannt wurde. Seit die Union vor über zwanzig Jahren zerfallen war, fuhr Afab auf eigene Rechnung. Das Jagen und Radieren war nun nicht mehr sein Beruf, sondern er machte es sich zu seiner Lebensaufgabe. Er schien mir geradezu besessen davon zu sein, auch noch die Werke des letzten aktiven Scratchers zu zerstören. Und vielleicht sogar diesen selbst.

Nach mehreren Monaten Fahrt war die Mannschaft erschöpft von den zahllosen Hyperraumsprüngen, aber für Afab gab es immer nur das Weiter, die rastlose Jagd auf den Scratcher. Die Stimmung an Bord wurde gereizt, wir fragten uns, wie lange die Fahrt noch gehen sollte. Einmal wurde ich Zeuge einer Unterhaltung zwischen Afab und dem Ersten Maat:

„Seine Pieces werden frischer. Er kann nicht mehr weit vor uns sein", sagte der Kapitän.

„Aber die Mannschaft benötigt eine Pause. Wir sind schon fast ein halbes Jahr unterwegs."

„Wir können jetzt nicht nachlassen. Ich fühle es, diesmal erwische ich ihn." Eine Woche und zwei Hyperraumsprünge später hatte Afab dann doch ein Einsehen. Wir befanden uns im Orbit um einen Planeten der Erdklasse, der zum Großteil von Ozeanen bedeckt war. Nach dem Frühstück gab der Erste bekannt, dass es für die Mannschaft zwei freie Tage auf dem Planeten geben sollte, Strandurlaub, wie er es nannte. Als ich mit den anderen ins Dock zum Landungsboot gehen wollte, hielt mich der Kapitän zurück.

„Für dich nur ein freier Tag", sagte er. „Du fährst heute in die Takelage und schrubbst die Sonnensegel."

Ich war drauf und dran, ihm an die Gurgel zu gehen, aber ein einziger Blick von ihm genügte, um mich zur Räson zu bringen.

„Falls es dich beruhigt, ich bleibe selbst auch an Bord", sagte er mit einem bösen Lächeln.

Während der Rest der Mannschaft dem Planeten entgegenflog, stieg ich in den verhassten Außenanzug, hisste alle Segel in Leerschub-Stellung und fuhr mit dem Hauptmastlift bis in die entlegenste Rah, etwa einen halben Kilometer vom Schiffsrumpf entfernt. Nachdem ich ausgestiegen war, bot sich mir zwar ein atemberaubender Ausblick auf den Planeten und seinen Mond, der fast voll war, aber die Sonnenstrahlung bewirkte, dass ich trotz Klimatisierung sofort ins Schwitzen geriet.

Ich begann mit dem Partikelmäher die Sonnensegel zu reinigen und rechnete mir aus, dass ich für die knapp 200.000 Quadratmeter mindestens fünf Stunden brauchen würde. Nach wenigen Minuten war ich allerdings schon klatschnass in meinem Anzug und musste das Royal-Segel stellen, um in seinem Schatten eine Pause einzulegen. Ich sah hinüber zum Mond und ließ meinen Blick über die Mare, Krater und Berge auf seiner Oberfläche schweifen.

Dann glaubte ich dort zwei schnurgerade Linien zu erkennen und nahm mein Fernglas zur Hand. Dort, wo sich die Linien kreuzten, befand sich eine kleine kantige Struktur. Kaum zu erkennen, weil vom gleichen Weiß wie die sonnengrelle Mondoberfläche, lag dort ein Raumschiff. In der stärksten Vergrößerung erschien es mir ebenso unförmig wie das unsere, ausgestattet mit der gleichen überdimensionierten Bugkanone. Mit bebender Stimme machte ich Meldung an den Kapitän.

Statt einer Antwort ging nach wenigen Sekunden ein Ruck durch die ganze Takelage, der mich beinahe aus dem Sitz des Mähers geschleudert hätte.

„Kapitän, was tun sie da?", rief ich ins Helmmikro.

Dabei wusste ich es nur zu gut: er hatte die Sonnensegel abgeworfen und die Triebwerke der Mohegan gezündet. Einen Augenblick später jagte das Schiff an mir vorbei in Richtung Mond. Durch mein Glas beobachtete ich das Geschehen. Nach weniger als einer Minute hatte das weiße Schiff die Gefahr erkannt und führte ebenfalls einen Schnellstart durch. Kurz darauf sah ich, wie sich ein kleines Objekt vom Mutterschiff trennte, vermutlich wurde Ballast abgeworfen oder ein Beiboot herauskatapultiert. Das Schiff selbst stieg weiter auf, aber wer auch immer es steuerte, hatte natürlich nicht mehr genug Zeit, um die Segel zu setzen und einen Einsprungpunkt in den Hyperraum anzusteuern.

Für eine Flucht war die Position nahe der Mondoberfläche denkbar schlecht und der Kapitän des weißen Schiffes versuchte auch gar nicht zu entkommen: Stattdessen ging er auf Kollisionskurs. Das folgende Gefecht war sehr kurz, wie nicht anders zu erwarten. Beide Schiffe feuerten eine volle Salve ihrer Buggeschütze. Da sie zwar ausgezeichnet bewaffnet waren, aber nur über eine relativ schwache Panzerung verfügten, führten die jeweiligen Treffer zur sofortigen gegenseitigen Zerstörung. Trotz einer Entfernung von mehreren hunderttausend Kilometern musste ich meine Augen schließen, als die beiden mächtigen Explosionen nahe am Mond selbst das Licht der Sonne überstrahlten.

„Was ist bei euch da oben los?", rief die Stimme des Ersten kurz darauf durch meinen Lautsprecher.

Selbst auf der Planetenoberfläche hatten sie den Feuerzauber mitbekommen. Ich schilderte ihm in kurzen Worten die Lage. Dann sagte ich:

„Vielleicht könnt ihr mich hier oben abholen.
Mir wäre jetzt nach einem Bad."

„Hast Du das wirklich gesagt, Großväterchen?" fragte Myron.

„Ja, natürlich", sagte Ismail und zwinkerte ihm zu. „Aber jetzt ist es schon spät und ihr müsst ins Bett. Ihr wisst ja, wie die Geschichte weiterging."

„Ja, ja", gähnte Kyra, „das Landungsboot des weißen Schiffs hat dich im Weltraum aufgegabelt und zum Planeten gebracht, du hast dich in deren reizende Bordköchin verliebt, nach zwanzig Jahren hat eine Forschungskaravelle euch Schiffbrüchige entdeckt, aber nur der Erste Maat wollte weg von hier. Danach sind noch weitere Siedler hierhergekommen, wegen des guten Klimas. Wissen wir alles, Opa."

„Aber wer war denn nun der Scratcher, und warum musste der immer alles vollkritzeln?" fragte Myron.

Anstatt zu antworten, deutete Ismail auf die Höhlenwand, die über und über mit roten und blauen Abdrücken von Kinderhänden bedeckt war.

„Sag Du mir doch erst mal, wer hier die Wände vollgekleckst hat."

CHRISTIAN ECKART JÄKEL

EINE ALTE WUNDE

SCIENCE FICTION WETTBEWERB 2024 – PLATZ 1

„Nehmen Sie doch Platz, Miss Kim."

Akiré Kim, eine schlanke Erscheinung Anfang zwanzig mit asiatischen Gesichtszügen und langen schwarzen Haaren, sah sich scheu im Arbeitszimmer von Adrian Otis um. Ein überdimensionaler Schreibtisch, der sehr aufgeräumt wirkte, beherrschte den Raum. In einem offenen Schrank stand eine beeindruckende vielbändige Enzyklopädie neben abstrakten Skulpturen, das Bild darüber zeigte zwei innig aneinander gekuschelte Amoretten und wollte in seinem schwülstigen Stil überhaupt nicht zum Rest des Ambientes passen.

Akiré setzte sich vorsichtig auf die Vorderkante eines Besuchersessels und kam sich reichlich deplatziert vor. Otis lächelte jovial. „Ich bin von Ihren Licht-Installationen sehr beeindruckt. Sie haben auch die Software selbst programmiert, wie ich hörte?"

„Ja. Für mich ist sie Teil des Kunstwerks, auch wenn sie nie jemand zu sehen bekommt."

„Umso bedauerlicher, dass Ihre Werke bisher bestenfalls in Nebenräumen von Hobby-Messen zu sehen sind. Eine junge Künstlerin von Ihrer Begabung braucht zweifellos eine größere Bühne."

„Es … macht mich verlegen, das zu hören."

„Nicht doch. Es wäre mir eine Ehre, Ihnen diese Bühne zu bieten. Wie Sie wissen, organisiere ich Kunstmessen im großen Stil. Was würden Sie sagen, wenn ich Ihnen anbiete, im Rahmen der ‚Metropolitan Arts' auszustellen?"

„Das wäre …" Die Künstlerin lief rot an.

„Das wäre Ihrer Genialität angemessen. Wenn Sie mögen, können Sie gleich den Vertrag unterzeichnen. Ich habe schon alles vorbereitet." Er reichte ihr ein Papier über den Schreibtisch. Ihre Augen wanderten etwas ziellos über den Text und suchten nach einer Übervorteilung. Otis bemerkte ihr Zögern, kam um seinen Schreibtisch herum und beugte sich von hinten über sie.

„Welche Gegenleistung erwarten Sie von mir?"

„Nur was da steht. Vierzig Prozent Provision an allen verkauften Kunstwerken." Er wies auf die betreffende Passage.

„Und wenn ich nichts verkaufe?"

Otis grinste. „Dann kriege ich eben nichts. Es geht mir schließlich nicht ums Geld, sondern um die Förderung Ihres Talents. – Wenn Sie dann hier unterschreiben wollen?" Er kreuzte mit einem Stift das Feld an und drückte ihr den Schreiber in die Hand. Die Berührung fühlte sich unangenehm intim an.

„Aber eine Kleinigkeit könnten Sie unabhängig davon noch für mich tun."
„Nämlich?"

„Gehen Sie nach der Vernissage mit mir essen?"
Das traf sie überraschend. War das ein Annäherungsversuch? „Ich habe den Abend eigentlich schon eine Einladung bei einer Freundin."

„Sagen Sie ihr ab. Sie werden Ihren zukünftigen Mäzen doch nicht wegen einer Freundin enttäuschen, die Sie auch einen Tag später noch treffen können!"

„Hm ..."

„Also, ich hole Sie dann um 20 Uhr ab."

Das Abendessen fand im Turmrestaurant des ‚Viking' statt, in gediegener Umgebung und mit Ausblick auf die illuminierte nächtliche Stadt. Otis hörte mit halbem Ohr zu, als die Künstlerin ihren Werdegang skizzierte und stellte ein paar desinteressierte Fragen; dafür erzählte er ausführlich und mit Begeisterung von seinen Ausstellungen, seinem Landsitz und den Regattasiegen mit seiner Yacht.

„Darf ich Sie noch nach Hause bringen?" Es war eine rhetorische Frage, sie hatte keinen Wagen, und mit der Hochbahn hätte sie von hier aus zwei Stunden gebraucht, mit zweimal Umsteigen.

Mit einem Knopfdruck ließen sich die Wagentüren verriegeln, die getönten Scheiben auf undurchsichtig schalten und die Sitze in Liegeposition fahren. Dann – anders ließ es sich nicht ausdrücken – fiel er über sie her. Die modernen Fahrzeuge waren ziemlich gut schallgedämmt, man hörte innen kaum etwas vom Motor, dafür hörte man von außen auch kaum, wenn drinnen jemand schrie.

„Du solltest daran denken, Mädchen, dass von mir deine Karriere abhängt. Mit meinen Beziehungen kann ich dich in den Olymp heben. Oder dich in die Gosse stoßen. Wenn ich es nicht will, stellst du niemals je wieder irgendwo aus. Nicht einmal auf Hobby-Messen."

Mit dieser Drohung setzte er sie vor ihrem Wohnblock ab.

Sie verklagte ihn trotzdem. Der Prozess zog sich in die Länge, die Aussagen standen gegeneinander.

„Sie sagten, Sie seien schockiert gewesen, als der Beklagte sich Ihnen näherte."

„Ja."

„Vielleicht sogar in einer Art Schockstarre?"

„Ich weiß nicht. Ja, vielleicht."

„Hohes Gericht, die Klägerin räumt ein, sie sei bei dem Vorfall schockiert gewesen. Wir müssen also der Möglichkeit Raum geben, dass sie in dieser Situation vor Schreck gar keinen Widerstand geleistet hat. Mein Mandant konnte also annehmen, sie sei einverstanden, nicht wahr?"

Das Gericht fand keine stichhaltigen Beweise für eine Vergewaltigung und ging von ‚einvernehmlichem Sex' aus. Otis wurde freigesprochen. Im Anschluss bezichtigte er Akiré Kim des Rufmords, und seine Anwälte erstritten eine erhebliche Entschädigungszahlung, die ihre finanziellen Möglichkeiten überstieg. Ihr Atelier wurde gepfändet, sie musste Privatinsolvenz anmelden. Danach wurde es still um die junge Künstlerin, und sie trat nicht mehr an die Öffentlichkeit.

Jahre später. Die Beleuchtung des Hinterzimmers war trübe, ein LED-Handstrahler erhellte das Innere eines elektromechanischen Apparats. Akiré Kim, inzwischen Ende dreißig und mit Kurzhaarfrisur, saß vor der aufgeklappten Rückseite des Automaten. Sie tastete mit der Prüfspitze eines Messgerätes Kontakte auf der Platine ab. Ein Wackelkontakt, mal wieder. Das passierte, wenn Spieler wiederholt verloren und ihre Wut an dem Spielautomaten ausließen.

„Und? Wie läuft's?", fragte Jake, der Besitzer des Spielsalons.

„Ich hab's gleich. Soll ich die Gewinnchancen ein bisschen höher einstellen, damit die Leute nicht so oft frustriert sind?"

„Das ist verboten. Du weißt, die Automaten werden überprüft. Ich will keinen Ärger."

„War nur 'ne Idee."

Sie warf den Kopf nach hinten, als seien da noch die langen Haare von früher, eine Geste, die sie sich nie abgewöhnt hatte.

„Übrigens ist da vorne einer, der dich sprechen will."

„Wer?"

„Kein Ahnung. So ein Jungspund mit Intellektuellenbärtchen."

Sie schaltete den Lötkolben aus und wischte die Hände am Overall ab.

„Na schön. Ich komme."

„Miss Akiré Kim?", vergewisserte sich der Besucher und stellte sich als Dr. Linold vor.

„Ich habe lange gebraucht, um Ihre Spur wiederzufinden."

„Welchen Grund hatten Sie, mich überhaupt zu suchen? Sind Sie Detektiv?"

„Nicht wirklich." Linold schüttelte den Kopf. „Als kleiner Steppke habe ich mal auf einer Hobby-Messe einige ihrer Installationen gesehen. Ich war schwer beeindruckt. Daheim habe ich dann mit ein paar Leuchtdioden versucht, etwas Ähnliches zu erreichen, bin aber hoffnungslos gescheitert. Ich hörte dann auch, Sie seien auf der ‚Metropolitan Arts' zu sehen. Aber da …", er grinste, „… konnte ich mir nicht einmal den Eintritt leisten."

Sie seufzte. „Das ist lange her. Da war dieser Prozess. Danach habe ich meine künstlerischen Ambitionen aufgegeben. Wie Sie sehen, schlage ich mich jetzt damit durch, dass ich Automaten in Spielhallen repariere."

„Befriedigt Sie das?"

„Was soll ich darauf antworten? Sagen Sie mir endlich, was Sie wollen."

„Ich bin Mitglied im Leitungsgremium der Kunstakademie. Die Akademie hat einen Wettbewerb ausgeschrieben – für ein Lichtkonzept für ihren Neubau. Ich dachte, Sie sollten das wissen."

„Warum dachten Sie das?"

Er antwortete nicht direkt. „Wäre das nicht ein Anreiz für Sie, wieder Ihrer eigentlichen Berufung zu folgen?"

Akiré seufzte leise. „Muss ich mich dazu ausziehen?"

„Bitte?"

„Nichts. Nur eine alte Wunde."

Sieben Künstlerinnen und Künstler reichten ihre Vorschläge zu dem Wettbewerb ein. Akiré Kim erhielt den Zuschlag. Sie überzeugte mit einem Entwurf, der der Architektur des Neubaus perfekt entsprach, den Umriss des futuristischen Gebäudes in fließenden Flammen nachzeichnete und zudem energetisch weitgehend neutral arbeitete, weil sie einen chromatovariablen organischen Halbleiter einsetzte, der sich tags mit Sonnenlicht auflud und nachts die gesammelte Energie als Licht wieder abgab. Auch die Prozessorsteuerung entwickelte sie, wie sie es gewohnt war, allein.

Eileen Woods, die Dekanin, legte ihr nahe, ihr einzigartiges Konzept durch ein Patent schützen zu lassen – darauf wäre die in solchen Dingen immer noch recht naive Akiré von selbst nicht einmal gekommen.

„Ich habe doch gar nichts erfunden. Diese organischen Halbleiter gab es ja schon. Ich habe nur vorhandene Möglichkeiten neu kombiniert."

„Auch das gilt unter Umständen als Erfindung", widersprach Woods.

„Aber ich habe keine Ahnung, wie man ein Patent anmeldet."

„Kommen Sie nach Vorlesungsschluss in mein Büro. Wir setzen den Patentantrag gemeinsam auf."

Als der Neubau eingeweiht und das Lichtkonzept der Öffentlichkeit vorgestellt wurde, waren die Medien voll des Lobes für die kreative Künstlerin.

Was ihr in ihrer Jugend verwehrt geblieben war, schenkte ihr das Schicksal jetzt. Sie wurde bekannt, sie bekam Aufträge, sie erhielt sogar einen Lehrauftrag an der Kunstakademie. Ihr langjähriger Arbeitgeber bedauerte zwar, sie als begnadete Wartungstechnikerin für Spielautomaten zu verlieren, beglückwünschte sie aber ehrlichen Herzens zu ihrem Erfolg.

Und dann bekam sie einen Brief von einer Anwaltskanzlei ‚Hipshot & Partner'. „Sehr geehrte Miss Kim. Hiermit zeigen wir Ihnen an, dass uns Mr. Adrian Otis mit der Wahrnehmung seiner Interessen beauftragt hat…"

Es fühlte sich an wie ein Tritt in die Magengrube. Sie hatte gehofft, mit diesem Menschen nie wieder zu tun zu bekommen. Und jetzt verlangte er vierzig Prozent des Preisgeldes, das sie im Wettbewerb der Akademie gewonnen hatte, ferner vierzig Prozent des Honorars für die Lichtinstallation an der St. Pauls Kirche … Eine Kopie des damaligen Vertrages war beigefügt, in der der Anwalt die betreffenden Passagen markiert hatte. Oh, wie dumm war sie gewesen! Sie hatte angenommen, die vereinbarte Provision beziehe sich allein auf die Ausstellung ‚Metropolitan Arts', von der seinerzeit die Rede gewesen war. Aber die Formulierung war tatsächlich so schwammig abgefasst, dass man auch von einer unbegrenzten Gültigkeit des Vertrages ausgehen konnte. Vierzig Prozent. Gut, es blieben ihr sechzig. Aber allein die Unverschämtheit war empörend. Es kam ihr vor, als ob dieses Schwein sie immer noch vergewaltigte. Zudem hatte sie das Geld schon in weitere Projekte investiert. Sie holte das Versäumte nach und kündigte den Vertrag sofort auf, aber aus den Forderungen kam sie natürlich nicht mehr heraus, da sie noch vor der Kündigung angefallen waren.

Es half nichts, sie musste einen Kredit aufnehmen, um die Ansprüche zu befriedigen. Ihr Hass auf Otis wuchs ins Unermessliche.

Jahre später. Erste silberne Strähnen zierten Akirés Haare. „Das war die letzte Rate. Der Kredit ist abbezahlt." Sie wies auf den Buchungsbeleg.

Eileen gab ihr einen zarten Kuss auf die Stirn. „Das ist wunderbar. Das sollten wir heute Abend feiern." Männern hatte sich Akiré seit damals nie wieder öffnen können, aber sie hatte ein glückliche Beziehung mit der damaligen Dekanin angefangen; anlässlich des Patentantrags waren sie sich näher gekommen.

„Das Kapitel Otis ist damit nun wohl endlich abgeschlossen."

„Auf dem Papier, ja." Akiré pochte auf ihre Brust. „Hier drin aber niemals."

„Das macht mich unglücklich, Liebes."

„Ja, mich auch."

Wie sie die Umarmung erwiderte, sah es aus, als ob sie Schutz suchte.

Jahre später. Trotz der Proteste etlicher astronomischer Vereinigungen gegen die neuerliche Lichtverschmutzung gab das private Raumfahrtunternehmen XPACE (für ‚Experience and continuous enhancement') bekannt, eine weitere Staffel von 1024 Internetsatelliten in die Umlaufbahn zu bringen, um eine Abdeckungslücke zu schließen. Vielleicht war es gerade die Geringschätzung den Astronomen gegenüber, die den Firmeninhaber veranlasste, noch eins draufzusetzen: Die Satelliten sollten mit eigenen Lichtquellen ausgestattet werden, um Werbebotschaften an den Himmel schreiben zu können. Die Empörung der Astronomen war grenzenlos, aber sie blieb unbeachtet. Die lückenlose Verfügbarkeit des Netzes war der Mehrheit wichtiger als die Befindlichkeiten irgendwelcher verrückter Sterngucker.

Delon Rust, der CEO von XPACE, wandte sich an die berühmte Lichtkünstlerin Akiré Kim, um sie für eine Zusammenarbeit zu gewinnen. „Denken Sie nur, Mrs. Kim …"

„Miss", korrigierte sie ihn. „Immer noch Miss."

„Gut. Miss Kim also. Was ich sagen wollte: Sie haben die Möglichkeit, mit Ihrer Kunst den Himmel zu erobern."

„Nun, erobern tun Sie ihn. Ich könnte ihn höchstens dekorieren."

„Wenn Sie es so nennen wollen. Gemeinsam könnten wir der Menschheit eine Botschaft bringen: Der Himmel ist ein Kunstwerk."

Rust wies mit enthusiastischer Geste nach oben.

Sie lächelte. „Das ist er auch ohne Ihre Satelliten schon."

„Aber Sie werden ihm Ihren Stempel aufprägen. Ihr Name am Himmel! Also, sind Sie dabei?"

Hatte ihr das nicht schon mal einer gesagt?

„Wenn ich dazu nicht meine Seele verkaufen muss …"

„Bitte?"

„Nichts. Nur eine alte Wunde."

Die Solarpaneele der Satelliten stellten per se bereits Reflektoren dar, mit denen sich das Sonnenlicht auf die Erde spiegeln ließ. Für dieses Projekt wurde deren Fläche noch einmal vergrößert. Akiré griff auf ihr Konzept der chromatovariablen organischen Halbleiter zurück und entwickelte zusammen mit den Ingenieuren von XPACE einen Solarzellentyp, der das Licht in einstellbaren Wellenlängen reflektieren konnte. Lediglich das ultraviolette Ende des Spektrums war davon ausgenommen, denn das diente zur Stromerzeugung. Eine Spiegelfolie auf der Rückseite der Anordnung ließ wie bei einem Katzenauge das Licht ein weiteres Mal den Farbgeber passieren, den man aber auch auf völlig durchsichtig schalten konnte. Dann reflektierte er weißes Licht.

Der Probestart eines ersten Satelliten verlief erfolgreich, und Akiré erlebte den Test im Kontrollzentrum von XPACE mit.

„Er ist jetzt über dem Horizont. Wollen Sie?", ermunterte Rust die neben ihm sitzende Künstlerin.

Beide blickten auf einen Monitor, der die Flugbahn auf eine Darstellung der Erdoberfläche projizierte.

„Welche Farbe hätten Sie gerne?"

„Sagen wir: Grün. Meine Lieblingsfarbe."

„Okay."

Akiré bediente die Tastatur. Natürlich hatte sie wieder selbst programmiert und kannte alle Befehlscodes auswendig. Die Steuersequenz wurde abgestrahlt. Sie spähten aus dem Fenster. Eine schwache Leuchtspur zog über den Himmel. Dann richtete sich der Reflektor aus und die Bandabstände des Halbleiters wurden justiert. Aus dem schwachen Leuchten wurde ein gleißender grüner Punkt.

„Zufrieden?"

„Perfekt. Ich weiß gar nicht, warum diese Sternfreunde sich so anstellen. Die Illumination betrifft ja nur den winzigen Teil der Erdoberfläche, auf den der Reflektor zielt."

Er blickte auf den Monitor mit der Satellitenbahn.

„Wir haben noch zwei Minuten, ehe er in den Erdschatten eintaucht. Ich hätte gerne noch rot."

„Bitte. Ich schenke Ihnen auch ein Rot."

Drei Monate später waren alle 1024 Satelliten im Orbit. Zur Vermeidung von Laufzeiteffekten gingen die Befehle nur an einen Leader-Satelliten und wurden von ihm auf die ganze Wolke verteilt. Die Bevölkerung ausgewählter Städte wurde mit farbigen Feuerwerken und Blumensträußen erfreut, unterbrochen von Werbung für Limonade und Fastfood-Ketten. Eine Sekunde Werbung ließ sich XPACE mit dem Gegenwert eines Mittelklassewagens bezahlen. Und die Kunden bezahlten es. Akiré hingegen verzichtete auf ein Honorar; in ihr reifte ein anderer Plan.

„Ich will dich nicht kritisieren, Liebes, aber vom künstlerischen Standpunkt aus hast du dich unter Wert verkauft", hielt Eileen ihrer Freundin vor.

„Das, was da über den Himmel flimmert, ist Kommerz, aber keine Kunst."

„Ich habe mich nicht verkauft.
Wie du weißt, habe ich kein Honorar genommen."

„Aber warum dann überhaupt das Ganze?"

„Da ist etwas, das du noch nicht weißt. Das eigentliche Kunstwerk ist bisher verborgen, aber wenn du heute Abend mit mir zu den Sundown Hills hinausfährst, will ich es dir enthüllen."

„Was ist das eigentliche Kunstwerk?"

„Warte es ab."

Die Sundown Hills waren ein beliebtes Ausflugsziel, und auch in der Abenddämmerung spazierten noch etliche Menschen durch die Heidelandschaft mit ihren Wacholderbüschen, die in der Dämmerung wie Trolle oder andere Phantasiegestalten wirkten.

„Komm, da ist eine Bank frei."

Akiré fasste ihre Begleiterin sanft am Arm und führte sie zu der Sitzgelegenheit. Über ihnen wölbte sich der Frühlingshimmel, und die Sterne wurden allmählich sichtbar. Sie wies nach Westen, wo noch rötliche Reste des Sonnenuntergangs den Horizont zierten.

„Was siehst du dort?"

„Sterne. Den Orion. Den Stier."

„Kennst du die Legende, die dazugehört?"

„Ich denke, ja. Orion entbrannte in Liebe zu den Plejaden, den Töchtern von Atlas und Pleione. Er verfolgte sie, aber der Stier stellte sich ihm in den Weg. Mit Keule und Schild musste er ihn abwehren."

Akiré sah auf die Uhr, dann zog sie ihr Handy aus der Tasche.

„Wen willst du anrufen?"

„Ich habe kein Honorar für das Satellitenprojekt genommen, aber ich habe mir dafür etwas Anderes ausbedungen: Fünf Minuten pro Tag darf ich die Kontrolle über den Satellitenschwarm übernehmen. Ich verbinde mich jetzt mit dem Server, der ihn steuert."

Ein kaum wahrnehmbarer Pulk von Lichtpünktchen erschien am Westhimmel und zog über die Sterne hinweg. Die Choreografie hatte Akiré in den Wochen zuvor entwickelt und zum Leader hochgeladen, jetzt tippte sie nur noch einige Codes in ihr Handy, um das Programm zu aktivieren.

„Pass auf, Eileen, diese Show ist extra für dich."

Rote Lichtpunkte flammten auf. Sie bildeten ein Herz, das vom Orion zu den Plejaden flog. Eigentlich flogen die Punkte in der anderen Richtung, denn der Satellitenschwarm war mit der Erddrehung gestartet und umkreiste sie von West nach Ost, aber die Plejaden, wie auch der Stier, standen westlich von Orion. Also lösten immer neue Lichter die verblassenden ab, so dass die Illusion einer Bewegung nach Westen entstand, bei der das Herz sprühende Funken hinter sich ließ.

Dann schnaubte der Stier, eine rotgelbe Feuergarbe schoss aus seinen Nüstern in Richtung Orion. Orions erhobene Keule schien sich selbständig zu machen, sie leuchtete blau, und von den Positionen der eigentlichen Sterne ausgehend schwang sie in Richtung des Stiers und schien auch zu treffen, denn rote Punkte deuteten Blutstropfen an.

Dann drehten die Satelliten ihre Paneele weg und verglommen – wie Schauspieler, die nach ihrem Auftritt von der Bühne abgingen, und nur noch die originalen Sterne standen am Himmel.

„Vorhang", sagte Akiré leise.

Eileen applaudierte. Etliche der Spaziergänger, die Zeugen der Vorführung geworden waren, applaudierten ebenfalls. Einer erkannte sie.

„Sind Sie nicht diese Lichtkünstlerin? Akiré Kim? Haben Sie das da gemacht?" Die Angesprochene lächelte bescheiden. „Immer nur Werbung fand ich langweilig."

„Das war … irre!"

Das Ereignis fand sogar einen ganz leisen Widerhall in der Presse.

„Ein außergewöhnliches Schauspiel bot sich gestern Abend Spaziergängern, die zufällig auf den Sundown Hills unterwegs waren …"

In den sozialen Medien tauchten einige Videos auf, die in der Eile gefilmt worden waren, allerdings konnten sie den unmittelbaren Eindruck nicht im Entferntesten ersetzen.

Außerdem wurde diese Begebenheit überschattet und aus den Medien verdrängt durch ein anderes Ereignis. Katastrophen erzeugten nun einmal größere Schlagzeilen als himmlische Lichtspiele.

Der Landsitz des bekannten Millionärs Adrian Otis war aus noch ungeklärter Ursache in Flammen aufgegangen. Augenzeugen gab es leider keine, Otis war allein in seinem Haus gewesen und bei dem Brand ums Leben gekommen. Die Feuerwehr, durch den Feuerschein des recht weit außerhalb gelegenen Gehöfts alarmiert, fand nur noch schwelende Trümmer vor. Da rächte es sich, dass Otis in seinem Hang zur Exklusivität mit traditionellem, aber inzwischen fast unbezahlbarem Holz hatte bauen lassen.

Eileen zeigte ihrer Freundin die Schlagzeile. „Hast du das schon gesehen?"

Akiré überflog den Artikel.

„Otis ist abgefackelt.
Ich kann nicht behaupten, dass mich das mit Trauer erfüllt."

„Das muss genau zu der Zeit passiert sein, als wir gestern Abend in den Sundown Hills deine Lichtkunst bewundert haben."

„Tatsächlich. Welch ein Zufall."

DIE 15 BESTEN MICROSTORIES 2024

Auch 2024 haben sich viele Autorinnen und Autoren der Herausforderung gestellt, mit nicht mehr als 500 Zeichen eine Micro Science Fiction Story zu schreiben – und das mit großem Erfolg! Hier lesen Sie die nach unserer Meinung besten Stories. Kurz und gut. Viel Spaß!

MATTHIAS BIEHL – KONFLIKTE

»Ich mag es, wie die Menschen Konflikte lösen.«

Der Linquerianer richtete ein Augenpaar auf seinen Nachbarn.

»Was soll daran besonders sein?«

»Sie kommen in Scharen zusammen und bereiten sich tagelang auf diesen Konflikt vor. Dann treffen die beiden kleinen Delegationen jeder Seite auf einer Freifläche und sie platzieren spielerisch ihr Anliegen bei der Gegenseite. Wem das öfter gelingt, der setzt sich durch und wird gefeiert.«

Der Linquerianer drehte sich weg.

»Idiot. Das ist Fußball.«

SILKE BRANDT – PHOTONENRING FLY-BY

Wir wollten Plutos blaue Atmosphäre sehen, mit der Sonne im Rücken Welten erobern. Ich singe ein altes Lied nur in meinem Kopf. Das Schiff schweigt, vielleicht seit Jahren. Auf der Konsole blinken wahllos Anzeigen – aber Fuel 0 vertraue ich: Das Raumschiff fällt. Weg von Plutos blauer Atmosphäre, der Sonne und den Purpurnebeln. Ich meine, wir überschritten einen schwarzen Horizont. Zeit dehnte sich bis zur Unendlichkeit und ich sähe strahlende Galaxien vorüberziehen, in Augenblicken verlöschen.

KATRIN EYBEN – IM LICHT

Für Dein Selbstbewusstsein bewunderte ich Dich. Anders als ich warst Du immer unbeirrbar vom Erfolg der Mission überzeugt. Du würdest das Sonnenlicht einfangen. Hattest Dir Deine Rückkehr ausgemalt. Willkommensfeier, Denkmal und so. Nun stehe ich davor, umringt von Besuchern, und suche Dich. Die Sonne bricht durch die Wolken, Licht fällt auf das Space Mirror Memorial.

Du hast es doch eingefangen. Inmitten der schwarzen Granitplatten entdecke ich in leuchtenden Lettern Deinen Namen.

ANNIKA FREUNDL – AUF GEHT'S

Jeden Morgen lief ich in den Keller unserer Büros, um mich mit Robbie, unserem humanoiden Roboter, zu unterhalten. Wegen ihm ging ich gerne auf die Arbeit, seit mein Mann gestorben ist. Doch an diesem Morgen saß er nicht an seinem Schreibtisch. Später erfuhr ich, er wurde ins Gebäude nebenan in die Abteilung KI-Progression versetzt. Doch ein Kollege verriet mir, am nächsten Tag würde er durch einen Androiden ersetzt. Verkleidet und mit einem gestohlenen Ausweis ging ich los…

PETER KUHN

Die Botschaft war eindeutig gewesen, auch wenn niemand wusste, wer sie geschickt hatte. Nie sollt ihr hier landen. Ein Energieschirm machte es unmöglich. Doch dann versagte der Hyperraumantrieb. Bis zum Ziel waren es noch $2x10^8$ km, bis zum verbotenen Mond nur 2000. Sie mussten es riskieren, es war die einzige Chance. Als sie nach der Bruchlandung aus dem zerstörten Gleiter stiegen, wussten sie, warum sie sich auf verbotenem Terrain befanden. Aus dem Wasser krochen die ersten atmenden Lebewesen.

KARIN LEROCH – TRUDE

Trude küsst ihren Mann, als er morgens die Wohnung verlässt. Als er weg ist, schrumpft sie auf Rasenmähergröße und schneidet das Gras im Garten. Danach dehnt sie sich zu einer Playstation aus und spielt ein paar Runden Control, bevor sie ihre Online Broker App startet und fünftausend EURO verdient. Als ihr Mann zurück ist, fährt Trude Kopf und Gliedmaßen aus und kocht Abendessen. Im Bett wählt ihr Mann auf ihrem Brustdisplay „Standard".

„Sorry", sagt sie, „System Update", und beginnt leise zu surren.

HEINRICH MASCHEWSKI – FERNWEH

Quantenkompensatoren auf voller Stufe. Triebwerke laufen heiß. Raumdestabilisator wird hochgefahren. Lea hatte alle Systeme geprüft und schnallte sich in ihren Sitz ein. Durch die Luke zu ihrer Rechten war die Erde zu sehen, vor ihr; die unendlichen Weiten des Alls. Unendliche Möglichkeiten. Jetzt war nur noch eines zu tun. Sie drückte den Knopf für den Hyperraumantrieb und ihr Herz blieb für einen Moment stehen. Als es wieder schlug, erblickte sie die gewaltige Schönheit Alpha Centauris.

HEINRICH MASCHEWSKI – PORTAL

Noch zehn Minuten, dann würde die Menschheit ihre erste Portalreise antreten. Ein Ingenieur nahm letzte Vorbereitungen vor, als sein Messgerät einen Spannungsanstieg feststellte. Schnell nahm er den Kontakt mit der Mondbasis auf.

„Hey habt ihr schon euren Wurmlochgenerator in Betrieb genommen?"
„Nein, es sind doch noch 8 Minuten."

Der Ingenieur fing an zu schwitzen und bemerkte, wie sich das Gravitationsfeld um das Portal aufbaute.

„Dann bekommen wir wohl Besuch von Außerhalb."

HEINRICH MASCHEWSKI – FUNKSTILLE

Nach hunderten von Jahren hat endlich eine andere Spezies auf die Funksignale der Erde reagiert. Doch die Freude auf den ersten Kontakt mit Aliens ist schnell verflogen. Nachdem ihr Raumschiff in unserem Orbit Halt machte, beschossen sie sämtliche Funkmasten und Sendestationen auf der Erde. Die Menschen waren entsetzt und wollten eine Erklärung. „Ihr könnt uns später danken", sagten sie uns.

„Jetzt müssen wir darauf hoffen, dass das Imperium eure Signale noch nicht empfangen hat."

THOMAS SAMOTH/MELEROWICZ, THOMAS – RECHT HABEN SIE

Das fremdartige Objekt hatte absonderliche Auswüchse und war eindeutig künstlichen Ursprungs. Ein Außenkommando machte sich bereit.

Später schlossen Tentakel vorsichtig eine goldglänzende Scheibe an das Abspielgerät an. Seltsame Geräusche erklangen – Rauschen, melodiöse Tonfolgen, bellende Laute, bei denen sich die Hörlappen der Anwesenden schmerzhaft zusammenzogen. Dann plötzlich ein schmatzendes Geräusch, das für Heiterkeit sorgte.

Das klinge wie ein Kuss, war die einhellige Meinung der Zuhörer.

NOB SHEPHERD – SCHÖNHEIT UND VERDERBEN

Fasziniert betrachtete sie die Verästelungen des gewaltigen Blitzes, der sekundenlang den nachtblauen Himmel zerteilte und sämtliche Sternbilder überstrahlte. Aus dem gleißenden Weiß des Hauptstrahls, der an den Rändern einen Stich ins Gelblich-Orange aufwies, züngelten violette und an den Ausläufern sogar einige wenige grüne und blaue Adern und Äderchen. Noch nie hatte sie so etwas Schönes gesehen. Den Donner hörte sie schon nicht mehr, als die Druckwelle des Asteroideneinschlags sie erfasste.

NOB SHEPHERD – INTELLEKT

»Wir bitten um einen Kontakt mit der obersten Leitung eurer Gesellschaft!«

Die Vertreterin der Raumfahrtbehörde starrte auf das irisierende Leuchten der extraterrestrischen Metallkugel. »Mit unserem Präsidenten? Ich bin nicht sicher, ob sich da kurzfristig ein Termin organisieren lässt.«

»Du hast uns missverstanden. Um die Fauna und Flora werden sich unsere Wissenschaftler kümmern. Wir möchten mit der intellektuellen Führung eurer Gesellschaft sprechen. Der obersten Künstlichen Intelligenz.«

MATTHIAS WAGNER – EINER FÜR ALLE

„Moment... ja. Es hat funktioniert. Gute Arbeit, Hal!"–„Copy."
„Ich möchte dir danken", sagte die Stimme aus dem Funkgerät.–„Im Namen der Menschheit."–Hal nickte.–„Ich wünschte wir könnten..."

„Lass es", sagte Hal. „Ich wusste worauf ich mich einlasse."

Das Funkgerät schwieg. Hal blickte auf die Sauerstoffanzeige. 7%.
„Ich denke, ich möchte jetzt alleine sein", sagte er.

„Copy, Hal", sagte das Funkgerät. „Es... es war mir eine Ehre."
„Copy", sagte Hal, „out", und schwebte still der Sonne entgegen.

DARIO SCHRITTWEISE – DAS UNIKAT

Aus dem Fenster betrachtete Selan seinen blauen Heimatplaneten. Die Vakuumkapsel schoss durch ein Röhrennetzwerk zur nächsten Mondbasis.

„Darf ich mich dazusetzen?", fragte ein Mitreisender.–„Gerne. Aber ... Sie sehen aus ..."–„Das höre ich oft."
„Sie sind mir wie aus dem Gesicht geschnitten!"–„Nein, aber Sie mir." Der Fremde zeigte den Unterarm.–„Modell RX.Alpha!" Selan erbleichte. Der Unbekannte betätigte eine Vorrichtung. „Keine Angst, es tut nicht weh."

Selan versank in tiefen, traumlosen Schlaf.

MATTHIAS WAGNER – KEHLLAUTE

„Ckruuhk zzash ak'rracz", sagte die Lehrerin.

„Ckruuhhh...", probierte Lovis und begann zu Husten.
„Ckruuhk zzash...", wiederholte die Lehrerin geduldig.

„Ckrr... das ist viel zu schwierig!", ächzte Lovis. „Warum können die nicht einfach Erdisch lernen?"–„Weil sich Cz'raakisch nun mal als Universumssprache durchgesetzt hat", entgegnete die Lehrerin. „Also los, oder willst du dein ganzes Leben auf der Erde verbringen?"

Wandkalender
Raumfahrtjubiläen 2025

12 Monatsblätter zu ausgewählten Ereignissen

englisch

Format A-3

Preis 10.- Euro zzgl. Versand

Bestellungen über den RC-Shop: https://www.raumfahrt-concret.de/RC-Shop/

oder formlos an die Redaktion: Telefon: 0395-582 33 66,

Mail: rcspace@t-online.de

BEN COOPER/SPACEX

Im Hintergrund startet an der Startanlage 40 der Cape Canaveral Space Force Station eine Falcon 9 zur Mission Starlink 8-6. Im Vordergrund eine Falcon 9 an der Startanlage 39A des Kennedy Space Centers mit der Polaris-Dawn-Kapsel, die auf ihren eigenen Start wartet. Der erfolgte aber schließlich erst am 10. September 2024.

RAUMFAHRT-JAHRESCHRONIK
SEPTEMBER 2023 – AUGUST 2024

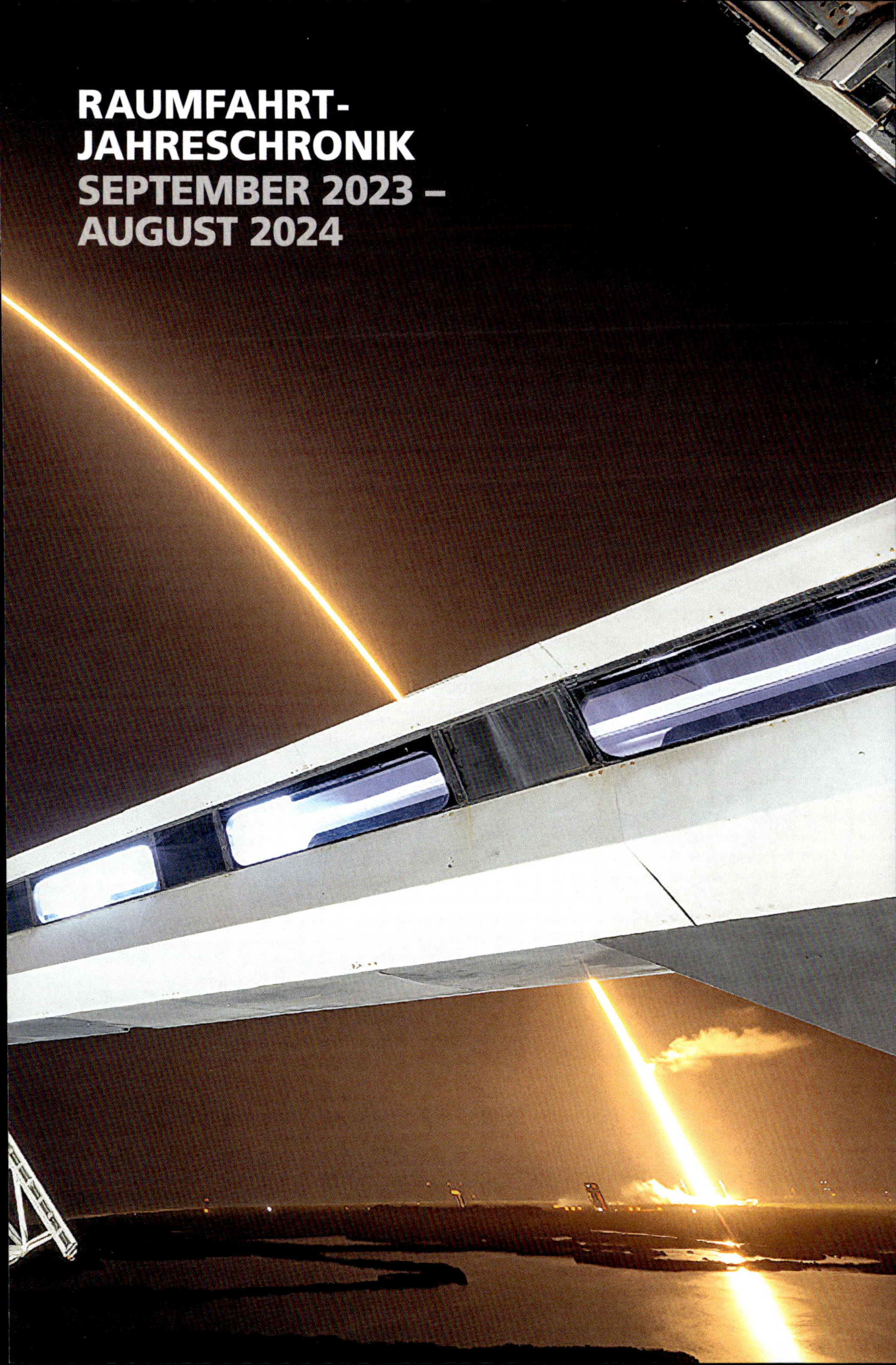

01. September 2023 – Falcon 9 startet Starlink-Gruppe 6-13 – Dass die Starlink-Starts von SpaceX nicht immer in der exakten numerischen Abfolge stattfinden, zeigt die Starlink-Transportmission vom 1. September 2023. An diesem Tag brachte SpaceX die 22 Satelliten umfassende Starlink-Gruppe 6-13 in eine niedrige Erdumlaufbahn, vier Tage vor der Gruppe 6-12. Der Liftoff erfolgte um 4:22 Uhr mitteleuropäischer Zeit an der Startanlage 40 der Cape Canaveral Space Force Station. Etwa 65 Minuten nach dem Verlassen der Startrampe gab die zweite Stufe der Falcon 9 den…

02. September 2023 – Indiens Aditya-L1 beobachtet die Sonne – Bereits zum zweiten Mal in diesem Jahr startete die indische Raumfahrtagentur ISRO eine Raumsonde ins All, also ein Raumfahrzeug, welches das Gravitationsfeld der Erde verlässt. Nach Chandraayan 3, der erst im August auf dem Mond landete, ist es diesmal ein Sonnenobservatorium, das den Lagrange-Punkt L1 des Erde-Sonne-Systems ansteuert. Es ist das erste Mal, dass ein indisches Raumfahrzeug dorthin fliegt. Die Mission nahm am Satish Dhawan Raumfahrtzentrum auf der ostindischen Insel Shriharikota ihren Anfang…

02. September 2023 – SpaceX fliegt für das US-Militär – Zum zweiten Mal innerhalb nur weniger Monate führte SpaceX eine Mission für die US-Space Development Agency (SDA) durch. Dabei wurden insgesamt 13 Kleinsatelliten für die so genannte „Transport Layer Tranche 0“ (elf Satelliten) und die „Tracking Layer Tranche 0“ (zwei Satelliten) gestartet. Startort war die Vandenberg Space Force Basis in Kalifornien. Der Flug war der insgesamt 50. Einsatz, den SpaceX von Vandenberg aus durchführte. Die Mission begann um…

04. September 2023 – SpaceX bringt Starlink-Gruppe 6-12 ins All – Vier Tage nach dem Start der Starlink-Gruppe 6-13 brachte eine Trägerrakete des Typs Falcon 9 auch die 21 Einheiten umfassende Gruppe 6-12 in eine niedrige Erdumlaufbahn. Die Mission begann an der historischen Startanlage 39A des Kennedy Space Centers. Damit hat SpaceX nunmehr 5.048 Starlinks gestartet. 344 davon wurden allerdings bereits wieder dem Orbit entnommen, entweder weil sie nur zu Testzwecken gestartet wurden oder in irgendeiner Form defekt waren. Es war die erste Starlink-Mission…

SPACEX

04. September 2023 – SpaceX Crew 6 zurück auf der Erde – Die SpaceX Crew 6 Besatzung kehrte nach mehr als sechs Monaten an Bord der Internationalen Raumstation am 4. September sicher zur Erde zurück. Das „undocking" vom Harmony-Modul der ISS war tags zuvor erfolgt. Die Bergung der Endeavour, so der Name der Raumkapsel, wurde vor der Küste von Jacksonville vom SpaceX-Bergungsschiff Megan unterstützt. Die vierköpfige Crew hatte während ihres Aufenthaltes auf der ISS den Expeditionen 68 und 69 angehört. Sie umfasste den Kommandanten Stephen Bowen,...

05. September 2023 – Erneut Ceres 1 und diesmal vom Meer aus – Die dichte Startfolge der Ceres 1 von Galactic Energy hält an. Zum zweiten Mal in zehn Tagen und zum dritten Mal innerhalb von fünf Wochen startete ein Träger dieses Typs. Dieses Mal allerdings nicht von Jiuquan aus, wie bei allen vorhergegangenen Starts, sondern von einer Barke im Gelben Meer. Die spezielle Version der Ceres 1, die dafür tauglich ist, bezeichnet Galactic Energy als Ceres 1S. Auch der bei Galactic Energy übliche Slogan nahm darauf Bezug und hieß „The Little Mermaid". Der...

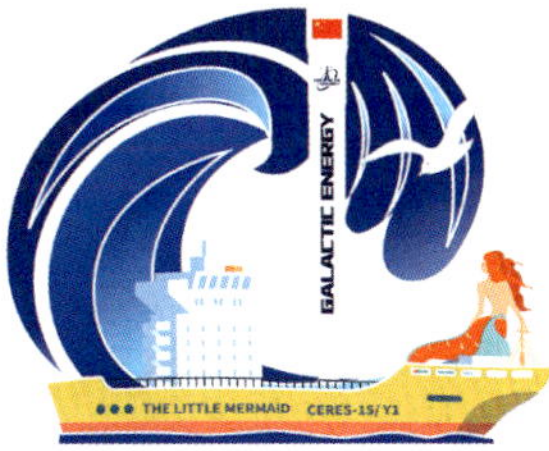

GALACTIC ENERGY

CASC

06. September 2023 – Neuer Satellit für die Yaogan 33-Konstellation – China brachte am 6. September den Radar-Aufklärer Yaogan 33-03 in eine sonnensynchrone polare Erdumlaufbahn. Startort war das Raumfahrtzentrum Jiuquan im Norden Chinas. Der Satellit bildet mit zwei früheren Yaogan 33 Satelliten, die 2020 und 2022 gestartet worden waren, eine Konstellation. Ein erstes Raumfahrzeug dieser Reihe ging 2019 beim Fehlstart einer Langer Marsch 4C verloren. Die Mission begann um 20:14 Uhr mitteleuropäischer Zeit (entsprechend 2:14 Uhr Pekinger Ortszeit am 7. September) an...

07. September 2023 – Gemischter Forschungsauftrag – Mit einer geballten Ladung extraterrestrischer Forschung an Bord startete in den frühen Morgenstunden des 7. September eine japanische Rakete des Typs H2-A 202 zunächst in eine niedrige Erdumlaufbahn. An Bord des Raumfahrzeugs befand sich das Röntgenteleskop XRISM (kurz für: X-Ray Imaging and Spectroscopy Mission) und die Mondlandesonde SLIM (kurz für: Smart Lander for Investigating Moon), die ihrerseits zwei kleine Rover an Bord mitführt. Die Mission begann um 1:42 Uhr mitteleuropäischer Zeit...

NASDA

09. September 2023 – Falcon 9 startet Starlink 6-14 – SpaceX brachte am 9. September mit einer Trägerrakete des Typs Falcon 9 weitere 22 Starlink-Satelliten der Baureihe v2-Mini in eine niedrige Erdumlaufbahn. Startort war die Anlage 40 der Cape Canaveral Space Force Station. Es war der zweite Starlink-Start der laufenden Woche. Der Liftoff erfolgte um 5:13 Uhr mitteleuropäischer Zeit. Die zweite Stufe der Trägerrakete lieferte den Satellitenstapel auf einer...

10. September 2023 – Langer Marsch 6A bringt drei Funkaufklärer ins All – China brachte am 10. September mit einer Trägerrakete des Typs Langer Marsch 6A drei Funkaufklärer auf eine niedrige, fast polnahe Erdumlaufbahn. Die Satelliten tragen die Bezeichnung Yaogan 40A, 40B und 40C. Startort war der nordchinesische Weltraumbahnhof Taiyuan. Die Rakete flog in einer bislang unbekannten Konfiguration und wies eine etwa fünf Meter längere Nutzlastverkleidung auf, als die beiden – und bis dato einzigen – zuvor gestarteten Träger des Typs Langer Marsch 6A. Die Mission begann...

10. September 2023 – Hochfliegende Aufklärer für das US-Militär – Space Domain Awareness ist eines der Kontrollorgane für raumfahrttreibender Nationen. Darunter versteht man die Untersuchung und Überwachung von Satelliten, ihre Erkennung, Verfolgung, Identifizierung und Katalogisierung aktiver und inaktiver Satelliten, Endstufen von Trägerraketen oder einfach auch nur Weltraummüll. Für militärische und geheimdienstliche Organisationen bedeutet das neuerdings immer häufiger die Überwachung und Ausspähung gegnerischer oder potentiell feindlicher Raumfahrtobjekte...

12. September 2023 – SpaceX startet Starlink-Gruppe 7-2 – SpaceX brachte am 12. September die 21 Einheiten große Starlink-Gruppe 7-2 in eine niedrige Erdumlaufbahn. Startort war die Space Force Basis Vandenberg in Kalifornien. Es hagelte wieder Rekorde für SpaceX, denn es war der 255. Start einer Falcon 9-Rakete, der 65. SpaceX-Start des laufenden Jahres, die 195. Wiederverwendung eines Boosters, und die 225. erfolgreiche Landung. Die Mission begann um 8:58 Uhr mitteleuropäischer Zeit an der Startanlage 4E des Weltraumbahnhofs. 65 Minuten nach dem...

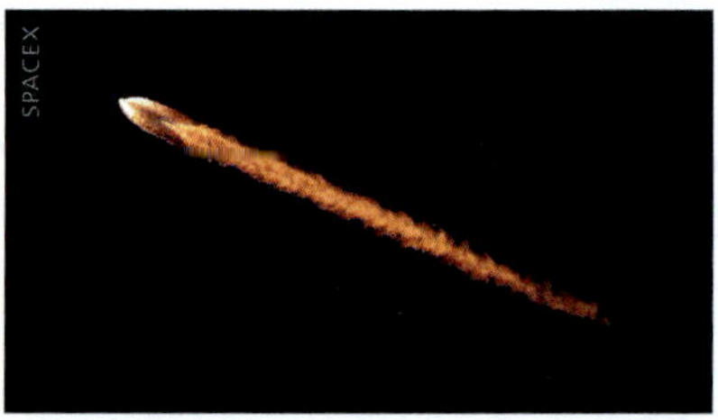

15. September 2023 – Alpha erobert die Nacht – Nachdem am schon am 10. September die United Launch Alliance eine so genannte „Space Domain Awareness"-Mission durchgeführt hatte, war auch das Trägerraketen-Startup Firefly an einem solchen Projekt für diese Aufgabenstellung beteiligt. Das Unternehmen brachte dabei mit einer Trägerrakete des Typs Alpha von der Vandenberg Space Force Base aus ein Raumfahrzeug mit der Bezeichnung „Victus Nox" in eine sonnensynchrone polare Erdumlaufbahn. Die Besonderheit der Mission war, dass der Auftraggeber, in...

15. September 2023 – Neue Crew für die ISS – Am 15. September brachte Russland mit dem Raumschiff Sojus MS-24 eine neue Besatzung zur Internationalen Raumstation. Die Mission begann am Kosmodrom von Baikonur. Als Träger wurde eine Rakete des Typs Sojus 2.1a eingesetzt. Die Crew besteht aus den beiden Kosmonauten Oleg Kononenko, der bereits zu seinem fünften Einsatz ins All startet, seinem russischen Kollegen Nikolai Chub, für den es die erste Mission ist, genauso wie für die US-Astronautin Loral O'Hara, dem dritten Besatzungsmitglied...

16. September 2023 – Starlink-Gruppe 6-16 im Orbit – Am 16. September brachte eine Trägerrakete des Typs Falcon 9 die 22 Einheiten starke Starlink-Gruppe 6-16 in eine niedrige Erdumlaufbahn. Die Mission begann an der Startanlage 40 der Cape Canaveral Space Force Station. Es war die 65. SpaceX-Mission des laufenden Jahres. Damit wurden bis jetzt seit Beginn des Programmes 5.113 Starlink-Satelliten gestartet, von denen sich noch 4.764 im Orbit befinden. Der Liftoff erfolgte um 5:38 Uhr mitteleuropäischer Zeit. 65 Minuten später setzte die zweite Stufe den...

17. September 2023 – China bringt drei Yaogan 39 ins All – China brachte am 17. September drei militärische Aufklärungssatelliten in eine niedrige Erdumlaufbahn. Die drei Raumfahrzeuge tragen die Bezeichnung Yaogan 39-02A, 02B und 02C. Startort war das Raumfahrtzentrum Xichang in Zentralchina. Als Träger wurde eine Rakete des Typs Langer Marsch 2D verwendet. Auch dieses Mal ging es wieder auf die in China aus unerfindlichen Gründen so beliebte Inklination von 35 Grad und auch bei diesem Start gab es keine Hinweise von chinesischen Institutionen über den...

19. September 2023 – Rocket Lab-Mission 41 scheitert – Große Enttäuschung bei Rocket Lab und Capella Space. Der zweite von vier Starts für das Acadia-Radar-Erdbeobachtungssystem von Capella Space schlug fehl. Der Missionsslogan „We will never desert you" (wir werden Dich nie im Stich lassen) wurde dabei ad absurdum geführt, denn genau das tat die Trägerrakete eben nicht, denn die zweite Stufe der Electron zündete nicht. Es war die insgesamt 41. Mission eines Trägers dieses Typs und der vierte Fehlschlag in der Firmengeschichte. Bei dreien der vier…

20. September 2023 – Neuer Rekord für SpaceX – Die Mission Starlink Group 6-17, bei dem 22 Satelliten der Starlink-Baureihe 1.5-Mini in den Orbit transportiert wurden, brachte am 20. September einen neuen Rekord für SpaceX. Bei diesem Flug wurde nämlich erstmals ein Falcon 9-Booster zum 17. Mal wiederverwendet. Angetreten war das Unternehmen vor einigen Jahren mit dem Ziel, die Erststufen der Falcon 9 bis zu zehn Mal einsetzen zu können. Dieses Ziel ist damit weit übertroffen. Die Mission begann an der Cape Canaveral Space Force Station…

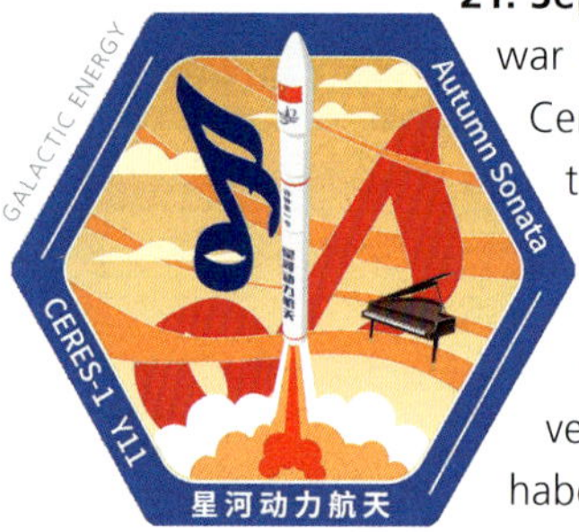

21. September 2023 – Herbstsonate bringt Tristesse – Bislang war das chinesische Unternehmen Galactic Energy mit seiner Ceres 1-Rakete ein Musterbeispiel dafür, dass auch ein Startup zuverlässigen und erfolgreichen Raumtransport anbieten kann. Diese Ansicht bekam am 21. September aber einen „Knacks", denn nach neun erfolgreichen Missionen scheiterte nun Flug Nummer zehn. Dazu mag der etwas Tristesse verheißende Slogan des Einsatzes mit beigetragen haben, denn der lautete „Autumn Sonata" (Herbstsonate). Das an Bord befindliche Raumfahrzeug, der…

24. September 2023 – Bei Starlink 6-18 neue Rekorde – Die Starlink-Mission 6-18, bei der am 24. September 22 Starlink-Satelliten der 1.5-Mini-Serie in eine niedrige Erdumlaufbahn gestartet wurden, brachte SpaceX wieder eine ganze Reihe neuer Rekorde. Zunächst einmal stellte das Unternehmen einen neuen „Turn-around-Rekord" für die Startanlage 40 auf, denn dort erfolgte nur drei Tage, 21 Stunden und 40 Minuten nach der vorausgegangenen Mission der Start zum aktuellen Einsatz. Bei dieser Mission kam auch zum 200. Mal ein „gebrauchter" Booster zum…

25. September 2023 – Falcon 9 transportiert Starlink-Gruppe 7-3 in den Orbit – SpaceX brachte am 25. September mit einer Trägerrakete des Typs Falcon 9 die 21 Einheiten starke Starlink-Gruppe 7-3 in eine niedrige Erdumlaufbahn. Startort war die Space Force Basis Vandenberg in Kalifornien. Die Mission begann um 10:48 Uhr mitteleuropäischer Zeit an der Startanlage 4E des Raumfahrtzentrums. 62 Minuten und neun Sekunden nach dem Liftoff wurden die 21 Satelliten von der zweiten Stufe der Trägerrakete freigegeben. Das erzielte Perigäum lag da bei 284 Kilometern, das Apogäum bei…

26. September 2023 – China bringt Yaogan 33-04 ins All – China brachte am 26. September den militärischen Aufklärungssatelliten Yaogan 33-04 in eine polare, sonnensynchrone Erdumlaufbahn. Startort war das Raumfahrtzentrum Jiuquan in Nordchina. Als Träger wurde eine Rakete des Typs Langer Marsch 4C eingesetzt. Es war der 45. Orbitalstart Chinas im laufenden Jahr. Vermutlich handelt es sich bei dem Raumfahrzeug um einen Radaraufklärer. Über den Satelliten ist wenig mehr bekannt als die Tatsache, dass der Hersteller die SAST ist (die im Übrigen auch die…

27. September 2023 – Irans Noor 3 mit Quased erfolgreich – Der Iran brachte am 27. September mit einer Trägerrakete des Typs Quased den Aufklärungssatelliten Noor 3 erfolgreich in eine Erdumlaufbahn. Auftraggeber der Mission waren die Islamischen Revolutionsgarden. Das Raumfahrzeug ist das dritte in der Reihe der Noor-Satelliten. Die beiden Vorgänger, Noor 1 und Noor 2, wurden im April 2020 und im März 2022 gestartet, ebenfalls jeweils mit einer Quased. Die Mission begann gegen 8:00 Uhr mitteleuropäischer Zeit am Raketentestgelände Sharud. Die US Space Force…

27. September 2023 – Landung nach Rekordaufenthalt – Am 27. September, um 9:54 Uhr mitteleuropäischer Zeit, kehrten die drei Besatzungsmitglieder des Raumschiffs Sojus MS-23 sicher zur Erde zurück. Es war der Schlussstrich zu einer Mission, welche der Crew einen unerwartet langen Aufenthalt an Bord der ISS bescherte. An Bord der Landekapsel von Sojus MS-23 befanden sich neben den beiden Kosmonauten Sergei Prokopjew und Dimitri Petelin auch der US-Astronaut Frank Rubio. Sie schlossen mit dem „Touchdown" in Kasachstan eine Mission ab, die 370 Tage,…

ROSKOSMOS

30. September 2023 – SpaceX mit zehntem Orbitalstart des Monats – SpaceX beendete am 30. September das dritte Quartal mit dem 70. Start des Unternehmens im laufenden Jahr. Es war gleichzeitig die zehnte SpaceX-Orbitalmission alleine im September. Zum Vergleich dazu: Europa schaffte 2023 drei Starts. Im ganzen Jahr. Es war auch die 260. Mission einer Falcon 9 seit Einführung dieses Typs und die 230. erfolgreiche Landung eines Falcon 9-Boosters. Die Mission mit der Bezeichnung Starlink 6-19 brachte eine Gruppe von 22 Starlink-Satelliten in eine niedrige Erdumlaufbahn. …

05. Oktober 2023 – China startet Yaogan Gruppe 39-03 – China brachte in den frühen Morgenstunden des 5. Oktober das dritte Dreier-Set der Yaogan 39-Aufklärungssatelliten in den Orbit. Startort war das Raumfahrtzentrum Xichang. Als Träger wurde eine Rakete des Typs Langer Marsch 2D eingesetzt. Es war der 80. Einsatz eines Trägers dieses Typs und der 490. Start einer Rakete der Langer Marsch-Serie überhaupt. Die Mission von Yaogan 39-09 A, B und C begann um 2:24 Uhr mitteleuropäischer Zeit an der Startanlage 3 des Weltraumbahnhofs. Über den genauen…

CASC

05. Oktober 2023 – 22 neue Starlinks im Orbit – SpaceX brachte am 5. Oktober 22 mit der Starlink-Gruppe 6-21 22 neue Einheiten der Internet-Konstellation auf eine niedrige Erdumlaufbahn. Als Träger wurde wie immer eine Rakete des Typs Falcon 9 verwendet. Gestartet wurde von der Anlage 40 der Cape Canaveral Space Force Station. Es war die 70. SpaceX-Mission in diesem Jahr und davon die 44. für das Starlink-Programm. Die Mission begann um 7:37 Uhr mitteleuropäischer Zeit, am vierten von fünf möglichen Startzeitpunkten an diesem Tag. Das sehr…

06. Oktober 2023 – Amazons erste beiden Kuipersats im Orbit – Die United Launch Alliance (ULA) brachte am 6. Oktober im Auftrag von Amazon die beiden ersten Einheiten der Kuiper-Konstellation in eine niedrige Erdumlaufbahn. Kuipersat-1 und 2, wie die zwei kleinen Raumfahrzeuge genannt werden, starteten von der Cape Canaveral Space Force Station. Als Träger wurde eine Rakete des Typs Atlas 5 501 eingesetzt. Die Bezeichnung der Mission lautet auch „Project Kuiper Protoflight". Der Einsatz begann um 20:06 Uhr an der Startanlage 41 des Weltraumbahnhofs…

9. Oktober 2023 – Vega mit 12 Kleinsatelliten erfolgreich – Auf ihrem vorletzten Einsatz brachte eine europäische Kleinträgerrakete des Typs Vega am 9. Oktober zwölf Kleinsatelliten in eine sonnensynchrone polare Erdumlaufbahn. Die Mission begann am europäischen Weltraumbahnhof in Kourou. In der Arianespace-Terminologie trug die Mission die Bezeichnung VV23 (für: Vol Vega Nr. 23). Zuletzt war eine Vega der Basisversion im November 2021 gestartet. Der Einsatz war erst die dritte europäische Mission des laufenden Jahres. Diese beschämend niedrige Zahl wird…

9. Oktober 2023 – SpaceX bringt Starlink Gruppe 7-4 ins All – Am 9. Oktober brachte SpaceX die Starlink-Gruppe 7-4 in den Orbit. Sie umfasst 21 Einheiten des Internet-Systems. Startort war die Space Force Basis in Vandenberg, Kalifornien. Es war der 21. Falcon-Start in diesem Jahr von dieser Startbasis aus. Lediglich ein weiterer Start (einer Alpha von Firefly) wurde neben den Falcon 9-Missionen noch von Vandenberg aus durchgeführt. Es war die 45. ausschließlich oder überwiegend dem Aufbau des Starlink-Systems gewidmete Mission des laufenden Jahres.

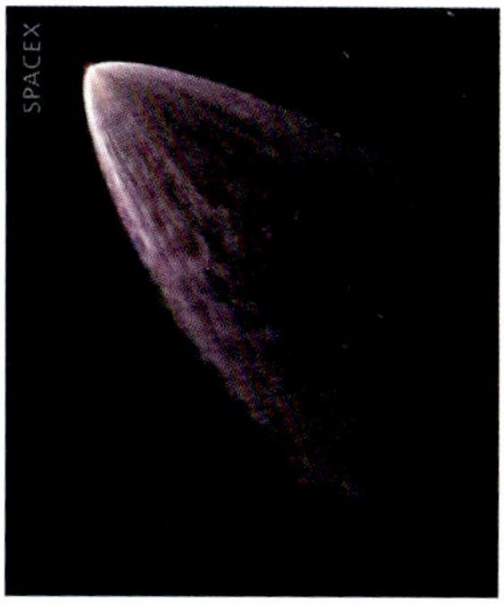

13. Oktober 2023 – Psyche fliegt zu Psyche – Mit einem Bilderbuchstart am 13. Oktober brachte eine Trägerrakete des Typs Falcon Heavy die Raumsonde Psyche auf ihre sechsjährige Reise zum gleichnamigen Asteroiden. Es war der insgesamt achte Einsatz einer Schwerlast-Trägerrakete dieses Typs und der vierte in diesem Jahr. Startort war das Kennedy Space Center in Florida. Die Mission begann um 16:20 Uhr mitteleuropäischer Zeit an der historischen Startanlage 39A des Weltraumbahnhofs. Zwei Minuten und 25 Sekunden nach dem Liftoff wurden die beiden…

14. Oktober 2023 – Und noch ein Start von SpaceX – Nur neun Stunden nach dem Start einer Schwerlastträgerrakete vom Typ Falcon Heavy mit der NASA-Raumsonde Psyche an Bord von der Startanlage 39A erfolgte von der nur wenige Kilometer weiter südlich gelegenen Startanlage 40 der Cape Canaveral Space Force Station schon die nächste Mission von SpaceX. Dieses Mal mit den 22 Satelliten der Starlink-Gruppe 6-22 an Bord. Damit hat SpaceX bislang insgesamt 5.265 Starlink-Satelliten gestartet. Es war der kürzeste Abstand zwischen zwei Orbitalstarts in Cape…

15. Oktober 2023 – China bringt Yunhai 1-04 in den Orbit – China brachte am 15. Oktober einen Umwelt- und Wetterbeobachtungssatelliten mit der Bezeichnung Yunhai 1-04 in eine sonnensynchrone polare Erdumlaufbahn. Die Mission begann am nordchinesischen Weltraumbahnhof Jiuquan. Als Träger wurde eine Rakete des Typs Langer Marsch 2D verwendet. Yunhai 1-04 ist die vierte Einheit der Yunhai-1-Serie. Die Mission begann um 2:54 Uhr mitteleuropäischer Zeit an der Rampe 2 der Startanlage 4 des Raumfahrtzentrums. Die zweite Stufe der Trägerrakete setzte das…

18. Oktober 2023 – Wieder 22 neue Starlinks im All – SpaceX brachte am 18. Oktober die 22 Satelliten der Starlink-Gruppe 6-23 in eine niedrige Erdumlaufbahn. Seit 2019 wurden damit insgesamt 5.287 Starlinks gestartet, von denen 4.905 noch im Orbit und davon 4.874 noch funktionsfähig sind. Insgesamt hat SpaceX im Jahr 2023 bereits 900 Tonnen Nutzlast in den Orbit transportiert. Die Mission begann um 2:39 Uhr mitteleuropäischer Zeit an der Startanlage 40 der Cape Canaveral Space Force Station. Die Rakete flog auf einer südöstlichen Bahn in den für…

21. Oktober 2023 – Starlink-Starts gehen weiter mit Starlink 7-5 – Die schier unendliche Reihe der Starlink-Starts von SpaceX wurde am 21. Oktober fortgesetzt. An diesem Tag war wieder eine Mission von der Space Force Basis Vandenberg an der Reihe. An Bord der Falcon 9 befand sich die Starlink-Gruppe 7-5 mit 21 Satelliten. Es war der 265. Flug einer Falcon 9 insgesamt. Die Mission begann um 10:23 Uhr mitteleuropäischer Zeit an der Startanlage 4E des kalifornischen Weltraumbahnhofs. Wie stets bei den Flügen für die Bestückung der Gruppe 7 ging auch diese…

22. Oktober 2023 – Neuer Nutzlastrekord für Falcon 9 – Eine Trägerrakete des Typs Falcon 9 brachte am 22. Oktober die 23 Satelliten der Starlink-Gruppe 6-24 in einen niedrigen Erdorbit. Was auf den ersten Blick wie eine weitere Routine-Mission aussieht, offenbart tatsächlich erweiterte Fähigkeiten der Trägerrakete, denn diese Anzahl von Satelliten umfasst ein Gewicht von etwa 17.600 Kilogramm. Das ist die schwerste Nutzlast, die je eine Falcon 9 in den Orbit gebracht hat, und bei der dennoch eine Rückführung der ersten Stufe des Trägers möglich war…

23. Oktober 2023 – Neues Yaogan 39-Trio im Orbit – China brachte am 23. Oktober die vierte Dreiergruppe von Aufklärungssatelliten der Yaogan 39-Reihe in einen niedrigen Erdorbit geringer Inklination. Startort war das Raumfahrtzentrum Xichang in Zentralchina. Als Träger wurde eine Rakete des Typs Langer Marsch 2D eingesetzt. Damit hat China seit dem Erstflug eines Yaogan-Satellliten 137 Einheiten dieser Serie abgesetzt, die sich aus Raumfahrzeugen aller möglichen Typen zusammensetzt. Die Mission begann um 22:03 Uhr mitteleuropäischer Zeit an...

26. Oktober 2023 – Mannschaftswechsel für Tiangong – Am 26. Oktober brachte eine Trägerrakete des Typs Langer Marsch 2F das bemannte chinesische Raumschiff Shenzhou 17 in eine niedrige Erdumlaufbahn. Von dort aus steuerte es innerhalb von sechseinhalb Stunden die Raumstation Tiangong an. Es ist dies die 12. bemannte Raumflugmission Chinas und die sechste die zum chinesischen Außenposten im All geht. Die Mission begann um 5:14 Uhr mitteleuropäischer Zeit an der Startrampe 1 im Areal 4 des nordchinesischen Raumfahrtzentrums Jiuquan. Nach der Ankunft …

27. Oktober 2023 – Russland startet Spionagesatelliten – Die russischen Streitkräfte brachten am 27. Oktober einen elektronischen Signalaufklärer der Lotos S1-Klasse in eine niedrige Erdumlaufbahn. Startort war das nordrussische Kosmodron Plessezk. Als Träger wurde eine Rakete des Typs Sojus 2.1b eingesetzt. Bei dem Raumfahrzeug handelt es sich um Lotos S1 Nr. 7. Diese Einheit erhielt von den Streitkräften nach dem erfolgreichen Start die Bezeichnung Kosmos 2570. Die Mission begann um 8:05 Uhr mitteleuropäischer Zeit an der Startanlage 43/3 des Weltraumbahnhofs….

29. Oktober 2023 – Starlink-Gruppe 7-6 im Orbit – Am 29. Oktober brachte SpaceX mit einer Trägerrakete des Typs Falcon 9 die 22 Einheiten starke Starlink-Gruppe 7-6 in eine niedrige Erdumlaufbahn. Startort war, wie immer bei den Satelliten der Gruppe 7, die Space Force-Basis Vandenberg in Kalifornien. Die Anzahl der an Bord befindlichen Satelliten weist entweder auf eine verbesserte Leistung der Trägerrakete oder aber auf eine Gewichtsverringerung der Satelliten hin, denn bei bisherigen Starts der Gruppe 7 wurden jeweils 21 Einheiten transportiert….

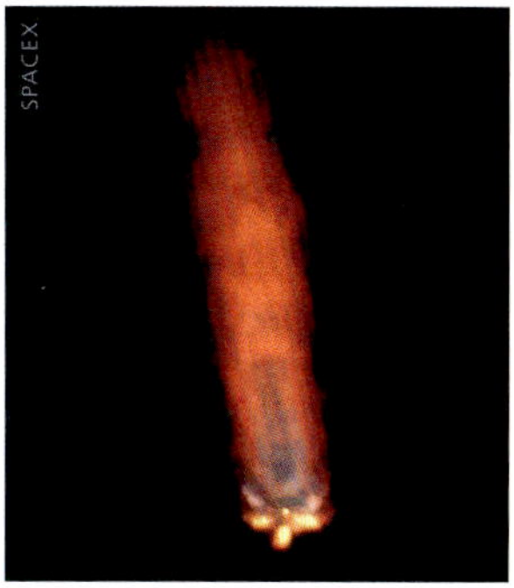

31. Oktober 2023 – SpaceX startet Starlink-Gruppe 6-25 – SpaceX brachte am 31. Oktober 23 Satelliten der Starlink-Konstellation in den Orbit. Die Mission begann dieses Mal an der Startanlage 40 der Cape Canaveral Space Force Station. Die Bezeichnung des Einsatzes lautet Starlink 6-25. Es war die 50. Starlink-Mission des Jahres 2023 für SpaceX. Der Liftoff erfolgte um 0:20 Uhr mitteleuropäischer Zeit, entsprechend 19:20 Uhr Ortszeit an der US-Ostküste (die Uhren-Umstellung erfolgte in den USA erst am 5.11). Wie üblich bei den Satelliten der Gruppe 6 führte...

31. Oktober 2023 – Sichere Rückkehr für die Shenzhou 16-Crew – Nach fünf Monaten an Bord der chinesischen Raumstation Tiangong kehrten die drei Raumfahrer von Shenzhou 16 am 31. Oktober wieder sicher zur Erde zurück. Die Landung erfolgte um 2:11 Uhr mitteleuropäischer Zeit auf dem so genannten Ostwind-Landeplatz, der nur 50 Kilometer nördlich des Weltraumbahnhofs Jiuquan liegt, dem Ort, von dem aus die Crew am 30. Mai gestartet war. Kommandant Jing Haipeng, Bordingenieur Zhu Yangzhu und der Nutzlastexperte Gui Haichao zeigten sich trotz der ziemlich harten...

31. Oktober 2023 – Langer Marsch 6A startet Tianhui 5 – Beim 50. Chinesischen Orbitalstart des laufenden Jahres brachte eine Trägerrakete des Typs Langer Marsch 6A den Erdbeobachtungssatelliten Tianhui 5 in eine sonnensynchrone polare Erdumlaufbahn. Nach offiziellen Quellen soll er für geografische Kartierungen, die Vermessung von Landressourcen, wissenschaftliche Experimente und andere Zwecke eingesetzt werden, eine Erläuterung hoher Beliebigkeit, die auch auf eine militärische Verwendung hinweisen könnte. Startort war der nordchinesische...

3. November 2023 – Langer Marsch 7A bringt TJS-10 in den Orbit – China brachte am 3. November bei einem der noch recht seltenen Starts einer Langer Marsch 7A einen Militärsatelliten mit der Bezeichnung TJS-10 auf eine geostationäre Transferbahn. Die offiziellen Stellen Chinas bezeichnen das Raumfahrzeug als „Technologie-Demonstrator“. Die Mission begann um 15:54 Uhr mitteleuropäischer Zeit an der Startanlage 2 des Raumfahrtzentrums Wenchang am Gelben Meer. Der Satellit wurde auf einer Umlaufbahn mit einem Perigäum von 181 Kilometern, einem Apogäum von 35.840 Kilometern...

SPACEX

4. November 2023 – Achtzehnter Einsatz für Booster 1058 – Der Start der 23 Einheiten umfassenden Starlink-Gruppe 6-26 am 4. November brachte SpaceX einen neuen Rekord. Grund dafür war der für den Start eingesetzte Booster mit der Nummer 1058, der bei diesem Einsatz seine 18. Mission erlebte. Diese schon fast historisch zu nennende Trägerrakete absolvierte ihren ersten Einsatz am 30. Mai 2020 bei der Mission SpaceX Demo 2 mit den Astronauten Doug Hurley und Bob Behnken an Bord. Der aktuelle Einsatz begann um 1:37 Uhr mitteleuropäischer Zeit an der Startanlage…

8. November 2023 – SpaceX 2023: 80 Starts und 1.000 Tonnen – SpaceX führte am 8. November den 80. Orbitalstart des Unternehmens im Jahr 2023 durch. Wäre SpaceX ein Land, es würde die Nationenwertung mit weitem Abstand vor China, den USA und Russland anführen. Beim aktuellen Flug transportierte eine Trägerrakete des Typs Falcon 9 weitere 23 Satelliten des Starlink-Systems in eine niedrige Erdumlaufbahn. Mit diesem Flug hat SpaceX in diesem Jahr schon ein kombiniertes Nutzlastgewicht von mehr als 1.000 Tonnen in den Orbit transportiert. Es war der 270. Flug einer Falcon 9.

CASC

CASC

9. November 2023 – China Satcom erhält neuen Satelliten – Eine Trägerrakete des Typs Langer Marsch 3B/E brachte am 9. November mit Chinasat 6E einen der zunehmend seltener werdenden klassischen Kommunikationssatelliten in eine geostationäre Transferbahn. Die Mission begann am zentralchinesischen Raumfahrtzentrum Xichang. Es war die fünfte Mission einer Rakete dieses Typs in diesem Jahr und die 150. Mission einer Langer Marsch 3B überhaupt. Der Liftoff erfolgte um 12:23 Uhr mitteleuropäischer Zeit von der Startanlage 2 des Weltraumbahnhofs. Die dritte…

10. November 2023 – SpaceX CRS-29 versorgt die ISS – Am 10. November brachte eine Trägerrakete des Typs Falcon 9 den Cargo Dragon C211 auf den Weg zur Internationalen Raumstation (ISS). Die Mission begann an der historischen Startanlage 39A des Kennedy Space Centers. Die Bezeichnung des Einsatzes – CRS-29 – weist darauf hin, dass dies bereits der 29. Versorgungsflug eines Cargo Dragon von SpaceX zur ISS ist. Die Mission begann um 2:28 Uhr mitteleuropäischer Zeit. Knapp neun Minuten später setzte die zweite Stufe der Trägerrakete die Versorgungskapsel…

SPACEX

SPACEX

11. November 2023 – Und wieder ein Transporter – SpaceX brachte am 11. November die insgesamt neunte Transporter-Mission, und die vierte allein in diesem Jahr, in einen polaren, sonnensynchronen Orbit. Startort war die Space Force Basis Vandenberg in Kalifornien. Die Falcon 9-Trägerrakete beförderte dabei insgesamt 113 Nutzlasten in den Orbit, von denen 90 direkt von der Falcon 9 abgesetzt wurden. Die 23 weiteren Satelliten werden in den kommenden Wochen von diversen Dispensersystemen freigegeben. Die Mission begann um 7:49 Uhr an der Startanlage 4 Ost...

12.November2023–SpaceXstartetO3Bm–POWER5und6– Am 12. November brachte SpaceX zwei weitere Satelliten der O3B-mPOWER-Serie für den luxemburgischen Satellitenbetreiber SES in einen Transferorbit für eine mittelhohe Erdumlaufbahn. Es ist der vierte Start für SES, bei dem SpaceX O3B-Satelliten in den Orbit bringt. Der Begriff O3B steht für „Other Three Billion" und meint die etwa drei Milliarden Menschen, die in äquatornahen Zonen leben und die keinen stabilen Zugriff auf Breitband-Internet haben. Sie können mit diesem System versorgt werden sofern...

CASC

16. November 2023 – China bringt Ozeanografie-Satelliten ins All – Das chinesische Ministerium für Natur-Ressourcen ließ am 16. November den Meeresüberwachungssatelliten Haiyang 3A auf eine sonnensynchrone, polare Erdumlaufbahn transportieren. Startort war das nordwestchinesische Raumfahrtzentrum Jiuquan. Als Träger wurde eine Rakete des Typs Langer Marsch 2C eingesetzt, die mit einer Oberstufe des Typs YZ-S1 verstärkt wurde. Die Mission begann um 4:55 Uhr mitteleuropäischer Zeit an der Rampe 2 der Startanlage 4 des Raumfahrtzentrums. Der Orbit, in dem der Satellit...

18. November 2023 – SpaceX transportiert Starlink-Gruppe 6-28 ins All – SpaceX brachte am 18. November die 23 Einheiten starke Starlink-Gruppe 2-28 in eine niedrige Erdumlaufbahn. Startort war die Anlage 40 der Cape Canaveral Space Force Station. Wie alle Missionen der Gruppe 6 betrug auch hier die Bahnneigung zum Äquator 46°. Die Mission war der 80. Flug einer Falcon 9 in diesem Jahr und der 84. Orbitaflug einer Rakete der Falcon-Familie, zählt man auch die Einsätze der Falcon Heavy mit dazu. Die Mission begann um 6:06 Uhr mitteleuropäischer Zeit....

SPACEX

20. November 2023 – Starlink Gruppe 7-7 gestartet – SpaceX brachte am 20. November weitere 22 Einheiten der Starlink-Konstellation auf eine niedrige Erdumlaufbahn. Startort war die Space Force Basis Vandenberg in Kalifornien. Es war die 25. Mission einer Falcon 9 in diesem Jahr von Vandenberg aus und der 85. Einsatz einer Rakete der Falcon-Familie in diesem Jahr insgesamt. Der Flug begann um 11:31 Uhr mitteleuropäischer Zeit an der Startanlage 4-Ost des Weltraumbahnhofs. Wie immer bei den Missionen der Gruppe 7 ging auch dieser Einsatz auf eine…

21. November 2023 – Nordkorea startet Aufklärungssatelliten Chŏllima-1 – Aller guten Dinge sind drei. Nach zwei Fehlversuchen mit der neuen Chŏllima-1-Trägerrakete klappte es jetzt beim dritten Mal, und die nordkoreanische Raumfahrtbehörde NATA brachte mit deren Hilfe am 21. November einen Aufklärungssatelliten in den Orbit. Der hieß, wie bei den ersten beiden Versuchen, Malligyong-1. Bei der Chŏllima-1-Trägerrakete handelt es sich nach westlichen Begriffen vom Leistungsvermögen her um einen Nano-Launcher. Er ist in der Lage etwa 300 Kilogramm Nutzlast in eine niedrige…

22. November 2023 – SpaceX bringt weitere Starlink-Satelliten ins All – Am 22. November brachte SpaceX bei der Mission Starlink 6-29 weitere 23 Einheiten der Internet-Konstellation in eine niedrige Erdumlaufbahn. Startort war der Komplex 40 der Cape Canaveral Space Force Station. Als Träger wurde, wie bislang stets bei Transporten für das SpaceX-eigene System, eine Rakete des Typs Falcon 9 eingesetzt. Die Mission begann um 8:48 Uhr Mitteleuropäischer Zeit. 65 Minuten und 21 Sekunden später setzte die zweite Stufe den Satellitenstapel auf einer Bahn mit einem Perigäum…

23. November 2023 – Versuchssatelliten für China SatNet gestartet – China brachte am 23. November drei Prototypen einer zukünftigen Internet-Konstellation in einen niedrigen Erdorbit. Die Mission begann am zentralchinesischen Weltraumbahnhof Xichang. Als Träger wurde eine Rakete des Typs Langer Marsch 2D eingesetzt, die mit einer Y3-Oberstufe verstärkt wurde. Die drei Raumfahrzeuge tragen die Bezeichnungen Xingwang Qinzie Guidao 02A, 02B und 02C. Die Mission begann um 11:00 Uhr mitteleuropäischer Zeit an der Startanlage 3 des Raumfahrtzentrums. Die Satelliten wurden…

VKS

25. November 2023 – Russland startet Spionagesatelliten – Die russischen Streitkräfte brachten am 25. November einen militärischen Erdbeobachtungssatelliten mit der Bezeichnung Razdan-1 in eine niedrige Erdumlaufbahn. Startort war das nordrussische Raumfahrtzentrum Plessezk. Als Träger wurde eine Rakete des Typs Sojus 2.1b verwendet. Nach dem erfolgreichen Start erhielt das Raumfahrzeug die militärische Bezeichnung Kosmos 2571. Die Mission begann um 21:58 Uhr mitteleuropäischer Zeit an der Startanlage 43/4 des Kosmodroms. Die dritte Stufe der Trägerrakete…

28. November 2023 – Starlink-Gruppe 6-30 im Orbit – SpaceX brachte am 28. November die 23 Satelliten der Starlink-Gruppe 6-30 in eine niedrige Erdumlaufbahn. Die Mission nahm an der Startanlage 40 der Cape Canaveral Space Force Station ihren Anfang. Wieder einmal gab es einen Rekord für SpaceX: Bei dieser Mission erfolgte die 175. erfolgreiche Booster-Landung in ununterbrochener Reihenfolge. Die Falcon 9-Trägerrakete verließ die Startrampe um 5:20 Uhr mitteleuropäischer Zeit. 65 Minuten nach dem Liftoff setzte die zweite Stufe des Trägers die Rakete…

SPACEX

ROSKOSMOS

1. Dezember 2023 – Russland startet Nachschubtransporter zur ISS – Die russische Raumfahrtagentur Roskosmos brachte am 1. Dezember das Transportraumschiff Progress MS-25 in den Erdorbit, um die siebenköpfige Crew der Internationalen Raumstation mit Nachschubgütern aller Art zu versorgen. Der Start erfolgte vom russischen Weltraumbahnhof Baikonur aus, der auf kasachischem Staatsgebiet liegt. Als Träger wurde eine Rakete des Typs Sojus 2.1a verwendet. Das Raumfahrzeug, das in der Terminologie des Raumstationsprogramms auch als Progress 86P bezeichnet wird, verließ…

1. Dezember 2023 – Südkoreanischer Militärsatellit startet mit Rideshare-Gästen – SpaceX brachte am 1. Dezember mit einer Trägerrakete des Typs Falcon 9 insgesamt 25 Satelliten in sonnensynchrone polare Umlaufbahnen. Hauptnutzlast war aber ein Radaraufklärer der südkoreanischen Militärorganisation DAPA (Defense Aquisition Program Administration). Bei diesem Einsatz erfolgte die 250. erfolgreiche Landung eines Falcon-Boosters, wobei Missionen der Falcon Heavy mitgezählt sind. Der Flug begann um 19:19 Uhr mitteleuropäischer Zeit an der Startanlage 4E der Space Force Basis Vandenberg…

SPACEX

CCSFM

3. Dezember 2023 – SpaceX bringt Starlink Gruppe 6-31 in den Orbit – Die Missionen von SpaceX werden weiterhin in dichter Folge abgewickelt. Am 3. Dezember ging die 23 Einheiten starke Starlink Gruppe 6-31 in einen niedrigen Erdorbit. Startplatz war die Anlage 40 der Cape Canaveral Space Force Station. Der Flug war die 280. Mission einer Falcon 9. Der Liftoff erfolgte um 5:01 Uhr mitteleuropäischer Zeit. Wie immer bei den Starlinks der Gruppe 6 ging auch diese Mission auf eine Bahnneigung zum Äquator von 43 Grad. 65 Minuten und 25 Sekunden nach dem Verlassen der...

04. Dezember 2023 – MisrSat-2 beobachtet für Ägypten – China brachte am 4. Dezember den ägyptischen Erdbeobachtungssatelliten MisrSat-2 (auch als Egypt-2 bezeichnet) auf eine sonnensynchrone polare Erdumlaufbahn. Startort war das nordchinesische Raumfahrtzentrum Jiuquan. Als Trägerrakete wurde eine Langer Marsch 2C eingesetzt. Neben dieser Hauptnutzlast befanden sich noch zwei kleinere Erdbeobachtungssatelliten von Elliptical Space-time Technology mit den Bezeichnungen Xingchi-2A und 2B (auch als Starpool 02A und 02B bezeichnet) an Bord. Es war der...

CNSA

ADD

04. Dezember 2023 – Überraschung aus Südkorea – Das war einer der überraschendsten Starts des Jahres, denn Südkoreas feststoffbetriebenen Kleinsatellitenträger hatte außerhalb des Landes wohl niemand so richtig auf dem Schirm. Dabei lief das Vorhaben, obwohl es von den südkoreanischen Streitkräften betrieben wird, keineswegs unter besonderer Geheimhaltung. Es wurde im Westen schlichtweg ignoriert. Umso unerwarteter war dann die Meldung der südkoreanischen Medien, dass die „Agency for Defense Development" (kurz: ADD) einen 100 Kilogramm schweren...

05. Dezember 2023 – Ceres 1 wieder einsatzbereit – Nach einem Fehlstart am 21. September und einer anschließenden Fehleranalyse kehrte die von Galactic Energy entwickelte und gebaute Kleinträgerrakete Ceres 1 nur 75 Tage danach mit einer erfolgreichen Mission wieder in den aktiven Dienst zurück. Etwas trotzig bekam der Einsatz die Bezeichnung We Won't Stop. Bei der Mission am 5. Dezember brachte sie die beiden Erdbeobachtungssatelliten Tianyan-16 und Xingchi-1A in eine polare, sonnensynchrone Erdumlaufbahn. Startort war der Weltraumbahnhof in Jiuquan.

GALACTIC ENERGY

05. Dezember 2023 – Jielong 3 zum zweiten Mal erfolgreich – Auch die zweite Mission der chinesischen Jielong 3-Trägerrakete verlief fast auf den Tag genau ein Jahr nach dem Erstflug dieses vierstufigen Feststoffträgers erfolgreich. Die Rakete brachte dabei den Kommunikationssatelliten Hulianwang Jishu Shiyan 3 in eine niedrige Erdumlaufbahn. Die Mission begann von einem Spezialschiff aus, das die Rakete auch vom Werk in Haiyang abholte und damit zum 2.000 Kilometer entfernten Startort fuhr. Der Lift-off der 145 Tonnen schweren, vierstufigen Feststoffrakete...

07. Dezember 2023 – SpaceX startet Starlink Gruppe 6-33 – Am 7. Dezember brachte eine Trägerrakete des Typs Falcon 9 mit der Gruppe 6-33 weitere 23 Einheiten der Starlink-Konstellation in eine niedrige Erdumlaufbahn. Startort war die Space Force Basis Cape Canaveral. Das Unternehmen hat damit zu diesem Zeitpunkt bislang 5.559 Starlink-Satelliten in den Orbit transportiert. 372 Einheiten sind bereits wieder in die Erdatmosphäre eingetreten, 4.530 befinden sich im regulären Betrieb. Der Rest befindet sich entweder in der Check-out-Phase oder ist auf dem...

08. Dezember 2023 – Auch Starlink 7-8 ist im Orbit – Nur 27 Stunden nach dem vorausgegangenen Starlink-Start brachte SpaceX am 8. Dezember die 22 Einheiten starke Satellitengruppe 7-8 in eine niedrige Erdumlaufbahn. Wie immer bei der Serie 7 ging es auf eine Bahnneigung von 53 Grad. Startort war die Space Force Basis Vandenberg in Kalifornien. Die Mission brachte den bislang schnellsten „Launchpad-Turnaround" für Vandenberg mit sich. Die Mission begann um 9:03 Uhr mitteleuropäischer Zeit an der Startanlage 4E des Weltraumbahnhofs. Zwischen der...

09. Dezember 2023 – Zhuque 2 – Methanantrieb bewährt sich erneut – Auch der dritte Einsatz einer chinesischen Trägerrakete des Typs Zhuque 2 verlief erfolgreich. Sie ist weltweit die erste Trägerrakete, deren Antrieb vollständig und über beide Stufen auf der Kombination aus flüssigem Methan und flüssigem Sauerstoff basiert. Der Erstflug im Dezember 2022 hatte noch knapp als Fehlschlag geendet. Mission zwei im Juli war dagegen schon erfolgreich. Beim aktuellen Einsatz am 9. Dezember wurden drei Satelliten in eine polare, sonnensynchrone Erdumlaufbahn transportiert..

10. Dezember 2023 – Jubiläum: 500. Langer Marsch-Rakete gestartet – Die chinesische Raumfahrt konnte am 10. Dezember ein Jubiläum begehen. An diesem Tag startete das Land die 500. Rakete der Langer Marsch-Reihe. An Bord befand sich das Aufklärungssatelliten-Trio Yaogan 39-05A, 05B und 05C. Startort war der zentralchinesische Weltraumbahnhof Xinchang. Als Träger wurde eine Langer Marsch 2D eingesetzt. Für diesen Subtyp innerhalb der Langer Marsch-Reihe war es die 13. Mission des laufenden Jahres. Für die Absolvierung der letzten 100 Starts dauerte es fast auf den…

14. Dezember 2023 – Geheimnisvolles chinesisches Raumflugzeug wieder im Einsatz – Am 14. Dezember startete vom nordchinesischen Weltraumbahnhof Jiuquan das geheimnisvolle experimentelle wiederverwendbare Raumfahrzeug zu seiner dritten Mission. Als Träger wurde – wie bei den beiden vorausgegangenen Flügen – eine Langer Marsch 2F/T eingesetzt, eine unbemannte Variante des Trägers für die bemannten Shenzhou-Raumfahrzeuge. Es war der 60. Orbitalstart Chinas im laufenden Jahr. Das Vehikel trägt die informelle Bezeichnung Kě chóngfù shǐyòng shìyàn hángtiān qì oder CSSHQ, was nichts…

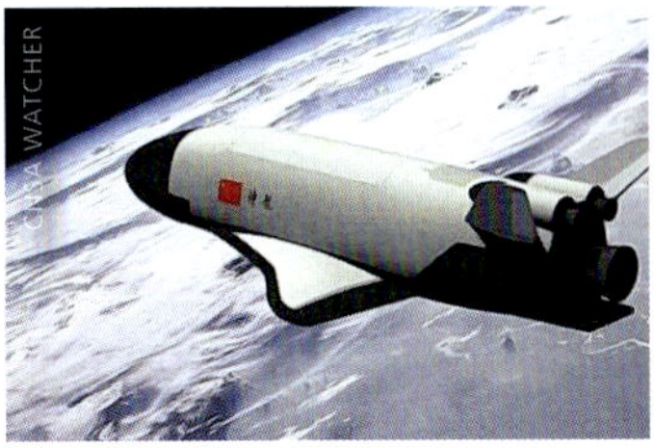

15. Dezember 2023 – Electron wieder einsatzbereit – Auch das macht einen Weltmarktführer auf dem Trägerraketensektor aus: Sich nach einem Fehlstart schnell zu „berappeln" und bald danach wieder „einsatzbereit" zu sein. Nachdem Rocket Lab am 19. September mit der Mission „We Will Never Desert You" einen Misserfolg zu verzeichnen hatte, klappte es nun am 15. Dezember unter dem Slogan „The Moon God Awakens" wieder einwandfrei. Es war die zehnte Mission von Rocket Lab in diesem Jahr. Das ist trotz des vorausgegangenen Fehlschlags und der damit…

15. Dezember 2023 – China startet massiven optischen Aufklärer – Es bedurfte der stärksten chinesischen Trägerrakete, um am 15. Dezember den massiven Aufklärungssatelliten Yaogan 41 in eine geostationäre Transferbahn zu transportieren. Als Träger wurde einer Langer Marsch 5 eingesetzt, die erstmals mit einer Fairing von nahezu 20 Metern Länge ausgestattet war. Die Mission begann am Raumfahrtzentrum Wenchang am Gelben Meer. Der Liftoff erfolgte um 14:41 Uhr an der Startanlage 1 des Weltraumbahnhofs. Die zweistufige Rakete brachte das Raumfahrzeug in einen…

16. Dezember 2023 – Russland startet zweiten Arktika-M-Satelliten – Russland brachte am 16. Dezember den zweiten Mehrzwecksatelliten der Arktika M-Reihe in einen Molnija-Orbit. Startort für diesen Einsatz war das russische (aber in Kasachstan gelegene) Kosmodrom von Baikonur. Als Träger wurde eine Rakete des Typs Sojus 2.1b Fregat eingesetzt. Die Mission begann um 10:17 Uhr mitteleuropäischer Zeit an der Startanlage 31/6 des Weltraumbahnhofs. Der Träger steuerte danach einen so genannten Molnija-Orbit an. Das ist eine stark elliptische Umlaufbahn hoher Inklination, …

17. Dezember 2023 – Hyperbola 1 wieder auf dem Erfolgsweg – Am 17. Dezember brachte das private chinesische Unternehmen i-Space mit einer Trägerrakete des Typs Hyperbola 1 den Prototypen eines rückkehrfähigen Kleinraumfahrzeuges in eine sonnensynchrone polare Erdumlaufbahn. Startort war das nordchinesische Raumfahrtzentrum Jiuquan. Die Mission begann um 8:00 Uhr mitteleuropäischer Zeit an der Startanlage 95A des Weltraumbahnhofs. Die vierte Stufe des Trägers setzte das Raumfahrzeug auf einer Umlaufbahn mit einem Perigäum von 491 Kilometern, einem Apogäum von…

19. Dezember 2023 – 200. erfolgreicher Start des Jahres – SpaceX brachte am 19. Dezember die 23 Einheiten starke Starlink-Gruppe 6-34 in eine niedrige Erdumlaufbahn. Startort war die Anlage 40 der Cape Canaveral Space Force Station. Damit wurden bislang 5.625 Starlinks gestartet, von denen noch 5.168 in Betrieb sind. Es war der 200. erfolgreiche Orbital- oder Raumsondenstart des laufenden Jahres. Es ist das erste Mal in der Geschichte der Raumfahrt, dass eine solche Zahl erreicht wurde. Die Mission nahm um 5:01 Uhr mitteleuropäische Zeit ihren Anfang. Wie…

21. Dezember 2023 – Russland bringt erneut Aufklärungssatelliten in den Orbit – Zum zweiten Mal innerhalb eines Monats brachte Russland am 21. Dezember einen optischen Aufklärungssatelliten in eine niedrige Erdumlaufbahn. Im aktuellen Fall handelte es sich um Bars-M 5L, der nach dem erfolgreichen Start die Bezeichnung Kosmos 2573 erhielt. Als Träger wurde eine Rakete des Typs Sojus 2.1b (ohne Oberstufe) eingesetzt. Startort war die militärische Raumfahrtbasis Plessezk. Der Start erfolgte um 11:38 Uhr mitteleuropäischer Zeit an der Startanlage 43/4 des Kosmodroms und endete in…

22. Dezember 2023 – Firefly's Alpha patzt im Apogäum – Am 22. Dezember startete zum vierten Mal eine Kleinträgerrakete des Typs Alpha von Firefly Aerospace. Die Mission mit dem Slogan „Fly The Lightning" endete, nun schon zum zweiten Mal, lediglich als Teilerfolg, wenn man die Sache optimistisch betrachtet. Von den bisherigen Missionen war damit nur eine – nämlich Flug Nummer drei – vollständig erfolgreich. Beim Erstflug wurde die Rakete nach zweieinhalb Minuten vom Flight Termination System zerstört, nachdem bereits 15 Sekunden nach dem Liftoff...

23. Dezember 2023 – Starlink 6-32 erfolgreich – doch Booster geht über Bord – Am 23. Dezember 2023 startete der SpaceX-Traditionsbooster B1058 zu seiner 19., und wie sich herausstellen sollte, letzten Mission. Booster 1058 ist dafür bekannt, den USA wieder die bemannte Raumfahrt von heimischem Boden aus ermöglicht zu haben, als er am 30. Mai 2020 die beiden Astronauten Bob Behnken und Doug Hurley in den Orbit brachte. Auch die aktuelle Startmission mit dem Absetzen der 23 Starlink-Satelliten der Gruppe 6-32 und die Landung des Boosters auf dem Bergungsschiff Just Read The...

24. Dezember 2023 – Falcon 9 startet SARah-2 und 3 für die Bundeswehr – Mangels eigener europäischer Startkapazitäten traten am 24. Dezember die Radaraufklärer SARah-2 und 3 der Deutschen Bundeswehr ihre Reise in einen sonnensynchronen polaren Orbit an Bord einer Falcon 9 von SpaceX an. Startort war die Space Force Basis Vandenberg in Kalifornien. Das Gesamtgewicht der beiden Nutzlasten war so niedrig, dass die Boosterstufe nach dem Absetzen der zweiten Stufe mit den Satelliten wieder zum Startplatz zurückkehren konnte. Die Mission begann um 14:11 Uhr an der Startanlage 4E...

25. Dezember 2023 – Kuaizhou 1A bringt vier Tianmu-1 Satelliten ins All – Eine Kleinträgerrakete des Typs Kuaizhou 1A des chinesischen Startdienstleisters ExPace brachte am 25. Dezember vier Satelliten der Tianmu-1-Reihe in eine sonnensynchrone polare Erdumlaufbahn. Die Mission begann an der Anlage 95A des nordchinesischen Raumfahrtzentrums Jiuquan. Es war der 28. Start einer Rakete der Kuaizhou-Baureihe, von der es drei verschiedene Varianten gibt. 25 dieser Missionen verliefen erfolgreich. Der Einsatz begann um 2:00 Uhr Mitteleuropäischer Zeit. Die vierte Stufe des...

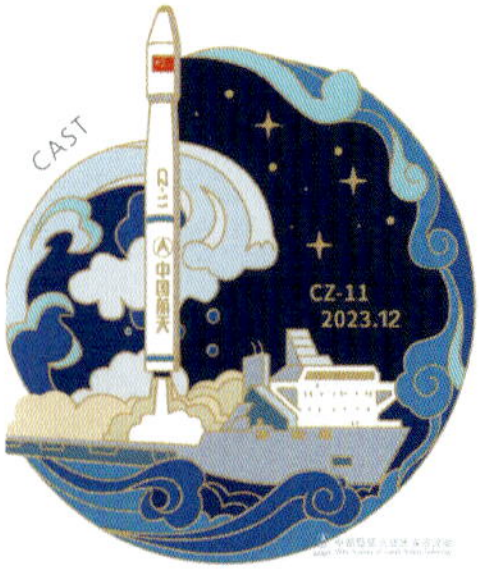

25. Dezember 2023 – China startet drei Technologiedemonstratoren – China brachte am 25. Dezember mit einer Rakete des Typs Langer Marsch 11H drei Technologiedemonstratoren der Shiyan-Reihe in eine niedrige Erdumlaufbahn. Sie tragen die Bezeichnungen Shiyan 24C-01, 02 und 03. Der Buchstabe „H" bei der Bezeichnung des Trägers bedeutet, dass für diese Mission die Variante für den Start von einer Meeresplattform aus verwendet wurde. Es war der 17. Start einer Langer Marsch 11-Rakete. Ausnahmslos alle Flüge verliefen bislang erfolgreich. Die Mission begann um 23:39 Uhr...

26. Dezember 2023 – China bringt zwei Beidou-Satelliten in den Orbit – Am 26. Dezember brachte die chinesische Raumfahrtagentur zwei Satelliten für das Beidou-Navigationssatellitennetz in einen mittelhohen Erdorbit. Die beiden Einheiten tragen die Bezeichnung Beidou 3M-25 und 3M-26. Startort war das Raumfahrtzentrum Xichang in Zentralchina. Als Träger wurde eine dreistufige Rakete des Typs Langer Marsch 3B mit einer zusätzlichen Kickstufe des Typs YZ-1 eingesetzt. Es war der letzte Start des Jahres von Xichang aus. Die Mission begann um 4:26 Uhr mitteleuropäischer...

27. Dezember 2023 – Kuaizhou 1A erneut im Einsatz – Nur 54 Stunden nach dem vorausgegangenen Start einer Kuaizhou 1A-Rakete startete am 27. Dezember erneut ein Träger dieses Typs, und brachte vier weitere Satelliten der Tianmu-1-Reihe in den Orbit. Dabei wurde dieselbe Startanlage in Jiuquan benutzt wie zwei Tage zuvor. Dieses Mal waren die Tianmu-Einheiten 19-23 an Bord. Der Start erfolgte um 7:50 Uhr mitteleuropäischer Zeit. Das erzielte Perigäum lag bei 517 Kilometern, das Apogäum bei 531 Kilometern und die Bahnneigung zum Äquator lag bei 97,40 Grad...

27. Dezember 2023 – Russland bringt wieder Spionagesatelliten ins All – Am 27. Dezember startete vom nordrussischen Raumfahrtzentrum Plessezk eine Rakete des Typs Sojus 2.1v und brachte dabei den Aufklärungssatelliten Razbeg 1 in eine sonnensynchrone polare Erdumlaufbahn. Nach dem erfolgreichen Start gaben die Streitkräfte dem Satelliten die Bezeichnung Kosmos 2574. Die Mission begann um 8:34 Uhr an der Startanlage 43/4 des Kosmodroms. Wenige Minuten später erreichte die zweite Stufe des Trägers mit dem Satelliten einen Orbit mit einem Perigäum von 348 Kilometern,...

29. Dezember 2023 – Falcon Heavy bringt X-37B ins All – Bei der fünften Falcon Heavy-Mission des Jahres transportierte der SpaceX-Schwerlasttransporter einen unbemannten X-37B Mini-Shuttle der US Space Force in eine hochexzentrische Erdumlaufbahn. Die auch als USSF-52 bezeichnete Mission ist der siebte Einsatz eines solchen Vehikels. Zum ersten Mal überhaupt in der Geschichte der Raumfahrt verlässt ein geflügeltes, rückkehrfähiges Raumfahrzeug damit die niedrige Erdumlaufbahn. Vor allem durch die Bahnanforderungen wurde der Einsatz der Schwerlast-Trägerrakete…

29. Dezember 2023 – SpaceX beendet ein Jahr der Rekorde – Zwei Stunden, 20 Minuten und 54 Sekunden nach dem Start der Mission USSF-52 vom Kennedy Space Center mit der zweiten Flugeinheit des Mini-Shuttle X-37B an Bord, startete SpaceX erneut eine Orbitalmission. Dies ist der kürzeste Zeitabstand, den es jemals zwischen zwei SpaceX-Starts gab. Dieses Mal ging die Reise ins All von dem nur wenige Kilometer von der Startanlage 39A entfernten Komplex 40 los, auf dem Gebiet der Cape Canaveral Space Force Station. Die Nutzlast diesmal: Die 23 Einheiten starke…

30. Dezember 2023 – Letzten Start in 2023 führt China durch – Den letzten Start des Raumfahrtjahres 2023 führte China durch und brachte dabei am 30. Dezember mit einer Trägerrakete des Typs Langer Marsch 2C/YZ-1S drei Kommunikationssatelliten in eine niedrige Erdumlaufbahn. Die drei Einheiten tragen die Bezeichnungen Hulianwang Jishu Shiyan 4A, 4B und 4C. Es handelt sich dabei um Prototypen für die zukünftige staatliche SatNet-Internet-Konstellation. Startort war der nordchinesischen Weltraumbahnhof Jiuquan. Die Mission begann um 1:13 Uhr mitteleuropäischer…

1. Januar 2024 – XPoSat – Frühstart aus Indien – So früh in einem Jahr wurde noch nie ein Orbitalstart durchgeführt. Dieser Rekord geht an die indische Raumfahrtagentur ISRO, die am Neujahrstag um 4:40 Uhr mitteleuropäischer Zeit den Röntgenstrahlen-Forschungssatelliten XPoSat in eine niedrige Erdumlaufbahn transportierte. Startort war das Satish Dhawan Raumfahrtzentrum auf der ostindischen Insel Shriharikota. Als Träger wurde eine Rakete des Typs PSLV-DL eingesetzt, eine der leichteren Varianten der PSLV-Rakete. Außerdem an Bord befand sich…

3. Januar 2024 – Erster Starlink-Start des Jahres 2024 – Am dritten Tag nach dem Jahreswechsel (in den USA war es sogar noch der zweite Tag) eröffnete auch SpaceX sein Raumfahrtjahr. Das Unternehmen will 2024 nach gegenwärtiger Planung nicht weniger als 144 Orbital- und Raumsondenmissionen durchführen. In diesem Sinne startete das Unternehmen am 3. Januar von der Vandenberg Space Force Basis aus eine Falcon 9 mit 21 Starlink-Satelliten. Sechs dieser Einheiten sind die ersten, die mit so genannter „Direct to cell connectivity" ausgestattet sind.

4. Januar 2024 – SpaceX bringt Ovzon-3 ins All – Am 4. Januar brachte eine Trägerrakete des Typs Falcon 9 den schwedischen Kommunikationssatelliten Ovzon-3 in einen geostationären Transferorbit. Die Mission begann an der Startanlage 40 der Cape Canaveral Space Force Station. Erstmals bei einem Start in eine hochenergetische Umlaufbahn kehrte bei dieser Mission der Booster wieder zum Startplatz zurück. Der Einsatz begann um 0:04 Uhr mitteleuropäischer Zeit (also um 18:04 Uhr am Vortag an der US-Ostküste). Für den Einschuss in den Transferorbit…

5. Januar 2024 – Und wieder Kuaizhou-1A im Einsatz – Mit einer engen Startfolge, die fast schon an die von SpaceX erinnert, brachte der chinesische Startdienstleister ExPace am 5. Januar mit seiner Kuaizhou-1A-Rakete innerhalb von nur elf Tagen schon das dritte Nutzlastpaket in den Orbit. Und wieder handelt es sich um einen Viererset von Tianmu-1 Satelliten für die Atmosphärenforschung. Startplatz war erneut die Anlage 95A in Jiuquan. Die Mission begann um 11:20 Uhr mitteleuropäischer Zeit. Die Satelliten wurden auf einer Umlaufbahn mit einem…

7. Januar 2024 – Falcon 9 bringt Starlink-Gruppe 6-35 in den Orbit – Eine Trägerrakete des Typs Falcon 9 brachte am 7. Januar die 23 Einheiten umfassende Starlink-Gruppe 6-35 in eine niedrige Erdumlaufbahn. Startort war die Anlage 40 der Cape Canaveral Space Force Station. Die Gesamtzahl aller in den Orbit transportierten Starlink-Satelliten steht damit aktuell bei 5.694 Einheiten. 5.252 davon sind funktionsfähig. Die Mission nahm um 23:36 Uhr ihren Anfang. Wie üblich bei den Satelliten der Gruppe 6 wurde auch dieses Paket auf einer Bahnneigung von 43 Grad abgesetzt….

08. Januar 2024 – Erfolg für Vulcan – Mondlander Peregrine scheitert – Bereits am 8. Januar kam es zu einer der wichtigsten Missionen des Jahres. Nach mehrjähriger Verzögerung glückte an diesem Tag der Erstflug der Vulcan-Trägerrakete auf Anhieb. Für die Nutzlast hingegen, die Mondlandesonde Peregrine von Astrobotic Technology, war die Mission schon wenige Stunden nach dem Start gescheitert. Grund war ein Treibstoffleck, hervorgerufen durch ein nicht richtig sitzendes Ventil. Die Mission hatte an der Startanlage 41 der Cape Canaveral Space Force Station begonnen…

9. Januar 2024 – China schickt die Einstein-Probe ins All – China schickte am 9. Januar die so genannte „Einstein Probe" ins All, eines der wenigen großen Gemeinschaftsprojekte mit westlichen Forschungsinstituten. Als Träger wurde eine Langer Marsch 2C eingesetzt. Startort war der Weltraumbahnhof Xichang in Zentralchina. Bei dem Raumfahrzeug handelt es sich um ein Röntgenteleskop, das in der Zusammenarbeit zwischen der chinesischen Akademie der Wissenschaften (CAS), der Europäischen Weltraumbehörde ESA und dem Max Planck Institut für extraterrestrische…

11. Januar 2024 – China startet vierte Kuaizhou 1A innerhalb von 18 Tagen – Die hohe Startkadenz der chinesischen Kleinträgerrakete Kuaizhou 1A hält an. Innerhalb von nur 18 Tagen startete sie am 11. Januar zum vierten Einsatz. Dieses Mal brachte sie Tianxing-1 02 in eine sonnensynchrone polare Erdumlaufbahn. Die Mission begann, wie bei den Raketen des Typs Kuaizhou 1A üblich, an der Startanlage 95A des nordchinesischen Raumfahrtzentrums Jiuquan. Es war die 26. Mission einer Kuaizhou 1A. 24 dieser Flüge verliefen erfolgreich. Die Mission begann um 4:52 Uhr…

11. Januar 2024 – Gravity 1 macht das Kerbal Space Programm zur Realität – Raumfahrtfans kennen das Kerbal Space Programm. Es ist eine interaktive Weltraumsimulation in der neben Missionsplanung und –ablauf vor allem auch die Konstruktion von Raketen durchgeführt werden kann. Die darin vorkommenden Personen werden als „Kerbals" bezeichnet. Die daraus resultierenden Konstruktionen sind meist sehr knuffig aussehende Vehikel. Was bisher ein intelligentes Spiel war ist jetzt Wirklichkeit geworden. Eine Rakete, die direkt einem Kerbal-Szenario entsprungen sein könnte, wurde…

12. Januar 2023 – Japan bringt Aufklärungssatelliten ins All – Die japanische Raumfahrtagentur brachte am 12. Januar im Auftrag des Cabinet Intelligence and Research Office, einer geheimdienstlichen Organisation, den optische Aufklärungssatelliten IGS Optical 8 (IGS = Information Gathering Satellite) in den Erdorbit. Startort war das Raumfahrtzentrum Tanegashima. Als Träger kam eine Rakete des Typs H-2A 202 zum Einsatz. Die Rakete war die 48. und drittletzte dieses Typs. Sie wird zukünftig von der H3 abgelöst werden.

14. Januar 2023 – SpaceX startet Starlink-Gruppe 7-10 – Am 14. Januar brachte SpaceX die 22 Einheiten starke Starlink-Gruppe 7-10 in eine niedrige Erdumlaufbahn. Startort war die Space Force Basis Vandenberg in Kalifornien. Auch ein kleines Jubiläum gab es: Es war der 130. Start von der Anlage 4E aus. Dazu zählen aber auch die Starts, die vor der SpaceX-Zeit durchgeführt worden waren. Die Mission begann um 10:00 Uhr mitteleuropäischer Zeit. Wie immer bei den Starts der Gruppe 7 führte auch diese Mission auf eine Bahnneigung von 53 Grad. Der Absetzorbit…

15. Januar 2023 – 300. erfolgreicher Start für SpaceX – Nur 18 Stunden nach dem Start der Starlink-Gruppe 7-10 brachte SpaceX am 15. Januar erneut 23 Einheiten der Internet-Konstellation in den Orbit. Die Mission Starlink 6-37 nahm an der Startanlage 40 der Cape Canaveral Space Force Station ihren Anfang. Es war der fünfte Start des Jahres für SpaceX. Zählt man auch die beiden erfolgreichen Falcon 1-Flüge und die insgesamt neun Falcon-Heavy-Missionen dazu, dann war dies insgesamt der 300. erfolgreiche Einsatz einer Falcon-Rakete.

17. Januar 2023 – Tianzhou 7 bringt Nachschub für Tiangong – Am 17. Januar brachte eine Rakete des Typs Langer Marsch 7 das Frachtraumschiff Tianzhou 7 in eine niedrige Erdumlaufbahn. Das Raumfahrzeug startete vom ostchinesischen Weltraumbahnhof in Wenchang. Es brachte mehr als sechs Tonnen Nachschubgüter zur Tiangong-Raumstation, die derzeit mit drei Astronauten besetzt ist. Das Modul führt an der Außenhülle zusätzlich einen Kleinsatelliten mit der Bezeichnung Baiyi-08 mit sich, der vom Nanjing Institute for Technology stammt.

18. Januar 2023 – Axiom 3 fliegt mit internationaler Crew zur ISS – Am 18. Januar startete mit Axiom-3 die erste bemannte Mission des Jahres 2024. Unter dem Kommando vom Michael Lopez-Alegria, einem gebürtigen Spanier mit US-Staatsbürgerschaft, gleichzeitig mit fünf vorausgegangenen Raumflugmissionen einer der erfahrensten Astronauten der Welt, starteten der Italiener Walter Villadei, der Schwede Markus Wandt und der Türke Alper Gezavaci für einen zweiwöchigen Aufenthalt zur ISS. Startort war die historische Anlage 39A am Kennedy Space Center. Das verwendete…

20. Januar 2024 – Iran mit Qaem 100 erfolgreich – Komplett unauffällig, und ohne das sonst übliche Zetern und Krakeelen westlicher Medien, ging am 20. Januar ein Satellitenstart des Iran über die Bühne, der eine erstaunliche Steigerung der Fähigkeiten des Landes auf dem Gebiet der Raumfahrt dokumentiert. Bei der dreistufigen Qaem 100 dürfte es sich um eine Variante einer Mittelstreckenrakete des oberen Reichweitenspektrums handeln. Es ist die zweite iranische Orbitalmission innerhalb von nur vier Monaten. Der Start erfolgte vom militärischen Raumfahrtzentrum Sharoud im Norden des Landes aus.

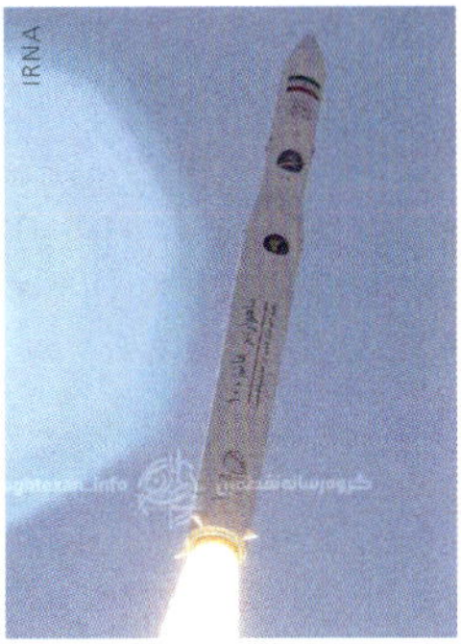

23. Januar 2024 – Kinetica 1 bringt fünf Satelliten ins All – Die chinesische CAS Space brachte am 23. Januar mit einer Trägerrakete des Typs Kinetica 1 (auch als Lijian-1 bezeichnet) fünf kleine Erdbeobachtungssatelliten auf eine sonnensynchrone polare Erdumlaufbahn. Die Satelliten tragen die Bezeichnungen Taijing 1-03, 2-02, 2-04, 3-02 und 4-03. Startort war der Komplex 130 am nordchinesischen Weltraumbahnhof Jiuquan. Es ist der dritte Einsatz einer Rakete dieses Typs. Der Start erfolgte um 5:03 Uhr mitteleuropäischer Zeit.

24. Januar 2024 – Starlink 7-11 nach mehrfachen Verzögerungen gestartet – Nach viermaligen wetterbedingten und technischen Verschiebungen startete SpaceX am 24. Januar die Starlink 7-11 Mission, bei der 22 Einheiten für die firmeneigene Internet-Konstellation auf eine niedrige Erdumlaufbahn transportiert wurden. Startort war die Space Force Basis Vandenberg in Kalifornien. Die Mission begann um 1:35 Uhr mitteleuropäischer Zeit an der Startanlage 4 Ost des Weltraumbahnhofs. Wie immer bei den Missionen der Gruppe 7 ging auch dieser Einsatz auf eine Inklination von 53 Grad….

27. Januar 2024 – Erneut iranischer Orbitalstart – Simorgh bringt drei Satelliten ins All – Wie erst vor wenigen Tagen im Space Blog bemerkt, nehmen die Raumfahrtfähigkeiten und -aktivitäten des Iran deutlich zu. Nur eine Woche nach der vorausgegangenen Mission mit einer Qaem 100-Rakete brachte das Land am 27. Januar weitere Nutzlasten ins All. Dieses Mal unter Einsatz einer Simorgh-Rakete vom Imam Chomeini Raumfahrtzentrum aus, international auch als Semnan Space Center bekannt. Während die vorausgegangene Mission militärisch gekennzeichnet war, handelt es sich dieses Mal um eine als…

29. Januar 2024 – SpaceX startet Starlink-Gruppe 6-38 – Am 29. Januar brachte SpaceX mit einer Trägerrakete des Typs Falcon 9 die 23 Einheiten große Starlink-Gruppe 6-38 in eine niedrige Erdumlaufbahn. Startort war die historische Anlage 39A des Kennedy Space Centers. Diese Startrampe ist an sich für die „Premium-Missionen" von SpaceX reserviert. Nur ausnahmsweise fliegen von dort auch die firmeneigenen Starlink-Transporte. Zuletzt war das im September letzten Jahres der Fall. Der Einsatz begann um 2:10 Uhr mitteleuropäischer Zeit.

29. Januar 2024 – Starlink-Gruppe 7-12 geht von Vandenberg ins All – Weniger als fünf Stunden nach dem vorausgegangenen Start einer Gruppe von Starlink-Satelliten vom Kennedy Space Center aus brachte SpaceX erneut 22 Einheiten für das firmeneigene Internet-Netzwerk in eine niedrige Erdumlaufbahn. Startort war dieses Mal die Anlage 4E des kalifornischen Weltraumbahnhofs Vandenberg. Es gab auch einen neuen Rekord für den Betrieb der Startanlage 4E, denn zwischen dem jetzigen und dem vorangegangenen Start vergingen nur fünf Tage, fünf Stunden und 22 Minuten.

30. Januar 2024 – Falcon 9 bringt Cygnus NG-20 auf den Weg zur ISS – Am 30. Januar 2024 kam es zu einer Konstellation, die sich die NASA bei der Ausschreibung ihrer Commercial Resupply Services (CRS) zur Versorgung der Internationalen Raumstation (ISS) eher nicht vorgestellt hat. An diesem Tag brachte nämlich eine Falcon 9-Rakete von SpaceX einen Cygnus-Transporter von Northrop Grumman auf eine Transferbahn zur ISS. Die genaue Bezeichnung der Mission lautet Cygnus NG-20 und markiert damit den 20. Einsatz eines Raumfrachters dieses Typs, von denen 17 zur ISS führten….

31. Januar 2024 – Erster Einsatz für Electron in 2024 erfolgreich – Beim ersten Einsatz einer Electron in diesem Jahr brachte der Kleinträger von Rocket Lab vier 16Unit-CubeSats der Lemur 2-Reihe in einen sonnensynchronen polaren Orbit. Wie immer bei Starts dieses Unternehmens bekam die Mission auch dieses Mal einen Slogan, der „Four Of A Kind" lautete. Es war der erste von insgesamt drei Starts für North Star Earth & Science. Ursprünglich sollte Virgin Orbit diese Mission durchführen. Nach dem Bankrott dieses Unternehmens wechselte North Star dann zu Rocket Lab...

03. Februar 2024 – Navigationssatelliten für Auto-Hersteller Geely gestartet – Der chinesische Automobilhersteller Zhejiang Geely Holding Group Co., Ltd, besser bekannt unter der Kurzbezeichnung Geely, hat am 3. Februar elf weitere Satelliten seiner werkseigenen Mobilitätskonstellation starten lassen. Die Mission wurde mit einer Langer Marsch 2C -Trägerrakete des staatlichen Herstellers CALT durchgeführt. Die Satelliten tragen die Bezeichnungen GeeSAT-2 01 – 11. Startort war das Raumfahrtzentrum Xichang in Zentralchina. Die Satelliten sollen als Navigationshilfen für künftige autonom fahrende Autos des Konzerns dienen.

03. Februar 2024 – Berlin Space Technologies startet mit Jielong 3 – Weniger als drei Stunden nach dem Start einer Langer Marsch 2C mit elf Navigationssatelliten für den Automobilhersteller Greely ging Chinas nächste Orbitalträgerrakete auf die Reise ins All. Dieses Mal handelte es sich um eine vierstufige Feststoffträgerrakete des Typs Jielong 3, die von China Rocket gebaut wird, einem privaten Ableger der China Academy of Launch Vehicle Technology (kurz: CALT). Diese Rakete entspricht in ihrer Leistungsfähigkeit in etwa der europäischen Vega-Rakete in ihrer Grundversion.

08. Februar 2024 – SpaceX startet PACE für die NASA – SpaceX brachte am 8. Februar den Umweltbeobachtungssatelliten PACE der NASA mit einer Falcon 9-Trägerrakete in eine sonnensynchrone Erdumlaufbahn. Das Akronym steht für Plankton, Aerosol, Cloud, ocean Ecosystem. Startort war die Anlage 40 der Cape Canaveral Space Force Station. Die Mission begann um 7:33 Uhr mitteleuropäischer Zeit. Die zweite Stufe des Trägers setzte den Satelliten 13 Minuten nach dem Liftoff auf einer nahezu kreisförmigen Umlaufbahn in 677 Kilometern bei einer Bahnneigung von 98 Grad ab...

09. Februar 2024 – Neuer Militärsatellit für Russland – Die russischen Streitkräfte brachten am 9. Februar einen militärischen Aufklärungssatelliten in eine niedrige Erdumlaufbahn. Nach dem erfolgreichen Start bekam das Raumfahrzeug die Bezeichnung Kosmos 2575. Als Träger wurde eine Rakete des Typs Sojus 2.1v verwendet. Startort war das Kosmodrom Plessezk im Norden Russlands. Über den genauen Einsatzzweck gibt es noch keine offiziellen Verlautbarungen. Die Mission führte jedoch auf nahezu exakt dieselbe Bahn wie beim Start von Kosmos 2574/Bars-M 5L am 21. Dezember.

09. Februar 2024 – Axiom 3-Crew kehrt sicher zur Erde zurück – Nach einer Flugdauer mehr als drei Wochen (inklusive dreier Bonus-Tage wegen anhaltend schlechten Wetters im Landegebiet) kehrte die Axiom 3-Crew am 9. Februar um 14:30 Uhr mitteleuropäischer Zeit wieder zur Erde zurück. Die gesamte Missionsdauer vom Liftoff bis zur Wasserung betrug 21 Tage und 15 Stunden und 41 Minuten. 18 dieser 21 Tage hatte die Besatzung an Bord der ISS verbracht, die restliche Zeit diente dem Transfer von und zur Internationalen Raumstation. Die Wasserung erfolgte schließlich vor der Küste von Daytona Beach in Florida.

10. Februar 2024 – SpaceX setzt Starlink-Gruppe 7-13 ab – Am 10. Februar brachte SpaceX die 22 Einheiten umfassende Starlink-Gruppe 7-13 in eine niedrige Erdumlaufbahn. Startort war die Space Force Basis Vandenberg in Kalifornien. Damit sind jetzt 5.828 Starlink-Satelliten gestartet worden. Es war der 25. Orbitalstart des laufenden Jahres, der 65. Start, den SpaceX von Kalifornien aus durchgeführt hat. Die Mission begann um 1:34 Uhr mitteleuropäischer Zeit an der Startrampe 4E des Weltraumbahnhofs. Wie immer bei den Satelliten der Gruppe 7 ging auch…

14. Februar 2024 – SpaceX setzt Satelliten für US Space Force ab – SpaceX brachte am 14. Februar insgesamt sechs Kleinraumfahrzeuge für die US Space Force in den Orbit. Bei ihnen handelt es sich um experimentelle Frühwarnsatelliten. Die offizielle Bezeichnung der Mission lautete USSF-124. Startort war die Cape Canaveral Space Force Station in Florida. Es war der elfte Einsatz, den SpaceX für die Space Force durchführte. Die Mission begann um 23:30 Uhr mitteleuropäischer Zeit an der Startanlage 40 des Weltraumbahnhofs. Die zweite Stufe der Falcon 9-Trägerrakete…

15. Februar 2024 – Progress MS-26 versorgt die ISS – Die russische Raumfahrtagentur Roskosmos brachte am 15. Februar das Nachschubraumschiff Progress MS-26 auf den Weg zur Internationalen Raumstation. Als Träger wurde eine Rakete des Typs Sojus 2.1a eingesetzt. Startort war das in Kasachstan gelegene russische Kosmodrom in Baikonur. Die Mission ist der zweite russische Orbitalflug des laufenden Jahres. Der Start erfolgte um 4:25 Uhr mitteleuropäischer Zeit am Startplatz 31/6 des Weltraumbahnhofs. Neun Minuten später hatte die dritte Stufe mit dem…

15. Februar 2024 – SpaceX schickt Odysseus zum Mond – Am 15. November brachte SpaceX den unbemannten Mondlander IM-1 Odysseus auf den Weg zum Erdtrabanten. Es ist die erste Mission der Nova C-Klasse von Raumsonden des US-Herstellers Intuitive Machines. Die Landung soll schon in wenigen Tagen in der Nähe des Kraters Malapert A unweit des lunaren Südpols erfolgen. Die Mission begann um 7:05 Uhr mitteleuropäischer Zeit an der historischen Startanlage 39A des Kennedy Space Center. Die danach notwendigen Orbitalmanöver waren ziemlich ungewöhnlich für die Falcon 9.

15. Februar 2024 – Starlink 7-14 sorgt für Jubiläen bei SpaceX – Der Flug Starlink 7-14, bei der eine Falcon 9 22 Startlink-Satelliten in eine niedrige Erdumlaufbahn brachte, war ein bedeutendes Jubiläum für SpaceX. Der Einsatz war der 300. Flug einer Falcon 9. Die Mission wurde von der Space Force Basis Vandenberg aus durchgeführt. Es war der vierte Orbitalstart innerhalb von 24 Stunden und der dritte, den davon SpaceX durchgeführt hat. Der Liftoff erfolgte um 22:34 Uhr an der Startanlage 4E des Weltraumbahnhofs. Wie immer bei den Starts der Starlink-Gruppe 7…

17. Februar 2024 – Japans H3: Im zweiten Anlauf erfolgreich – Das Debut am 7. März letzten Jahres war noch ein teurer Fehlschlag. Damals ging der drei Tonnen schwere Umweltbeobachtungssatellit ALOS-3 verloren, als die zweite Stufe des Trägers nicht zündete. Im zweiten Anlauf, am 17. Februar klappte es nun, und Japans variabel ausgelegte neue Rakete der mittleren Mittelklasse absolvierte dabei in der Version 22S einen sehr erfolgreichen Testflug. Dieses Mal befanden sich sicherheitshalber aber nur einige deutlich weniger teure Nutzlasten an Bord. Startort…

17. Februar 2024 – ISRO bringt INSAT-3DS ins All – Die indische Raumfahrtagentur ISRO brachte am 17. Februar den Wettersatelliten INSAT-3DS auf eine geostationäre Transferbahn. Als Träger wurde eine Rakete des Typs GSLV Mk. II eingesetzt. Startort war das Sathish Dhawan Raumfahrtzentrum auf der ostindischen Insel Shriharikota. Es war der 16. Flug einer Trägerrakete des Typs GSLV (Geosynchronous Satellite Launch Vehicle). Flüge mit diesem hochkomplexen Raketentyp sind immer eine Zitterpartie, denn er weist eine ausgesprochen schlechte Erfolgsquote...

18. Februar 2024 – Electron schickt ADRAS-J „On Closer Inspection" – Rocket Lab brachte am 18. Februar mit seiner Kleinträgerrakete Electron den japanischen Technologiesatelliten ADRAS-J (für: Active Debris Removal by Astroscale Japan) in eine sonnensynchrone, polare Erdumlaufbahn. Startort war der kleine private Weltraumbahnhof des Unternehmens auf der Halbinsel Mahia in Neuseeland. Diese Mission ist auch für die Öffentlichkeit besonders interessant, denn erstmals wird sich ein ziviler Satellit einem großen „Weltraummüll-Objekt" nähern, um es genau zu inspizieren...

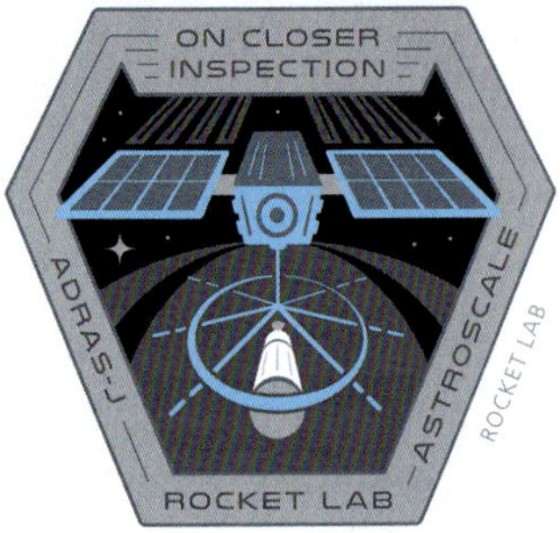

20. Februar 2024 – Merah Putih 2 startet mit SpaceX – SpaceX brachte am 20. Februar mit einer Trägerrakete des Typs Falcon 9 den indonesischen Kommunikationssatelliten Merah Putih 2 (auch als Telkomsat HTS 113BT bezeichnet) auf eine supersynchrone geostationäre Transferbahn. Das Raumfahrzeug ist eine Ersatzeinheit für Palapa N-1, der am 9. April 2020 beim Fehlstart einer Langer Marsch 3B verloren ging. Der Start erfolgte von der Cape Canaveral Space Force Basis aus. Die Mission begann um 21:11 Uhr am Komplex 40 des Weltraumbahnhofs, der meistbenutzten...

23. Februar 2024 – Starlink-Gruppe 7-15 fliegt von Vandenberg aus ins All – SpaceX brachte am 23. Februar die Starlink-Gruppe 7-15 in den Orbit, wie meistens bestückt mit 22 Einheiten. Wie immer bei der Gruppe 7 begann auch diese Mission an der Space Force Basis Vandenberg in Kalifornien. Die neuen Raumfahrzeuge mit eingerechnet wurden bis jetzt insgesamt 5.872 Starlink-Satelliten gestartet. 5.480 davon sind noch im Orbit, von denen wiederum 5.442 einsatzbereit sind. Die Mission begann um 5:11 Uhr mitteleuropäischer Zeit an der Startanlage 4E des Weltraumbahnhofs.

23. Februar 2024 – Langer Marsch 5 bringt unbekannten Militärsatelliten in den Orbit – China brachte am 23. Februar mit einer schweren Trägerrakete des Typs Langer Marsch 5 einen Satelliten unbekannter Aufgabenstellung in eine geostationäre Transferbahn. Möglicherweise handelt es sich dabei um ein Raumfahrzeug der TJS-Reihe (Abkürzung für: Tongxin Jishu Shiyan). Dieses Militärprogramm ist eine Art Sammelbegriff für Militärsatelliten im geostationären Orbit mit einem Aufgabenspektrum von Frühwarnung, über Signalaufklärung bis hin zur militärischen Kommunikation. Startort war das…

25. Februar 2024 – Starlink-Gruppe 6-39 umfasst 24 Satelliten – SpaceX brachte am 25. Februar die 24 Einheiten starke Starlink-Gruppe 6-39 in eine niedrige Erdumlaufbahn. Startort war die Space Force Basis Cape Canaveral. Als Träger wurde wie immer eine Rakete des Typs Falcon 9 eingesetzt. Es ist die größte Anzahl von Satelliten der v2-Mini-Serie,

die jemals mit einer einzelnen Rakete gestartet wurden. Die Nutzlast, welche die Falcon 9 damit in den Orbit gebracht hat, dürfte bei 17,5 Tonnen liegen. Mehr als je zuvor beim Flug einer Rakete dieses Typs im Wiederverwendbarkeits-Modus…

29. Februar 2024 – Ein Meteor und 19 Kleinsatelliten für Russland – Die russische Raumfahrtagentur Roskosmos brachte am 29. Februar insgesamt 20 Satelliten auf eine sonnensynchrone, polare Erdumlaufbahn. Hauptnutzlast der Mission war der Wettersatellit Meteor M2-4. Dazu kamen zwei Mikrosatelliten und 17 CubeSats. Als Träger wurde eine Rakete des Typs Sojus Fregat 2.1b eingesetzt. Startort war das Kosmodrom Wostotschny in Sibirien. Die Mission begann um 6:43 Uhr mitteleuropäischer Zeit an der Startrampe 1S des Kosmodroms. Die Fregat brachte die Satelliten auf drei…

29. Februar 2024 – Langer Marsch 3B liefert WHG-01 ins All – Eine Trägerrakete des Typs Langer Marsch 3B/E transportierte am 29. Februar den chinesischen Kommunikationssatelliten WHG-01 (für: Weixing Hulianwang Gaogui-01) auf eine geostationäre Transferbahn. Der Start erfolgte vom Raumfahrtzentrum Xichang in Zentralchin aus. Der Satellit soll Breitband-Internetdienste zur Verfügung stellen. Die Mission begann um 14:03 Uhr…

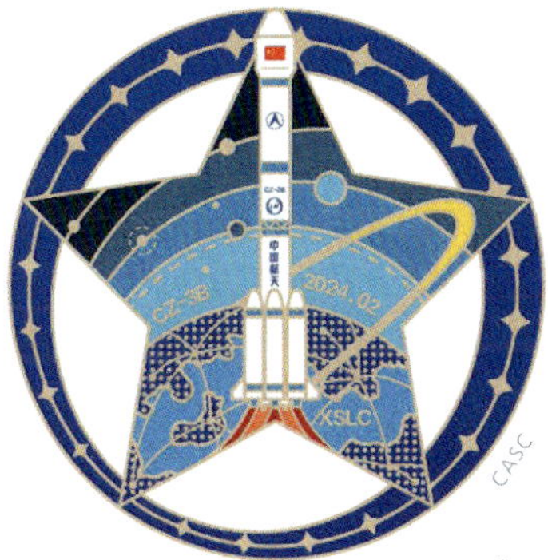

29. Februar 2024 – Falcon 9 bringt Starlink-Gruppe 6-40 ins All – Beim dritten Orbitalstart am 29. Februar brachte SpaceX mit einer Falcon 9-Rakete die 23 Einheiten starke Starlink-Gruppe 6-40 in eine niedrige Erdumlaufbahn. Startort war die Space Force Basis Cape Canaveral in Florida. Es war erst das vierte Mal in der Geschichte der Raumfahrt, dass an einem 29. Februar – also einem Schalttag – eine Orbitalmission stattfand. Es war die 12. Starlink-Mission des laufenden Jahres.

04. März 2024 – SpaceX Crew-8 auf dem Weg zur ISS – SpaceX brachte am 4. März den Crew Dragon Endeavour mit vier Astronauten an Bord in eine Transferumlaufbahn, von der aus sie im Laufe der kommenden zwei Tage die Internationale Raumstation ansteuerte. Die Mission trägt die Bezeichnung SpaceX Crew-8, nachdem es der achte bemannte Einsatz eines Crew Dragon für die NASA ist. Insgesamt ist es aber bereits der 13. bemannte Start eines Crew Dragon. Startort war das Kennedy Raumfahrtzentrum in Florida. Als Träger wurde eine Rakete des Typs Falcon 9 eingesetzt....

04. März 2024 – Transporter-Mission 10 bringt 53 Satelliten ins All – Nur wenige Stunden nach dem Start der SpaceX Crew 8-Mission zur ISS am 4. März brachte SpaceX die 10. Transporter-Mission ins All. Startort war die Vandenberg Space Force Basis in Kalifornien. Insgesamt befanden sich dieses Mal 53 Satelliten an Bord, die bei insgesamt 48 Absetzvorgängen freigesetzt wurden. Der Liftoff erfolgte um 23:05 Uhr mitteleuropäischer Zeit an der Startanlage 4E des Weltraumbahnhofs. Für das Absetzen der Satelliten steuerte die zweite Stufe der Falcon 9 zwei unterschiedliche...

05. März 2024 – SpaceX startet Starlink-Gruppe 6-41 – Beim dritten SpaceX-Start innerhalb von nur 20 Stunden brachte das Unternehmen die 23 Einheiten starke Starlink-Gruppe 6-41 in eine niedrige Erdumlaufbahn. Die Mission begann an der Startanlage 40 der Cape Canaveral Space Force Station. Mit diesem Einsatz hat SpaceX den eigenen Rekord für den kürzesten Abstand zwischen zwei Flügen gebrochen. Er steht nun auf einer Stunde und 51 Minuten. Zuvor lag er bei zwei Stunden und 54 Minuten. Die Mission begann um 0:56 Uhr mitteleuropäischer Zeit. Der erreichte...

11. März 2024 – SpaceX bringt Starlink-Gruppe 6-43 ins All – SpaceX brachte in den frühen Morgenstunden (mitteleuropäischer Zeit) des 11. März weitere 23 Satelliten der v2-Mini-Serie ins All. Der als Starlink 6-43 bezeichnete Einsatz erfolgte von der Startanlage 40 der Cape Canaveral Space Force Station in Florida. Wie so oft gab es auch dieses Mal einen SpaceX-Rekord: Die beiden eingesetzten Nutzlastverkleidungen hatten ihren vorausgehenden Einsatz erst 25 Tage zuvor absolviert. Die Mission begann um 0:05 Uhr mitteleuropäischer Zeit und führte auf einen…

11. März 2024 – Starlink-Gruppe 7-17 startet von Vandenberg – Nur Fünf Stunden und vier Minuten nach dem vorausgegangenen Start einer Gruppe von Starlinks startete SpaceX am 11. März eine weitere Fuhre mit 23 dieser Breitband-Internetsatelliten in eine niedrige Erdumlaufbahn. Dieses Mal transportierte die Falcon 9-Trägerrakete ihre Last von der Space Force Basis Vandenberg aus ins All. Die Mission begann um 5:09 Uhr an der Startanlage 4E des kalifornischen Weltraumbahnhofs. Wie immer bei den Flügen der Gruppe 7 ging auch diese Mission auf eine Inklination…

12. März 2024 – Crew Dragon Endurance landet im Golf von Mexiko – Nach mehr als 199 Tagen im Weltraum kehrte der Crew Dragon Endurance mit seiner vierköpfigen Crew am 12. März wieder zur Erde zurück. Die Landung erfolgte um 11:57 Uhr mitteleuropäischer Zeit im Golf von Mexiko. Dort war es zum Zeitpunkt der Wasserung noch dunkel. Das Raumfahrzeug hatte 18 Stunden zuvor von der ISS abgelegt. Die als „Space X Crew-7" bezeichnete Mission hatte am 25. August letzten Jahres begonnen. Ihre Besatzung wurde damit Teil der ISS-Expeditionen 69 und 70. Sie bestand aus der…

12. März 2024 – StriX-3 fliegt „Owl Night Long" – Am 12. März brachte eine Rakete des Typs Electron erneut einen Satelliten der StriX-Konstellation von Synspective auf eine polare sonnensynchrone Erdumlaufbahn. Das Raumfahrzeug trägt die Bezeichnung StriX-3. Es war die 45. Mission einer Electron und die vierte für das japanische Unternehmen Synspective. Wie immer gab es bei Rocket Lab einen Missionsslogan, der dieses Mal „Owl Night Long" lautete. Die Mission begann um 16:03 Uhr mitteleuropäischer Zeit an der Startanlage 1B des firmeneigenen…

13. Mai 2024 – KAIROS scheitert beim Jungfernflug – 50 Prozent aller Erstflüge von Trägerraketen scheitern. Je fortschrittlicher und neuer die verwendete Technologie, desto höher ist das Verlustrisiko. Das ist eine scheinbar unüberwindbare Regel in der Raumfahrt, und viele Entwickler und Hersteller rechnen das Scheitern einer oder mehrerer Mission zu Anfang der Karriere eines neuen Trägers von vorneherein mit ein. Richtig weh tut es aber, wenn die eingesetzte Technologie ziemlich konventionell ist, und die Rakete schon nach wenigen Flugsekunden…

13. März 2024 – Fehlschlag für chinesische Mondmission – Neben der Beobachtung, dass etwa 50 Prozent aller Jungfernflüge von Trägerraketen scheitern, gibt es in der Raumfahrt eine weitere Empirie, die besagt, dass Fehlstarts häufig zeitlich nahe beieinander erfolgen. Dies Regel stellte sich am 13. März unter Beweis, wo es nur zehn Stunden nach dem katastrophalen Startversager eines KAIROS-Trägers zu einem Fehlstart für die beiden chinesischen Technologieträger DRO-A und DRO-B kam, die in einen lunaren Orbit gesendet werden sollten. Die beiden Sonden…

16. März 2024 – SpaceX startet Starlink-Gruppe 6-44 – Bei einem der relativ seltenen Starlinks-Starts vom Kennedy Space Center aus brachte SpaceX am 16. März 23 Einheiten der Gruppe 6 in einen niedrigen Erdorbit. Damit wurden bis jetzt im Starlink-Programm insgesamt 6.011 Satelliten gestartet, von denen noch 5.614 im Orbit sind. Davon wiederum sind 186 entweder ausgefallen oder bewegen sich auf eine niedrigere Erdumlaufbahn zu, von wo aus sie den Wiedereintritt in die Erdatmosphäre durchführen werden. Der große Rest ist im Einsatz. Die Mission begann…

19. März 2024 – SpaceX startet 20 Starlinks und 2 Starshields in der Gruppe 7-16 – SpaceX brachte am 19. März eine Gruppe von insgesamt 22 Satelliten der Starlink-Baureihe v2 Mini in eine niedrige Erdumlaufbahn. Zwei dieser Einheiten entsprachen aber nicht dem üblichen Standard. Man nimmt an, dass es sich dabei um zwei Testeinheiten der militärischen Version des Starlink-Systems handelt, das von SpaceX als „Starshield" bezeichnet wird. Diese beiden Einheiten tragen die Bezeichnung USA-350 und USA-351. Einmal zu operationeller Größe ausgebaut wird dieses System nicht mehr von…

20. März 2024 – Quequiao-2 auf dem Weg zum Mond – Nur wenige Tage nachdem der Start zweier kleiner Mondsonden mit einer Langer Marsch 2C nur teilweise erfolgreich verlief, gelang am 20. März der Start der Mond-Relaysonde Quequiao-2 und zweier kleinerer Begleiter offenbar problemlos. Die für diese Mission eingesetzte Trägerrakete des Typs Langer Marsch 8 – es war erst der dritte Flug dieses Trägers überhaupt – arbeitete wie geplant. Startort war das Raumfahrtzentrum Wenchang am Gelben Meer. Die Mission begann um 1:31 Uhr mitteleuropäischer Zeit…

21. März 2021 – China schickt sechs militärische Wettersatelliten ins All – China brachte am 21. März eine sechs Einheiten umfassende Gruppe Meteorologie-Satelliten der Yunhai-2-Serie in zwei unterschiedliche Umlaufbahnen. Um das möglich zu machen war der für gewöhnlich zweistufige Langer Marsch 2D-Träger mit einer Oberstufe des Typs YZ-3 ausgerüstet, mit der mehrfache Brennmanöver über einen Zeitraum von mehreren Stunden möglich sind. Gestartet wurde die Rakete von der Rampe 2 des Startkomplexes 4 im nordchinesischen Raumfahrtzentrum Jiuquan. Die YZ-3-Stufe setzte die…

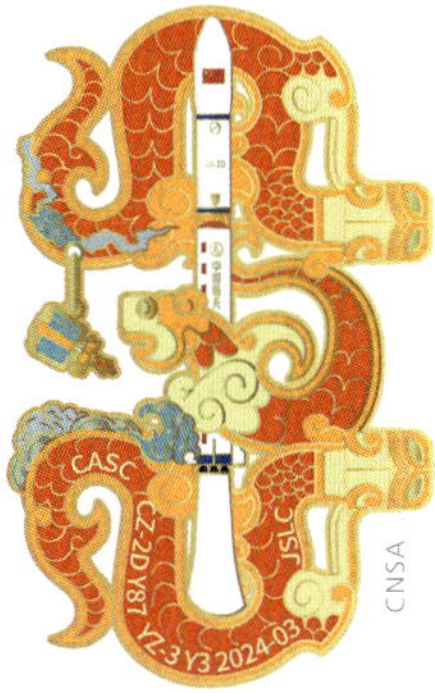

21. März 2021 – „Live And Let Fly“ im Auftrag des NRO – Rocket Lab führte am 21. März die Mission NROL-123 für das National Reconnaissance Office (NRO) der USA durch und brachte dabei vier Kleinsatelliten in den Orbit. Die Raumfahrzeuge tragen die Bezeichnungen USA-352 (auch: RASR-5), MOLA und Aerocube 16A und 16B. Startort war der Komplex 2 des Mid Atlantic Regional Spaceport (kurz: MARS) auf Wallops Island in Virginia, den Rocket Lab betreibt. Die Startanlagen 1A und 1B von Rocket Lab befinden sich auf der Halbinsel Mahia in Neuseeland. Die Mission…

21. März 2024 – SpaceX CRS-30 versorgt die ISS – Im Auftrag der NASA brachte SpaceX einen Cargo Dragon mit mehr als drei Tonnen Nachschubgütern auf den Weg zur Internationalen Raumstation. In der Terminologie des Programmes wird der Einsatz als SpaceX CRS-30 bezeichnet, weil es sich um die 30. Mission von SpaceX für die NASA im Rahmen des Cargo Resupply Service-Vertrages (oder kurz: CRS) mit der US-Weltraumbehörde handelt. Erstmals seit mehreren Jahren startete dabei ein Cargo Dragon wieder von der Startanlage 40 der Cape Canaveral Space Force…

23. März 2024 – Sojus MS-25 auf dem Weg zur ISS – Das bemannte russische Raumschiff Sojus MS-23 ist seit dem 23. März auf dem Weg zur Internationalen Raumstation. Es war der zweite Anlauf für diese Mission, denn zwei Tage zuvor hatte der Startvorgang nur 20 Sekunden vor der Zündung der Triebwerke wegen eines Fehlers in einer Komponente des Bodenequipments abgebrochen werden müssen. Die Verzögerung hat Auswirkungen auf die Crew, denn nun kann die Raumstation nicht mehr auf der geplanten zeitsparenden Route innerhalb von nur drei Stunden angeflogen…

24. März 2024 – SpaceX startet neue Starlink-Gruppe – SpaceX brachte am 24. März die 23 Einheiten starke Starlink-Gruppe 6-42 in eine niedrige Erdumlaufbahn. Startort war die historische Anlage 39A des Kennedy Space Centers. Damit ist das Starlink-System weiter in stetigem Aufbau. Ende 2022 hatte es weltweit bereits 2,3 Millionen Anwender. Zum Stand 22. März waren 6.031 Startlinks gestartet worden, von denen 5.634 noch im Orbit sind. 5.564 davon sind derzeit einsatzfähig. Die Mission begann um 5:09 Uhr mitteleuropäischer Zeit. Die zweite Stufe des…

26. März 2024 – Starlink-Gruppe 6-46 im All – Mehr als die Hälfte aller weltweiten Orbitalstarts des Jahres 2024 geht bislang auf das Konto von SpaceX. Die Mission vom 25. März verstärkte diesen Trend weiter, denn an diesem Tag sandte die Firma von Elon Musk erneut 23 Starlink-Satelliten in eine niedrige Erdumlaufbahn. Die Mission trug die Bezeichnung Starlink 6-46. Es ist die 29. SpaceX-Mission in diesem Jahr und bereits die zehnte allein im Monat März für das Unternehmen. Es war der 175. Start für SpaceX von der Anlage 40 der Cape Canaveral…

26. März 2024 – Langer Marsch 6A transportiert Yunhai 3-02 in den Orbit – Eine Trägerrakete des Typs Langer Marsch 6A brachte am 26. Mai einen Erdbeobachtungssatelliten der Yunhai 3-Reihe auf eine sonnensynchrone polare Erdumlaufbahn. Startort war das nordchinesische Raumfahrtzentrum Taiyuan. Bei der Nutzlast handelt es sich um einen Wettersatelliten. Es war der fünfte Einsatz einer Langer Marsch 6A seit ihrem Erstflug am 29.März 2022.Sowohl der Satellit als auch die Trägerrakete wurden von der Shanghai Academy of Spaceflight Technology (kurz: SAST) hergestellt. Die Mission…

30. März 2024 – Eutelsat 36D startet auf Falcon 9 – Am 30. März brachte SpaceX im Auftrag des französischen Satellitenbetreibers Eutelsat den Kommunikationssatelliten Eutelsat 36D auf eine supersynchrone geostationäre Transferbahn. Als Träger wurde eine Rakete des Typs Falcon 9 eingesetzt. Die Mission nahm an der historischen Startanlage 39A des Kennedy Space Centers ihren Anfang. Der Satellit wird Eutelsat 36B ersetzen, der am 24. November 2009 mit einer Rakete des Typs Proton M von Baikonur aus gestartet worden war und derzeit immer noch voll…

31. März 2024 – SpaceX bringt Starlink-Gruppe 6-45 in den Orbit – SpaceX hält die dichte Folge von Starlink-Starts weiter aufrecht. Am 31. März startete das Unternehmen nur wenige Stunden nach der Mission Eutelsat 36D die 23 Einheiten starke Starlink 6-45 Gruppe in eine niedrige Erdumlaufbahn. Es war der 31. Start für SpaceX im laufenden Jahr, soviel wie das Unternehmen im ganzen Jahr 2021 durchführte, und die 12. SpaceX-Mission innerhalb eines einzelnen Monats. Und es war der 260. Einsatz einer „gebrauchten" Rakete. Alles ebenfalls neue Rekorde….

31. März 2024 – Resurs-P Nr. 4 nach langer Verzögerung im All – Die russische Raumfahrtagentur Roskosmos brachte am 31. März den Erdbeobachtungssatelliten Resurs-P Nr. 4 auf eine sonnensynchrone polare Erdumlaufbahn. Startort war das Raumfahrtzentrum Baikonur in Kasachstan. Als Träger wurde eine Rakete des Typs Sojus 2.1b eingesetzt. Die neue Einheit ersetzt Resurs-DK Nr. 1, der am 15. Juni 2006 gestartet wurde, aber schon seit dem 7. Februar 2016 nicht mehr arbeitet. Die Mission begann um 10:37 Uhr mitteleuropäischer Zeit an der Startanlage 31/6 des Kosmodroms…

02. April 2024 – SpaceX startet Starlink-Gruppe 7-18 – SpaceX brachte am 2. April 22 Starlink-Satelliten der Gruppe 7 in den Orbit. Die Mission begann an der Space Force Basis Vandenberg in Kalifornien. Damit sind nun 6.122 Starlinks aller Baureihen gestartet worden. 468 Einheiten sind bereits wieder dem Orbit entnommen worden oder befinden sich gerade auf dem Weg zum Eintritt in die Erdatmosphäre. 5.624 Satelliten sind in arbeitsfähigem Zustand, aber haben teilweise noch nicht ihre Arbeitsposition erreicht. 5.174 sind derzeit aktiv im Starlink-System eingebunden….

02. April 2024 – Yaogan 42-01 spioniert für China – China brachte am 2. April mit einer Trägerrakete des Typs Langer Marsch 2D den militärischen Aufklärungssatelliten Yaogan 42-01 in eine niedrige Erdumlaufbahn geringer Inklination. Die Mission nahm am zentralchinesischen Weltraumbahnhof Xichang ihren Anfang. Es war die 15. Orbitalmission Chinas im laufenden Jahr. Der Start erfolgte um 23:56 Uhr mitteleuropäischer Zeit an der Startanlage 3 des Weltraumbahnhofs. Der Satellit wurde von der zweiten Stufe auf einer Bahn mit einem Perigäum von 491…

05. April 2024 – SpaceX bringt Starlink-Gruppe 6-47 ins All – SpaceX brachte am 5. April die 23 Einheiten starke Starlink-Gruppe 6-47 in eine niedrige Erdumlaufbahn. Startort war die Anlage 40 der Cape Canaveral Space Force Station. Sehr viele Starts der Gruppe 6 wird es nun nicht mehr geben. SpaceX wird in Kürze dazu übergehen, Satelliten der Gruppe 7 von Florida aus zu starten. Bislang erfolgten diese Missionen immer von der US-Westküste aus. Die Mission begann um 10:12 Uhr mitteleuropäischer Zeit. Wie immer bei den Satelliten der Gruppe 6 wurde auch…

06. April 2024 – Sojus MS-24 landet sicher in Kasachstan – Die drei Besatzungsmitglieder des russischen Raumschiffs Sojus MS-24 landeten am 6. April sicher in der Steppe von Kasachstan, südöstlich der Stadt Dscheskasgan. Der Touchdown erfolgte um 8:17 Uhr mitteleuropäischer Zeit. An Bord der Landekapsel befanden sich neben dem Kommandanten Oleg Nowitzki die NASA-Astronautin Loral O'Hara und die weißrussische Gastkosmonautin Marina Wasilewskaja. O'Hara war am 15. September 2023 an der ISS angekommen und hat somit insgesamt 204 Tage im Weltraum verbracht…

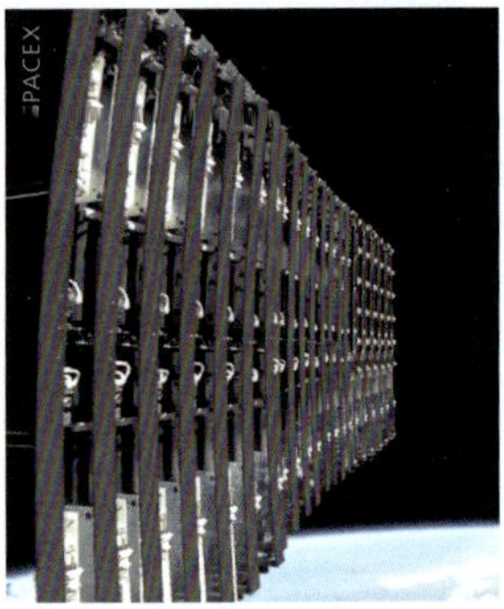

07. April 2024 – Erster Start für Starlink-Gruppe 8 – Am 7. April führte SpaceX den ersten Transport für die Starlink-Gruppe 8 durch. Die Mission begann an der Space Force Basis Vandenberg in Kalifornien. Unter den 21 Einheiten befanden sich auch sechs Satelliten, mit denen „Direct to Cell"-Service durchgeführt werden kann, die also für bestimmte Anwendungen keine Empfangsstation auf der Erde benötigen, sondern direkt an Mobiltelefone senden. Es war die 155. Mission, die ganz oder überwiegend der Errichtung des Starlink-Systems gewidmet war. Dabei…

08. April 2024 – Bandwagon-1 transportiert elf Satelliten – Mit einem weiteren Typ von Rideshare-Missionen von SpaceX wird es für die Anbieter von Nano- und Mikro-Launchern zunehmend schwieriger, sich auf dem Trägermarkt zu behaupten. Am 8. April führte das Unternehmen die erste so genannte „Bandwagon"-Mission durch, eine Rideshare-Mission, die auf eine Bahnneigung von etwa 45 Grad führt. SpaceX's Transporter-Missionen, von denen bislang zehn gestartet wurden, gehen dagegen auf sonnensynchrone polare Orbits. Die Rakete transportierte bei diesem Flug…

09. April 2024 – NROL-70 bringt das Ende der Delta-Ära – Mit dem Start der 16. und letzten Delta 4 Heavy endete am 9. April nicht nur die Geschichte dieses US-Schwerlastträgers, sondern auch die 63 Jahre lange Ära von Raketen mit der Bezeichnung „Delta" überhaupt. Bei ihrer Abschiedsmission brachte sie einen schweren Signalaufklärer für das National Reconnaissance Office (NRO) direkt in eine geostationäre Umlaufbahn. Komplexe Missionsverläufe mit großen Satelliten waren eine Spezialität dieser Rakete. Wegen ihrer enormen Stückkosten, man spricht von…

10. April 2024 – SpaceX startet Starlink Gruppe 6-48 – Am 10. April brachte SpaceX die 23 Einheiten starke Starlink-Gruppe 6-48 in eine niedrige Erdumlaufbahn. Die Mission begann an der Startanlage 40 der Cape Canaveral Space Force Station. Damit wurden bislang 5.788 Starlink-Satelliten aller Baureihen gestartet. Der Starlink-Internet-Service ist jetzt in 74 Ländern der Erde zu empfangen. Momentan gibt es 2,7 Millionen Starlink-User und die Zuwachsrate ist steil ansteigend. Der Liftoff erfolgte um 7:40 Uhr mitteleuropäischer Zeit. Wie üblich bei den…

11. April 2024 – Angara 5 startete von Wostotschny – Eine Raumflugmission bei der mehrere Erstleistungen zusammenkommen gab es in Russland schon sehr lange nicht mehr, aber am 11. April war es wieder einmal so weit. Der Erstflug einer Angara 5 mit einer Orion-Oberstufe erfolgte an diesem Tag von einer brandneuen Startanlage in Russlands ostsibirischem Weltraumbahnhof Wostotschny. Die Mission verlief – soweit das im Westen beurteilt werden kann – fehlerlos. Der komplexe Flugverlauf, mit mehrfachen Brennmanövern der Orion-Oberstufe, führte direkt…

11. April 2024 – SpaceX transportiert militärischen Wettersatelliten ins All – SpaceX brachte am 11. April einen ganz speziellen Wettersatelliten für die US Space Force ins All. Die Mission begann an der Startanlage 4E der Vandenberg Space Force Base. Das Raumfahrzeug trägt die Bezeichnung WSF-M1 (für: Weather System Follow-on Microwave Nr. 1). Er beobachtet nicht nur das terrestrische Wetter, sondern auch Partikelstrahlung aus dem All, die möglicherweise militärische Einrichtungen des US-Militärs stören könnte. Offiziell trug der Einsatz die Bezeichnung USSF-62. Die Mission begann…

13. April 2024 – Booster 1062 fliegt seinen zwanzigsten Einsatz – Das vor knapp einem Jahrzehnt festgelegte (und damals in der „etablierten" Aerospace-Industrie vielfach belachte) Ziel von SpaceX, die Erststufen der Falcon 9 bis zu zehn Mal wiederzuverwenden wurde am 13. April um 100 Prozent übertroffen. An diesem Tag führte der Booster 1062 seinen zwanzigsten Einsatz durch und landete nach der Mission auf einem Bergungsschiff im Atlantik. Die Aufgabe bei diesem Jubiläumsflug bestand darin, die 23 Einheiten starke Starlink-Gruppe 6-49 in eine niedrige…

15. April 2024 – China bringt SuperView Neo 3-01 in den Orbit – China brachte am 15. April den Erdbeobachtungssatelliten SuperView Neo 3-01 (auch als Gaojing-3-01 bezeichnet) in eine sonnensynchrone polare Erdumlaufbahn. Startort war das nordchinesische Raumfahrtzentrum Jiuquan. Als Träger wurde eine Rakete des Typs Langer Marsch 2D eingesetzt. Betreiber des neuen Raumfahrzeugs ist die China Siwei Surveying and Mapping Technology Co., Ltd, ein Ableger der staatlichen CASC. Die Mission begann um 6:12 Uhr mitteleuropäischer Zeit an der Rampe 2 des Startkomplexes 4…

17. April 2024 – Falcon 9 startet Starlink-Gruppe 6-51 – SpaceX brachte am 17. April mit einer Trägerrakete des Typs Falcon 9 die 23 Einheiten starke Starlink-Gruppe 6-51 in eine niedrige Erdumlaufbahn. Startort war die historische Anlage 39A des Kennedy Space Centers. Es war die 50. Mission für die Installation der Gruppe 6 (die Flüge erfolgen nicht unbedingt in numerischer Reihenfolge) und es war der 39. SpaceX-Start des laufenden Jahres und ebenso die 39. erfolgreiche Erststufenlandung des Jahres. Die Mission begann um 23:26 Uhr mitteleuropäischer…

19. April 2024 – Alle 2,7 Tage ein Start bei SpaceX – Nur gut einen Tag nach dem Start der Starlink-Gruppe 6-51 startete SpaceX einen weiteren 23 Einheiten umfassenden Stapel an Starlink-Satelliten in eine niedrige Erdumlaufbahn. Derzeit kommt das Unternehmen auf eine Quote von einem Start etwa alle 2,7 Tage, und das sind bei weitem nicht nur firmeneigene Missionen zum Aufbau der Starlink-Konstellation. Es war der insgesamt 325. Flug einer Falcon 9. Die Falcon 9 für den aktuellen Einsatz verließ am 19. April, um 0:40 Uhr mitteleuropäischer Zeit, die…

21. April 2024 – Yaogan 42-02 auf den Spuren von Yaogan 42-01 – Die am 2. April geäußerte Vermutung, dass es sich bei Yaogan 42-01 um die erste Einheit einer neuen Reihe militärischer Aufklärungssatelliten handelt, hat sich nur 19 Tage später bestätigt. Am 21. April folgte der Einheit Yaogan 42-01 nun Yaogan-42-02 nach. Die Langer Marsch 2D-Trägerrakete startete dabei von derselben Rampe am Weltraumbahnhof Xichang wie ihr Vorgänger. Die Mission begann um 1:45 Uhr mitteleuropäischer Zeit an der Startanlage 3 des Raumfahrtzentrums. Der Satellit wurde von der…

24. April 2024 – 300. erfolgreiche Landung eines SpaceX Falcon-Boosters – Was von den meisten Raumfahrtexperten noch vor zehn Jahren als sinnlose Zeit- und Geldverschwendung betrachtet wurde, die sich niemals rechnen werde, gelang SpaceX am 24. April zum 300. Mal: Die Landung einer Erststufe nach absolviertem Einsatz. Das für unmöglich gehaltene war der Garant für SpaceX's weltweite Führerschaft auf dem Trägermarkt. Selbst als vor achteinhalb Jahren die erste Landung gelang, wurde sie immer noch als unsinnige technische Spielerei angesehen. Vor seiner Jubiläumslandung half…

24. April 2024 – Rocket Lab sorgt für „Beginning Of The Swarm" – Nur 15 Minuten nach dem Start einer Falcon 9 von Cape Canaveral aus trat am 24. April eine Electron von Rocket Lab mit zwei Satelliten an Bord ihre Reise in den Orbit an. Diese Mission begann allerdings auf der anderen Seite des Planeten, nämlich am neuseeländischen Privatraumflughafen Mahia auf der Nordinsel des Landes. Die recht komplizierte Startmission verlief perfekt und die beiden Raumfahrzeuge mit den Bezeichnungen NeonSat-1 und ACS-3 erreichten ihre vorgesehenen Umlaufbahnen. Es war die…

25. April 2024 – Shenzhou 18 bringt Crew zu Tiangong – Eine chinesische Trägerrakete des Typs Langer Marsch 2F transportierte am 25. April das bemannte Raumschiff Shenzhou 18 in einen Transferorbit. Von dort aus erreichte das Vehikel innerhalb von sieben Stunden die nationale chinesische Raumstation Tiangong und legte dort an. Startort war die Rampe 1 am Startkomplex 4 des nordchinesischen Raumfahrtzentrums Jiuquan. Es ist die siebte Mission, die zur chinesischen Raumstation führt und die dritte bemannte Mission des laufenden Jahres. Nach dem Start…

28. April 2024 – SpaceX startet Galileo-Satelliten für die EU – Am 28. April brachte SpaceX zwei Navigationssatelliten für die europäische Galileo-Konstellation auf eine mittelhohe Erdumlaufbahn. Es war der insgesamt zwölfte Start für das Galileo-System, jedoch der erste, der von einer Falcon 9 durchgeführt wurde. Bei dieser Mission wurde seit langem wieder einmal ein Booster (Seriennummer: B1060) im „Verbrauchsmodus" geflogen, um die geforderte Performance sicherzustellen. Allerdings war diese ältere Erststufe bereits bei ihrem 20. Einsatz angelangt. Das gilt…

29. April 2024 – Starlink-Gruppe 6-54 im Orbit – Weniger als einen Tag nach dem Start von zwei Satelliten für das europäische Galileo-Programm brachte SpaceX die 23 Einheiten starke Starlink-Gruppe 6-54 für die „hauseigene" Internet-Konstellation in den Orbit. Es war die 29. SpaceX-Mission des Jahres, die dem Aufbau dieses Systems gewidmet war. Damit wurden allein in den ersten vier Monaten diesen Jahres 656 Starlink-Satelliten gestartet. Die Mission begann um 0:08 Uhr an der Startanlage 40 der Space Force Basis Cape Canaveral und führte, wie…

30. April 2024 – Shenzhou 17 kehrt zur Erde zurück – Die Landekapsel des chinesischen Raumschiffs Shenzhou 17 kehrte am 30. April sicher zur Erde zurück. Sie ging am Fallschirm im primären Rückkehrgebiet für bemannte chinesische Raumfahrzeuge nieder, der Dongfeng-Landezone, die etwa 60 Kilometer südöstlich des Raumflugzentrums Jiuquan liegt, von wo aus die Kosmonauten gestartet waren. An Bord befand sich die dreiköpfige Crew, bestehend aus dem Kommandanten Tang Hongbo und den beiden Operatoren (wie es im chinesischen Sprachgebrauch heißt) Tang Shengjie…

02. Mai 2024 – SpaceX startet Worldview Legion 1 und 2 für Maxar – SpaceX brachte am 2. Mai die beiden Erdbeobachtungssatelliten Worldview Legion 1 und 2 auf eine sonnensynchrone polare Erdumlaufbahn. Die Mission begann an der Space Force Basis Vandenberg in Kalifornien. Es sind dies die ersten beiden Einheiten einer geplant zwölf Satelliten starken Konstellation. Der Transport der beiden Raumfahrzeuge war die 300. erfolgreiche Falcon 9-Mission in ununterbrochener Reihenfolge. Das ist ein absoluter Zuverlässigkeits-Weltrekord in der Raumfahrt. Die Mission begann…

03. Mai 2024 – SpaceX baut Starlink-Netz weiter aus – Nur acht Stunden nach dem Start der beiden Worldview-Satelliten für Maxar war SpaceX erneut als Startdienstleister aktiv. Die aktuelle Mission am 3. Mai, sie trug die Bezeichnung Starlink 6-55, war dem weiteren Ausbau der firmeneigenen Starlink-Konstellation gewidmet. Startort war die Cape Canaveral Space Force Station. Und wie fast immer bei den Starts der Gruppe 6 brachte die Falcon 9-Trägerrakete 23 Starlink-Satelliten in eine niedrige Erdumlaufbahn. Es war der 30. Starlink-Start des laufenden Jahres….

03. Mai 2023 – Chang'e 6 holt Bodenproben von der Mondrückseite – China startete am 3. Mai mit der Probenrückführsonde Chang'e 6 eine der bedeutendsten und komplexesten Missionen des Jahres 2024. Das massive Raumfahrzeug ist mit einem Startgewicht von 8,2 Tonnen die schwerste unbemannte Raumsonde, die je zum Erdtrabanten entsandt wurde. Es ist die zweite Probenrückführmission, die China zum Mond unternimmt und die erste in der Geschichte der Raumfahrt, die ein Landegebiet auf der erdabgewandten Seite des Mondes zum Ziel hat. Startort war das Raumfahrtzentrum…

06. Mai 2023 – Starlink-Gruppe 6-57 gestartet – SpaceX brachte am 8. Mai die 23 Einheiten starke Starlink-Gruppe 6-57 in eine niedrige Erdumlaufbahn. Startort war Komplex 40 der Cape Canaveral Space Force Station, der am häufigsten verwendeten Startanlage des Raumfahrtunternehmens. Damit hat SpaceX bislang 6.350 Starlink-Satelliten gestartet. 5.919 davon sind betriebsbereit. Die Mission begann um 20:42 Uhr mitteleuropäischer Zeit. Etwa 65 Minuten nach dem Liftoff setzte die zweite Stufe die Satelliten in einer Bahn mit einem Perigäum von…

07. Mai 2024 – Erstflug der Langer Marsch 6C verläuft erfolgreich – Man muss zugeben, das war nicht anders zu erwarten: Der Erstflug der Langer Marsch 6C verlief erfolgreich. Kein Wunder, handelt es sich dabei doch um eine vereinfachte und abgespeckte Version der bereits fünf Mal erfolgreich gestarteten Langer Marsch 6A. Während das Ausgangsmodell mit vier Feststoffboostern bestückt ist, fliegt die LM 6C im „Single Stick-Modus“, also nur als Zentralstufe ohne Booster und einer zweiten Stufe. Beide Antriebseinheiten werden mit flüssigem Sauerstoff und Kerosin betrieben.

08. Mai 2024 – Auf Starlink 6-57 folgt Starlink 6-56 – Kurzzeitig hat SpaceX die normale sequentielle Starlink-Startreihenfolge verlassen, und die aus 23 Einheiten bestehende Gruppe 6-56 erst nach der Gruppe 6-57 gestartet. Dieses Mal begann die Reise in den Orbit an der historischen Startanlage 39A des Kennedy Space Center. Möglicherweise war das für eine ganze Weile der letzte Start einer Standard-Falcon 9 von dort aus, denn diese Rampe wird danach für den Start einer Falcon Heavy am 25. Juni umgerüstet. Dieser Prozess dauert in der Regel zwischen 40 und 50 Tagen….

09. Mai 2024 – China kommuniziert im mittleren Erdorbit – Derzeit laufen die Raumfahrtmissionen Chinas und der USA im Wechsel. Andere Nationen sind schon seit Wochen nicht mehr aktiv. In diesem Sinne war am 9. Mai, nach einem US-Flug am Vortag, wieder das „Reich der Mitte“ an der Reihe. An diesem Tag brachte eine Trägerrakete des Typs Langer Marsch 3B zwei Breitband-Kommunikationssatelliten für einen mittelhohen Erdorbit in die geplante Umlaufbahn. Die Mission begann am Raumfahrtzentrum Xichang in Zentralchina. Der Liftoff erfolgte um 3:50 Uhr…

10. Mai 2024 – SpaceX startet Starlink-Gruppe 8-2 – SpaceX brachte am 10. Mai die zweite Gruppe der Starlink-Serie 8 in eine niedrige Erdumlaufbahn. Startort war die Space Force Basis Vandenberg in Kalifornien. Die Gruppe umfasste dieses Mal nur 20 anstelle der sonst üblichen 23 Satelliten. Das liegt am höheren Startgewicht der neuen „Direct-to-cell“-Variante an Starlink-Satelliten, von denen diesmal 13 Stück an Bord waren und der steileren Inklination gegenüber beispielsweise den Einheiten der Gruppe 6. Es war der 75. Start einer Falcon 9 von Vandenberg aus…

12. Mai 2023 – China startet Technologie-Demonstrator Shiyan 23 – China brachte am 12. Mai den Technologiedemonstrator Shiyan 23 auf eine sonnensynchrone, polare Erdumlaufbahn. Als Träger wurde eine Rakete des Typs Langer Marsch 4C eingesetzt. Dieser Raketentyp wird relativ selten verwendet, zuletzt im September 2023. Die Mission begann am nordchinesischen Raumfahrtzentrum Jiuquan. Der Liftoff erfolgte um 1:43 Uhr von der Startrampe 2 der Anlage 4 des Weltraumbahnhofs. Die dritte Stufe der Trägerrakete setzte den Satelliten auf einem Orbit mit einem Perigäum von…

13. Mai 2023 – Starlink-Gruppe 6-58 im Orbit – SpaceX brachte am 13. Mai die 23 Einheiten umfassende Starlink-Gruppe 6-58 in eine niedrige Erdumlaufbahn. Startort war die Cape Canaveral Space Force Station. Es war der 34. Start des Jahres, den SpaceX dem Ausbau des Starlink-Systems gewidmet hat. Die Mission begann um 2:53 Uhr mitteleuropäischer Zeit an der Startanlage 40 des Weltraumbahnhofs. Wie immer bei dieser Gruppe ging auch dieses Mal die Reise auf einen Orbit mit einer Bahnneigung von 43 Grad, einem Perigäum von 284 Kilometern und einem…

14. Mai 2023 – SpaceX startet Starlink-Gruppe 8-7 – SpaceX brachte am 14. Mai die 20 Einheiten starke Starlink-Gruppe 8-7 in eine niedrige Erdumlaufbahn. Startort war die Space Force Basis Vandenberg. Trotz der Missionsbezeichnung war dieser Einsatz erst der dritte Transport von Starlinks der Gruppe 8 und nicht bereits der siebte, wie man annehmen könnte. Es war die 50. Orbitalmission von SpaceX im laufenden Jahr. SpaceX hat damit seit Beginn des Starlink-Programms 6.413 Einheiten aller Versionen gestartet. 5.233 davon befinden sich momentan auf ihrem Einsatzorbit….

16. Mai 2023 – Russland startet vermutlich neun Satelliten mit Sojus 2.1b Fregat – Eine Trägerrakete des Typs Sojus 2.1b Fregat setzte am 16. Mai eine nicht genau bekannte Anzahl von Satelliten auf unterschiedlichen Bahnen ab. Nicht nur bezüglich der Zahl der Raumfahrzeuge sondern auch bezüglich ihrer Aufgabenstellung blieben westliche Beobachter weitgehend auf Vermutungen angewiesen. Startort war das vorwiegend militärisch genutzte nordrussische Kosmodron von Plessezk. Die Satelliten wurden auf sonnensynchronen polaren Orbits platziert. Vermutlich waren es neun Satelliten, die an…

18. Mai 2024 – Rekordeinsatz für Booster 1062 – Am 18. Mai brachte SpaceX die 23 Einheiten umfassende Starlink-Gruppe 6-59 in eine niedrige Erdumlaufbahn. Die Mission begann an der Space Force Basis Cape Canaveral. An Bord der Falcon 9-Trägerraketen befanden sich 23 Satelliten der Serie v2-Mini. Für den Start dieser Starlink-Gruppe wurde der Booster 1062 eingesetzt, der SpaceX damit einen neuen Rekord bescherte, denn er flog seinen 21. Einsatz. Der bisherige Rekord für eine Falcon 9-Erststufe stand bei 20 Missionen. Booster 1062 hat in seiner…

20. Mai 2024 – China bringt vier Beijing-3C Erdbeobachtungssatelliten in den Orbit – Die China Aerospace Science and Technology Corporation (kurz: CASC) brachte am 20. Mai im Auftrag der Twenty First Century Aerospace Technology Company Ltd die Erdbeobachtungssatelliten Beijing-3C-01 bis 04 in eine sonnensynchrone polare Erdumlaufbahn. Als Träger wurde eine Rakete des Typs Langer Marsch 2D eingesetzt. Es war der 90. Einsatz einer Rakete dieses Typs. Startort war das Raumfahrtzentrum Taiyuan in Nordchina. Die Mission begann um 5:06 Uhr an der Startanlage 9 des Weltraumbahnhofs….

21. Mai 2024 – Kuaizhou 11 transportiert vier Satelliten ins All – Eine feststoffbetriebene Trägerrakete des Typs Kuaizhou 11 von ExPace brachte am 21. Mai vier Kleinsatelliten in eine sonnensynchrone polare Erdumlaufbahn. Der Träger scheint nicht gerade ein Erfolgsmodell zu sein, denn seit seinem Erstflug im Jahre 2020 kam er erst zwei weitere Male zum Einsatz, die erste dieser nur drei Missionen schlug obendrein fehl. Dieses Mal verlief der Flug aber problemlos. Startort war der Weltraumbahnhof Jiuquan im Norden Chinas. Bei den vier Satelliten an Bord handelt es sich um…

22. Mai 2024 – SpaceX fliegt NROL-146 Mission für US-Geheimdienst – Beim ersten einer Serie von sechs Missionen für das National Reconnaissance Office (NRO) brachte SpaceX eine unbekannte Anzahl von Starshield-Satelliten in den Orbit. Offenbar nutzen sie die Starlink-Plattform für verschiedene Einsatzzwecke wie etwa Erdbeobachtung und Kommunikation und generell als Träger von Nutzlasten. Die Satelliten sind Bestandteil der so genannten Proliferated Architecture des NRO. Die Mission begann um 10:00 Uhr morgens mitteleuropäischer Zeit in dichtem Nebel an der…

23. Mai 2024 – SpaceX bringt Starlink-Gruppe 6-62 in den Orbit – SpaceX brachte am 23. Mai die 23 Einheiten umfassende Starlink-Gruppe 6-62 in eine niedrige Erdumlaufbahn. Startort war die Cape Canaveral Space Force Station in Florida. Damit hat SpaceX jetzt 6.482 Starlinks aller Versionen gestartet, von denen sich noch 6.030 im Orbit befinden. SpaceX ist gerade dabei, nach und nach die älteren V1-Einheiten wieder aus der Erdumlaufbahn zu entfernen. In dieser Woche wurde auch die Drei-Millionen-Marke bei der Zahl der Starlink-Nutzer überschritten. Der…

24. Mai 2024 – Auch Starlink-Gruppe 6-63 ist im Orbit – Fast exakt 24 Stunden nach dem Start der Starlink-Gruppe 6-62 brachte SpaceX am 24. Mai auch die Gruppe 6-63 in den Orbit. Auch sie umfasste 23 Einheiten. Startort war diesmal die historische Startanlage 39A des Kennedy Space Centers. Es war der 99. Startversuch des Jahres 2024 und der 54. Start einer Falcon 9. Es war auch exakt der fünfte Jahrestag des allerersten Starlink-Starts und der dritte Falcon 9-Flug in weniger als 48 Stunden. Der Liftoff erfolgte um 4:45 Uhr mitteleuropäischer Zeit. Wie…

25. Mail 2024 – „Ready, aim PREFIRE" und dann in den Orbit – Rocket Labs sechste Mission des laufenden Jahres, durchgeführt am 25. Mai, trug den Slogan „Ready, aim PREFIRE". Startort war der kleine private Raumflughaufen von Rocket Lab, der in der Nähe von „Point Ahuriri" an der Südspitze der Halbinsel Mahia liegt. Die wiederum befindet sich an der Ostküste der neuseeländischen Nordinsel. Das Akronym PREFIRE steht für Polar Radiant Energy in the Far-InfraRed Experiment. Dabei handelt es sich um eine Gruppe von zwei Kleinsatelliten, deren erster hiermit…

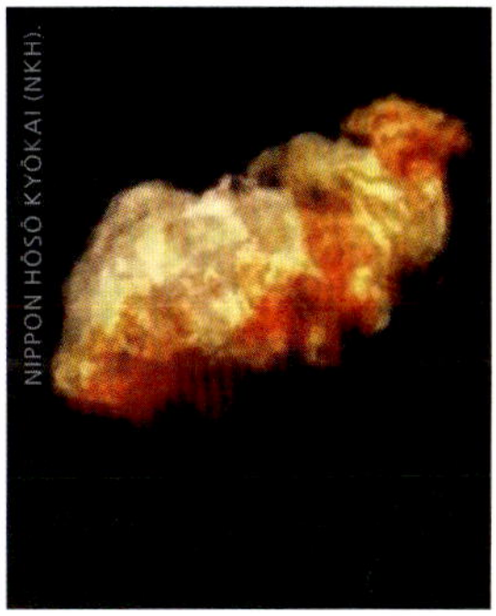

27. Mai 2024 – Nordkoreas Chollima 1 scheitert schon wieder – Die Erfolgsausbeute von Nordkoreas neuer Trägerrakete, der Chollima 1, ist nicht berauschend. Am 27. Mai scheiterte sie bei ihrem vierten Start zum dritten Mal. An Bord befand sich ein militärischer Erdbeobachtungssatellit in der Größe eines CubeSats mit der Bezeichnung Manligyeong 1-1. Startort war die Raketenbasis Sohae an der Westküste des Landes. Die Mission begann um 15:44 Uhr mitteleuropäischer Zeit und endete weniger als zwei Minuten später in einer Explosion. Aus dem Startazimuth ist…

28. Mai 2024 – Starlink-Gruppe 6-60 im Orbit – SpaceX brachte am 28. Mai die 23 Einheiten starke Starlink-Gruppe 6-60 in eine niedrige Erdumlaufbahn. Die Mission begann an der Startanlage 40 der Cape Canaveral Space Force Station. Es war der 55. Flug einer Falcon 9 in diesem Jahr, die 12. SpaceX-Mission im Mai und es war der 350. Start, den SpaceX jemals durchgeführt hat. Der Liftoff erfolgte um 16:24 Uhr mitteleuropäischer Zeit. Die zweite Stufe des Trägers steuerte, wie für die Satelliten der Gruppe 6 üblich, einen Orbit mit einer Bahnneigung…

29. Mai 2024 – ESA und JAXA vertrauen auf SpaceX – Weniger als acht Stunden nach dem vorausgegangenen Einsatz einer Falcon 9 für das Starlink-Programm startete am 29. Mai erneut eine Rakete dieses Typs. Dieses Mal von der Space Force Basis Vandenberg aus und im Auftrag der japanischen und europäischen Raumfahrtbehörden (JAXA und ESA) sowie des nationalen japanischen Institutes für Informations- und Kommunikationstechnologie (NICT). Das einzelne Raumfahrzeug an Bord trägt den Namen EarthCARE (für: Earth Cloud, Aerosol and Radiation Explorer)….

29. Mai 2024 – Ceres 1S bringt vier Tianqui-Satelliten in den Orbit – Das chinesische Unternehmen Galactic Energy brachte am 29. Mai vier Einheiten der Tianqui-Konstellation in eine niedrige Erdumlaufbahn. Die Mission lief unter dem Slogan „Beautiful world". Bei den Tianquis handelt es sich um Satelliten für das Internet of Things (kurz: IoT). Die Rakete startete von der Barke DeFu 15002, die schon mehrfach Missionen chinesischer Kleinträger unterstützt hat. Sie war für den aktuellen Start im Gelben Meer, nordöstlich der 3-Millionen-Stadt Rizhao, stationiert…

30. Mai 2024 – Progress MS-27 versorgt die ISS – Die russische Raumfahrtorganisation Roskosmos brachte am 30. Mai den Raumtransporter Progress MS-27 auf den Weg zur Internationalen Raumstation. Startort war der in Kasachstan gelegene russische Weltraumbahnhof Baikonur. Als Träger wurde eine Rakete des Typs Sojus 2.1a eingesetzt. Es war der 180. Flug eines Progress-Raumtransporters, wenn man alle Missionen in die Rechnung mit einbezieht. Für die Versorgung der Internationalen Raumstation ist es aber erst die 88. Die allererste Progress startete im…

30. Mai 2024 – Langer Marsch 3B fliegt für Pakistan – Eine chinesische Trägerrakete des Typs Langer Marsch 3B/E brachte am 30. Mai den Kommunikationssatelliten Paksat-MM1R in eine geostationäre Transferbahn. Auftraggeber der Mission ist die nationale pakistanische Raumfahrtagentur SUPARCO (für: Space & Upper Atmosphere Research Commission). Das Akronym MM1R steht für Multi-Mission communications satellite, das „R" für „Replacement", denn er ist das Ersatzgerät für einen früheren Satelliten dieses Namens, den SUPARCO geleast hatte und der im Januar 2022 seinen Dienst eingestellt hatte.

31. Mai 2024 – Ceres 1 diesmal mit fünf Satelliten unterwegs – Nur gut eineinhalb Tage nach dem vorausgegangenen Start einer Ceres 1 brachte Galactic Energy erneut einen Träger dieses Typs zum Einsatz. Dieses Mal transportierte die vierstufige Rakete gleich fünf Kleinsatelliten in den Orbit. Bei ihnen handelt es sich um die beiden Technologiedemonstratoren Jiguang Xingzuo 01 und 02, und um die drei kleinen Wettersatelliten Yunyao 1-14, 1-25 und 1-26. Startort der Ceres war dieses Mal der nordchinesische Weltraumbahnhof Jiuquan. Der Einsatz begann um 1:39 Uhr...

01. Juni 2024 – SpaceX startet Starlink-Gruppe 6-64 – Am 1. Juni brachte SpaceX mit einer Trägerrakete des Typs Falcon 9 die aus 23 Einheiten bestehende Starlink-Gruppe 6-64 in eine niedrige Erdumlaufbahn. Ort des Starts war die Space Force Basis Cape Canaveral in Florida. Nachdem es in Florida zum Zeitpunkt des Missionsbeginns noch der 31. Mai war, bedeutete dieser Einsatz den 14. Start von SpaceX innerhalb eines einzigen Monats. Das ist Weltrekord für eine einzelne Organisation. Die Mission begann um 4:37 Uhr mitteleuropäischer Zeit an der Startanlage...

05. Juni 2024 – Wieder ein Jubiläum für SpaceX – SpaceX brachte am 5. Juni die 20 Einheiten umfassende Starlink-Gruppe 8-5 in eine niedrige Erdumlaufbahn. Ort des Starts war erneut die Space Force Basis Cape Canaveral. Es war der erste Start von Starlink-Einheiten dieser Gruppe von Florida aus. Bei 13 der Satelliten handelt es sich um so genannten „Direct-to-Cell"-Einheiten. Mit ihnen kann vom Handy aus – mit verringerter Datenrate – direkt kommuniziert werden. Es war erneut eine Jubiläumsmission, denn auf den Tag genau 14 Jahre zuvor war von...

ROCKET LAB

05. Juni 2024 – PREFIRE & Ice im Orbit – Auch der zweite Start für die PREFIRE-Mission der NASA, mit dem Satelliten PREFIRE 2, verlief erfolgreich. Nach dem ersten Einsatz mit dem Slogan „Ready, aim, PREFIRE" am 25. Mai brachte Rocket Lab am 5. Juni auch die als „PREFIRE & Ice" bezeichnete zweite Mission sicher auf den Weg in einen sonnensynchronen, polaren Orbit. Startort war erneut der private kleine Raumflughafen von Rocket Lab auf der Halbinsel Mahia in Neuseeland. Das Akronym PREFIRE steht für Polar Radiant Energy in the Far-InfraRed Experiment...

05. Juni 2024 – Suni & Butch fliegen mit Calypso zur ISS – Nach schier unzähligen Pannen, Problemen und Verzögerungen begann Boeings Starliner am 5. Mai seinen ersten bemannten Einsatz. Die offizielle Bezeichnung der Mission lautet Boe-CFT (für: Boeing Crew Flight Test). Damit haben, vier Jahre nach dem bemannten Erstflug des Crew Dragon von SpaceX, die USA ein zweites bemanntes Raumtransportsystem im Rahmen des Commercial Crew Development Program zur Verfügung. Die Besatzung des Raumschiffs, das auf den Namen „Calypso" getauft wurde, besteht aus zwei...

SUNNY WILLIAMS

GALACTIC ENERGY

06. Juni 2024 – Dritter Ceres-Start in zehn Tagen – Das chinesische Unternehmen Galactic Energy brachte am 6. Juni zum dritten Mal innerhalb von zehn Tagen eine Trägerrakete des Typs Ceres 1 in eine sonnensynchrone polare Erdumlaufbahn. Startort war erneut die Anlage 95S im nordchinesischen Raumfahrtzentrum Jiuquan. Wieder einmal bekam diese Mission – nach westlichem Vorbild – einen Slogan. Der lautete dieses Mal „Love on Top". Abgesetzt wurden drei Erdbeobachtungssatelliten und eine Nutzlastplattform.

08. Juni 2024 – Erste Starlinks der Gruppe 10 gestartet – Am 8. Juni brachte SpaceX die ersten 22 Starlink-Einheiten der Gruppe 10 in eine niedrige Erdumlaufbahn. Derzeit ist nicht klar, warum diese Satelliten eine eigene Gruppenbezeichnung bekommen, denn sie werden auf dieselbe Inklination transportiert wie die Einheiten der Gruppe 8. Der Einsatz resultierte in der 300. geglückten Landung eines Falcon 9-Boosters. Die Mission begann um 3:56 Uhr mitteleuropäischer Zeit an der Startanlage 40 der Cape Canaveral Space Force Station. Die zweite Stufe setzte...

SPACEX

08. Juni 2024 – SpaceX bringt Starlink-Gruppe 8-8 in den Orbit – Weniger als zwölf Stunden nach dem Start der Starlink-Gruppe 10-1 brachte SpaceX am 8. Juni 20 Einheiten der Gruppe 8 in eine niedrige Erdumlaufbahn. Startort war dieses Mal die Space Force Basis Vandenberg in Kalifornien. Obwohl SpaceX keine detaillierten Angaben zu diesem Start machte, wird – aufgrund der Tatsache, dass weniger Satelliten als bei den Standardmissionen an Bord waren – vermutet, dass auch dieses Mal 13 „Direct-to-cell"-Einheiten mit an Bord waren. Es war der 60. Orbitalflug von SpaceX in diesem Jahr....

19. Juni 2024 – Starlink-Gruppe 9-1 startet von Vandenberg – Einen Zeitraum von mehr als zehn Tagen, an denen es weltweit kein einziger Orbitalstart durchgeführt wurde, hat es schon lange nicht mehr gegeben. Diese Unterbrechung in der Starttätigkeit löste jetzt, wer sonst, SpaceX auf. Die vorausgegangene Orbitmission, ebenfalls durchgeführt von SpaceX, war am 8. Juni erfolgt. Am 19. Juni startete nun wiederum SpaceX die 20 Einheiten umfassende Starlink-Gruppe 9-1 von der Space Force Basis Vandenberg aus. 13 der neuen Starlinks sind „Direct-to-cell"-Satelliten....

20. Juni 2024 – Jubiläumsflug für Rocket Lab und die Electron – Am 20. Juni führte der neuseeländisch-amerikanische Startdienstleister Rocket Lab seine 50. Orbitalmission durch. Wie stets vergab das Unternehmen auch für diesen Einsatz einen Slogan. Er lautete „No Time Toulouse". An Bord des Kleinträgers befanden sich fünf Nanosatelliten von Kinéis. Der Start erfolgte von der Anlage 1B des werkseigenen kleinen Raumflughafens auf der Halbinsel Mahia in Neuseeland. Insgesamt hat Rocket Lab damit 190 Satelliten in den Orbit oder in eine lunare Transferbahn gebracht....

20. Juni 2024 – Astra 1P fliegt mit SpaceX – In den besseren Tagen für die europäische Raumfahrt wäre dieser Satellit eine typische Ariane 5-Nutzlast gewesen. Nachdem Europas Starttätigkeit aber seit langem weitgehend lahm liegt, ist es jetzt ein Geschäft für SpaceX. Das Raumfahrtunternehmen von Elon Musk brachte jedenfalls am 20. Juni den Satelliten Astra 1P des luxemburgischen Kommunikationsdienstleisters SES S.A. auf eine supersynchrone Transferbahn. Startort war die Cape Canaveral Space Force Station in Florida. Die Mission begann um...

22. Juni 2024 – Chinesisch-französischer Forschungssatellit im Orbit – Die chinesische Raumfahrtagentur brachte am 22. Juni zwei astronomische Forschungssatelliten in eine niedrige Erdumlaufbahn. Bei den beiden Einheiten handelt es sich um den Gammastrahlen-Forschungssatelliten SVOM (für: Space Variable Objects Monitor), der gemeinsam von der CNSA (Chinese National Space Agency) und der CNES (Centre Nationales D'études Spatiale) entwickelt und gebaut wurde, und um CATCH-1, einen Röntgenstrahlen-Forschungssatelliten der CNSA. Als Träger wurde eine Rakete des Typs…

23. Juni 2024 – Starlink-Gruppe 10-2 im Orbit – Am 23. Juni brachte eine Trägerrakete des Typs Falcon 9 die 22 Einheiten umfassende Starlink-Gruppe 10-2 in eine niedrige Erdumlaufbahn. Startort war die Space Force Basis Cape Canaveral. Der Start gelang erst beim dritten Versuch. Zunächst kam es zu einer wetterbedingten Verschiebung am 13. Juni. Beim zweiten Anlauf, am 14. Juni, ereignete sich ein seltener Startabbruch nachdem bereits die Triebwerke gezündet hatten….

24. Juni 2024 – Starlink-Gruppe 9-2 startet von Vandenberg – Nur gut neun Stunden nach dem vorangegangenen Start zur Bestückung des Starlink-Netzes startete SpaceX am 24. Juni erneut eine Falcon 9 für diesen Zweck. An Bord befanden sich 20 Einheiten der Gruppe 9-2. Dieses Mal nahm die Mission an der Space Force Basis Vandenberg ihren Anfang. Wie bei den letzten Starts häufiger der Fall, war auch bei der aktuellen Mission eine Mischung aus Standard-Starlinks (sieben Stück) der v2-Mini-Serie und „Direct-to-Cell-Einheiten" (13 Satelliten) an Bord….

25. Juni 2024 – Zehnte Falcon Heavy startet GOES-U – SpaceX brachte am 25. Juni mit einer Trägerrakete des Typs Falcon Heavy den geostationären Wetter- und Umweltbeobachtungssatelliten GOES-U (für: Geostationary Operational Environmental Satellite) für die US-National Oceanic and Atmospheric Administration (kurz: NOAA) in einen geostationären Transferorbit. Die Mission begann an der historischen Startanlage 39A des Kennedy Space Centers. Das ist die einzige der drei SpaceX-Startrampen, die derzeit in der Lage ist, diesen schweren Träger aufzunehmen.

27. Juni 2024 – Falcon 9-Booster fliegt zum 22. Mal – Am 27. Juni brachte SpaceX die 23 Starlink-Satelliten umfassende Gruppe 10-3 in eine niedrige Erdumlaufbahn. Startort war die Cape Canaveral Space Force Station. Der für diese Mission eingesetzte Booster B1062 absolvierte seinen 22. Einsatz, was einen neuen Rekord für die Trägerflotte von SpaceX bedeutet. Auch bei der Anzahl der Booster-Landungen gab es mit der Nummer 325 eine neue runde Rekordzahl. Die Mission begann um 12:55 Uhr mitteleuropäischer Zeit an der Startanlage 40 des Weltraumbahnhofs.

29. Juni 2024 – SpaceX startet NROL-186 für den US-Geheimdienst – Beim fünften Orbitalstart von SpaceX binnen einer Woche brachte das Unternehmen am 29. Juni im Rahmen der Mission NROL-186 vermutlich 21 Satelliten in eine niedrige Erdumlaufbahn. Eine genaue Zahl wurde nicht bekannt gegeben. Nach dem erfolgreichen Absetzen der Einheiten bekamen sie die Bezeichnungen USA 375 – USA 395. Startort war die Space Force Basis Vandenberg in Kalifornien. Es war die zweite Gruppe von Aufklärungssatelliten, die SpaceX und Northrop Grumman auf der Basis der...

29. Juni 2024 – Langer Marsch 7A bringt ChinaSat 3A in den Orbit – Die chinesische Raumfahrtbehörde brachte am 29. Juni den militärischen Kommunikationssatelliten ChinaSat 3A in einen geostationären Transferorbit. Als Träger wurde eine Rakete des Typs Langer Marsch 7A eingesetzt. Startort war das Raumfahrtzentrum Wenchang am Gelben Meer. Der Start erfolgte um 13:57 Uhr mitteleuropäischer Zeit an der Startanlage 2 des Weltraumbahnhofs. Die Nutzlast wurde auf einer Bahn mit einem Perigäum von 212 Kilometern, einem Apogäum von 35.800 Kilometern und einer Bahnneigung...

01. Juli 2024 – Japans H3 erfolgreich mit Alos 4 – Bei ihrer ersten operationellen Mission transportierte Japans neue H3-Trägerrakete den Radar-Erdbeobachtungssatelliten Alos 4 (für: Advanced Land Observing Satellite) auf einen polare, sonnensynchrone Erdumlaufbahn. Es war der dritte Einsatz einer H3. Der Erstflug, mit Alos 3 an Bord, war vor 15 Monaten wegen Problemen bei der Zündung der zweiten Stufe gescheitert. Die für die aktuelle Mission eingesetzte Variante der H3 trägt die Bezeichnung 22S, was besagt, dass sie mit zwei (von drei möglichen)...

03. Juli 2024 – SpaceX startet Starlink-Gruppe 8-9 von Cape Canaveral – Am 3. Juli brachte SpaceX von der Space Force Basis Cape Canaveral aus die 20 Einheiten starke Starlink-Gruppe 8-9 in eine niedrige Erdumlaufbahn. Bei 13 davon handelt es sich um „Direct-to-cell"-Satelliten. Mit ihnen können Nachrichten ohne den Umweg über eine Empfangs- und Sendestation direkt vom Handy an den Satelliten und umgekehrt vom Satelliten an das Handy gesendet werden. Es war der 70. Start von SpaceX im laufenden Jahr wenn man die beiden suborbitalen Starship-Missionen mitzählt. Mit…

04. Juli 2024 – Firefly Alpha erfolgreich mit acht CubeSats – Eine Kleinträgerrakete des Typs Alpha von Firefly brachte am 4. Juli acht CubeSats des von der NASA geförderten VCLS Demo-2FB (Venture Class Launch Services 2) Programms in eine sonnensynchrone polare Erdumlaufbahn. Es war der fünfte Einsatz eines Trägers dieses Typs. Startort war die Space Force Basis Vandenberg in Kalifornien. Die Mission bekam, ähnlich wie bei den Einsätzen der Electron von Rocket Lab, einen Slogan. Der lautete „Noise of Summer". Die Mission begann um 6:03 Uhr mitteleuropäischer…

05. Juli 2024 – Langer Marsch 6A bringt zwei Tianhui 5-Satelliten in den Orbit – China brachte am 5. Juli mit einer Trägerrakete des Typs Langer Marsch 6A zwei Erdbeobachtungssatelliten der Tianhui-Konstellation auf eine sonnensynchrone polare Erdumlaufbahn. Startort war das Raumfahrtzentrum Taiyuan in Nordchina. Die Tatsache, dass die chinesischen Streitkräfte die Satelliten betreiben werden, deutet auf eine – zumindest – überwiegende militärische Nutzung der Einheiten hin. Die beiden Satelliten tragen die Bezeichnungen Tianhui 5 02A und 02B. Die Mission begann um 0:49 Uhr…

09. Juli 2024 – SpaceX transportiert für Türksat – Eine Trägerrakete des Typs Falcon 9 von SpaceX brachte am 9. Juli den türkischen Kommunikationssatelliten Türksat 6A auf eine supersynchrone geostationäre Transferbahn. Startort war die Cape Canaveral Space Force Station. Es ist der erste große Kommunikationssatellit, der vollständig in der Türkei integriert und getestet wurde. 81 Prozent der Komponenten und Subsysteme stammen aus dem Land. Betrieben wird der Satellit von TÜBITAK (für: Türkiye Bilimsel ve Teknolojik Araştırma Kurumu)….

09. Juli 2024 – Ariane 6-Erstflug größtenteils erfolgreich – Am 9. Juli startete die Ariane 6 vom europäischen Raumfahrtzentrum in Kourou in Französisch-Guyana zu ihrem Jungfernflug. Die Mission verlief weitgehend erfolgreich, allerdings verhinderte ein Problem an der Oberstufe einen vollständig erfolgreichen Abschluss der Demo-Mission. Die Rakete flog in der Version Ariane 62. Die Zahl 2 bedeutet dabei, dass sie mit nur zwei von vier möglichen P120-Boostern zur Startunterstützung ausgerüstet war. Der Liftoff erfolgte um 21:00 Uhr mitteleuropäischer Zeit an der…

11. Juli 2024 – Hyperbola 1 – Vierter Fehlschlag beim siebten Start – Die Hyperbola 1 des chinesischen Unternehmens Interstellar Glory (kurz auch i-Space) gehört wahrlich nicht zu den zuverlässigsten Trägerraketen auf dem Markt. Am 11. Juli scheiterte sie nun bei ihrem siebten Einsatz zum vierten Mal. Bei diesem Fehlschlag gingen die vier Wettersatelliten Yunhao 1 15-17 verloren. Es war der 32. Orbitalflug Chinas in diesem Jahr und der zweite der misslang. Die Mission begann um 1:40 Uhr mitteleuropäischer Zeit an der Startanlage 95A des Weltraumbahnhofs Jiuquan...

12. Juli 2024 – Falcon 9-Start schlägt fehl – Nach 334 erfolgreichen Missionen von SpaceX in ununterbrochener Reihenfolge – das ist mit weitem Abstand Weltrekord – schlug am 12. Juli der Start zur Starlink-Mission 9-3 fehl, wenngleich denkbar knapp. Die zweite Stufe des Trägers versagte bei der zweiten Zündung, wodurch die Satelliten auf einem praktisch nutzlosen Orbit strandeten. Lediglich zwei der Einheiten überlebten die Fehlfunktion des Trägers zunächst. Es war die 70. SpaceX-Orbitalmission des laufenden Jahres, der 353. Orbitalflug einer…

19. Juli 2024 – Chinesische Raumfahrtagentur startet Gaofen 11-05 – Die chinesische Raumfahrtagentur startete am 19. Juli den Erdbeobachtungssatelliten Gaofen 11-05. Als Träger wurde eine Rakete des Typs Langer Marsch 4B verwendet. Startort war das Raumfahrtzentrum Taiyuan in Nordchina. Der Satellit gehört zur CHEOS-Konstellation (CHEOS steht für: China High-resolution Earth Observation System), die in China etwa dieselbe Rolle spielt wie die Kopernikus-Konstellation in Europa. Der Start erfolgte um 5:03 Uhr mitteleuropäischer Zeit. Über die Bahndaten ist nichts…

27. Juli 2024 – Falcon 9 zurück im Einsatz – Nur 15 Tage nach dem teilweisen Fehlstart einer Falcon 9 bei der Mission Starlink 9-3 ist der Standardträger von SpaceX wieder zum normalen Einsatzstatus zurückgekehrt. Am 27. Juli brachte eine Rakete dieses Typs die 23 Einheiten umfassende Starlink-Gruppe 10-9 in eine niedrige Erdumlaufbahn und setzte sie ohne Probleme ab. Startort war das Kennedy Space in Florida. Da viele nationale US-Nutzlasten von der Funktionsfähigkeit der Falcon 9 abhängig sind, verfolgte die FAA (Federal Aviation Administration)...

28. Juli 2024 – Falcon 9 startet Starlink-Gruppe 10-4 – Die gewohnt hohe Startkadenz von SpaceX nimmt wieder Fahrt auf. Weniger als 24 Stunden nach der vorausgegangenen Starlink-Mission brachte das Unternehmen weitere 23 Einheiten für die firmeninterne Satellitenkonstellation in eine niedrige Erdumlaufbahn. Startort war die Cape Canaveral Space Force Station. Es gab auch wieder einmal ein Jubiläum, denn bei dieser Mission wurde der 300. Flug mit einem „gebrauchten" Boostern durchgeführt. Die Falcon 9-Trägerrakete verließ die Startanlage 40 des...

28. Juli 2024 – Dritter SpaceX-Start in 28 Stunden – Beim dritten Start einer Falcon 9-Trägerrakete innerhalb von nur 28 Stunden brachte SpaceX die 21 Satelliten der Starlink-Gruppe 9-4 in eine niedrige Erdumlaufbahn. Bei 13 dieser Einheiten handelt es sich um „Direct-to-cell-Satelliten" mit stärkerer Sende- und Empfangsleistung. Startort war die Space Force Basis Vandenberg in Kalifornien. Die Mission begann um 11:22 Uhr mitteleuropäischer Zeit an der Startanlage SLC-4E des Weltraumbahnhofs. Die Zielbahn der Mission lag bei einem Perigäum von 268 Kilometern,...

30. Juli 2024 – United Launch Alliance startet AV-101 für die Space Force – Mit einer Trägerrakete des Typs Atlas 5 551 transportierte die United Launch Alliance (ULA) drei Satelliten der US Space Force entweder auf eine geosynchrone Transferbahn oder direkt in einen geostationären Orbit. Die Bezeichnung der Hauptnutzlast wurde mit AV-101 angegeben. Die Missionsbezeichnung lautet USSF-51. Startort war die Anlage 41 der Cape Canaveral Space Force Station. Es war der 100. Start einer ULA-Rakete für eine US-Militärinstitution (und der 58. einer Atlas 5) und der Letzte, der...

01. August 2024 – China bringt Weixing Hulianwang Gaogui 02 ins All – China brachte am 1. August mit einer Trägerrakete des Typs Langer Marsch 3B den Kommunikationssatelliten Weixing Hulianwang Gaogui 02 (kurz: WHG-02) in eine geostationäre Transferbahn. Wie so häufig bei chinesischen Missionen gibt es auch hier zwar Spekulationen über den Einsatzzweck aber keine Gewissheit. Bereits am 29. Februar dieses Jahres war eine erste Einheit (WHG-01) dieser offensichtlich neuen Klasse von Internetsatelliten gestartet worden. Startort war der zentralchinesische Weltraumbahnhof Xichang....

02. August 2024 – Starlink-Gruppe 10-6 startet vom Kennedy Space Center – Am 2. August brachte eine Falcon 9-Trägerrakete die aus 23 Einheiten bestehende Starlink-Gruppe 10-6 auf eine niedrige Erdumlaufbahn. Startort war das Kennedy Space Center. Mit einer turn-around-Zeit von fünf Tagen, 23 Stunden und 16 Minuten zum vorausgegangenen Start von dieser Startrampe aus war es die beste turn-around-Zeit, die je auf dieser Anlage erzielt wurde. Es war die 333. Booster-Landung in der Geschichte von SpaceX. Die Rakete verließ die Startanlage 39A um 7:01 Uhr mitteleuropäischer...

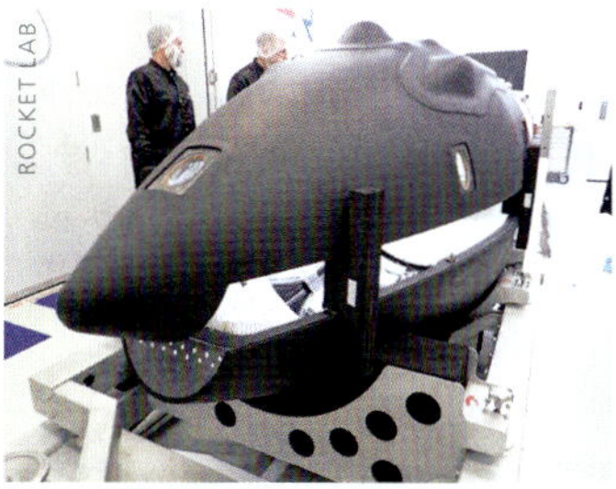

02. August 2024 – Owl for One, One for Owl und One for Rocket Lab – Rocket Lab brachte am 2. August den Erdbeobachtungssatelliten StriX 4 für das japanische Unternehmen Synspective auf eine niedrige Erdumlaufbahn. Wie immer bei Rocket Lab wurde auch für diese Mission ein Slogan vergeben. Der lautete dieses Mal „Owl for One – One for Owl". Startort war der „betriebseigene" kleine Raumflughafen auf der neuseeländischen Halbinsel Mahia. Damit hat Rocket Lab in 2024 alleine bereits mehr Orbitalmissionen gestartet als die einstige Raumfahrtgroßmacht Russland.

04. August 2024 – SpaceX startet erste Starlinks der Gruppe 11 – Am 4. August brachte SpaceX die ersten 23 Einheiten der Starlink-Gruppe 11 in eine niedrige Erdumlaufbahn. Die Mission mit der Bezeichnung Starlink 11-1 begann an der Startanlage 4E der Vandenberg Space Force Basis. Der Einsatz war der 360. Flug einer Falcon 9 insgesamt und der 75. Flug eines Trägers der Falcon-Familie im Jahr 2024. Der Liftoff erfolgte um 9:24 Uhr mitteleuropäischer Zeit. Die zweite Stufe setzte den Satellitenstapel auf einer Umlaufbahn mit einem Perigäum von 267 Kilometern,...

04. August 2024 – Falcon 9 bringt Cygnus NG-21 in den Orbit – Am 4. August brachte eine Falcon 9 von SpaceX einen Cygnus-Raumtransporter in eine niedrige Erdumlaufbahn. In der Terminologie der Internationalen Raumstation trägt das Vehikel die Bezeichnung „Cygnus NG-21", was darauf hinweist, dass es sich dabei um den 21. Raumtransporter des Typs Cygnus von Northrop Grumman (also: NG) handelt. Wie immer vergab das Unternehmen auch dieses Mal einen Ehrennamen. Der lautete: S.S. Francis R. "Dick" Scobee. Er ist also nach Francis R. Scobee benannt, der bei der…

6. August 2024 – Erster Start der Qianfan-Konstellation – Am 6. August führte die Shanghai Spacecom Satellite Technology (kurz: SSST) den ersten Start für die Qianfan-Internet-Konstellation durch. Dabei wurden 18 Satelliten abgesetzt. Startort war das nordchinesische Raumfahrtzentrum Taiyuan. Als Träger wurde eine Rakete des Typs Langer Marsch 6A verwendet. Die Mission begann um 8:42 Uhr mitteleuropäischer Zeit an der Startanlage 9A des Weltraumbahnhofs. Die Nutzlasten wurden in einem kreisförmigen Orbit in einer Höhe von etwa 800 Kilometern abgesetzt….

10. August 2024 – Starlink-Gruppe 8-3 im Orbit – SpaceX brachte am 10. August die aus 21 Satelliten bestehende Starlink-Gruppe 8-3 in eine niedrige Erdumlaufbahn. Bei 13 dieser Einheiten handelt es sich um Direct-to-Cell-Satelliten. Von diesem Typ sind nunmehr 142 Einheiten im Orbit. Startort war die Cape Canaveral Space Force Station. Die Mission war der 55. Starlink-Start des laufenden Jahres. Die Mission begann um 14:50 Uhr mitteleuropäischer Zeit an der Startanlage 40 des Raumfahrtzentrums. Etwa 65 Minuten nach dem Liftoff setzte die zweite…

11. August 2024 – "A Sky full of SARs" erfolgreich gestartet – Am 11. August begann das neuseeländisch-amerikanische Unternehmen Rocket Lab bereits die zehnte Orbitalmission des laufenden Jahres. Die Mission trug – Rocket Lab-typisch – einen Slogan. Der lautete dieses Mal „A Sky Full Of SARs" in Anspielung auf die Nutzlast bei diesem Flug, dem US-Erdbeobachtungssatelliten Acadia-3 von Capella Space. Dieses Raumfahrzeug ist mit einem Radar synthetischer Apertur ausgerüstet (oder kurz: SAR). Es ist bereits der dritte Satellit dieser Art, den Rocket Lab für das…

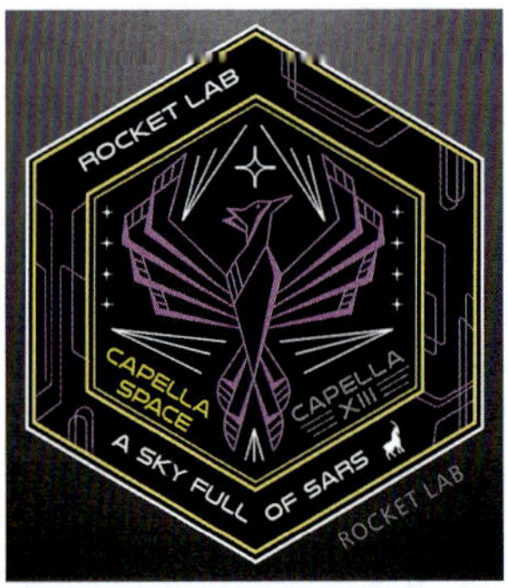

12. August 2024 – SpaceX fliegt für Norwegen – SpaceX brachte am 12. August zwei norwegische Kommunikationssatelliten in eine Übergangsbahn für einen Orbit des Molnija-Typs. Die beiden Raumfahrzeuge tragen die Namen ASBM-1 und ASBM-2 (für Arctic Satellite Broadband Mission). Mit Instrumenten beteiligt an diesem Vorhaben sind auch die US Space Force und die amerikanisch/britische Telecom-Firma ViaSat. Space Norway wird die Satelliten betreiben. Startort war die Space Force Basis Vandenberg in Kalifornien. Die Mission begann um 4:02 Uhr…

12. August 2024 – Starlink-Gruppe 10-7 gestartet – Nur gut acht Stunden nach der vorausgegangenen Mission einer Falcon 9 brachte SpaceX seinen Standardträger erneut zum Einsatz. Dieses Mal für den Start der 23 Einheiten starken Starlink-Gruppe 10-7. Der Flug begann an der historischen Startanlage 39A des Kennedy Space Centers. Der Liftoff erfolgte um 12:37 Uhr mitteleuropäischer Zeit. Etwa 65 Minuten nach dem Verlassen der Startrampe setzte die zweite Stufe der Trägerrakete den Satellitenstapel auf einer Bahn mit einem Perigäum von 268 Kilometern,…

15. August 2024 – Progress MS-28 versorgt die ISS – Russland startete am 15. August das Versorgungsraumschiff Progress MS-28 zur Internationalen Raumstation. Die Mission begann am russischen (aber in Kasachstan gelegenen) Weltraumbahnhof Baikonur. Als Träger wurde eine Rakete des Typs Sojus 2.1a eingesetzt. Es war erst der neunte russische Orbitalstart dieses Jahres. Drei davon waren Progress-Missionen zur ISS. Der Einsatz begann um 5:20 Uhr mitteleuropäischer Zeit an der Startanlage 31/6 des Kosmodroms. Die dritte Stufe setzte das Raumfahrzeug in…

15. August 2024 – World View Legion 3 und 4 im Orbit – SpaceX brachte am 15. August zwei Erdbeobachtungssatelliten für Maxar Technologies in eine niedrige Erdumlaufbahn. Als Träger wurde eine Rakete des Typs Falcon 9 eingesetzt. Die beiden Einheiten tragen die Bezeichnung World View Legion 3 und 4. Vor drei Monaten hatte SpaceX bereits Legion 1 und 2 in den Orbit transportiert. Startort war die Cape Canaveral Space Force Basis in Florida. Es war die 80. Orbitalmission von SpaceX in diesem Jahr, wenn man den einzelnen Falcon Heavy-Einsatz mitzählt….

16. August 2024 – Indiens Small Satellite Launch Vehicle erfolgreich – Der dritte und letzte Qualifizierungseinsatz von Indiens neuem Kleinträger SSLV (für: Small Satellite Launch Vehicle) verlief erfolgreich. Damit ist die vierstufige Rakete offiziell für einsatzbereit erklärt. Von den insgesamt drei Testmissionen scheiterte nur die erste, am 7. August 2022. Beim aktuellen Einsatz befanden sich zwei Satelliten an Bord, nämlich der Erdbeobachtungssatellit EOS-08 und ein CubeSat mit der Bezeichnung SR-0 DEMOSAT. Die Mission begann um 5:47 Uhr mitteleuropäischer Zeit…

16. August 2024 – China startet neun Technologiesatelliten von Xichang – Die Langer Marsch 4B ist zwar seit 25 Jahren im Einsatz und die Vermutung ging eher dahin, dass der Träger in absehbarer Zeit ausgemustert wird, aber dennoch hat China jetzt die Infrastruktur eingerichtet, um diesen Träger auch von Xichang starten zu können. Die bisherigen 49 Starts dieser Rakete erfolgten alle entweder von Taiyuan aus oder von Jiuquan. Bei der aktuellen Mission befanden sich neun militärische Technologiesatelliten mit der Bezeichnung Yaogan 43-01-01 bis 43-01-09 an Bord….

CASC

17. August 2024 – Elfte SpaceX-Transportermission ein voller Erfolg – Bei der inzwischen elften so genannten „Transporter-Mission" brachte SpaceX am 17. August 116 Kleinsatelliten auf einen polaren sonnensynchronen Orbit. Die Missionen dieses Typs stellen eine Art Sammeltransport ins All dar. Sie sind darauf ausgerichtet, einer möglichst großen Anzahl von Firmen und Institutionen, die keine besonderen Ansprüche an eine spezielle Umlaufbahn haben, einen preiswerten Transport in den Orbit zu ermöglichen. Neben den Transporter-Missionen, die in eine polare Umlaufbahn…

20. August 2024 – SpaceX startet Starlink-Gruppe 10-5 mit neuer Falcon 9 – Die Wahl des Boosters für den Start der Starlink-Gruppe 10-5 hat eine leicht absurde Note. Eigentlich war für die Mission eine Erststufe mit hoher Flugzahl vorgesehen gewesen, aber am Ende wurde es – etwas überraschend – der brandneue Booster 1085. Der war eigentlich als

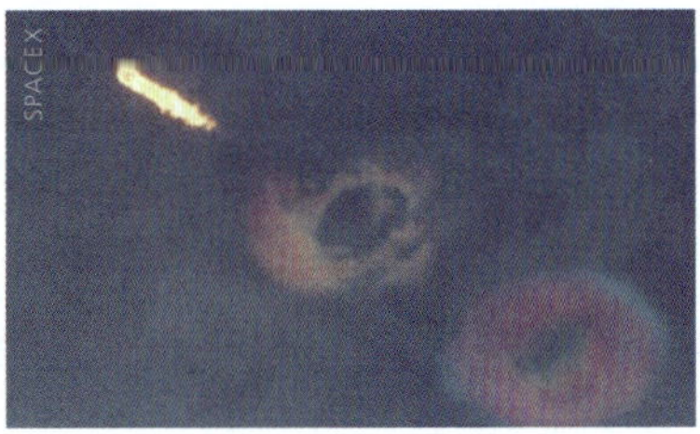

Startvehikel für die SpaceX Crew 9-Mission zur ISS vorgesehen gewesen. Aber zwei Faktoren bewirkten, dass er nun bei seinem Erstflug die eher „triviale" Starlink-Mission 10-5 unterstützte. Zum einen wurde der Start der Crew 9-Mission…

22. August 2024 – Langer Marsch 7A bringt China-Sat-4A in den Orbit – Am 22. August brachte China mit einer Trägerrakete des Typs Langer Marsch 7A den militärischen Kommunikationssatelliten ChinaSat-4A auf eine geostationäre Transferbahn. Startort war das Raumfahrtzentrum Wenchang am Gelben Meer. Es ist der dritte Start einer Langer Marsch 7A in diesem Jahr und der 150. erfolgreiche Orbitalstart seit Jahresbeginn. Die Mission begann um 14:45 Uhr mitteleuropäischer Zeit an der Startanlage 102 des Raumfahrtzentrums. Die dritte Stufe des Trägers lieferte den Satelliten…

28. August 2024 – Mission erfolgreich – Booster 1062 geht über Bord – Erneut "glückte" SpaceX ein Novum in der Raumfahrt. Bei einem Einsatz am 28. August transportierte eine Falcon 9-Trägerrakete des Unternehmens 21 Starlink-Satelliten in eine niedrige Erdumlaufbahn. Doch die zu 100 Prozent erfolgreiche Orbitalmission führte dennoch zu einem Grounding des Trägers durch die FAA (Federal Aviation Authority der USA). Das gab es bislang noch nie. Was war passiert?

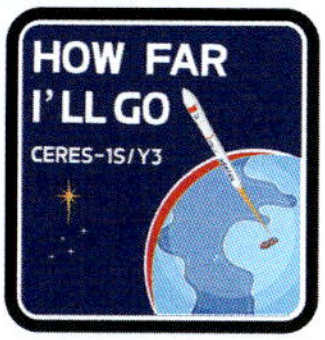

GALACTIC ENERGY

29. August 2024 – Sechs Erdbeobachtungssatelliten für China – Das private chinesische Raumfahrtunternehmen Galactic Energy brachte am 29. August mit einer Kleinträgerrakete des Typs Ceres 1 sechs Erdbeobachtungssatelliten in eine sonnensynchrone polare Erdumlaufbahn. Gestartet wurde die Rakete von der im Gelben Meer vor der 700.000-Einwohner-Stadt Rongcheng stationierten Barke Dong Fang Hang Tian Gang. Es war der 15. Einsatz eines Trägers dieses Typs. Vierzehn davon verliefen erfolgreich. Es war auch der dritte Einsatz, der von einem Schiff aus begann….

31. August 2024 – Startsperre für SpaceX wieder aufgehoben – Unmittelbar nachdem die unsinnige Startsperre der Falcon 9-Raketen in der Folge der verunglückten Landung des Boosters 1062 bei der vorausgegangenen Mission von der FAA wieder aufgehoben wurde, führte SpaceX im Abstand von nur gut einer Stunde zwei neue Transportmissionen für das Starlink-System durch. Bei der ersten startete das Unternehmen die 21 Einheiten starke Gruppe 8-10 in eine niedrige Erdumlaufbahn. 13 der Satelliten verfügen über „Direct-to-cell-capabilities", das heißt, sie können für…

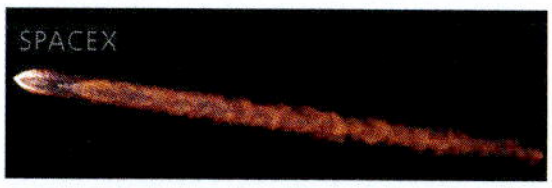

31. August 2024 – SpaceX startet Starlink-Gruppe 9-5 – Nur 65 Minuten nach der vorausgegangenen Starlink-Mission brachte SpaceX erneut 21 Einheiten der Internet-Konstellation in einen niedrigen Erdorbit. Das ist ein neuer Rekord, denn der bislang kürzeste Abstand zwischen zwei SpaceX-Missionen lag bei 111 Minuten. Diesmal war die Space Force Basis Vandenberg der Ausgangspunkt des Einsatzes. Erneut waren dieses Mal 13 Direct-to-Cell-Satelliten mit von der Partie.

Mit der Transporter-Mission 10 brachte SpaceX am 5. März 2024 von der Space Force Basis Vandenberg aus insgesamt 53 Kleinsatelliten in den Orbit.

HELODRIVER

SPACE-PANORAMA

SEPTEMBER 2023 – AUGUST 2024

Von links nach rechts: NASA Projektwissenschaftler Francis McCubbin und Scott Sandford sowie Projektleiter Dante Lauretta von der Universität von der University von Arizona begutachten die kleine Rückkehrkapsel unmittelbar nach der Landung.

24. September 2023

OSIRIS REX BRINGT PROBEN VON BENNU ZUR ERDE

Am 24. September 2023 wurde die Rückkehrkapsel der Raumsonde OSIRIS-REx gut 100.000 Kilometer von der Erde entfernt von der Muttersonde abgetrennt und landete etwas über vier Stunden später, um 8:52 Uhr Ortszeit, mittels Fallschirm in der Utah Test and Training Range der US-Luftwaffe. Es war – zumindest für die Landekapsel – der letzte Abschnitt einer sieben Jahre dauernden und 6,4 Milliarden Kilometer langen Reise zum Asteroiden Bennu und wieder zurück zur Erde. Das Mutterfahrzeug hatte sich nach der Trennung von der Landekapsel wieder aus dem Kollisionskurs mit der Erde herausbewegt und steuert seither den 360 Meter durchmessenden Asteroiden Apophis an, den sie 2029 erreichen soll. Dementsprechend wurde die Mission der Sonde auch umbenannt und heißt ab jetzt OSIRIS-Apophis Explorer oder kurz OSIRIS-APEX.

Dieser letzte Abschnitt der langen Reise war noch einmal richtig spannend. Wegen – wie sich später herausstellte – eines Verkabelungsfehlers öffnete sich der Stabilisierungsfallschirm nicht wie geplant in 30.000 Metern Höhe. Die 46 Kilogramm schwere und 78 Zentimeter durchmessende Kapsel trudelte somit unstabil und mit hoher Geschwindigkeit der Erde entgegen. Als sie eine Höhe von 2.700 Metern unterschritten hatte, stellte das ein Sensor fest und warf den Hauptfallschirm aus, der an sich vom Stabilisierungsschirm aus seinem Behälter hätte herausgezogen werden sollen.

Trotz der für den Auswurf des Hauptfallschirms eigentlich viel zu hohen Fluggeschwindigkeit entfaltete sich dieser dennoch korrekt und das Landemanöver kam zu einem guten Ende, wenngleich eine Minute zu früh. Die Landung der 46 Kilogramm schweren und 78 Zentimeter durchmessenden diskusförmigen Probenrückführkapsel erfolgte schließlich mit einer Geschwindigkeit von nur noch 20 Kilometer pro Stunde. Wie die Wissenschaftler beim Öffnen der Sonde ermittelten, hatte sie 122 Gramm Gestein und Staub von der Oberfläche des Asteroiden eingesammelt.

Elon Musk war nur auf der Projektionsfläche zu sehen. Den Preis nahm stellvertretend Stephanie Bednarek (Damengruppe Mitte) entgegen.

3. Oktober 2023

ELON MUSK GEWINNT DEN WORLD-SPACE AWARD

Elon Musk, der CEO von Tesla und SpaceX, ist von der International Astronautical Federation (IAF) mit dem World Space Award 2023 für Einzelpersonen geehrt worden. Der Preis wurde während des 74. Internationalen Astronautischen Kongresses (IAC) in Baku, Aserbaidschan, verliehen. Musk konnte aber nicht persönlich anwesend sein. An seiner statt nahm Stephanie Bednarek, die Vertriebsdirektorin für das kommerzielle Startgeschäft bei SpaceX, den Preis im Namen von Musk entgegen.

In der Laudatio hieß es: „Mr. Elon Reeve Musk zeigt ein visionäres Verständnis für die Rolle und die Bedeutung der Astronautik für die Zukunft der Menschheit, gepaart mit der Bereitschaft, seine Ressourcen, sein Leben, seinen Tatendrang und seine Fähigkeiten einzusetzen und dies durch die Space Exploration Technologies Corporation (SpaceX) zu verwirklichen, ein Unternehmen, das die Leistungen staatlicher Raumfahrtagenturen in den Bereichen Trägersysteme und bemannte Raumfahrt in den Schatten stellt und den Zugang zum Weltraum erschwinglich macht und ihn für alle öffnet".

Musk war nicht der einzige IAF-Preisträger in diesem Jahr. Der World Space Award 2023 für Teams, respektive Gruppen, wurde an die NASA, die ESA und das CSA für Entwicklung, Bau, Start und Inbetriebnahme des James Webb Space Telescope verliehen.

21. Oktober 2023

GAGANYAAN TEST VEHICLE ABORT MISSION GELINGT

Das bemannte indische Raumfahrtprogramm schreitet stetig – aber im Westen praktisch unbeachtet – voran. Im Rahmen dieses als Gaganyaan bezeichneten Vorhabens führte die indische Raumfahrtorganisation ISRO am 21. Oktober 2023 einen Versuchsflug mit der Bezeichnung TV-D1 durch. Diese Abkürzung steht für Test Vehicle Abort Mission. Der Name Gaganyaan

Start zur TD-D1-Mission in Shriharikota.

stammt aus dem Sanskrit und bedeutet da in etwa so viel wie „Himmlisches Fahrzeug".

Mit einer speziellen Testrakete, die auf Basis der L40-Starthilfsbooster der GSLV-Trägerrakete entwickelt worden war, wurde TV-D1 auf eine Höhe von elf Kilometer transportiert. Missionsziel war ein simulierter Startabbruch im Bereich der maximalen dynamischen Belastung im transsonischen Bereich. Die Kapsel löste sich wie vorgesehen von der Rakete und folgte ihrer Bahnparabel noch weitere 4-5 Kilometer, bevor sie wieder der Erde entgegenfiel. Das Fallschirmsystem funktionierte perfekt und das Mannschaftsmodul wurde – trotz rauer See – erfolgreich von der indischen Marine geborgen.

Neben weiteren Qualifiktionstests für einzelne Subsysteme stehen jetzt mindestens drei unbemannte orbitale Testflüge des Systems bevor, die alle für das Jahr 2025 geplant sind. Erste bemannte Einsätze sind somit ab 2026 möglich. Indien ist nach Russland, den Vereinigten Staaten und China das vierte Land, das in die bemannte Raumfahrt einsteigt.

27. Oktober 2023

BLUE ORIGIN STELLT BLUE MOON-PROTOTYPEN VOR

Am 27. Oktober 2023 bekam die Öffentlichkeit erstmals Hardware – in Form eines Mock-ups – aus dem Blue Moon-Mondlandeprogramm von Blue Origin zu sehen. NASA-Administrator Bill Nelson teilte während einer Werksbesichtigung bei Blue Origin in Alabama Bilder des Blue Moon Mark 1. Diese Vorläuferversion des bemannten Blue Origins Mondlander wird gut acht Meter hoch sein, eine Startmasse von über 21 Tonnen aufweisen und gut drei Tonnen Nutzlast auf die Mondoberfläche bringen können.

Im Mai 2023 hatte die NASA Blue Origin mit dem Bau des bemannten Mark 2-Landers beauftragt. Der wird mehr als doppelt so groß und schwer sein, wie die Mark 1-Variante. Wenn alles nach Plan läuft, wird Mark 2 das zweite so genannte Human Landing System (HLS) sein, das im Rahmen des Artemis-Programms Menschen auf die Mondoberfläche bringt. Die Landesonde soll erstmals während der Mission Artemis 5 eingesetzt werden, die nach aktuellem Zeitplan frühestens 2029 starten soll (aber beim derzeit schleppenden Verlauf des Artemis-Programmes wahrscheinlich eher deutlich später).

Links Jeff Bezos, rechts NASA-Administrator Bill Nelson.

Mit ihrem Auftrag von 3,4 Milliarden US-Dollar an Blue Origin für die Entwicklung des Mark 2 will die NASA sicherstellen, dass eine alternative Möglichkeit existiert, Astronauten auf den Mond zu transportieren. Der Primärkandidat der NASA wurde bereits 2021 gewählt. Es ist dies das so genannte Lunar Starship von SpaceX, von dem die NASA hofft, dass es bei den Missionen Artemis 3 und 4, die derzeit offiziell für 2026 und 2028 geplant sind, Astronauten zur Mondoberfläche und zurück transportieren kann.

Die Crew von Apollo 16. Von links: Ken Mattingly, John Young und Charlie Duke.

31. Oktober 2023

APOLLO 16-ASTRONAUT KEN MATTINGLY IST TOT

Am 31. Oktober 2023 starb der US-Astronaut Thomas „Ken" Mattingly in Arlington in Virginia im Alter von 87 Jahren. Mattingly wurde am 17. März 1936 in Chicago geboren und wuchs in der Nähe von Miami auf, wo sein Vater für Eastern Airlines arbeitete. Er erhielt 1958 seinen Bachelor-Abschluss von der Auburn University, wurde Marineflieger und trat dem Astronautenkorps bei, nachdem er die Testpilotenschule auf der Edwards Air Force Base in Kalifornien besucht hatte.

Berühmt wurde er für den Flug, den er nicht machte: Die Mission von Apollo 13. Damals, im April 1970 wurde er nur drei Tage vor dem Start von der Besatzungsliste gestrichen, nachdem die Flugärzte feststellten, dass er sich bei seinem Kollegen Charlie Duke von der Ersatzmannschaft möglicherweise mit den Röteln angesteckt haben könnte. Statt seiner flog damals John Swigert, ebenfalls von der Ersatzmannschaft. Der hatte die Röteln schon als Kind gehabt, und war immun dagegen. So startete die Crew von Apollo 13 unter dem Kommando von James Lovell mit John Swigert und Fred Haise. Mattingly musste zu Hause bleiben, was sich am Ende als Glück herausstellte, wie wir heute wissen.

Zwei Jahre später flog er mit Apollo 16 zusammen mit John Young und Charlie Duke zum Mond. Im Sommer 1982 leitete er den vierten und letzten Testflug der Raumfähre Columbia. Er war auch der Kommandant der Mission STS-51C mit der Raumfähre Discovery, dem ersten Space-Shuttle-Flugs, der für das Verteidigungsministerium durchgeführt wurde. Nach seinen Apollo- und Space-Shuttle-Flügen arbeitete Mattingly zunächst bis 1986 weiterhin für die NASA und ging danach im Rang eines Konteradmirals zur US-Marine, wo er für verschiedene Satellitenprogramme tätig war. Nach 1990 wechselte er in die Industrie und arbeitete in leitender Position bei verschiedenen Luft- und Raumfahrtunternehmen. Mattingly erkrankte übrigens nie an den Röteln.

Künstlerische Darstellung der DESTINY+ Raumsonde.

6. November 2024

MISSION ZUM ASTEROIDEN PHAETON AUF 2025 VERSCHOBEN

Die japanische Mission DESTINY+, die den Mutterkörper eines berühmten Meteorschauers untersuchen soll, muss noch etwas länger warten, bis sie abheben kann. Der Missionsname ist ein Akronym gebildet aus „Demonstration and Experiment of Space Technology for Interplanetary Voyage, Phaethon Flyby and Dust Science“. Sie soll den Asteroiden 3200 Phaethon – er ist der Mutterkörper des Geminiden-Meteorschauers – untersuchen und darüber hinaus den interplanetaren Staub erforschen. Die Mission der Japan Aerospace Exploration Agency (JAXA) unter Mitwirkung des Deutschen Zentrums für Luft- und Raumfahrt (DLR) sollte eigentlich 2024 starten, aber die JAXA hat nun bestätigt, dass sich der Beginn der Mission aufgrund von Problemen mit der Epsilon-S-Rakete auf 2028 verzögern wird.

3200 Phaethon ist ein merkwürdiges erdnahes Objekt, das Eigenschaften aufweist, die sowohl denen von Asteroiden als auch denen von Kometen entsprechen. Dies macht ihn nicht nur zu einer ungewöhnlichen Quelle eines Meteoritenschauers, sondern auch zu einem Ziel von erheblichem wissenschaftlichem Interesse.

Die 480 Kilogramm schwere Raumsonde wird vom Uchinoura Space Center (USC) starten und zunächst in eine elliptische Erdumlaufbahn eintreten. Unter Einsatz ihrer vier Ionentriebwerke wird sie nach und nach Geschwindigkeit aufnehmen und schließlich einen Vorbeiflug am Mond nutzen, um in den interplanetaren Raum vorzudringen. DESTINY+ wird an Phaethon vorbeifliegen und dabei ein Kamerasystem einsetzen, um die Oberfläche des Asteroiden zu vermessen.

Im Jahr 2018 kam die Crew noch einmal mit ihrer „alten“ Raumkapsel von damals im nationalen Luft- und Raumfahrtmuseum in Washington zusammen. Von links: William Anders, James Lovell und Frank Borman. Von den dreien lebt heute nur noch James Lovell.

7. November 2023

APOLLO 8-KOMMANDANT FRANK BORMAN STIRBT

Nur gut eine Woche nach Ken Mattingly starb in Billings, Montana, mit Frank Borman erneut einer der legendären Astronauten des Apollo-Programms. Borman wurde 95 Jahre alt. Er war Kommandant der Mission Apollo 8, dem ersten bemannte Mondflug in der Geschichte der Menschheit. Das Raumschiff umkreiste im Dezember 1968 zehnmal den Mond. Borman flog zweimal ins All. Vor Apollo 8 führte er zusammen mit James Lovell die Mission Gemini 7 durch, einen Flug von 14 Tagen Dauer, was seinerzeit Weltrekord war. Gemini 7 führte damals das erste Rendezvous im Weltraum durch, ein bedeutender Schritt in der Vorbereitung der bemannten Mondlandungen des Apollo-Programms.

Borman wurde am 14. März 1928 in Gary, Indiana, geboren. Er war schon früh von der Luftfahrt begeistert und erhielt bereits im Alter von 15 Jahren seine Pilotenlizenz. Er trat kurz nach dem Ende des Zweiten Weltkriegs in West Point ein, machte 1950 seinen Abschluss und wurde Kampfpilot der Air Force. Nachdem er 1957 am California Institute of Technology seinen Master in Luftfahrttechnik gemacht hatte, wurde er Testpilot und arbeitete auf der Edwards Air Force Base in Kalifornien an der Entwicklung von Testprogrammen für künftige Astronauten. Im September 1962 wurde er in die zweite Astronautengruppe der NASA berufen, welche auf die ursprünglichen Mercury Seven folgte.

Die Apollo-8-Mission, die er zusammen mit James Lovell und William Anders flog, war seinerzeit erst der zweite bemannte Flug im Apollo-Programm und der erste bemannte Einsatz der Saturn-V-Rakete. 1970 verließ Borman die NASA blieb aber als späterer Chairman der damals finanziell angeschlagenen Eastern Airlines eine Persönlichkeit nationaler Bekanntheit. Er führte das Unternehmen bis zum Jahr 1986, wurde dann CEO eines kleinen Lasertechnik-Unternehmens, Rancher (mit 4000 Rindern!) und preisgekrönter Flugzeugrestaurator.

1. Dezember 2023

AMAZON KAUFT FLÜGE BEI SPACEX

Amazon beauftragte Anfang Dezember einen vierten Startdienstleister, um seine Satelliten-Internet-Konstellation zu starten. In einem überraschenden Schritt gab das Unternehmen bekannt, dass es drei Flüge an Bord der Falcon 9-Raketen von SpaceX gekauft hat, um eine Reihe seiner Kuiper-Satelliten in den Erdorbit zu bringen. Die Nach-

Diese drei Raketentypen sollen den größten Teil der Starts durchführen. Von links: Die Vulcan der ULA, der New Glenn von Blue Origin und die Ariane 6 der Arianespace.

richt kam deswegen unerwartet, weil das im Besitz von Elon Musk befindliche Startunternehmen zuvor von einem historisch großen Vertrag für Startdienstleistungen ausgeschlossen worden war. Amazon hatte im Frühjahr 2022 Verträge für insgesamt 77 Starts mit der Ariane 6 der Arianespace, Blue Origins New Glenn und den Vulcan-Raketen der United Launch Alliance (ULA) abgeschlossen. Dieser Kauf kam zu den zuvor angekündigten neun Starts mit Atlas V-Rakete der ULA hinzu.

Amazon steht unter gewaltigem Zeitdruck, wenn es darum geht, seine Kuiper-Konstellation in Betrieb zu nehmen. Das Unternehmen ist verpflichtet, bis zum 30. Juli 2026 mindestens die Hälfte seiner geplanten 3.200-Satelliten-Konstellation der ersten Generation in die Umlaufbahn zu transportieren, um eine verbindliche Frist der Federal Communication Commission (FCC) einzuhalten.

Die drei wichtigsten Trägerraketen, auf die Amazon angewiesen ist, also die Ariane 6, die New Glenn und die Vulcan, sind alle mit erheblichen Programmverzügen konfrontiert. Wobei die Vulcan-Rakete der ULA von diesen dreien am weitesten fortgeschritten ist und inzwischen schon zwei Testflüge absolviert hat. Für SpaceX wäre der Transport von Konkurrenten zu seiner Starlink-Internetsatellitenkonstellation nichts Neues. Das Unternehmen startet seit Ende 2022 Dutzende Satelliten für die Konstellationen von OneWeb und Iridium.

Die Besatzungskabine des New Shepard Nr. 4 RSS First Step kehrt am 29. August 2024 nach der 11. Mission wieder zur Erde zurück. Der Booster (im Hintergrund) hat die Rückkehr einige Minuten eher geschafft.

19. Dezember 2023

WIEDERAUFNAHME DER NEW SHEPARD-FLÜGE

Wie bereits in der letztjährigen Ausgabe von SPACE berichtet, kam es am 12. September 2022 bei einer unbemannten Mission des New Shepard NSS-3 H. G. Wells zu einer Fluganomalie aufgrund eines Strukturfehlers an der Düse des BE-3PM-Triebwerks. Das Flugabbruchsystem wurde ausgelöst, die Kapsel landete sicher an ihren drei Fallschirmen. Der Booster aber wurde beim Aufprall vollständig zerstört. Es war der neunte Flug dieses Vehikels.

Das New Shepard-System wurde danach von der Federal Aviation Administration (FAA) der USA vom Flugbetrieb suspendiert. Nach einer sechsmonatigen Untersuchung und einer nachfolgenden konstruktiven Veränderung der Düse erfolgte die Wiederaufnahme der Einsätze mit dem New Shepard-Booster NSS First Step am 19. Dezember 2023.

Diese Mission war noch unbemannt, erst der darauffolgende Einsatz am 19. Mai 2024 erfolgte wieder mit Passagieren an Bord. In den Jahren 2021 und 2022 waren zwei New Shepards in Betrieb. Die H. G. Wells (NSS-Nr. 3) für unbemannte Missionen und die NSS First Step (Einheit Nr. 4) für bemannte Flüge. Dazu kommt nun seit Oktober 2024 die NSS Kármán Line (NSS Nr. 5), die sowohl bemannte als auch unbemannte Einsätze durchführen kann.

23. Dezember 2023

SARAH 2 UND 3 FUNKTIONIEREN NICHT

Am Tag vor Heiligabend 2023 startete eine Falcon-9-Rakete von Kalifornien aus und brachte zwei Spionagesatelliten für die Bundeswehr in eine niedrige Erdumlaufbahn. Nach dem perfekten Start sah es so aus, als würde die Mission erfolgreich verlaufen. Der deutsche Satellitenhersteller OHB erklärte damals, die beiden Satelliten seien „sicher im Orbit" und mit dem Hinzufügen der beiden SARah-Satelliten (SAR für Synthetic Aperture Radar) sei die Konstellation der

Dieses Bild entstand unmittelbar vor dem Start von SARah 1 am 18. Juni 2022.

nächsten Generation, bestehend aus drei Radar-Aufklärungssatelliten komplettiert, so teilte das Unternehmen mit.

Im Laufe der Zeit sickerte jedoch durch, dass sich die Antennen der Satelliten nicht ausklappen lassen und die beiden neuen Einheiten nicht wie geplant in Betrieb gehen können. Die Bundeswehr hatte die Konstellation aus drei Satelliten namens SARah 2013 zu einem Preis von 819 Millionen Euro bestellt. Der erste der drei Satelliten, SARah 1, startete im Juni 2022 mit einer Falcon 9-Rakete. Dieser Satellit wurde von Airbus in Friedrichshafen gebaut und ist ohne Probleme in Betrieb gegangen. Die beiden kleineren Satelliten von OHB, die mit passiven Synthetic Aperture Radar-Reflektoren ausgerüstet sind, sollten den Satelliten SARah 1 ergänzen, der eine aktive Phased-Array-Radarantenne trägt.

Nach ursprünglicher Planung hätten die SARah-Satelliten bereits in den Jahren 2018 und 2019 ins All gebracht werden sollen. Später hatten sich die Starttermine auf 2020–2021 verschoben, schließlich auf 2022 und 2023. Diese neue Konstellation sollte eine 20 Jahre alte Flotte ähnlicher, wenn auch weniger leistungsfähiger Satelliten namens SAR-Lupe, ersetzen. Die beiden neuen SARah-Satelliten von OHB bleiben Eigentum des Unternehmens. Sie würden, so ist es vertraglich vereinbart, erst nach ihrer vollumfänglichen Inbetriebnahme an das Militär übergeben. Infolgedessen ist OHB nun für den Bau und den Start von zwei Ersatzsatelliten verantwortlich. Es wird kolportiert, ist aber nicht erwiesen, dass ein Konstruktionsfehler vorliegt, der nicht aufgedeckt werden konnte, weil der Entfaltmechanismus der Satellitenantennen am Boden nicht ausreichend getestet wurde.

Künstlerische Darstellung von Ingenuity und Perseverance auf dem Mars.

18. Januar 2024

GINNYS LETZTER FLUG

Der autonome Mars-Helikopter Ingenuity hat am 18. Januar 2024 seinen letzten Flug absolviert. Wegen seiner Ausdauer weit über die Design-Grenzen hinaus war der nur 1.500 Gramm schwere Hubschrauber in der Raumfahrtgemeinde ungemein beliebt, und erhielt von ihr den Spitznamen „Ginny". Er war von 2021 bis 2024 Teil der Mars-2020-Mission der NASA und agierte im Zusammenspiel mit dem Rover Perseverance.

Ingenuity absolvierte seinen Jungfernflug am 19. April 2021 und demonstrierte damit, dass Fliegen in der extrem dünnen Atmosphäre des Mars möglich ist. Damit war er das erste Fluggerät, das einen angetriebenen und kontrollierten aerodynamischen Flug auf einem anderen Himmelskörper als der Erde durchführte. Der Helikopter war unter der Leitung des Jet Propulsion Laboratory (JPL) der NASA entwickelt und gebaut worden.

Ingenuity wurde am 18. Februar 2021, an der Unterseite des Rovers Perseverance befestigt, zum Mars geliefert, der am westlichen Rand des 45 Kilometer durchmessenden Jezero-Kraters landete. Ursprünglich waren nur maximal fünf Flüge über einen Zeitraum von 30 Marstagen geplant. Die Belastbarkeit von Ingenuity in der rauen Marsumgebung übertraf jedoch alle Erwartungen, so dass er weitaus mehr Flüge durchführen konnte als ursprünglich geplant. Ingenuity erkundete interessante Gebiete für den Rover Perseverance, verbesserte Navigationstechniken und erweiterte die Grenzen seines Flugbereichs. Am 18. Januar 2024 wurden bei der Landung nach dem 72. Flug in einem Dünenfeld die Rotorblätter beschädigt. Eine Woche danach gab die NASA das Missionsende bekannt. Ingenuity war an 1.004 Marstagen insgesamt zwei Stunden, acht Minuten und 48 Sekunden geflogen und hatte dabei mehr als 17 Kilometer zurückgelegt.

Oleg Kononenko.

4. Februar

OLEG KONONENKO 1111 TAGE IM WELTRAUM

Seit dem 4. Februar 2024 war Oleg Kononenko der Mensch mit der längsten Aufenthaltszeit im All – verteilt auf fünf Missionen. Er brach an diesem Tag den Rekord seines Landsmannes Gennadi Padalka, der kumulativ (bei ebenfalls fünf Missionen) 878 Tage im Orbit verbracht hatte. Am Schluss seiner aktuellen Mission waren es dann genau 1.111 Tage kumulativer Zeit im Orbit. Kononenkos jüngste Reise zum Orbitallabor begann mit einem Start an Bord von Sojus MS-24 am 15. September 2023 zusammen mit Nikolai Tschub und der NASA-Astronautin Loral O'Hara. Seine Rückkehr aus dem Weltall erfolgte am 23. September 2024 mit Sojus MS-25 zusammen mit Nikolai Tschub und Tracy Dyson von der NASA.

Die ersten acht Plätze in der Rekordliste der Aufenthaltsdauer im Orbit nehmen russische Raumfahrer ein. Erst dann folgt die Amerikanerin Peggy Whitson mit 675 Tagen auf Platz 9. Die Plätze 10-21 nehmen wiederum ausschließlich russische Kosmonauten ein. Der zweitbeste Amerikaner, Jeffrey Williams, liegt in der Weltrekordliste erst auf Platz 22.

Peggy Whitson hat im kommenden Frühjahr die Gelegenheit, ihre US-Rekordmarke noch einige Tage hochzuschrauben. Sie arbeitet derzeit als private Astronautin bei Axiom Space in Houston und ist im Frühjahr 2025 als Kommandantin von Ax-4 vorgesehen. Der aktive NASA-Astronaut, der Kononenkos Rekord am nächsten kommt, ist Mark Vande Hei, der während zweier separater Missionen insgesamt 523 Tage im Orbit verbrachte.

27. Februar 2024

INDIEN BENENNT ASTRONAUTENTEAM

Die indische Raumfahrtbehörde ISRO hat die Namen von vier Luftwaffenpiloten bekannt gegeben, welche die Besatzungen für die ersten bemannten Raumflüge des Landes bilden werden. Es handelt sich dabei um Group Captain (Oberst) Prashanth Balakrishnan Nair, Group Captain Ajit Krishnan, Group Captain Angad Prathap und Wing Commander (Oberstleutnant) Shubhansku Shukla. Offiziellen Angaben zufolge wurden die Männer aus einem Pool von Piloten der Luftwaffe ausgewählt und umfangreichen physischen und

Von links oben im Uhrzeigersinn: Ajit Krishnan, Angad Pratap, Shubanshu Shukla und Prasanth Balakrishnan Nair.

psychologischen Tests unterzogen, bevor sie in die engere Auswahl kamen. Das Gaganyaan-Programm wurde mit einem Kostenaufwand von bislang rund 1,6 Milliarden Euro entwickelt. Wenn es gelingt, wird Indien nach der Sowjetunion, den USA und China das vierte Land sein, das einen Menschen mit eigenen Mitteln ins All schicken kann.

Die bemannten Einätze sollen nach drei vorausgehenden unbemannten Orbitalmissionen voraussichtlich 2026 beginnen. Shubhansku Shukla wird allerdings sogar schon im kommenden Frühjahr in den Weltraum starten, denn Indien hat für ihn einen Flug auf der Axiom 4-Mission gebucht, bei der ein Crew Dragon von SpaceX unter dem Kommando von Peggy Whitson für mindestens zehn Tage zur ISS aufbrechen wird.

4. März 2024

SPACEX TRANSPORTIERT DEN 50. MENSCHEN INS ALL

Das Jahr war gerade erst gut zwei Monate alt und schon schickte SpaceX zum zweiten Mal vier Personen vom Kennedy Space Center der NASA aus zur Internationalen Raumstation. Der Start der Crew-8-Mission vom historischen Startkomplex 39A erfolgte am Montag, den 4. März, um 1:53 Uhr Mitteleuropäischer Zeit. Dabei kam der Crew Dragon Endeavour zum Einsatz. Für drei der vier Mitglieder der Crew-8 war dies der erste Flug ins All. Nur der 65-jährige Pilot Michael Barratt flog zuvor 2009 mit einer Sojus zur ISS und war 2011 beim letzten Einsatz des Space Shuttle Discovery mit an Bord. Er verfügte vor der Crew-8-Mission bereits über eine Raumflugerfahrung von 211 Tagen. Bei den anderen drei Crew-Mitgliedern handelt es sich um die 53-jährige Missionsspezialistin Jeannette Epps, den 42-jährigen Crew 8-Kommandanten Matthew Dominick und den ebenfalls 42-jährigen Roskosmos-Kosmonauten Alexander Grebenkin. Zusammen mit der Besatzung von Crew 8 hat SpaceX damit nun insgesamt 53 Menschen bei 13 Crew Dragon-Flügen in die Umlaufbahn geschickt.

Gegenwärtig sind die Crew Dragons für bis zu fünf Flüge zugelassen, aber die NASA und SpaceX arbeiten daran, dies auf mindestens 15 Missionen auszudehnen. Derzeit wird gerade ein neues Crew Dragon-Raumschiff im kalifornischen Hawthorne produziert. Diese noch namenlose Raumkapsel wird voraussichtlich erstmals bei der Crew 10-Mission Anfang 2025 zum Einsatz kommen.

Die Crew der Mission SpaceX Crew 8. Von links: Alexander Grebenkin, Michael Barratt, Matthew Dominik und Janette Epps.

Die Crew von Apollo 10. Von links: Eugene Cernan, Kommandant Tom Stafford und John Young.

18. März 2024

TOD VON TOM STAFFORD

Nach dem Tod von Thomas P. „Tom“ Stafford ist nun kein Mitglied der legendären Apollo 10-Crew mehr am Leben. Stafford starb in einem Altersheim in Satellite Beach in Florida im Alter von 93 Jahre an Leberkrebs. Geboren wurde er am 17. September 1930 in Weatherford, Oklahoma. Sein Vater, Thomas Sabert Stafford, war Zahnarzt. Seine Mutter, Mary Ellen (Patten) Stafford, war als Kind im Planwagen ihrer Familie nach Oklahoma gezogen.

Stafford gehörte der zweiten Astronautengruppe der NASA an. Sein erster Raumflug fand im Dezember 1965 statt, als er als Pilot von Gemini 6 unter dem Kommando von Walter M. Schirra das erste Rendezvous-Manöver in der Geschichte der Raumfahrt durchführte. Schon im Juni 1966 kehrte er mit Gemini 9 zusammen mit Eugene Cernan erneut in den Orbit zurück. Bei der Apollo 10 Mission, dem Testflug für Apollo 11 im Mai 1969, flog Stafford mit Cernan mit der Mondlandefähre Snoopy in eine niedrige Umlaufbahn um den Mond, während John Young im Apollo-Mutterschiff Charlie Brown im höheren Orbit blieb und auf ihre Rückkehr wartete.

1975, im Rang eines Brigadegenerals, flog Stafford mit Donald Slayton und Vance D. Brand in der Apollo-Kapsel als Kommandant der Apollo-Sojus-Test-Mission, bei der erstmals ein US-Raumschiff mit einem sowjetischen Raumfahrzeug koppelte. Bald danach verließ Stafford die Raumfahrtbehörde und leitete danach zunächst für drei Jahre das Flugtestzentrum der US-Air Force in Edwards. 1978 wurde er zum Generalleutnant befördert und zum stellvertretenden Stabschef für Forschung und Entwicklung der Air Force ernannt. Im November 1979 verließ er die Luftwaffe und wurde Berater in der Luft- und Raumfahrtindustrie.

Künstlerische Darstellung des Rosalind Franklin-Rovers auf dem Mars.

17. Mai 2024

DER ROSALIND FRANKLIN-ROVER LANDET MIT NASA-HILFE

Vertreter der NASA und der ESA unterzeichneten am 16. Mai im Pariser Hauptsitz der ESA eine Vereinbarung, nach der die NASA die Mission des Rosalind Franklin-Rovers mit Sachleistungen im Wert von mehreren hundert Millionen Dollar unterstützen wird. Die Beiträge der NASA ersetzen Elemente der Mission, die ursprünglich die russischen Raumfahrtagentur Roskosmos bereitstellen sollte. Die plante und baute die Landeplattform für die Rosalind Franklin-Mission und hatte sich verpflichtet, das Raumschiff im September 2022 auf einer Proton M zu starten. Doch dann kam der Ukraine-Krieg und die ESA kündigte die Partnerschaft auf.

Inzwischen entwickelt die ESA ein eigenes Landesystem für ihren Rover und vergab dafür einen Auftrag im Wert von 522 Millionen Euro an Thales Alenia Space. Die NASA liefert dafür Komponenten, die in Europa nicht erhältlich sind, wie spezielle drosselbare Triebwerke und die Radioisotopen-Heizelemente, die ihre Wärme aus dem Zerfall von Plutonium-238 beziehen. Die Nutzung dieser radioaktiven US-Heizelemente erfordert außerdem einen Start von den Vereinigten Staaten aus, womit die NASA auch das Trägerfahrzeug beschaffen wird. Der Wert der NASA-Beiträge beläuft sich auf etwa 390 Millionen Dollar.

Rosalind Franklin wird der NASA eine weitere Gelegenheit geben, an einer Mars-Bodenmission teilzunehmen. Das zu einem Zeitpunkt, an dem die US-Agentur gerade daran arbeitet, ihr Mars Sample Return-Programm – ebenfalls ein Gemeinschaftsprojekt mit der ESA – von Grund auf zu überarbeiten. Abgesehen von EscaPADE, einer Marsorbiter-Mission mit zwei kleinen identischen Satelliten, hat die NASA derzeit keine weiteren robotischen Marsmissionen in Vorbereitung.

7. Juni 2024

WILLIAM ANDERS VERUNGLÜCKT TÖDLICH

Am 7. Juni 2024 starb mit William Anders erneut einer der Astronauten aus der legendären Apollo 8-Crew. Er wurde 90 Jahre alt. Die Umstände seines Todes sind einem Mondflieger durchaus angemessen, denn er verunglückte vor den San Juan-Inseln im Bundesstaat Washington beim Kunstflugtraining mit einer T-34 "Mentor, demselben Flugzeugtyp, mit dem er in den 50er-Jahren bei der US-Luftwaffe das Fortgeschrittenentraining absolviert hatte. Anders, der Sohn eines Marineoffiziers der USA, wurde 1933 in Hongkong geboren, verbrachte einen Großteil seiner Kindheit in San Diego und erhielt 1956 seine Flugausbildung als Pilot der Air Force. 1963 wurde er für das Astronautenkorps der NASA ausgewählt. Apollo 8 war sein erster und einziger Raumflug.

Berühmt gemacht hat Anders das Foto der Erde, die hinter dem Mondhorizont auftaucht. Dieses Bild ist ein Meilenstein in der Menschheitsgeschichte und wurde zu einem Symbol für Umweltbewusstsein. Es trug zu einem Phänomen bei, das als „Overview-Effekt" bekannt ist – ein tiefes Gefühl der Verbundenheit und des Schutzbedürfnisses für die Erde, das durch den Anblick unseres blauen Planeten vor der Schwärze des Weltraums ausgelöst wird. Anders unterstützte die Apollo 11-Crew 1969 als Lunar Lander-Pilot der Reservemannschaft. Wäre Buzz Aldrin ausgefallen, dann wäre Anders

Wie das Bild hier (Anders hält das Modell einer Gemini-Kapsel mit einem Gemini-Agena-Targetvehicle in der Hand) zeigt, war William Anders vor der Apollo 8-Mission bereits als Ersatzpilot für Gemini 11 nominiert. Wäre er damals geflogen, wäre Neil Armstrong sein Kommandant gewesen.

der zweite Mensch auf dem Mond gewesen. Danach war Anders mehrere Jahre lang in Verwaltungsfunktionen bei der NASA tätig. Er verließ die Raumfahrtbehörde, um der Atomenergiekommission beizutreten, und wurde 1975 der erste Vorsitzende der neu organisierten Nuklearaufsichtsbehörde. Anders diente auch als Botschafter in Norwegen und übernahm später mehrere Führungspositionen im Nuklearbereich und in der Luft- und Raumfahrtindustrie. Anlässlich des 50. Jahrestags von Apollo 8 im Jahr 2018 gab die Internationale Astronomische Union einem der Krater, die auf dem von ihm aufgenommenen Foto zu sehen ist, den Namen: „Anders' Earthrise".

SpaceShipTwo „Unity" wird nach einem Einsatz zum Hangar geschleppt.

8. Juni 2024

SPACESHIPTWO MACHT ZWEIEINHALB JAHRE PAUSE

Virgin Galactic startete am 8. Juni zum letzten Mal mit dem Raumschiff Unity vom privaten Weltraumbahnhof in New Mexico. An Bord waren neben den beiden Virgin Galactic-Piloten vier zahlende Kunden, nämlich der türkische Forscher Tuva Atasever, der SpaceX-Triebwerksingenieur Andy Sadhwani, der ehemalige Immobilienentwickler Irving Izchak Pergament und der Londoner Hotel- und Resort-Investmentstratege Giorgio Manenti. Es war der siebte und letzte kommerzielle Einsatz für mindestens zwei Jahre. Mit einem Apogäum von 87,5 Kilometern überschritt die Mission zwar die von der US-Luftwaffe definierte Linie zwischen der Erdatmosphäre und Weltraum, die bei 50 Meilen über der Erdoberfläche (also gut 80 Kilometer) festgelegt ist, blieb aber unterhalb der so genannten Kármán-Linie, die bei 100 Kilometer über dem Planeten definiert wird und heute weithin als die Grenze zum Weltraum gilt.

Der Einsatz war der letzte Flug der VSS Unity. Sie soll durch zwei Raumschiffe der so genannten „Delta-Klasse" ersetzt werden, die derzeit in Arizona gebaut werden. Nach einer Reihe von Testflügen soll damit gegen Ende 2026 der kommerzielle Betrieb wieder aufgenommen werden. Die Delta-Raumschiffe sehen ähnlich aus wie Unity, werden aber sechs statt der derzeitigen vier Passagiere befördern können. Die Flugpreise werden bei etwa 600.000 Dollar liegen. Es sind dann bis zu 125 Flüge pro Jahr geplant.

Insgesamt sind die Aussichten für Virgin Galactic nicht rosig. Schon im November 2023 entließ das Unternehmen 185 Mitarbeiter. Das sind 18 Prozent der Belegschaft. Virgin verbrennt Geld in enormem Tempo und hat in den letzten Quartalen jeweils mehr als 100 Millionen Dollar Verlust gemacht. Die Reserven beliefen sich Ende März 2024 auf 867 Millionen Dollar.

10. Juli 2024

TOD VON JOE ENGLE

Am 10. Juli 2024 starb der amerikanische Astronaut Joe Engle in Houston kurz vor Vollendung seines 92. Lebensjahres. Er war eines der Urgesteine der US-Luft- und Raumfahrt und gehörte – wie auch Neil Armstrong – zur Top-Elite amerikanischer

Am 2. Oktober 2015 saß Joe Engle noch einmal in „seiner" X-15. Sie ist heute im US-Luft- und Raumfahrtmuseum in Washington ausgestellt.

Testpiloten, denen es vergönnt war, die X-15 zu fliegen. Er absolvierte insgesamt 15 Missionen mit diesem Raketenflugzeug und erreichte bei dreien dieser Einsätze im Jahr 1965 eine Flughöhe von über 50 Meilen (mehr als 80 Kilometer), was ihn nach der Definition der US-Air Force zum Astronauten machte.

Engle wurde in Dickinson County, im Bundesstaat Kansas, geboren und besuchte die Universität von Kansas in Lawrence, wo er 1955 seinen Abschluss in Luft- und Raumfahrttechnik machte. 1966 wurde er in die fünfte Gruppe der NASA-Astronauten gewählt. In der Flugplanung des Apollo-Programms war er zunächst zum Ersatzpiloten des Apollo 14-Mondlanders bestimmt worden und damit, entsprechend der rollierenden Crew-Planung von Chefastronaut Deke Slayton, gleichzeitig dazu ausgewählt worden, mit Apollo 17 als 12. Mensch den Mond zu betreten. Doch dann kürzte Präsident Nixon das Apollo-Programm. Engle wurde zu Apollo 18 versetzt und Dr. Harrison Schmitt, der einzige Geologe unter den Apollo-Astronauten, und eigentlich eingeteilt für Apollo 18, rückte eine Position vor. Apollo 18 stand aber schon auf Nixons Streichliste und kam nie zum Einsatz.

Nach dieser Enttäuschung war er im Shuttle-Programm wieder in seiner alten Rolle als Testpilot tätig. 1977 war er Kommandant der Raumfähre Enterprise, die eine modifizierte Boeing 747 als Trägerflugzeug nutzte, um damit auf der Luftwaffenbasis Edwards Anflug- und Landetests durchzuführen. Im November 1981 kommandierte er den zweiten Flug der Raumfähre Columbia. Die letzten seiner insgesamt 224 Stunden im Weltraum verbrachte er im August 1985 als Kommandant des Space Shuttle Discovery bei der Mission STS-51-I, einer der anspruchsvollsten Missionen des Shuttle-Programms. Dabei setzte die Besatzung drei kommerzielle Satelliten aus und holte einen weiteren defekten Satelliten zurück, der bei einer früheren Shuttle-Mission gestartet worden war, reparierte ihn und setzte ihn erneut aus.

Künstlerische Darstellung des ISS Deorbit Vehicles.

18. Juli 2024

SPACEX BEKOMMT AUFTRAG FÜR DAS DEORBITING DER ISS

SpaceX wird eine stark modifizierte Version seines Dragon-Frachtraumfahrzeugs entwickeln und bauen, und mit diesem Spezialvehikel bald nach dem Jahr 2030 die Internationale Raumstation so weit abbremsen, dass ein kontrollierter Wiedereintritt über einem unbewohnten Meeresabschnitt möglich ist. Das ISS Deorbit Vehicle (DV), wie es offiziell heißt, soll sicherstellen, dass die Raumstation an der genau richtigen Stelle in die Atmosphäre eintritt, damit alle Wrackteile, welche die Hitze des Wiedereintritts überstehen, harmlos ins Meer stürzen.

Der Auftrag der NASA an SpaceX stellt einen Wert von 843 Millionen US-Dollar dar. Die für den Start benötigte Schwerlastrakete wurde noch nicht ausgewählt, aber NASA-Administrator Bill Nelson hat den Kongress um insgesamt etwa 1,5 Milliarden US-Dollar für die Durchführung der Deorbit-Operation gebeten. Dieses Manöver ist keine triviale Angelegenheit. Die Längsachse der Raumstation, die aus mehreren unter Druck stehenden Modulen besteht, ist 65 Meter lang. Das im rechten Winkel zur Längsachse montierte Solarzellen-Strom- und Kühlgerüst des Labors erstreckt sich von Ende zu Ende über 100 Meter. Der gesamte Laborkomplex hat eine Gesamtmasse von 420 Tonnen und bewegt sich mit etwa 28.000 Kilometern pro Stunde im Erdorbit. Um die Bahnhöhe der ISS für einen kontrollierten Wiedereintritt vorsichtig zu senken, wird das DV etwa 16 Tonnen Treibstoff mitführen und über 46 Draco-Raketentriebwerke verfügen.

Der ursprüngliche Plan bestand darin, mehrere russische Progress-Frachtschiffe einzusetzen, um die Flughöhe des Labors zu senken und einen gezielten Fall zur Erde vorzubereiten. Vor allem wegen der politischen Unsicherheiten wurde dieser Plan aber fallen gelassen. Letztes Jahr ersuchte die NASA die US-Industrie um Vorschläge. Nur zwei Unternehmen antworteten auf die Anfrage: SpaceX und Northrop Grumman. Am 18. Juli gab die Agentur schließlich bekannt, dass SpaceX den Auftrag gewonnen habe.

19. Juli 2024

EUROPA UNTERSUCHT ERNEUT MÖGLICHKEITEN FÜR BEMANNTEN RAUMFLUG

Die Europäische Weltraumorganisation hat Arianespace einen Studienauftrag erteilt, um mögliche Optionen für den Start bemannter Missionen mittels der Ariane-6-Rakete zu untersuchen. Toni Tolker-Nielsen, der ESA-Direktor für Raumtransport, erklärte, dass die Ariane 6 entweder so modifiziert werden solle, dass sie den erforderlichen Sicherheitsstandards für bemannte Flüge entspricht, oder dass die Agentur „in ein Sicherheitssystem für die Kapsel investieren könnte, um sie im Falle eines Startfehlers für die Besatzung sicher zu machen". Tolker-Nielsen erklärte weiter, dass die Agentur bereits einen Auftrag vergeben habe, um „im nächsten Jahr den besten Kompromiss zwischen diesen beiden Optionen zu finden". Die Finanzierung der betreffenden Studie wurde auf dem Ministertreffen der Agentur in Paris im Jahr 2022 als Teil des Elements für den bemannten Raumtransport des Vorbereitungsprogramms für zukünftige Trägerraketen (FLPP) der ESA genehmigt, und trägt den Titel „Study on Ariane 6 launch system compliance with Human Space Transportation application for the short-term perspective", also in etwa: „Studie zur Anpassung des Ariane-6-Startsystems zur Anwendung für den bemannten Raumtransport für die kurzfristige Perspektive". Ziel der Studie ist es, die Eignung des Ariane-6-Startsystems für den Transport von bemannten Systemen zu bewerten, einschließlich der betrieblichen und sicherheitstechnischen Einschränkungen.

Die Arbeiten an dieser Studie begannen im Oktober 2023 und werden Ende 2024 abgeschlossen sein. Ob daraus irgendein praktischer Nutzen entsteht, darf bei den Erfahrungen der letzten Jahrzehnte als fraglich bewertet werden. Weder hat sich Europa auf den seit Jahren überfälligen Einstieg in die bemannte Raumfahrt bekannt, noch hat sich die ESA überhaupt auf die Ariane 6 als Startgerät für hypothetische bemannte Missionen festgelegt. Theoretisch könnte das auch ein anderer Launcher sein. Oder es bleibt, wie es immer war: Europa betreibt keine bemannten Raumfahrt.

Ob wir so ein Bild jemals in Realität sehen werden ist sehr fraglich.

Illustration von Phosphine-Molekülen über der Venus.

2. August 2024

DOCH PHOSPHIN IN DER VENUS-ATMOSPHÄRE? .

Um die Entdeckung des Gases Phosphin in der Atmosphäre des Planeten Venus, dessen Entstehung sich vor allem durch biologische Prozesse erklären lässt, war es seit 2020 deutlich ruhiger geworden. Doch inzwischen gibt es neue Nachweise dieses Moleküls in Höhen zwischen 40 und 70 Kilometer über der glutheißen Oberfläche unseres Nachbarplaneten. Die neuen Nachweise von Phosphin und auch Ammoniak wurden von einem Team unter der Leitung von Jane Greaves von der University of Cardiff mithilfe von Submillimeter-Radiowellenlängendaten erzielt, die vom James Clerk Maxwell Telescope (JCMT) auf Hawaii und dem Green Bank Telescope in West Virginia gesammelt wurden.

Die erste Entdeckung von Phosphin auf der Venus – ebenfalls durch Greaves und ihr Team am JCMT im Jahr 2020 – stieß bei vielen Wissenschaftlern auf Ablehnung. Sie stellten die Art und Weise, wie die Daten verarbeitet wurden in Frage, weil es anderen Wissenschaftler nicht gelungen war, ebenfalls Phosphin nachzuweisen. Doch nun wurden die Messungen wiederholt. Dieses Mal mit einem neuen Detektor des JCMT namens Nāmakanui (was auf Hawaiianisch „Große Augen" bedeutet). Sie stammen aus drei Beobachtungskampagnen, von denen jede 140-mal so viele Daten lieferte wie die erste Entdeckung.

In diesem Zusammenhang hat man auch ältere Daten des SOFIA-Stratosphärenteleskopes noch einmal durchgesehen und neu analysiert und ist auch da auf eine schwache Spur von Phosphin gestoßen. Und bei der erneuten Analyse der Massenspektrometer-Daten der alten Pioneer-Venus-Mission von 1978 wurden große Mengen an Phosphor nachgewiesen, dem Ausgangselement des Phosphins.

Eric Philips, Jannicke Mikkelsen, Chun Wang und Tabea Rogge.

12. August 2024

RABEA ROGGE ERSTE DEUTSCHE IM ALL?

Im Frühjahr 2025 wird SpaceX eine private Astronautenmission mit der Bezeichnung Fram 2 durchführen. Eine Crew Dragon wird dabei von Florida aus in eine relativ polnahe Umlaufbahn starten und während eines drei bis fünf Tage dauernden Einsatzes in einer Höhe von 425 bis 450 Kilometern die Erde umkreisen. Die Bahnneigung zum Äquator soll etwa 65 Grad betragen. Noch nie zuvor ist eine bemannte Mission in eine Umlaufbahn so hoher Inklination geflogen. Benannt ist die Expedition nach einem norwegischen Polarforschungsschiff, das zwischen 1893 und 1912 eine Reihe von Forschungsfahrten unternahm, unter anderem mit Fridtjof Nansen und Roald Amundsen.

Fram 2 wird von Chun Wang kommandiert, der in der Erklärung von SpaceX lediglich als „Unternehmer und Abenteurer aus Malta" bezeichnet wurde. Wang arbeitet seit mehr als einem Jahrzehnt im Bereich Kryptowährungen und gründete das Bitcoin-Mining-Unternehmen F2pool. Wang ist auch kein gebürtiger Malteser, sondern wuchs in China auf und zog später nach Südkorea. Im August 2023 gab er in den sozialen Medien bekannt, dass er maltesischer Staatsbürger geworden sei, erklärte jedoch nicht, warum.

Wang wird auf der Mission von Jannicke Mikkelsen aus Norwegen begleitet, die als Kommandantin des Crew Dragon fungiert. Mit von der Partie sind auch Eric Philips aus Australien als Pilot und Rabea Rogge aus Deutschland als Missionsspezialistin. Damit könnte Rogge zur ersten Deutschen Frau im Orbit werden.

20. August 2024

ERSTSTUFE DER RFA-1 EXPLODIERT BEI TEST AUF DER RAMPE

Am 20. August wurde die Rocket Factory Augsburg mit einem der Albträume eines jeden Raketenentwicklers konfrontiert: Einem Feuer auf der Startrampe, das die wertvolle Erststufe und die Startinfrastruktur vernichtete. Bei einem vorausgegangenen Test am 19. Mai war noch alles gut gegangen. An diesem Tag hatte in SaxaVord die erste Heißfeuerkampagne für die Boosterstufe des RFA-1-Trägers stattgefunden. Dabei wurden vier der fünf Helix-Triebwerke nacheinander im Abstand von vier Sekunden gezündet. Alle Triebwerke liefen danach für acht Sekunden gleichzeitig.

Explosion der Erststufe der RFA-1 auf dem Teststand in Saxavord.

Am 20. August sollte in Vorbereitung auf den Erstflug der RFA-1 noch einmal alle fünf Triebwerke zusammen einem statischen Brennlauf unterzogen werden. Dazu wurde die Stufe auf dem Startsockel mit Klammern festgehalten und die Raketenmotoren gezündet. Im Moment der Zündung brach jedoch ein Feuer aus, das sich rasch ausbreitete und in Sekunden die gesamte Startanlage und die Raketenstufe einhüllte. Das letzte, was im Flammeninferno zu erkennen war, war der Booster, der vom Startsockel kippte und auf den Boden fiel.

Der Unfall wird das Unternehmen, das drauf und dran war, das Rennen um den ersten Orbitalstart eines privat gebauten europäischen Kleinträgers zu gewinnen, um mindestens sechs Monate zurückwerfen. Ganz zu schweigen von den Auswirkungen für das „auf Kante" genähte Projektbudget.

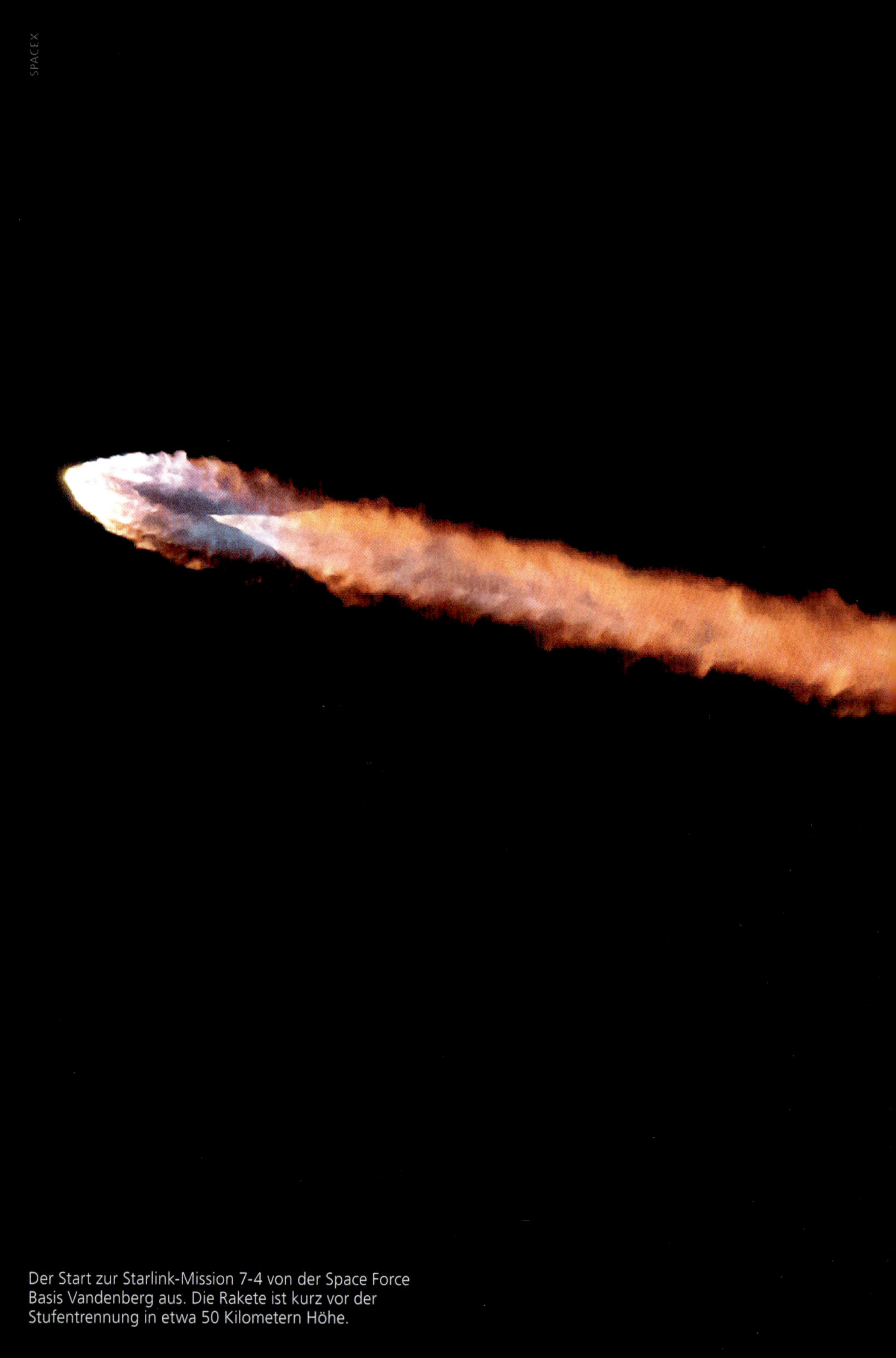

Der Start zur Starlink-Mission 7-4 von der Space Force Basis Vandenberg aus. Die Rakete ist kurz vor der Stufentrennung in etwa 50 Kilometern Höhe.

SPACEX

RAUMFAHRT-STATISTIK

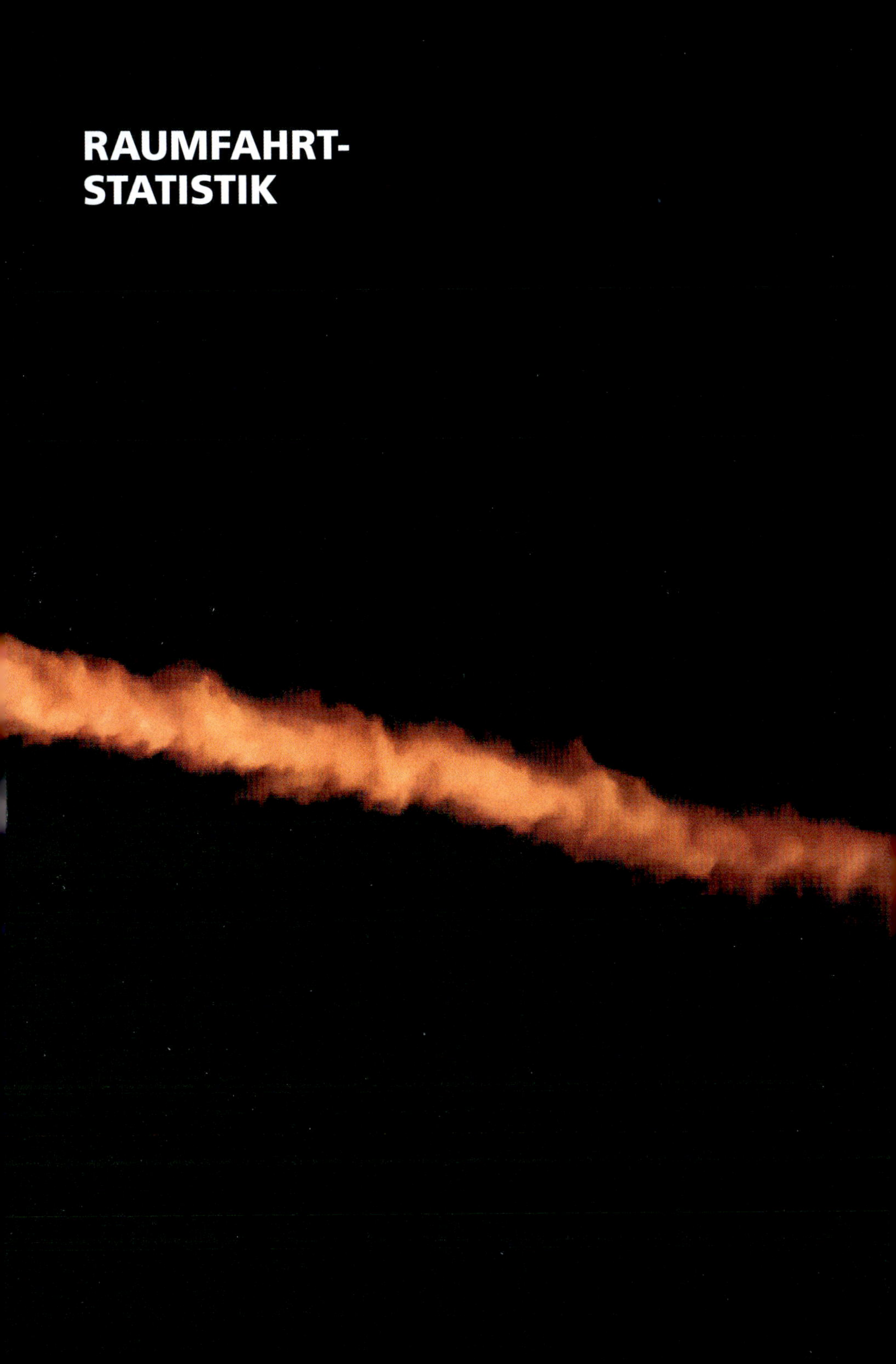

SPACEX

Eine Falcon 9 startet am 12. August 2023 zur Starlink-Mission 10-7.

DAS RAUMFAHRTJAHR 2023 – FAKTEN & HIGHLIGHTS

Wie schon die Jahre zuvor eröffnete SpaceX auch 2023 das neue Raumfahrtjahr und schickte mit der Transporter-6-Mission am 3. Januar nicht weniger als 115 Kleinsatelliten in den Orbit. Das war bereits ein Vorgeschmack auf den „Traffic", den es auch im weiteren Verlauf des Jahres vor allen in den niedrigen Erdumlaufbahnen geben sollte. SpaceX alleine trug dazu mit einer schier unfassbaren Zahl von 94 Starts bei, wobei die beiden Starship-Missionen da noch nicht mitgezählt sind.

Der Trend zu immer mehr Missionen hält also ungebrochen an, ein Zeichen vor allem auch für die zunehmende wirtschaftliche Bedeutung, die vor allem der erdnahe Weltraum gewinnt. 2022 waren es insgesamt 186 Starts, die entweder in den Erdorbit oder darüber hinaus führten. 2023 waren es schon 220 und im Jahr 2024 dürften es noch einmal deutlich mehr sein, wie Sie in unserer nächsten Ausgabe von SPACE sehen werden. Unsere Tabelle „Starts bis Dezember 2024", belegt das bereits jetzt. Die beinhaltet allerdings für die letzten zweieinhalb Monate des Jahres 2024 nur eine Schätzung, denn unser Redaktionsschluss lag dieses Mal am 15. Oktober. Von diesen 220 Starts des Jahres 2023 entfielen 103 Missionen auf die USA, 67 auf die Volksrepublik China und nur mehr 19 auf Russland. Für die USA und China bedeutete das jeweils einen Rekord, für Russland bedeutet es einen weiteren Abstieg von seiner ehemaligen Bedeutung als Weltraum-Supermacht. Dieser Niedergang wird sich in den nächsten Jahren weiter fortsetzen, bis Russland dann in wenigen Jahren von Indien überholt werden wird.

An dieser Stelle ist ein Wort zur neuseeländisch/amerikanischen Firma Rocket Lab angebracht, die zusehends mehr Einsätze durchführt. 2023 waren es neun, in 2024 werden es mehr als ein Dutzend sein. Rocket Lab ist aus vermarktungstechnischen

Gründen (vor allem der lukrativen institutionellen US-Aufträge wegen) in den USA registriert. Der weitaus überwiegende Teil der Leistungserfüllung findet jedoch derzeit noch (das wird sich allerdings in einigen Jahren ändern) in Neuseeland statt. Auch die Nationalität des Firmengründers ist neuseeländisch. 80 Prozent der Mitarbeiter sind ebenfalls in Neuseeland beschäftigt. Aus diesem Grund wird Rocket Lab hier noch – wahrscheinlich bis zur Tabelle 2026 – als rein neuseeländisches Unternehmen geführt. Andere Statistiken dieser Art, vor allem die aus den USA, haben Rocket Lab schon als US-Unternehmen einverleibt.

2023 kam es zu 9,5 Fehlstarts. Von der absoluten Zahl her gesehen liegt das deutlich über dem Durchschnitt der letzten Jahre. Angesichts der hohen Zahl von Starts entspricht das andererseits nur einer Fehlerquote von 4,3 Prozent. Das wiederum ist sogar ein leicht unterdurchschnittlicher Wert, wenn man die letzten Jahrzehnte betrachtet. Den halben Fehlstart, er betraf eine Alpha von Firefly, die auf einer zu niedrigen Umlaufbahn strandete, könnte man auch als halben Erfolg bewerten, denn immerhin konnte der Satellit an Bord zumindest ein verkürztes Forschungsprogramm durchführen.

Wie üblich sind die überwiegende Anzahl dieser Fehlstarts Kleinraketen privater Hersteller zuzuordnen, die entweder einen ihrer ersten Testflüge absolvierten oder generell erst wenige Starts absolviert hatten. Eine Rakete (die nordkoreanische Chŏllima-1) scheiterte sogar zweimal in diesem Jahr. Den teuersten Fehlstart legte die japanische H3 bei ihrem Jungfernflug hin, bei dem sie einen 220 Millionen Euro teuren Erdbeobachtungssatelliten mitführte. Angesichts der Tatsache, dass auch bei etablierten Herstellern etwa 50 Prozent der Erstflüge ganz oder teilweise scheitern, war es eine mutige Entscheidung der japanischen Manager bei diesem Erstflug gleich eine teure Nutzlast mitzuführen. Zu mutig, wie sich herausgestellt hat. Von diesen weltweit 220 Missionen des Jahres 2023 waren 213 für den Erdorbit bestimmt, sieben von ihnen gingen in Richtung Mond oder darüber hinaus. Die beiden bedeutendsten planetaren Missionen des Jahres 2023 waren der Start der europäischen Jupitersonde JUICE auf der vorletzten Ariane 5 am 14. April und der Start der Asteroidensonde Psyche am 13. Oktober auf einer Falcon Heavy. Fünf Missionen gingen entweder zum Mond oder den beiden Lagrange-Punkten der Erde. Von den Erdorbit-Starts hatte die weitaus überwiegende Zahl, nämlich 185, eine niedrige Erdumlaufbahn in meist weniger als 1000 Kilometern Höhe zum Ziel. Der ziemlich kleine Rest verteilte sich auf mittelhohe Orbits, vor allem auf die Bahn der Navigationsnetze in etwa 22.000 Kilometern Höhe sowie auf Tundra- und Molnija-Orbits.

Bei den Missionen des Jahres 2023 wurden, zieht man die bei Fehlstarts verloren gegangenen Raumfahrzeuge ab, insgesamt 2.929 Satelliten aller Klassen bis hinunter zu Pico-Satelliten in den Erdorbit oder Raumsonden in eine Sonnenumlaufbahn transportiert. Das sind 22 Prozent mehr als im vergangenen Jahr. Der mit weitem Abstand überwiegende Teil dieser Satelliten betraf erneut das Starlink-System von SpaceX.

Wie schon 2022 war auch 2023 die Falcon 9 wieder die mit weitem Abstand am häufigsten geflogene Orbitalrakete der Welt. Bei ihren 89 ausnahmslos fehlerlosen Einsätzen wurden von dieser Rakete mehr als 80 Prozent aller weltweit gestarteten Satelliten abgesetzt. Wäre das Privatunternehmen SpaceX ein Land, es hätte mit seinen 94 erfolgreichen Missionen (fünf erfolgreiche Falcon Heavy-Starts müssen noch dazu gezählt werden) 2023 in der Startstatistik mit weitem Abstand Platz 1 eingenommen. China läge dann mit 67 Missionen bereits deutlich zurück. Auf Platz 3 wäre in dieser fiktiven Statistik Russland mit seinen 19 Starts gekommen, gefolgt von den (restlichen) USA mit neun Flügen und Neuseeland mit der gleichen Zahl von Einsätzen. Die am zweithäufigsten verwendete Rakete weltweit war 2023 die in vier Versionen eingesetzte Sojus 2.1 aus Russland. Sie kam insgesamt 14-mal zum Einsatz. Platz drei ging an die Langer Marsch 2D in zwei Varianten mit 13 Einsätzen sowie die Langer Marsch 2C in zwei Varianten und die Electron mit jeweils neun Missionen.

Die mit weitem Abstand weltweit größte Anzahl an Starts eines Weltraumbahnhofs wurde erneut am Cape Canaveral in Florida durchgeführt. Dort nahmen 71 Missionen ihren Anfang. Für Cape Canaveral – also für die Cape Canaveral Space Force Station und das Kennedy Raumfahrzentrum zusammen – war das erneut, wie schon 2022, ein absoluter Rekord. Den zweiten Platz belegte 2023 – ebenfalls wie bereits im Vorjahr – der chinesische Weltraumbahnhof Jiuquan mit 35 Missionen. Das sind neun mehr als im Vorjahr. Platz drei in der Leistungsaufstellung pro Weltraumbahnhof belegte erstmals der kalifornische Weltraumbahnhof Vandenberg mit 31 Missionen. Das chinesische Raumfahrtzentrum Xichang rutschte 2023 dagegen deutlich ab. Von hier starteten nur noch 16 Missionen. Platz 5 schließlich folgen gleichauf der russische (aber in Kasachstan gelegene) Weltraumbahnhof Baikonur und das chinesische Raumfahrtzentrum Taiyuan. Beide konnten neun Starts verzeichnen.

Gleich zwei Booster landen nach der Trennung von der Zentralstufe einer Falcon Heavy am 25. Juni 2023 in den Landing Zones 1 und 2 der Cape Canaveral Space Force Station.

Schier unfassbar: es gibt selbst im Jahr 2023, also dem 66. Jahr der Raumfahrt, weiterhin Länder, die erst jetzt ihren ersten eigenen Satelliten starten. Dies waren Albanien, Dschibuti, Irland, der Oman und Vatikanstadt.

Werfen wir nun einen Blick auf die Daten der bemannten Raumfahrt. 2023 fanden sechs bemannte Orbitalmissionen statt, eine weniger als im Vorjahr. Es waren dies SpaceX Crew 6, Axiom-2, Shenzhou 16, SpaceX Crew 7, Sojus MS-24 und Shenzhou-17. Dabei erreichten insgesamt 21 Menschen die Erdumlaufbahn, darunter vier Frauen. An sich sollten es, wie im Vorjahr, insgesamt sieben bemannte Flüge sein, aber Sojus MS-23 musste ohne Besatzung starten, um die Crew von Sojus MS-22 abzuholen, deren Schiff nach einer Beschädigung unbemannt gelandet war.

Sechs dieser Astronauten waren Chinesen, genauso viele waren US-Bürger, dazu kamen vier Russen, zwei Bürger Saudi-Arabiens, einer aus den Vereinigten Arabischen Emiraten, einer aus Japan und einer aus Dänemark. Weiterhin gab es noch sechs bemannte suborbitale Missionen, bei denen insgesamt 26 Menschen Höhen zwischen 85 und 88 Kilometern erreichten. Von diesen 26 Personen flogen zwei viermal, zwei dreimal und einer zweimal. Dabei kam jedes Mal das SpaceShipTwo von Virgin Galactic zum Einsatz. Insgesamt fanden bei den bemannten Aktivitäten der Internationalen Raumstation sowie der nationalen chinesischen Raumstation im Jahr 2023 die erstaunlich hohe Anzahl von 18 Außenbordmanövern statt. Daran waren 17 Astronauten und Kosmonauten beteiligt. Die höchste Zahl an EVAs im Jahre 2022 führten dabei die chinesischen Astronauten Fei Junlong und Zhang Lu und die beiden russischen Kosmonauten Sergei Prokopjew und Dimitri Petelin mit jeweils vier Außeneinsätzen durch. Dreimal verließ Stephen Bowen die ISS und je zweimal Koichi Nakata, Nicole Mann und Woody Hoburg. Auch ein rein weibliches EVA gab es. Das wurde von Jasmin Moghbeli und Loral O'Hara durchgeführt.

Die Astronautin Loral O'Hara.

2023 erfolgten acht Erstflüge neuer Träger oder neuer Varianten bereits eingeführter Raketen. Diese Erst- und Testflüge waren wie üblich stark mitbestimmend für die Anzahl von Fehlstarts dieses Jahres. Bei diesen neuen Trägern handelte es sich um die nordkoreanische Chŏllima 1 und die chinesische Ceres 1S, einer seegestützte Variante der bereits eingeführten Ceres 1. Ein weiterer neuer Träger, ebenfalls aus China, ist die Tianlong-2 von Space Pionieer. Ebenso neu sind die japanische H3-22S, die iranische Qaem 100, eine unbenannte südkoreanische seegestützte feststoffbetriebene Trägerrakete, die RS-1 der US-Firma ABL-Space und die ebenfalls amerikanische Terran 1 von Relativity Space.

Mit Fehlstarts bei Erst- oder Testflügen endeten im Jahr 2023 je eine Mission einer RS-1, einer Qaem 100, einer H3, einer Terran 1 und zweimal einer Chŏllima 1. Der Startversager der Terran 1 führte zur Einstellung dieses Programms.

Fehlstarts bei bereits etwas etablierteren Trägern widerfuhren dem Launcher One bei seiner sechsten Mission, der Ceres 1 beim zehnten Flug und der 41. Mission einer Electron von Rocket Lab, Der Fehlstart des Launcher One führte indirekt zum Bankrott von Virgin Orbit und der damit verbundenen Einstellung des Programms. Ein Teilversager war bei einer Alpha von Firefly zu verzeichnen. Nicht in dieser Statistik aufgenommen ist das Starship von SpaceX. Es führte in 2023 am 20. April und am 18. November Testflüge durch, die beide, gemessen an den Testkriterien, erfolgreich waren. Weil aber nur eine suborbitale Flugbahn angestrebt war, werden sie in der Chronik nicht als Orbitalmissionen gewertet. All die genannten Umstände führten am Ende zu einer Fehlstartquote für das Jahr 2023 von 4,32 Prozent. Damit lag sie, wie schon zuvor bemerkt, von der reinen Zahl her deutlich über dem Durchschnitt, angesichts der hohen Startraten lag aber der daraus ermittelte Prozentsatz gescheiterter Starts nur wenig über dem langjährigen Mittel. Vier Mal waren die USA betroffen, wenn man den „halben" Fehlstart von Firefly mit einbezieht, zweimal Nordkorea und je einmal Japan, Neuseeland, der Iran und China. Ihre jeweils letzten Missionen unternahmen im Jahr 2023 die Antares 230 von Northrop Grumman, die europäische Ariane 5, die Atlas 5 der United Launch Alliance in der Variante 501 und die bereits erwähnten Launcher One und Terran 1 von Virgin Orbit und Relativity Space.

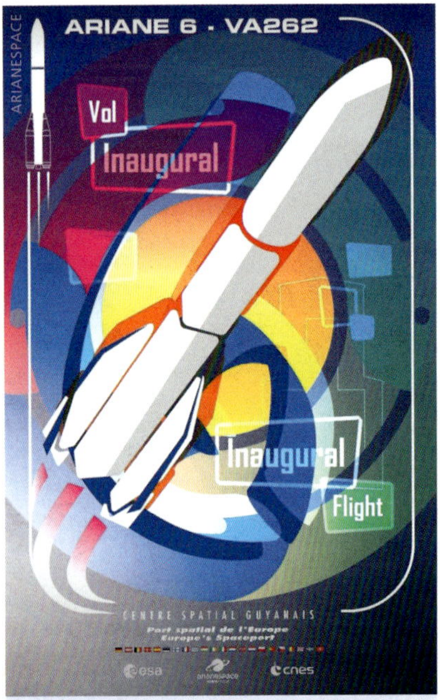

Startplakat zum Jungfernflug der Ariane 6.

Das Tempo im Flugbetrieb bei den beiden derzeit existierenden bemannten suborbitalen Transportsystemen „SpaceShipTwo" und „New Shepard" verlief weiterhin eher gemächlich. Es kam zu insgesamt sieben Einsätzen, von denen einer – mit dem New Shepard – unbemannt durchgeführt wurde. Alle sechs bemannten Missionen wurden – wie schon beschrieben – von Virgin Galactic mit dem SpaceShipTwo geflogen.

Es gab im Jahr 2023 sieben Starts interplanetarer und lunarer Missionen. Diese betrafen...

- ...am 14. April die europäische Jupitersonde Jupiter Icy Moons Explorer, oder kurz JUICE.
- ...am 1. Juli die europäische Astronomiesonde Euclid zum Lagrange-Punkt 2.

- …am 14. Juli den indischen Mondlander Chandraayan-3.
- …am 1. September die indische Astronomiesonde Aditya-L1 zum Lagrange-Punkt 1.
- …am 10. August die russische Mondlandesonde Luna 25.
- …am 6. September den SLIM-Lunar Lander der japanischen Raumfahrtagentur JAXA, und…
- …am 13. Oktober die US-Raumsonde Psyche zum gleichnamigen Asteroiden.

Zusätzlich gab es eine Reihe von bedeutenden Programmschritten bei lunaren oder interplanetaren Missionen.

- Der am 11. Dezember 2022 gestartete Hakuto-R M1 scheiterte am 25. April 2023 bei der Landung auf dem Mond.
- Am 19. Juni führte die europäische Raumsonde Bepi Colombo das dritte Gravitationsunterstützungsmanöver zur Reduzierung der Bahngeschwindigkeit am Merkur durch.
- Am 31. Juli flog die Raumsonde Juno bei ihrer 53. Umrundung des Jupiters in einem Abstand von 22.000 Kilometern an Io vorbei.
- Luna 25 stürzte am 19. August beim Landeversuch auf dem Mond ab.
- Am 23. August gelang der indischen Mondsonde Chandraayan 3 eine perfekte Landung auf dem Mond.
- Am 24. September landete die Rückkehrkapsel der US-Asteroidensonde OSIRIS-Rex mit Materialproben vom Asteroiden 101955 Bennu in Utah.
- Am 1. November passierte die US-Raumsonde Lucy den Asteroiden 152830 Dinkinesh in einem Abstand von 425 Kilometern.
- Am 30. Dezember flog die Raumsonde Juno bei ihrer 57. Umrundung des Jupiter in einem Abstand von nur 1.500 Kilometern an Io vorbei.

Diese beeindruckende Aufnahme einer Wolkenformation auf dem Jupiter stammt von der US-Raumsonde Juno, die auch 2023 höchst aktiv war.

Zum Abschluss noch ein paar „gemischte" Ereignisse des Raumfahrtjahres 2023:

- Am 25. Mai 2023 waren erstmals, zumindest für einen kurzen Moment, 20 Menschen gleichzeitig im Weltraum. Elf an Bord der ISS, drei an Bord der chinesischen Raumstation Tiangong und sechs an Bord des suborbitalen Raumfahrzeugs VSS Unity, das an diesem Tag eine Gipfelhöhe von 87,2 Kilometern erreichte und damit – zumindest nach den US-Richtlinien, die eine Höhe von mindestens 50 Meilen vorschreiben – im Weltraum war.

- Nur fünf Tage später wurde auch der Rekord für die größte Zahl von Menschen im Orbit gebrochen. An diesem Tag befanden sich sechs chinesische Raumfahrer an Bord der Tiangong-Station auf der gerade ein Besatzungswechsel stattfand und insgesamt elf Menschen an Bord der ISS, und zwar die normale siebenköpfige Crew und die vierköpfige Besatzung von Axiom-2, die sich zwischen dem 21. und 31. Mai ebenfalls an Bord der internationalen Raumstation befand.

Die Rückkehr der Landekapsel von Shenzhou 17 am 31. Oktober 2023.

- Im Dezember stellten die USA den Rekord für die meisten Orbital- und Sondenmissionen einer einzelnen Nation innerhalb eines Jahres ein. Allerdings nur, wenn man das weitgehend neuseeländische Unternehmen Rocket Lab mit dazu zählt, wie es in US-Statistiken stets der Fall ist. Dann kommt man auf 112 Flüge. Den Rekord hielt bisher die Sowjetunion seit dem Jahr 1982 mit 108 Missionen.

- Am 23. Dezember gelang SpaceX die 200. erfolgreiche Falcon Booster Landung.

- Bei der 201. erfolgreichen Booster-Landung einen Tag später befanden sich die beiden deutschen Radar Aufklärungssatelliten SARah-2 und SARah 3 an Bord der Falcon 9. Sie wurden von ihrer Trägerrakete zwar erfolgreich abgesetzt, die Mission scheiterte aber dennoch, weil sich die Radarantennen beider Raumfahrzeuge vermutlich auf Grund eines Konstruktionsfehlers nicht öffnen ließen.

BepiColombo bei Merkur

16. September 2024: Warum hat dieser große Krater auf dem Merkur zwei Ringe und einen glatten Boden? Der ungewöhnliche Krater Vivaldi ist 215 Kilometer groß. Das Bild entstand bei einem Überflug der Raumsonde *BepiColombo* (ESA, JAXA).

Meist entstehen solche großen kreisförmigen Strukturen auf Gesteinsplaneten durch den Aufprall eines kleinen Meteoriten oder durch einen Vulkanausbruch. Bei Vivaldi ist die Ursache vielleicht eine Kombination beider Phänomene: Ein heftiger Einschlag, gefolgt von einem relativ gleichmäßigen Lavastrom. Krater mit doppelten Ringen sind selten. Vor allem die Ursache des inneren Rings ist nach wie vor unklar und wird erforscht.

Die Raumsonde BepiColombo nützte beim Vorbeiflug die Gravitation des Planeten Merkur, um Geschwindigkeit zu reduzieren und in eine andere Umlaufbahn zu gelangen. Von dort aus soll sie ab 2026 der innerste Planet unseres Sonnensystems genauer untersuchen.

Grafik: www.meta-physik.com

DIE STARTS DES JAHRES 2023: ÜBERBLICK UND VERGLEICH

Im Jahr 2023 wurden von 11 Nationen (Europa wird hier als "Nation" geführt) insgesamt 220 Orbitalflüge und interplanetare Missionen durchgeführt oder versucht. Nachfolgend zum Vergleich die Zahlen zurück bis 1957, dem Jahr, in dem das Raumfahrtzeitalter begann. In dieser Liste sind alle Starts miterfasst, auch solche, die als Fehlschlag endeten.

Jahr	Nationen	Starts	Jahr	Nationen	Starts	Jahr	Nationen	Starts
2023	11	220	2000	5	84	1977	3	130
2022	9	186	1999	7	78	1976	4	131
2021	7	144	1998	7	83	1975	4	132
2020	9	114	1997	7	89	1974	3	113
2019	8	101	1996	6	76	1973	3	116
2018	6	114	1995	5	80	1972	3	113
2017	7	90	1994	6	93	1971	4	134
2016	8	86	1993	6	83	1970	5	124
2015	7	87	1992	6	98	1969	2	125
2014	7	92	1991	5	91	1968	3	128
2013	7	81	1990	5	121	1967	2	139
2012	9	76	1989	5	101	1966	3	130
2011	7	84	1988	5	121	1965	3	124
2010	8	74	1987	5	114	1964	2	99
2009	9	78	1986	5	103	1963	2	69
2008	7	68	1985	5	121	1962	2	81
2007	7	68	1984	5	129	1961	2	50
2006	6	66	1983	6	129	1960	2	38
2005	6	55	1982	4	128	1959	2	23
2004	6	55	1981	5	126	1958	2	28
2003	7	63	1980	5	108	1957	2	3
2002	6	65	1979	6	110			
2001	6	59	1978	4	128			

213 Einsätze des Jahres 2023 waren Erdorbit-Starts, sieben Missionen führten auf eine heliozentrische Bahn. Bei den heliozentrischen Flügen werden auch Einsätze auf lunare Transferbahnen mitgezählt, obwohl es sich von einem himmelsmechanischen Standpunkt her genau genommen um hochelliptische Erdumlaufbahnen handelt, aber auch hier wechseln die Raumfahrzeuge vom Einflussbereich eines gravitativen Zentrums (Erde) in den Einflussbereich eines anderen Himmelskörpers (Mond))

Zum Vergleich die Zahlen zurück bis ins Jahr 2000.

Jahr	Orbital	Solar	Jahr	Orbital	Solar	Jahr	Orbital	Solar
2023	213	7	2015	85	2	2007	64	4
2022	182	4	2014	91	1	2006	64	2
2021	141	3	2013	75	5	2005	52	3
2020	108	5	2012	76	0	2004	54	1
2019	99	2	2011	80	4	2003	59	4
2018	108	6	2010	72	2	2002	64	1
2017	89	0	2009	75	3	2001	57	2
2016	84	2	2008	67	1	2000	84	0

ERFOLGE MISSIONEN UND FEHLSTARTS

210 Flüge waren hinsichtlich des Transportes ihrer Nutzlasten vollständig erfolgreich. Es gab neun komplette Fehlschläge und einen Teilversager, eine ungewöhnlich hohe Zahl.

- Am 9. Januar scheiterte die Mission eines „Launcher One" von Virgin Orbit wegen eines Problems mit der zweiten Stufe des Trägers. Neun Satelliten von sieben Satelliten gingen verloren. Der misslungene Flug war das „Aus" für das Unternehmen.
- Am 11. Januar scheiterte der Erstflug der RS1 bereits zehn Sekunden nach dem Liftoff durch einen kompletten Stromverlust in der ersten Stufe, wodurch alle Triebwerke abgeschaltet wurden.
- Der Jungfernflug der iranischen Qaem 100 – ein Mikro-Launcher – schlug aus unbekannter Ursache fehl. Der Satellit, Nahid-1, ging verloren.
- Am 7. März misslang der Jungfernflug der japanischen H3-Trägerrakete, weil die zweite Stufe nicht zündete. Der Erdbeobachtungssatellit ALOS-3 ging dabei verloren.
- Beim Jungfernflug der Terran 1 am 23. März trat bei der Zündung der zweiten Stufe eine Fehlfunktion auf. Es war kein Satellit an Bord. Die Produktion der Terran 1 wurde daraufhin eingestellt.
- Am 30. Mai scheiterte der Jungfernflug der nordkoreanischen Chŏllima-1 wegen eines Zündproblems der zweiten Stufe. Der Satellit an Bord – Malligyong-1 – ging verloren.
- Am 23. August scheiterte erneut ein Start einer Chŏllima-1. Dieses Mal, weil das Selbstzerstörungssystem der Rakete während des Fluges der dritten Stufe unbeabsichtigt ausgelöst wurde.
- Am 19. September scheiterte der Start einer Electron von Rocket Lab wegen eines Problems bei der Zündung der zweiten Stufe. Der Satellit – Acadia 2 – ging verloren.
- Am 21. September scheiterte eine Ceres 1 aus unbekannter Ursache. Der Satellit – Jilin-1 Gaofen-04B – ging verloren.

★ Am 21. Dezember misslang einer Firefly Alpha die zweite Zündung ihrer Oberstufe. Der Satellit Tantrum strandete daraufhin auf einer zu niedrigen Umlaufbahn.

Hier die Erfolgsbilanz bei den Starts mit den Vergleichswerten der Vorjahre:

Jahr	Missionen	Fehlstarts	Quote	Jahr	Missionen	Fehlstarts	Quote
2023	220	9,5	4,32	2011	84	6	7,14
2022	186	6,5	3,49	2010	74	4	5,41
2021	144	9,5	6,60	2009	78	3	3,84
2020	114	10	8,77	2008	68	3	4,41
2019	101	5	4,95	2007	68	3	4,41
2018	114	2,5	2,19	2006	66	3	4,55
2017	89	5,5	6,18	2005	55	3	5,45
2016	86	3,5	3,93	2004	55	3	5,55
2015	87	4,5	5,17	2003	63	3	4,76
2014	92	3	3,26	2002	65	3	4,84
2013	81	3	3,7	2001	59	1	1,72
2012	76	2,5	3,29	2000	85	3	3,66

STARTPLÄTZE

Auf der nachfolgenden Seite befindet sich die Aufteilung der Starts auf die einzelnen Startplätze mit Vergleichswerten aus den Vorjahren bis zurück in das Jahr 2000. Die Jahreszahlen in der Kopfzeile sind abgekürzt. Beispiel: 00 = 2000, 01 = 2001). Für die Einträge in die Startplätze, die hier als „Andere" gekennzeichnet sind, bitte ich Sie in den entsprechenden früheren SPACE-Bänden in der Rubrik „Überblick und Vergleich" für Details nachzusehen. Es sind dies Startplätze, die von jeher schon wenig benutzt wurden und nunmehr seit mindestens acht Jahren stillliegen. Die Farbe Rot kennzeichnet den Spitzenreiter eines Jahres. Rosa ist die Nummer zwei und Lila die Nummer drei in der Rangfolge der meistverwendeten Startplätze.

Startort/Jahr	00	01	02	03	04	05	06	07	08	09	10	11	12	13	14	15	16	17	18	19	20	21	22	23
Cape Canaveral/ KSC	19	16	14	17	13	8	10	13	7	16	11	10	10	10	16	17	19	19	21	16	30	31	56	71
Jiuquan	0	0	2	2	2	4	1	2	3	2	4	6	5	7	8	5	9	7	16	9	13	22	26	35
Vandenberg	8	5	3	6	3	5	6	4	4	6	3	6	2	5	4	2	0	0	0	0	1	8	16	31
Xichang	4	1	0	3	3	1	3	6	4	2	8	9	9	3	2	9	7	7	16	13	13	16	16	16
Taiyuan	1	1	5	3	3	0	2	2	4	2	3	4	5	5	6	5	4	2	6	10	7	11	14	9
Baikonur	30	16	15	14	17	18	17	20	18	24	24	25	21	23	21	18	11	13	10	13	7	15	7	9
Plessezk	5	6	10	7	5	6	5	5	6	8	6	7	3	7	9	7	5	5	6	7	7	5	13	7
Mahia Rocket Lab LC 1	0	0	0	0	0	0	0	0	0	0	0	0	0	0	0	0	0	1	3	6	7	6	9	7
Satish Dhawan	0	2	1	2	1	1	1	3	3	2	3	3	2	3	4	5	7	5	7	6	2	2	5	7
Wenchang	0	0	0	0	0	0	0	0	0	0	0	0	0	0	0	0	2	2	0	1	5	5	6	4
Wallops Island	0	0	0	0	0	0	1	1	0	1	0	1	0	4	3	0	1	1	2	2	3	3	2	3

Startort/Jahr	00	01	02	03	04	05	06	07	08	09	10	11	12	13	14	15	16	17	18	19	20	21	22	23
Wostotschny	0	0	0	0	0	0	0	0	0	0	0	0	0	0	0	0	1	1	2	1	1	5	1	3
Tanegashima	0	0	1	1	0	1	4	2	1	3	2	3	2	2	4	4	3	6	4	1	4	2	0	3
Sohae	0	0	0	0	0	0	0	0	0	1	0	1	1	0	0	1	1	0	0	0	0	0	0	3
Kourou	12	8	12	4	3	5	5	6	6	7	6	7	10	7	11	12	11	11	11	9	7	7	6	3
Naro+Sea Launch Platfor	0	0	0	0	0	0	0	0	0	1	1	0	0	1	0	0	0	0	0	0	0	1	1	2
Shahrud	0	0	0	0	0	0	0	0	0	0	0	0	0	0	0	0	0	0	0	0	1	0	0	2
Barke Bo Run Jiu Zhou	0	0	0	0	0	0	0	0	0	0	0	0	0	0	0	0	0	0	0	0	0	0	0	2
Barke Tai Rui/ De-Bo/DeFu	0	0	0	0	0	0	0	0	0	0	0	0	0	0	0	0	0	0	0	1	1	0	3	1
Palmachin	0	0	1	0	1	0	0	1	0	0	1	0	0	0	1	0	1	0	0	0	1	0	0	1
Spaceport Cornwall	0	0	0	0	0	0	0	0	0	0	0	0	0	0	0	0	0	0	0	0	0	0	0	1
Mojave Air & Spaceport	0	0	0	0	0	0	0	0	0	0	0	0	0	0	0	0	0	0	0	0	1	1	2	0
Kodiak Island	0	1	0	0	0	0	0	0	0	0	1	1	0	0	0	0	0	0	0	0	2	2	1	0
Semnan	0	0	0	0	0	0	0	0	1	1	0	1	1	0	0	0	0	0	0	2	1	1	1	0
Uchinura/ Kagoshima	1	0	0	1	0	1	2	0	0	0	0	0	0	1	0	0	1	1	2	1	0	1	1	0
Odyssey Plattform	3	2	1	3	3	4	5	1	5	1	0	1	3	1	1	0	0	0	0	0	0	0	0	0
Jasny/ Domarowski	0	0	0	0	0	0	1	1	1	0	1	1	0	2	2	1	0	0	0	0	0	0	0	0
Omelek/ Kwajalein	1	0	0	0	0	0	1	1	4	1	0	0	1	0	0	0	0	0	0	0	0	0	0	0
Andere (nicht mehr aktiv)	1	1	0	0	0	0	2	0	1	0	0	0	0	0	0	1	0	0	0	0	0	0	0	0
Gesamt	**85**	**59**	**65**	**63**	**54**	**55**	**66**	**68**	**68**	**78**	**74**	**84**	**76**	**81**	**92**	**87**	**86**	**90**	**114**	**101**	**114**	**144**	**186**	**220**

DIE NATIONEN IM EINZELNEN

USA

Die USA führten 2023 103 Missionen durch und brachten dabei fünf verschiedene Trägertypen zum Einsatz, nämlich die Antares 230+, die Atlas 5 in zwei Varianten, die Delta Heavy, Falcon 9 und Falcon Heavy, den LauncherOne, die RS1, die Firefly Alpha und die Terran 1. Die Rocket Lab Electron wird in den meisten Statistiken als US-amerikanische Rakete geführt. Tatsächlich ist das Unternehmen auch in den USA gemeldet. Dies ist dem Umstand geschuldet, dass Rocket Lab auf diese Weise leichter an die lukrativen US-Regierungsaufträge gelangen kann. Der weitaus überwiegende Teil der Wertschöpfung erfolgt jedoch in Neuseeland. Auch zwei der drei Startplätze befinden sich dort, so dass sie hier nicht als US-Rakete geführt wird.

Träger	Starts	Erfolg	Teil-erfolg	Fehler	Träger	Starts	Erfolg	Teil-erfolg	Fehler
Antares 230+	1	1	0	0	Falcon 9 Block 5	89	89	0	0
Atlas 5 501	1	1	0	0					
Atlas 5 551	1	1	0	0	Firefly Alpha	2	1	1	0
Delta 4 Heavy		1	1	0	LauncherOne	1	0	0	1
Falcon Heavy	5	5	0	0	RS1	1	0	0	1
					Terran 1	1	0	0	1

Zum Vergleich die Endzahlen US-amerikanischer Starts seit dem Jahr 2000:

Jahr	Starts	Jahr	Starts	Jahr	Starts	Jahr	Starts
2023	103	2017	29	2011	18	2005	16
2022	78	2016	23	2010	15	2004	19
2021	45	2015	20	2009	24	2003	27
2020	37	2014	23	2008	15	2002	17
2019	21	2013	19	2007	19	2001	22
2018	31	2012	15	2006	22	2000	28

Volksrepublik China

Die Volksrepublik China führte im Jahr 2023 insgesamt 67 Missionen durch. Eingesetzt wurden dabei Trägerraketen der Typen Ceres 1 und die für den Abschuss von See aus leicht modifizierte Version Ceres 1S, Hyperbola 1, Kinetica 1, Langer Marsch 2C, 2D und 2F, Langer Marsch 3B, 4B, 4C, 5, 6, 6A, 7, 11 und ihre „Marineversion", die Langer Marsch 11H, die Kuaizhou-1A und die Tianlong-2 sowie die Zhuque 2.

Träger	Starts	Erfolg	Fehler
Ceres 1 und Ceres 1S	7	7	1
Hyperbola 1	2	2	0
Jielong 3	1	1	0
Kinetica 1	1	1	0
Kuaizhou 1A	6	6	0
Langer Marsch 2C und 2C/YZ-1	9	9	0
Langer Marsch 2D und 2D/YZ-3	13	13	0
Langer Marsch 2F und 2F/T	3	3	0

Träger	Starts	Erfolg	Fehler
Langer Marsch 3B/E und 3B/E YZ-1	6	6	0
Langer Marsch 4B	1	1	0
Langer Marsch 4C	6	6	0
Langer Marsch 5	1	1	0
Langer Marsch 6	1	1	0
Langer Marsch 6A	2	2	0
Langer Marsch 7	1	1	0
Langer Marsch 7A	2	2	0
Langer Marsch 11 und 11H	2	2	0
Tianlong 2	1	1	0
Zhuque 2	2	2	0

Zum Vergleich die jährlichen chinesischen Starts seit dem Jahr 2000:

Jahr	Starts	Jahr	Starts	Jahr	Starts	Jahr	Starts
2023	67	2017	18	2011	19	2005	5
2022	64	2016	23	2010	15	2004	8
2021	55	2015	19	2009	6	2003	7
2020	39	2014	15	2008	11	2002	5
2019	34	2013	15	2007	10	2001	1
2018	38	2012	19	2006	6	2000	5

Russland

Russland führte 2023 19 Missionen durch und brachte dabei drei Trägertypen zum Einsatz, nämlich die Sojus in den Versionen Sojus 2.1a und 2.1b, die Sojus 2.1v und die Proton in zwei Versionen.

Träger	Starts	Erfolg	Fehler	Träger	Starts	Erfolg	Fehler
Proton M Briz M	1	1	0	Sojus 2.1b	3	3	0
Proton M DM-03	1	1	0	Sojus 2.1b „Fregat"	4	4	0
Sojus 2.1 a	7	7	0	Sojus 2.1v "Volga"	2	2	0
Sojus 2.1a "Fregat"	1	1	0				

Zum Vergleich die Endzahlen russischer Starts seit dem Jahr 2000. Bei den russischen Starts werden bis zum Bruch der Beziehungen mit Russland im Februar infolge des Überfalls auf die Ukraine die Starts der Sojus ST-A und ST-B von Kourou aus mitgezählt, da hier ein russischer Träger mit ausschließlich russischem Personal im Auftrag von Arianespace betrieben wurde. Die Arianespace übernahm lediglich die Vermarktung und stellte den Startplatz zur Verfügung.

Jahr	Starts	Jahr	Starts	Jahr	Starts	Jahr	Starts
2023	19	2017	19	2011	34	2005	26
2022	22	2016	19	2010	31	2004	23
2021	25	2015	28	2009	33	2003	21
2020	16	2014	37	2008	31	2002	25
2019	24	2013	35	2007	27	2001	23
2018	20	2012	29	2006	25	2000	35

Neuseeland

Rocket Lab führte 2023 9 Missionen durch, von denen eine scheiterte. Neuseelands Raumfahrt besteht praktisch zu 100 Prozent aus dem Unternehmen Rocket Lab, das aber aus vermarktungstechnischen Gründen (vor allem um die lukrativen institutionellen US-Aufträge erhalten zu können) in den USA registriert ist. Dort werden auch die Rutherford-Triebwerke des Trägers gebaut. Der weitaus überwiegende Teil der Leistungserfüllung findet jedoch noch (das wird sich allerdings in einigen Jahren ändern) in Neuseeland statt. Auch die Nationalität des Firmengründers ist neuseeländisch. 80 Prozent der Mitarbeiter sind ebenfalls in Neuseeland beschäftigt. Aus diesem Grund wird Rocket Lab hier noch bis etwa zur Tabelle 2025 oder 2026 als rein neuseeländisches Unternehmen geführt.

Träger	Starts	Erfolg	Fehler
Electron	9	8	1

Zum Vergleich die bisherigen neuseeländischen Starts

Jahr	Starts	Jahr	Starts	Jahr	Starts	Jahr	Starts
2023	9	2021	6	2019	6	2017	1
2022	22	2020	7	2018	3	2016	0

Europa

Europa führte 2023 zwei Orbitalmissionen und eine interplanetare Mission durch. Eingesetzt wurden dabei die Vega und die Ariane 5 ECA.

Träger	Starts	Erfolg	Fehler	Träger	Starts	Erfolg	Fehler
Ariane 5 ECA	2	2	0	Vega	1	1	0

Zum Vergleich die europäischen Starts seit dem Jahr 2000.

Jahr	Starts	Jahr	Starts	Jahr	Starts	Jahr	Starts
2023	3	2017	7	2011	5	2005	5
2022	05	2016	8	2010	6	2004	3
2021	6	2015	9	2009	7	2003	3
2020	5	2014	7	2008	6	2002	12
2019	6	2013	5	2007	6	2001	8
2018	8	2012	7	2006	5	2000	12

Indien

Indien startete 2023 sieben Mal in den Weltraum. Dabei wurden Trägerraketen der Typen GSLV Mark II, LMV 3 (ehemals GSLV Mark III), SSLV und das PSLV in zwei Varianten eingesetzt.

Träger	Starts	Erfolg	Fehler	Träger	Starts	Erfolg	Fehler
GSLV Mark II	1	1	0	PSLV XL	1	1	0
GSLV Mark III (LMV 3)	2	2	0	**SSLV**	**1**	**1**	**0**
PSLV CA	2	2	0				

Zum Vergleich die indischen Starts seit dem Jahr 2000:

Jahr	Starts	Jahr	Starts	Jahr	Starts	Jahr	Starts
2023	07	2017	5	2011	3	2005	1
2022	05	2016	7	2010	3	2004	1
2021	2	2015	5	2009	2	2003	2
2020	2	2014	4	2008	3	2002	1
2019	6	2013	3	2007	3	2001	2
2018	7	2012	3	2006	1	2000	0

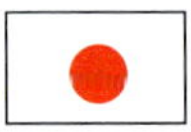

Japan

Im Jahr 2023 fanden drei Mission statt. Eine davon scheiterte. Zum Einsatz kamen dabei die H-2A und die H3 bei ihrem missglückten Jungfernflug.

Träger	Starts	Erfolg	Fehler	Träger	Starts	Erfolg	Fehler
H-2A 202	2	2	0	H3-22S	1	0	1

Zum Vergleich die japanischen Starts seit dem Jahr 2000.

Jahr	Starts	Jahr	Starts	Jahr	Starts	Jahr	Starts
2023	3	2017	7	2011	3	2005	2
2022	1	2016	4	2010	1	2004	0
2021	3	2015	4	2009	2	2003	0
2020	4	2014	4	2008	2	2002	3
2019	2	2013	3	2007	2	2001	1
2018	6	2012	2	2006	6	2000	1

Südkorea

Acht Jahre nach dem letzten Start eines KSLV-I erfolgte 2021 der erste Startversuch mit der völlig neu konstruierten KSLV-II, der allerdings scheiterte. 2022 und 2023 war Südkorea dagegen erfolgreich. Der Start des hier ADD TV-2 (für: Agency for Defense Development Test Vehikel 2) bezeichneten Rakete war die Überraschung des Jahres 2023, denn Südkoreas feststoffbetriebenen Kleinsatellitenträger hatte außerhalb des Landes wohl niemand so richtig auf dem Schirm.

Träger	Starts	Erfolg	Fehler	Träger	Starts	Erfolg	Fehler
KSLV-II (Nuri)	1	1	0	ADD TV-2	1	1	0

Jahr	Starts	Jahr	Starts	Jahr	Starts	Jahr	Starts
2023	2	2017	0	2011	1	2005	0
2022	1	2016	0	2010	1	2004	0
2021	1	2015	0	2009	0	2003	0
2020	0	2014	0	2008	0	2002	0
2019	0	2013	1	2007	0	2001	0
2018	0	2012	0	2006	0	2000	0

Nordkorea

Im Jahr 2023 erfolgten drei nordkoreanische Missionen. Zuvor gab es Startversuche nordkoreanischer Satellitenträger stets nur in sehr großen Zeitabständen und verliefen praktisch allesamt erfolglos. Im Jahr 2023 erfolgten aber überraschend nicht weniger als drei Anläufe, einen Satelliten zu starten. Die Hartnäckigkeit zahlte sich schließlich aus. Nach zwei Fehlversuchen gelang im November der Start von Malligyong-1.

Träger	Starts	Erfolg	Fehler
Chŏllima-1	3	1	2

Jahr	Starts	Jahr	Starts	Jahr	Starts	Jahr	Starts
2023	3	2017	0	2011	1	2005	0
2022	1	2016	0	2010	0	2004	0
2021	1	2015	1	2009	1	2003	0
2020	0	2014	0	2008	0	2002	0
2019	0	2013	0	2007	0	2001	0
2018	0	2012	1	2006	0	2000	0

IRAN

2023 fanden zwei Orbitalmissionen des Iran statt, mit gemischter Bilanz.

Träger	Starts	Erfolg	Fehler	Träger	Starts	Erfolg	Fehler
Qaem 100	1	0	1	Qased	1	1	0

Zum Vergleich die iranischen Starts seit dem Jahr 2000. Mangels exakt belegter Startversuchszahlen werden bis 2018 nur erfolgreiche Missionen angezeigt. Ab 2019 alle eindeutig nachgewiesenen Flüge, seien sie erfolgreich oder fehlgeschlagen.

Jahr	Starts	Jahr	Starts	Jahr	Starts	Jahr	Starts
2023	2	2017	0	2011	1	2005	0
2022	1	2016	0	2010	0	2004	0
2021	1	2015	1	2009	1	2003	0
2020	0	2014	0	2008	0	2002	0
2019	0	2013	0	2007	0	2001	0
2018	0	2012	1	2006	0	2000	0

Israel

2022 führte Israel nach fast dreijähriger Pause wieder einen der extrem seltenen eigenen Satellitenstarts durch. Dabei kam eine Trägerrakete des Typs Shavit 2 zum Einsatz. Insgesamt hat Israel in 26 Jahren 12 Raketen der Typen Shavit, Shavit 1 und Shavit 2 gestartet. Zwei Missionen endeten 1998 und 2004 als Fehlschlag.

Träger	Starts	Erfolg	Fehler
Shavit 2	1	0	1

Zum Vergleich die iranischen Starts seit dem Jahr 2000. Mangels exakt belegter Startversuchszahlen werden bis 2018 nur erfolgreiche Missionen angezeigt. Ab 2019 alle eindeutig nachgewiesenen Flüge, seien sie erfolgreich oder fehlgeschlagen.

Jahr	Starts	Jahr	Starts	Jahr	Starts	Jahr	Starts
2023	1	2017	0	2011	0	2005	0
2022	0	2016	1	2010	1	2004	1
2021	0	2015	0	2009	0	2003	0
2020	1	2014	1	2008	0	2002	1
2019	0	2013	0	2007	1	2001	0
2018	0	2012	0	2006	0	2000	0

CHRONOLOGIE DER WELTRAUMSTARTS IM JAHR 2023

	DATUM	TRÄGER	NUTZLAST	MISSION
1	03. Jan	Falcon 9 Block 5	Albania 1 und 2; EOS SAT 1; 3 x ICEYE; ÑuSat 34 und 25; EWS RROCI; EYE; 36 x Flock 4y; Umbra-04 und 05; 6 x Lemur 2; Menut; STAR VIBE; Unicorn 2G und 2H	Erdbeobachtung
			FUTURA SM-1 + SM-3;Gama Alpha;Guardian-Alpha; KuwaitSat-1; 2 x MilSpace 2.1; PACE-2; Sapling-1; Spacemind-Satellit; TAUSAT2; Zeus-1; PolITAN HP-30	Technologiedemonstrator
			4 x Astrocast; Connecta T1.2; Kelpie 1; MDQSAT-1A und 1B	Internet of Things
			NSLSat-2; 2 x Lynk Tower; 12 x SpaceBee	Kommunikation
			PROVES Yearling; SharjaSat-1	Bildung
			4 x KSF3	Navigation
			4 x Skycraft ATM	Luftverkehrsmanagement
			CHIMERA LEO-1; Orbiter SN 1; Vigoride 5	Space Tug
			BDSat-2	Amateurfunk
			Platform-2; YAM-5	Hosting-Plattform
			BRO-8	Signalaufklärung
			Sternula-1	Schiffs-Tracking
			ION-SCV 007 und 008	Cubesat-Dispenser
			Skycraft-1	Mikrosat-Dispenser
2	08. Jan	Langer Marsch 7A	Shijian 23	Technologiedemonstrator
3	09. Jan	Ceres 1	Nantong Zhongxue	Bildung
			Tianmu-1 01 und 02	Meteorologie
			Xiamen Keji-1	Erdbeobachtung
			Tianqi-13	Internet of Things
			DOVER; Forge Star 0; Prometheus 2A und 2B	Technologiedemonstrator
4	09. Jan	Launcher One	AMAN; STORK-6	Erdbeobachtung
			CIRCE A und B	Ionosphärenforschung
			IOD-3 Amber	Marineüberwachung
5	10. Jan	Falcon 9 Block 5	40 x One Web	Kommunikation
6	10. Jan	RS1	VariSat	Technologiedemonstrator
7	12. Jan	Langer Marsch 2C	Apstar 6E	Kommunikation
8	13. Jan	Langer Marsch 2D	Yaogan 37	Militärischer Aufklärer
9	15. Jan	Langer Marsch 2D	6 x Jilin 1; Luojia 3-01; Qilu 2 und 3; 3 x Golden Bauhinia	Erdbeobachtung
			Shiyan 22A und B; Beiyou-1; Rizhao-3	Technologiedemonstrator
10	15. Jan	Falcon Heavy	CBAS-2	Militärische Kommunikation
			LDPE-31	Techologiedemonstrator
11	18. Jan	Falcon 9 Block 5	GPS III-06	Navigation
12	19. Jan	Falcon 9 Block 5	51 x Starlink 2-4	Kommunikation
13	25. Jan	Electron	Hawk 6A, 6B, 6C	Signalaufklärung
14	26. Jan	H-2A 202	IGS-Radar 7	Militärischer Aufklärer
15	26. Jan	Falcon 9 Block 5	56 x Starlink 5-2	Kommunikation
16	31. Jan	Falcon 9 Block 5	49 x Starlink 2-6	Kommunikation
			ION SCV-009	Hosting-Plattform
			EABD-Testkörper	Satelliten-Dummy
17	02. Feb	Falcon 9 Block 5	53 x Starlink 5-3	Kommunikation
18	05. Feb	Proton M DM-03	Elektro-L Nr. 4	Meteorologie
19	07. Feb	Falcon 9 Block 5	Amazonas Nexus	Kommunikation
20	09. Feb	Sojus 2.1a	Progress MS-22	Nachschub ISS
21	10. Feb	SSLV	EOS-07	Erdbeobachtung
			AzaadiSat-2	Bildung
			Janus-1	Technologiedemonstrator
22	12. Feb	Falcon 9 Block 5	53 x Starlink 5-4	Kommunikation

Rot : Fehlschlag Orange : Teilerfolg

	DATUM	TRÄGER	NUTZLAST	MISSION
23	17. Feb	Falcon 9 Block 5	51 x Starlink 2-5	Kommunikation
24	18. Feb	Falcon 9 Block 5	Inmarsat 6-F2	Kommunikation
25	23. Feb	Langer Marsch 3B	Chinasat-26	Kommunikation
26	24. Feb	Sojus 2.1a	Sojus MS-23	Unbemannter Flug zur ISS
27	24. Feb	Langer Marsch 2C	Horus-1	Erdbeobachtung
28	28. Feb	Falcon 9 Block 5	21 x Starlink 6-1	Kommunikation
29	02. Mrz	Falcon 9 Block 5	SpaceX Crew 6	Crew-Transport zur ISS
30	03. Mrz	Falcon 9 Block 5	51 x Starlink 2-7	Kommunikation
31	04. Mrz	Qaem 100	Nahid-1	Kommunikation
32	07. Mrz	H3-22S	ALOS-3	Erdbeobachtung
33	09. Mrz	Falcon 9 Block 5	40 x One Web	Kommunikation
34	09. Mrz	Langer Marsch 4C	Tianhui 6A und 6B	Erdbeobachtung
35	12. Mrz	Proton M Briz M	Olymp-K Nr. 2	Signalaufklärung
36	13. Mrz	Langer Marsch 2C	Horus-2	Erdbeobachtung
37	15. Mrz	Falcon 9 Block 5	CSR-27	Nachschub für ISS
			ARKSat-1; YukonSat	Technologiedemonstrator
			AuroraSAT	Ionosphärenforschung
			Ex-Alta 2	Waldbrandbeobachtung
			LightCube	Bildung
			NEUDOSE	Strahlungsphysik
38	15. Mrz	Langer Marsch 11	Shiyan 19	Technologiedemonstrator
39	16. Mrz	Electron	Capella 9 und 10	Erdbeobachtung
40	17. Mrz	Langer Marsch 3B	Gaofenb13-02	Erdbeobachtung
41	17. Mrz	Falcon 9 Block 5	52 x Starlink 2-8	Kommunikation
42	18. Mrz	Falcon 9 Block 5	SES-18 und 19	Kommunikation
43	22. Mrz	Kuaizhou 1A	Tianmu 1-03 – 06	Meteorologie
44	23. Mrz	Terran 1	Ohne Nutzlast	Testflug
45	23. Mrz	Sojus 2.1a	Bars M-4L	Militärischer Aufklärer
46	24. Mrz	Electron	Black Sky 18 und 19	Erdbeobachtung
47	24. Mrz	Falcon 9 Block 5	56 x Starlink 5-5	Kommunikation
48	26. Mrz	LMV 3	36 x One Web	Kommunikation
49	28. Mrz	Shavit 2	Ofeq-13	Militärischer Aufklärer
50	29. Mrz	Sojus 2.1v	EO MKA Nr. 4	Technologiedemonstrator
51	29. Mrz	Falcon 9 Block 5	56 x Starlink 5-10	Kommunikation
52	30. Mrz	Langer Marsch 2D	4 x PIESAT-1	Erdbeobachtung
53	31. Mrz	Langer Marsch 4C	Yaogan 34-04	Militärischer Aufklärer
54	02. Apr	Tianlong-2	Jinta	Technologiedemonstrator
55	02. Apr	Falcon 9 Block 5	10 x Transp. Layer Tr. 0	Kommunikation (8)/Missile Tracking (2)
56	07. Apr	Hyperbola-1	Keine Nutzlast	Testflug
57	07. Apr	Falcon 9 Block 5	Intelsat 40e/TEMPO	Kommunikation
58	14. Apr	Ariane 5 ECA	JUICE	Raumsonde zum Jupiter
59	15. Apr	Falcon 9 Block 5	GHCSats C6, C7, C8; Ghost 1 und 2; IMECE; 4 x ÑuSat Umbra-06; EPICHyper-1; FACSAT-2; INSPIRE-Sat; 3 x Lemur 2, TAIDA 1; VCUB 1	Erdbeobachtung
			NorSat-TD; Tomorrow-R1; Brokkr-1; DEWA SAT-2; DISCO-1; IRIS-C; KILICSAT; REVELA; VIREO	Technologiedemonstrator
			Connecta T2.1; ELO-3; Sateliot_0 / Platform 3; LacunaSat -2F	Internet of Things
			PLEIADES YEARLING; RoseyCubesat-1; Sapling-2; SSS-2B	Bildung
			Hawk 7A, 7B, 7B; BRO-9	Signalaufklärung
			It's About Time	Navigation
			Kepler 20 und 21	Kommunikation
			LLITED A und B	Ionosphärenforschung
			ION SCV-010	CubeSat-Dispenser
			Vigoride 6	Space Tug
			CIRBE	Weltraumwetter

	DATUM	TRÄGER	NUTZLAST	MISSION
60	16. Apr	Langer Marsch 4B	Fengyun-3G	Meteorologie
61	19. Apr	Falcon 9 Block 5	21 x Starlink 6-2	Kommunikation
62	22. Apr	PSLV-CA	TeLEOS-2	Erdbeobachtung
			Lumelite-4	Technologiedemonstrator
63	27. Apr	Falcon 9 Block 5	46 x Starlink 3-5	Kommunikation
64	28. Apr	Falcon 9 Block 5	O3b mPOWER 3 und 4	Kommunikation
65	01. Mai	Falcon Heavy	ViaSat-3; Arcturus; G-Space 1	Kommunikation
66	04. Mai	Falcon 9 Block 5	56 x Starlink 5-6	Kommunikation
67	08. Mai	Electron	2 x Tropics	Erdbeobachtung
68	10. Mai	Langer Marsch 7	Tianzhou 6; Dalian-1	Nachschub für Tiangong-Station
				Erdbeobachtung
69	10. Mai	Falcon 9 Block 5	51 x Starlink 2-9	Kommunikation
70	14. Mai	Falcon 9 Block 5	56 x Starlink 5-9	Kommunikation
71	17. Mai	Langer Marsch 3B	BeiDou 3 G4	Navigation
72	19. Mai	Falcon 9 Block 5	22 x Starlink 6-3	Kommunikation
73	20. Mai	Falcon 9 Block 5	5 x Iridium NEXT; 15 x One Web	Kommunikation
			JoeSat	Technologiedemonstrator
74	21. Mai	Langer Marsch 2C	Macao Science 1A u. 1B	Weltraumwetter
			Luojia 2-01	Technologie-Demonstrator
75	21. Mai	Falcon 9 Block 5	Axiom-2	Bemannte Mission zur ISS
76	24. Mai	Sojus 2.1a	Progress MS-23	Nachschub ISS
77	25. Mai	Nuri (KSLV-II)	NEXTSat-2	Technologiedemonstrator
			JLC-101-v1-2	Erdbeobachtung
			KSAT-3U	Meteorologie
			Lumir-T1	Strahlungsphysik
			4 x SNIPE	Weltraumwetter
78	26. Mai	Electron	2 x Tropics	Erdbeobachtung
79	26. Mai	Sojus 2.1a Fregat	Kondor FKA Nr. 1	Militärische Aufklärung
80	27. Mai	Falcon 9 Block 5	Arabsat 7B	Kommunikation
81	29. Mai	GSLV Mk. II	NVS-01	Navigation
82	30. Mai	Langer Marsch 2F	Shenzhou 16	Besatzungstransfer zur Tiangon-Station
83	30. Mai	Chŏllima-1	Malligyong-1	Militärische Aufklärung
84	31. Mai	Falcon 9 Block 5	52 x Starlink 2-10	Kommunikation
85	04. Jun	Falcon 9 Block 5	22 x Starlink 4-6	Kommunikation
86	05. Jun	Falcon 9 Block 5	CRS-28	Nachschub für ISS
			Essence; SC-ODIN	Erdbeobachtung
			Iris	Weltraumwetter
			Maya 5 und 6; Moonlighter	Technologiedemonstrator
			RADSAT SK	Strahlungsforschung
			Ukpik-1	Bildung
87	07. Jun	Kinetica 1	Shiyan 24A und 24B; Tianyi 26	Technologiedemonstrator
			Fucheng-1; Xi'an Hangtou-8	Erdbeobachtung
			CXPD	Röntgenstrahlen-Astronomie
			20 x unbekannt	Unbekannte Kleinsatelliten
88	12. Jun	Falcon 9 Block 5	52 x Starlink 5-11	Kommunikation

Rot : Fehlschlag Orange : Teilerfolg

	DATUM	TRÄGER	NUTZLAST	MISSION
89	12. Jun	Falcon 9 Block 5	ION SCV-011; Skycraft-3	Dispenser
			Orbiter SN 3	Space Tug
			ABA First Runner; FASat-Delta-RUNNER-1; GHOST-3; HotSat-1; 4 x ICEYE; 4 x ÑuSat; AMATERU-3; GEI-SAT; 2 x Lemur 2; Unicorn 2I	Erdbeobachtung
			MuSat-1; Otter Pup; Tomorrow R2; Winnebago-1; All-Delta; Grégoire; MISR A und B; Outpost Mission 1; Pleiades-Squared; Istanbul; XVI; ROM-2	Technologiedemonstrator
			ELO-4; Kelpie-2; MDQSAT-1C und 1D; Tiger 4; 4 x FOSSASat FEROX	Internet of Things
			EIVE; EPICHyper-2; 12 x Space BEE; Satlla-2I	Kommunikation
			4 x Blackjack	Militärische Aufklärung
			Droid 01	Weltraummüll-Beobachtung
			4 x Skycraft ATM	Luftverkehrsmanagement
			FOREST-2	Waldbrandmonitoring
			SpeiSat	Religion
			MRC-100	Elektrosmog-Monitoring
			URESAT-1	Amateurfunk
			Ayiris 1 und 2	Unbekannt
90	15. Jun	Langer Marsch 2D	8 x Jilin-1 Gaofen-03D; Jilin-1 Gaofen-05A 01; 30 x Jilin-1 Gaofen-06A; 2 x Jilin-1 Pingtai 02-A	Erdbeobachtung
91	19. Jun	Falcon 9 Block 5	SATRIA	Kommunikation
92	20. Jun	Langer Marsch 6	Shiyan 25	Technologiedemonstrator
93	22. Jun	Falcon 9 Block 5	47 x Starlink 5-7	Kommunikation
94	22. Jun	Orion 11	Delta 4 Heavy	Signalaufklärer
95	23. Jun	Falcon 9 Block 5	56 x Starlink 5-12	Kommunikation
96	27. Jun	Sojus 2.1b Fregat	Meteor M Nr.2-3; UTMN-2; Vizard-Meteo	Meteorologie
			A-SEANSAT-PG1; Avion; BSU-Sat 2; CSTP-1.1 und 1.2; 6 x TinySat; KuzGTU-1	Technologiedemonstrator
			Impuls-1; Khors 1 und 2; Nanosond 1; NORBI-2; Saturn	Weltraumwetter
			Cube-SX-HSE-3; Zorkiy-2M	Erdbeobachtung
			PHI-Demo; ReshUCube-2	Internet of Things
			ArcCube-01; UmKa-1	Bildung
			Monitor 2, 3 und 4	Gammastrahlen-Astronomie
			Polytech-Universe 3	Strahlungsforschung
			3 x Rassvet-1	Kommunikation
			Ahmad-1	Verkehrsmanagement
			SamSat ION	Magnetosphärenforschung
			Sirius-SINP-3U	Strahlungsmonitoring
			8 x SITRO-AIS	Schiffstracking
			StratoSat TK-1	CubeSat-Dispenser
			Svyatobor-1	Waldbrand-Monitoring
			Yarilo-3 und 4	Geophysik
97	01. Jul	Falcon 9 Block 5	Euclid	Astronomie
98	05. Jul	Ariane 5 ECA	Heinrich Hertz; Syracuse 4B	Kommunikation
99	07. Jul	Falcon 9 Block 5	58 x Starlink 5-13	Kommunikation
100	08. Jul	Langer Marsch 2C	HJS-1A und 1B	Kommunikation
101	10. Jul	Falcon 9 Block 5	22 x Starlink 6-5	Kommunikation
102	12. Jul	Zhuque 2	Keine Nutzlast	Testflug
103	14. Jul	LVM 3	Chandrayaan-3	Mondlander, Orbiter und Rover
104	16. Jul	Falcon 9 Block 5	54 x Starlink 5-15	Kommunikation
105	18. Jul	Electron	Telesat LEO 3; 4 x Starling	Technologiedemonstrator
			2 x Lemur 2	Erdbeobachtung
106	20. Jul	Kuaizhou 1A	4 x Tianmu-1	Meteorologie
107	20. Jul	Falcon 9 Block 5	15 x Starlink 6-15	Kommunikation

	DATUM	TRÄGER	NUTZLAST	MISSION
108	22. Jul	Ceres 1	Qiankun-1	Technologiedemonstrator
			Xingshidai-16	Erdbeobachtung
109	23. Jul	Langer Marsch 2D	Lingxi-03	Kommunikation
			Skysight AS-01, 02, 03	Erdbeobachtung
110	24. Jul	Falcon 9 Block 5	22 x Starlink 6-6	Kommunikation
111	26. Jul	Langer Marsch 2D	Yaogan 36-05A, B, C	Militärische Aufklärung
112	28. Jul	Falcon 9 Block 5	22 x Starlink 6-7	Kommunikation
113	29. Jul	Falcon Heavy	Jupiter (Echo-Star 24)	Kommunikation
114	30. Jul	PSLV-CA	DS-SAR	Erdbeobachtung
			ARCADE	Ionosphärenforschung
			Galassia-2; ORB 12 STRIDER; SCOOB-II; Velox-AM	Technologiedemonstrator
			NuLioN	Internet of Things
115	02. Aug	Antares 230+	Cygnus NG-19	Nachschub für ISS
116	03. Aug	Langer Marsch 4C	Fengyun 3F	Meteorologie
117	03. Aug	Falcon 9 Block 5	Galaxy 37	Kommunikation
118	07. Aug	Falcon 9 Block 5	22 x Starlink 6-8	Kommunikation
119	07. Aug	Sojus 2.1b Fregat	Glonass K2 13L	Navigation
120	08. Aug	Falcon 9 Block 5	15 x Starlink 6-20	Kommunikation
121	08. Aug	Langer Marsch 2C	Huanjing 2F	Erdbeobachtung
122	10. Aug	Ceres 1	Henan Ligong -1	Technologiedemonstrator
			4 x Xi'an Hangtou; Xiguang-1 01; Xingchi-1B	Erdbeobachtung
123	10. Aug	Sojus 2.1b „Fregat"	Luna 25	Mondlander
124	11. Aug	Falcon 9 Block 5	22 x Starlink 6-9	Kommunikation
125	12. Aug	Langer Marsch 3 B	Ludi Tance-4 01A	Erdbeobachtung
126	14. Aug	Kuaizhou 1A	5 x Jiaotong	Schiffstracking
127	17. Aug	Falcon 9 Block 5	22 x Starlink 6-10	Kommunikation
128	20. Aug	Langer Marsch 4C	Gaofen 12-04	Erdbeobachtung
129	22. Aug	Falcon 9 Block 5	21 x Starlink 7-1	Kommunikation
130	23. Aug	Sojus 2.1a	Progress MS-24	Nachschub ISS
131	23. Aug	Chŏllima-1	Malligyong 1 F2	Militärische Aufklärung
132	24. Aug	Electron	Acadia-1	Kommunikation
133	25. Aug	Ceres 1	Jilin 1 Kuanfu-02A	Erdbeobachtung
134	26. Aug	Falcon 9 Block 5	SpaceX Crew-7	Crew-Transport zur ISS
135	27. Aug	Falcon 9 Block 5	22 x Starlink 6-11	Kommunikation
136	31. Aug	Langer Marsch 2D	Yaogan 39-01A, B, C	Militärische Aufklärung
137	01. Sep	Falcon 9 Block 5	22 x Starlink 6-13	Kommunikation
138	02. Sep	PSLV-XL	Aditya-L1	Sonnenphysik
139	02. Sep	Falcon 9 Block 5	13 x Transp. Layer Tr. 0	Militärische Kommunik./ Raketenabwehr
140	04. Sep	Falcon 9 Block 5	21 x Starlink 6-12	Kommunikation
141	05. Sep	Ceres 1S	4 x Tianqi	Internet of Things
142	06. Sep	Langer Marsch 4C	Yaogan 33-03	Militärische Aufklärung
143	07. Sep	H2A-202	XRISM	Radioastronomie
			SLIM	Mondlander
144	09. Sep	Falcon 9 Block 5	22 x Starlink 6-14	Kommunikation
145	10. Sep	Langer Marsch 6A	Yaogan 40A, 40B, 40C	Elektronischer Aufklärer
146	10. Sep	Atlas 5 551	Silent Barker 1, 2, 3	Weltraumüberwachung
147	12. Sep	Falcon 9 Block 5	21 x Starlink 7-2	Kommunikation
148	17. Sep	Firefly Alpha	Victus Nox	Militärische Raumkontrolle
149	15. Sep	Sojus 2.1a	Sojus MS-24	Crew-Transfer zur ISS
150	16. Sep	Falcon 9 Block 5	22 x Starlink 6-16	Kommunikation
151	17. Sep	Langer Marsch 2D	Yaogan 39-02A, B, C	Militärische Aufklärung
152	19. Sep	Electron	Acadia-2	Erdbeobachtung
153	20. Sep	Falcon 9 Block 5	22 x Starlink 6-17	Kommunikation
154	21. Sep	Ceres 1	Jilin-1 Gaofen-04B	Erdbeobachtung
155	24. Sep	Falcon 9 Block 5	22 x Starlink 6-18	Kommunikation

Rot : Fehlschlag Orange : Teilerfolg

	DATUM	TRÄGER	NUTZLAST	MISSION
156	25. Sep	Falcon 9 Block 5	21 x Starlink 7-3	Kommunikation
157	26. Sep	Langer Marsch 4C	Yaogan 33-04	Militärische Aufklärung
158	27. Sep	Qased	Noor-3	Militärische Aufklärung
159	30. Sep	Falcon 9 Block 5	22 x Starlink 6-19	Kommunikation
160	05. Okt.	Langer Marsch 2D	Yaogan 39-03 A, B, C	Militärische Aufklärung
161	05. Okt	Falcon 9 Block 5	22 x Starlink 6-21	Kommunikation
162	06. Okt	Atlas 5 501	KuiperSat 1 und 2	Technologiedemonstrator
163	09. Okt	Vega	THEOS-2; 3 x ANSER; PRETTY; PROBA-VCC	Erdbeobachtung
			ESTCube-2; N3SS	Technologiedemonstrator
			TRITON	Meteorologie
			CSC 1 und 2	Space Tugs
			MACSAT	Internet of Things
164	09. Okt	Falcon 9 Block 5	21 x Starlink 7-4	Kommunikation
165	13. Okt	Falcon Heavy	Psyche	Asteroidensonde
166	14. Okt	Falcon 9 Block 5	22 x Starlink 6-22	Kommunikation
167	15. Okt	Langer Marsch 2D	Yunhai 1-04	Meteorologie
168	18. Okt	Falcon 9 Block 5	22 x Starlink 6-23	Kommunikation
169	21. Okt	Falcon 9 Block 5	21 x Starlink 7-5	Kommunikation
170	22. Okt	Falcon 9 Block 5	23 x Starlink 6-24	Kommunikation
171	23. Okt	Langer Marsch 2D	Yaogan 39-04A, B, C	Militärische Aufklärung
172	26. Okt	Langer Marsch 2F	Shenzhou 17	Crew-Transport zu Jiangong
173	27. Okt	Sojus 2.1b	Lotos S1 Nr. 7 (K.2570); Kosmos 2571	Signalaufklärung
174	29. Okt	Falcon 9 Block 5	22 x Starlink 7-6	Kommunikation
175	30. Okt	Falcon 9 Block 5	23 x Starlink 6-25	Kommunikation
176	31. Okt	Langer Marsch 6A	Tianhui 5A und 5B	Erdbeobachtung
177	03. Nov	Langer Marsch 7A	TJS-10	Technologiedemonstrator
178	04. Nov	Falcon 9 Block 5	23 x Starlink 6-26	Kommunikation
179	08. Nov	Falcon 9 Block 5	23 x Starlink 6-27	Kommunikation
180	09. Nov	Langer Marsch 3B	ChinaSat 6E	Kommunikation
181	10. Nov	Falcon 9 Block 5	SpaceX CRS-29	Versorgung ISS
			BEAK	Technologiedemonstrator
			Clark-Sat 1	Bildung
182	11. Nov	Falcon 9 Block 5	ION SCV-014	CubeSat-Dispenser
			Mira 2	Space Tug
			Space Van	Space Tug
			4 x ICEYE; Pelican 1; Umbra 07 und 08; EPICHyper-3; 36 x Flock 4q; GENMAT-1; 3 x GHGSat; Picacho; JINJUSAT-1; KAFASAT; Observer-1A; SPIP; STORK-7; PLATERO; Unicorn 2J und 2K; Veronica; MANTIS; Intuition-1; ProtoMéthée-1	Erdbeobachtung
			OrbAstro TR1 und PC1; OMNI-LER1; FalconSAT-X; Hello Test 1 und 2; IRIS-C2; Outpost-Mission 2; PEARL-1C und 1H; Tartan-Artibeus 2; Ymir-1	Technologiedemonstrator
			Connecta T3.1 und 3.2; PiCo-IoT; SpaceANT-D; Tiger 5 und 6	Internet of Things
			Hydra-1; HERON Mk. II; ROM-3	Amateurfunk
			B1B2	Weltraummüll-Beseitigung
			BRO-10 und 11	Signalaufklärung
			Aether 1 und 2	Kommunikation
			Crypto3	Blockchain
			Djibouti-1A	Meteorologie
			8 x Lemur 2	Datenrelay
			NinjaSat	Röntgenastronomie
			OSW Cazorla	Astrobiologie
			Platform 5	Nutzlast-Plattform
			Time We'll Tell	Navigation
183	12. Nov	Falcon 9 Block 5	O3b mPOWER 5 und 6	Kommunikation

	DATUM	TRÄGER	NUTZLAST	MISSION
184	16. Nov	Langer Marsch 2C	Haiyang-3A	Erdbeobachtung
185	18. Nov	Falcon 9 Block 5	23 x Starlink 6-28	Kommunikation
186	20. Nov	Falcon 9 Block 5	22 x Starlink 7-7	Kommunikation
187	21. Nov	Chŏllima-1	Malligyong 1 F3	Militärische Aufklärung
188	22. Nov	Falcon 9 Block 5	23 x Starlink 6-29	Kommunikation
189	23. Nov	Langer Marsch 2D	HJS 2A, 2B und 2C	Kommunikation
190	25. Nov	Sojus 2.1b	Razdan 1	Militärische Aufklärung
191	28. Nov	Falcon 9 Block 5	23 x Starlink 6-30	Kommunikation
192	01. Dez	Sojus 2.1a	Progress MS-25	Nachschub für ISS
193	01. Dez	Falcon 9 Block 5	KORSAT-7	Militärische Aufklärung
			ION SCV-015	Satelliten- und CubeSat-Dispenser
			Bane; EIRSAT-1; ENSO; Hayasat-1; µHETSat; Lilium-1; Nano FF A und FF B	Technologiedemonstrator
			Unicorn 2L, 2M und 2N; ALISIO-1	Erdbeobachtung
			LOGSATS; MDQubesat-1	Internet of Things
			GNOMES-4	Strahlungsphysik
			KOYOH	Röntgenstrahlen-Astronomie
			6 x unbekannte Sats	Unbekannt
194	03. Dez	Falcon 9 Block 5	23 x Starlink 6-31	Kommunikation
195	04. Dez	Langer Marsch 2C	MisrSat-2; Xingchi-2A und 2B	Erdbeobachtung
196	04. Dez	ADD TV-2	S-STEP	Technologiedemonstrator
197	05. Dez	Ceres 1	Tianyan-16; Xingchi-1A	Erdbeobachtung
198	05. Dez	Jielong-3	HJS-3A	Kommunikation
199	07. Dez	Falcon 9 Block 5	22 x Starlink 6-33	Kommunikation
200	08. Dez	Falcon 9 Block 5	22 x Starlink 7-8	Kommunikation
201	08. Dez	Zhuque-2	Honghu 1 und 2; Tianyi-33	Technologiedemonstrator
202	10. Dez	Langer Marsch 2D	Yaogan 39-05A, B, C	Militärische Aufklärung
203	14. Dez	Langer Marsch 2F	CSSHQ	Unbemannter Mini-Shuttle
204	15. Dez	Electron	QPS-SAR-5	Erdbeobachtung
205	15. Dez	Langer Marsch 5	Yaogan 41	Militärische Aufklärung
206	16. Dez	Sojus 2.1b Fregat	Arktika-M Nr. 2	Meteorologie
207	17. Dez	Hyperbola 1	DEAR-1	Wiedereintritts-Flugkörper
208	19. Dez	Falcon 9 Block 5	22 x Starlink 6-34	Kommunikation
209	21. Dez	Sojus 2.1b	Bars-M 5L	Militärische Aufklärung
210	22. Dez	Firefly Alpha	Tantrum	Technologiedemonstrator
211	23. Dez	Falcon 9 Block 5	23 x Starlink 6-33	Kommunikation
212	24. Dez	Falcon 9 Block 5	SARah-2 und 3	Radaraufklärer
213	25. Dez	Kuaizhou 1A	4 x Tianmu 1	Meteorologie
214	26. Dez	Langer Marsch 11H	Shiyan 24C-01, 02, 03	Technologiedemonstrator
215	26. Dez	Langer Marsch 3B	Beidou-3M 25 und 26	Navigation
216	27. Dez	Kuaizhou 1A	4 x Tianmu 1	Meteorologie
217	27. Dez	Sojus 2.1v	Razbeg Nr. 1	Militärische Aufklärung
218	29. Dez	Falcon Heavy	X-37B OTV-7	Militärischer Mini-Shuttle
219	29. Dez	Falcon 9 Block 5	23 x Starlink 6-36	Kommunikation
220	30. Dez	Langer Marsch 2C	HJS 4A, 4B, 4C	Kommunikation

BEMANNTE SUBORBITALE FLÜGE IN 2023

Im Jahr 2023 gab es lediglich einen Flug des New Shepard NS 04. Der fand am 19. Dezember statt und war unbemannt. Es war ein Testflug, nachdem am 12. September 2022 bei einem unbemannten Einsatz das BE-3-Triebwerk versagt hatte. Das Rettungssystem brachte die Kapsel damals in Sicherheit, so dass es bei einem bemannten Flug zu keinem Personenschaden gekommen wäre.

Die Flüge mit der VSS-Unity von Virgin Galactic in 2023 waren die folgenden:

BEZEICHNUNG	DATUM	CREW	FLUGHÖHE (KM)	BEMERKUNGEN
VSS-Unity Flight 25	25.05.2023	* Michael Masucci (Com) * CJ Sturckow (P) * Beth Moses * Luke Mays * Jamila Gilbert * Christopher Hule	87,2	Erster Einsatz seit dem 11. Juli 2021. Testflug mit Personal von Virgin Galactic.
VSS-Unity Flight 26 (Galactic 01)	29.06.2023	* Michael Masucci (Com) * Nicola Pecile (P) * Walter Villadei * Angelo Landolfi * Pantaleone Carlucci * Colin Bennett	85,1	Erster Einsatzflug
VSS-Unity Flight 27 (Galactic 02)	10.08.2023	* CJ Sturckow (Com) * Kelly Latimer (P) * Beth Moses * Jon Godwin * Keisha Shahaff * Anastatia Meyers	88,5	Zweiter Einsatzflug
VSS-Unity Flight 28 (Galactic 03)	08.09.2023	* Michael Masucci (Com) * Nicola Pecile (P) * Beth Moses * Timothy Nash * Ken Baxter * Adrian Reynard	88,6	Dritter Einsatzflug
VSS-Unity Flight 29 (Galactic 04)	06.10.2023	* Kelly Latimer (Com) * CJ Sturckow (P) * Beth Moses * Ron Rosano * Trevor Beattle * Namira Salim	87,4	Vierter Einsatzflug
VSS-Unity Flight 30 (Galactic 04)	02.11.2023	* Michael Masucci (Com) * Kelly Latimer (P) * Colin Bennett * Alan Stern * Kellie Gerardi * Ketty Maisonrouge	87,2	Fünfter Einsatzflug

ENTWICKLUNG DER WELTRAUMSTARTS IN DIAGRAMMEN

Anzahl der Starts nach Nationen seit 2000

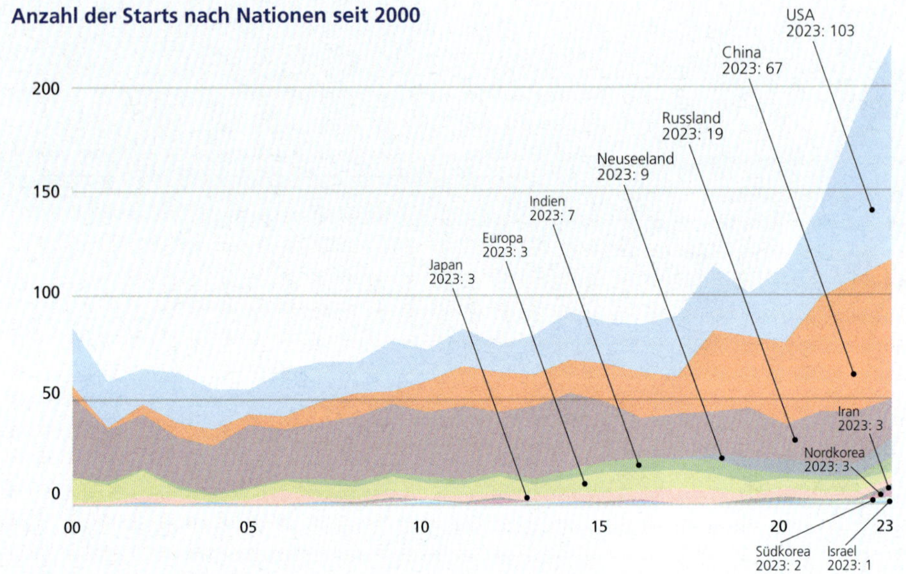

Anzahl der Starts nach Startplätzen seit 2000

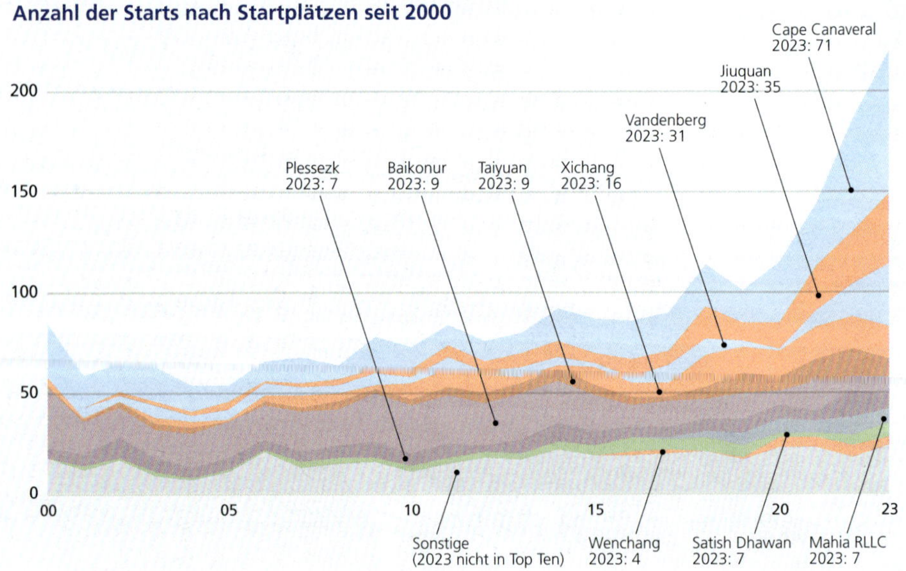

Anzahl der Starts nach Nutzlasten seit 2000

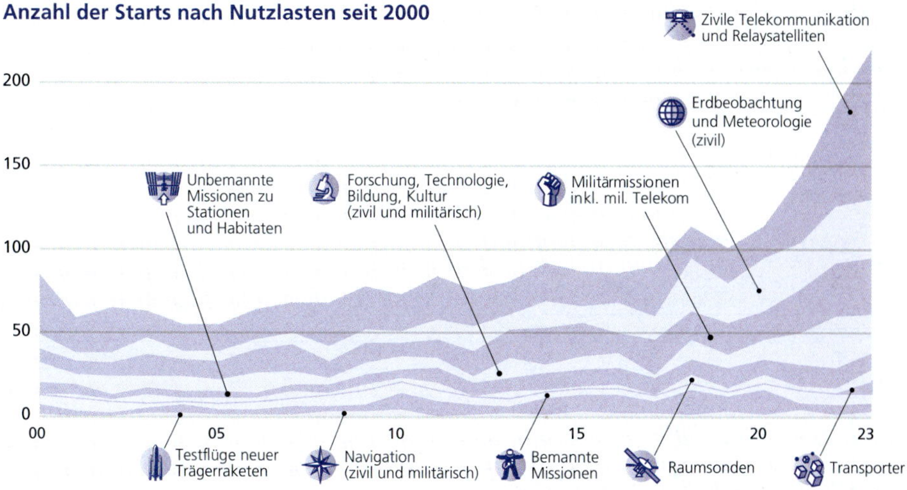

Fehlerquote seit 2000 in %

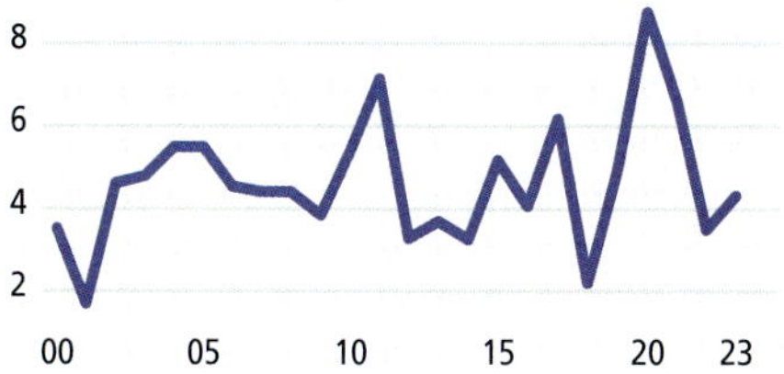

Nutzlasten vs. Starts seit 2000

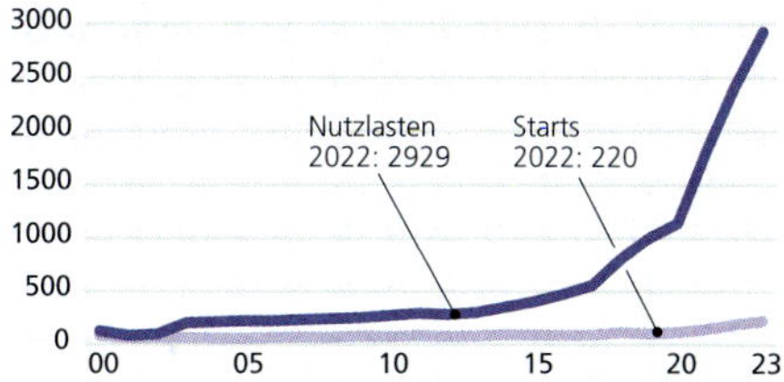

Starts 2023 nach Nationen

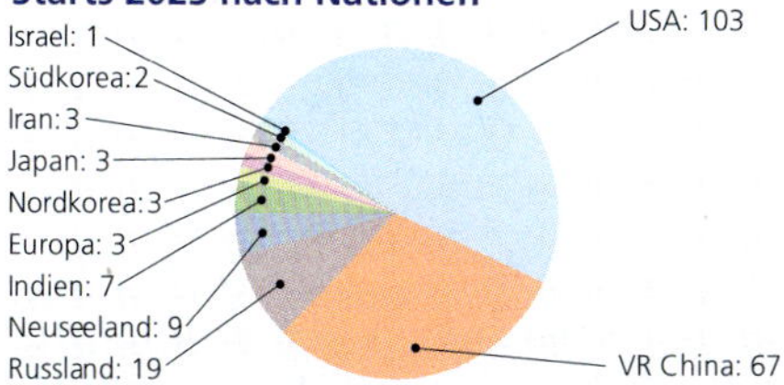

Starts 2023 nach Startplatz

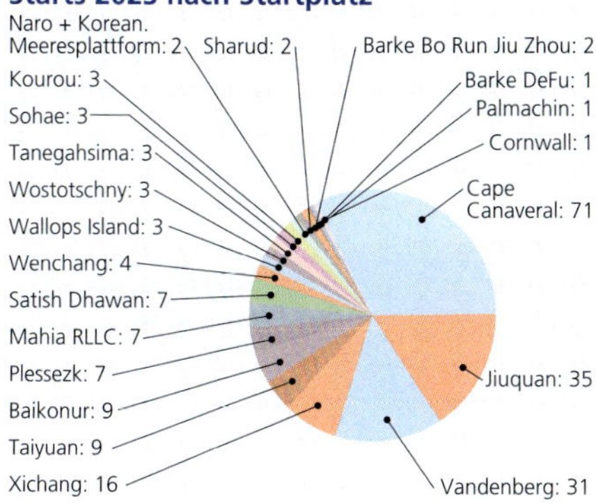

Starts nach Haupt-Missionszweck 2023

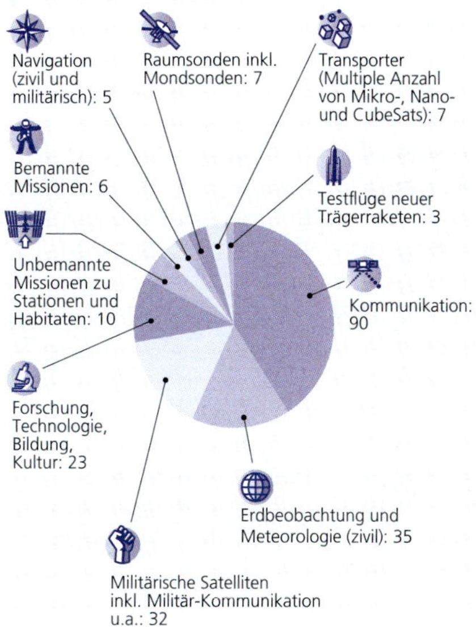

WELTRAUMSTARTS JANUAR BIS SEPTEMBER 2024

MIT AUSBLICK BIS DEZEMBER 2024

Für einige chinesische Missionen wurden aufgrund fehlender Daten Platzhalter eingefügt. Die Schätzung der Starlink-Missionen von SpaceX für den Rest des Jahres 2024 basieren auf der durchschnittlichen Flugfrequenz des laufenden Jahres.

	DATUM	TRÄGER	NUTZLAST	MISSION
1	01. Jan	PSLV-DL	XPoSat	Röntgen-Astronomie
2	03. Jan	Falcon 9 Block 5	21 x Starlink 7-9	Kommunikation
3	03. Jan	Falcon 9 Block 5	Ovzon-3	Kommunikation
4	05. Jan	Kuaizhou 1A	4 x Tianmu 1	Meteorologie
5	07. Jan	Falcon 9 Block 5	23 x Starlink 6-35	Kommunikation
6	08. Jan	Vulcan	Peregrine	Mondlander und Rover
7	09. Jan	Langer Marsch 2C	Einstein Probe	Röntgenstrahlungs-Astronomie
8	11. Jan	Kuaizhou 1A	Tiangxing-1 02	Orbit-Monitoring
9	11. Jan	Gravity 1	3 x Yunyao 1	Meteorologie
10	12. Jan	H2A-202	IGS-Optical 8	Militärischer Optischer Aufklärer
11	14. Jan	Falcon 9 Block 5	22 x Starlink 7-10	Kommunikation
12	15. Jan	Falcon 9 Block 5	23 x Starlink 6-37	Kommunikation
13	17. Jan	Langer Marsch 7	Tianzhou 7	Nachschub zur Tiangong-Raumstation
14	18. Jan	Falcon 9 Block 5	Ax-3	Kommerzielle Crew zur ISS
15	20. Jan	Qaem 100	Soraya	Kommunikation
16	23. Jan	Kinetica 1	Taijing 1-03; Taijing 2-02 und 04; Taijing 3-02; Taijing 4-03	Erdbeobachtung
17	24. Jan	Falcon 9 Block 5	22 x Starlink 7-11	Kommunikation
18	28. Jan	Simorgh	Mahda	Technologiedemonstrator
			Hatef-1; Keyhan-2	Kommunikation
19	29. Jan	Falcon 9 Block 5	23 x Starlink 6-38	Kommunikation
20	29. Jan	Falcon 9 Block 5	22 x Starlink 7-12	Kommunikation
21	30. Jan	Falcon 9 Block 5	Cygnus NG-20	Nachschub zur ISS
22	31. Jan	Electron	Skylark; 4 x Lemur 2	Space situational awareness
23	02. Feb	Langer Marsch 2C	11 x GeeSat 2	Navigation
24	03, Feb	Jielong 3	Dongfang Huiyan-GF01; Xingshidai 18-20; Zhixing-2A	Erdbeobachtung
			DRO-L; NEXSAT-1; Weihai 1-01 und 02	Technologiedemonstrator
25	08. Feb	Falcon 9 Block 5	PACE	Erdbeobachtung
26	09. Feb	Sojus 2.1v	Razbeg Nr. 2	Militärische Aufklärung
27	10. Feb	Falcon 9 Block 5	22 x Starlink 7-13	Kommunikation
28	14. Feb	Falcon 9 Block 5	2 x HBTSS; 4 x Tracking Layer T0	Militärische Frühwarnung
29	15. Feb	Sojus 2.1b	Progress MS-26	Nachschub ISS
30	15. Feb	Falcon 9 Block 5	IM-1 Odysseus	Mondlander
31	15. Feb	Falcon 9 Block 5	22 x Starlink 7-14	Kommunikation
32	17. Feb	H3-22S	VEP-4	Launch Vehicle Evaluator
			CE-SAT-1E; TIRSAT	Erdbeobachtung
33	17. Feb	GSLV Mk. II	INSAT-3DS	Meteorologie
34	18. Feb	Electron	ADRAS-J	Weltraummüll-Beseitigung
35	20. Feb	Falcon 9 Block 5	Merah Putih 2	Kommunikation

	DATUM	TRÄGER	NUTZLAST	MISSION
36	23. Feb	Falcon 9 Block 5	22 x Starlink 7-15	Kommunikation
37	23. Feb	Langer Marsch 5	TJS-11	Militärische Signalaufklärung
38	25. Feb	Falcon 9	24 x Starlink 6-39	Kommunikation
39	29. Feb	Sojus 2.1b Fregat	Meteor Nr. 2-4	Meteorologie
			Zorkiy-2M-2; Pars 1	Erdbeobachtung
			Marafon-D-GVM	Dummy-Nutzlast
			16 x SITRO-AIS	Schiffstracking
40	29. Feb	Langer Marsch 3B	Hulianwang Gaogui-01	Kommunikation
41	29. Feb	Falcon 9 Block 5	23 x Starlink 6-40	Kommunikation
42	04. Mrz	Falcon 9 Block 5	SpaceX Crew 8	Crew-Transport zur ISS
43	05. Mrz	Falcon 9 Block 5	OWLSAT-1 und 2	Amateurfunk
			MethaneSat	Atmosphärenforschung
			Gluon; Quark	Docking-Technologie
			Fifi; GHOSt-4 und 5; 3 x ICEYE; ÑuSat 44; AEROS; MH-1; ContecSat-1; HORACIO; IOD-6 Hammer; 4 x Lemur 2; RROCI-2	Erdbeobachtung
			Tiger 7 und 8	Internet of Things
			Lynk Tower 05 und 06	Kommunikation
			Veery-0E	Meteorologie
			YAM-6; Aries	Nutzlastplattform
			IRIS-F1	Schiffstracking
			Loulou, Riri und Rose; BRO-12 und 13	Signalaufklärung
			Optimus-2	Space-Tug
			2 x Jackal; LizzieSat-1; MuSat-2; Pyxis; EWS-RROCI 2; M3; OrbAstro-TR2; Sonate 2; LACE-A und B; Pony Express 2A + 2B; 4 x PY4	Technologiedemonstrator
			Scout-1	Überwachung Weltraum-Umgebung
44	05. Mrz	Falcon 9 Block 5	23 x Starlink 6-41	Kommunikation
45	11. Mrz	Falcon 9 Block 5	23 x Starlink 6-43	Kommunikation
46	11. Mrz	Falcon 9 Block 5	23 x Starlink 7-17	Kommunikation
47	12. Mrz	Electron	StriX-3	Erdbeobachtung
48	13. Mrz	KAIROS	Quick Response Sat.	Technologiedemonstrator
49	13. Mrz	Langer Marsch 2C	DRO-A und B	Mond-Orbiter
50	16. Mrz	Falcon 9 Block 5	23 x Starlink 6-44	Kommunikation
51	19. Mrz	Falcon 9 Block 5	20 x Starlink 7-16; 2 x Starshield	Kommunikation
52	20. Mrz	Langer Marsch 8	Quequiao-2	Mondorbiter-Kommunikation
			Tiandu 1 und 2	Mondorbiter-Technologie
53	21. Mrz	Langer Marsch 2D	6 x Yunhai 2	Meteorologie
54	21. Mrz	Electron	Aerocube 16A und 16B; Mola; RASR-5	Militärisch. Technologie-demonstrator
55	21. Mrz	Falcon 9 Block 5	BurstCube	Gammastrahlenforschung
			SpaceX CRS-30	Nachschub für ISS
			Killick 1	Ozeanografie
			Big Red Sat -1; CURTIS; HyTi; KASHIWA; MicroOrbiter-1; QMSat; SNoPI	Technologiedemonstrator
			VIOLET	Weltraumwetter
56	23. Mrz	Sojus 2.1a	Sojus MS-25	Crew-Transfer zur ISS
57	24. Mrz	Falcon 9 Block 5	23 x Starlink 6-42	Kommunikation
58	25. Mrz	Falcon 9 Block 5	23 x Starlink 6-46	Kommunikation
59	27. Mrz	Langer Marsch 6A	Yunhai-3 02	Meteorologie
60	30. Mrz	Falcon 9 Block 5	Eutelsat 36D	Kommunikation

Rot : Fehlschlag Orange : Teilerfolg

	DATUM	TRÄGER	NUTZLAST	MISSION
61	31. Mrz	Falcon 9 Block 5	23 x Starlink 6-45	Kommunikation
62	31. Mrz	Sojus 2.1b	Resurs-P	Erdbeobachtung
63	02. Apr	Falcon 9 Block 5	22 x Starlink 7-81	Kommunikation
64	03. Apr	Langer Marsch 2D	Yaogan 42-01	Mil. Erdbeobachtung
65	05. Apr	Falcon 9 Block 5	23 x Starlink 6-47	Kommunikation
66	08. Apr	Falcon 9 Block 5	Acadia 4; QPS-SAR 7; TSAT-1A	Erdbeobachtung
			Centauri-6	Internet of Things
			425 Projekt SAR 1	Militärische Aufklärung (Bandwagon)
			Hawk 8A, 8B, 8C; Hawk 9A, 9B, 9C	Signalaufklärung
67	08. Apr	Delta 4 Heavy	Orion 12 (USA-353)	Mil. Signalaufklärer
68	11. Apr	Angara 5 Orion	Massensimulator	Dummy-Nutzlast
			GMM-KA	Erfassung Flugtestdaten
			Gagarinets	Technologiedemonstrator
69	11. Apr	Falcon 9 Block 5	WSF-M1 (USSF-62)	Weltraumwetter (militärisch)
70	13. Apr	Falcon 9 Block 5	23 x Starlink 6-49	Kommunikation
71	15. Apr	Langer Marsch 2D	SuperView Neo-3-01	Erdbeobachtung
72	17. Apr	Falcon 9 Block 5	23 x Starlink 6-51	Kommunikation
73	18. Apr	Falcon 9 Block 5	23 x Starlink 6-52	Kommunikation
74	20. Apr	Langer Marsch 2D	Yaogan 42-02	Militärische Aufklärung
75	24. Apr	Falcon 9 Block 5	23 x Starlink 6-53	Kommunikation
76	24. Apr	Electron	NeonSat-1	Erdbeobachtung
			ACS-3	Technologie
77	25. Apr	Langer Marsch 2F	Shenzhou 18	Crew Transfer zu Tiangong-Station
78	28. Apr	Falcon 9 Block 5	Galileo FM25 und 27	Navigation
79	29. Apr	Falcon 9 Block 5	23 x Starlink 6-54	Kommunikation
80	02. Mai	Falcon Block 5	World View Legion 1 + 2	Erdbeobachtung
81	03. Mai	Falcon 9 Block 5	23 x Starlink 6-55	Kommunikation
82	03. Mai	Langer Marsch 5	Chang'e 6	Mondorbiter, -Lander und -rover
83	06. Mai	Falcon 9 Block 5	53 x Starlink 6-56	Kommunikation
84	07. Mai	Langer Marsch 6C	Haiwangxing-01; Zhixing-1C; Kuanfu Guangxue; Gaofen Shipin	Erdbeobachtung
85	08. Mai	Falcon 9 Block 5	23 x Starlink 6-56	Kommunikation
86	09. Mai	Langer Marsch 3B/E	Zhihui Tianwang 1-01A und 01B	Kommunikation
87	10. Mai	Falcon 9 Block 5	20 x Starlink 8-2	Kommunikation
88	11. Mai	Langer Marsch 4C	Shiyan 23	Technologiedemonstrator
89	13. Mai	Falcon 9 Block 5	23 x Starlink 6-58	Kommunikation
90	14. Mai	Falcon 9 Block 5	20 x Starlink 8-7	Kommunikation
91	16. Mai	Sojus 2.1b Fregat	Zorkii 2M 4 und 6	Erdbeobachtung
			3 x Rassvet-2	Kommunikation
			4 x SITRO-AIS	Schiffstracking
			Nivelir-L Nr. 4	Weltraumüberwachung
92	18, Mai	Falcon 9 Block 5	23 x Starlink 6-59	Kommunikation
93	20. Mai	Langer Marsch 2D	Beijing-3C	Erdbeobachtung
94	21. Mai	Kuaizhou-11	Luojia 3-02; Tianyan-22	Erdbeobachtung
			Chaodigui Jishu Shiyan	Kommunikation
			Lingque 2-01	Unbekannt
95	22. Mai	Falcon 9 Block 5	20 x Starshield	Militärische Aufklärung (NROL-146)
96	23. Mai	Falcon 9 Block 5	23 x Starlink 6-62	Kommunikation

	DATUM	TRÄGER	NUTZLAST	MISSION
97	24. Mai	Falcon 9 Block 5	23 x Starlink 6-63	Kommunikation
98	25. Mai	Electron	PREFIRE 1	Meteorologie
99	27. Mai	Unbekannt	Malligyong-1-1	Militärische Aufklärung
100	28. Mai	Falcon 9 Block 5	23 x Starlink 6-60	Kommunikation
101	29. Mai	Falcon 9 Block 5	EarthCARE	Erdbeobachtung
102	29. Mai	Ceres 1S	Tianqi 25-28	Internet of Things
103	30. Mai	Sojus 2.1a	Progress MS-27	Nachschub ISS
104	30. Mai	Langer Marsch 3B/E	Paksat-MM1R	Kommunikation
105	31. Mai	Ceres-1	Yunyao-1 14, 25 und 26	Meteorologie
			Jiguang Xingzuo 01+02	Technologiedemonstrator
106	01. Jun	Falcon 9 Block 5	23 x Starlink 6-64	Kommunikation
107	05. Jun	Falcon 9 Block 5	20 x Starlink 8-5	Kommunikation
108	05. Jun	Electron	PREFIRE 2	Meteorologie
109	05. Jun	Atlas 5 N22	Boe-CFT Calypso	Bemannter Testflug
110	06. Jun	Ceres 1	TEE-01B; Naxing 3A und 3B	Erdbeobachtung
			Eros	Space Tug
111	08. Jun	Falcon 9 Block 5	22 x Starlink 10-1	Kommunikation
112	08. Jun	Falcon 9 Block 5	20 x Starlink 8-8	Kommunikation
113	20. Jun	Electron	5 x Kineis	Internet of Things
114	20. Jun	Falcon 9 Block 5	Astra 1P/SES-24	Kommunikation
115	22. Jun	Langer Marsch 2C	SVOM	Gammastrahlen-Astronomie
			CATCH 1	Röntgenstrahlen-Astronomie
116	23. Jun	Falcon 9 Block 5	22 x Starlink 10-2	Kommunikation
117	24. Jun	Falcon 9 Block 5	20 x Starlink 8-2	Kommunikation
118	25. Jun	Falcon Heavy	GOES-U	Meteorologie
119	27. Jun	Falcon 9 Block 5	23 x Starlink 10-3	Kommunikation
120	29. Jun	Falcon 9 Block 5	20 x Starshield	Militärische Aufklärung
121	29. Jun	Langer Marsch 7A	ChinaSat-3A	Kommunikation
122	01. Jul	H3-22S	ALOS-4	Erdbeobachtung
123	03. Jul	Falcon 9 Block 5	20 x Starlink 8-9	Kommunikation
124	04. Jul	Alpha	MESAT 1	Atmosphärenfoschung
			Serenity	Bildung
			KUbeSat-1	Ionosphärenforschung
			CatSat; R5-S2-2.0; SOC-i; TechEdSat-11	Technologiedemonstrator
125	05. Jul	Langer Marsch 6A	Tianhui 5D und 5C	Erdbeobachtung
126	08. Jul	Falcon 9 Block 5	Türksat 6A	Kommunikation
127	09. Jul	Ariane 62	3Cat-4	Atmosphärenforschung
			GRBBeta	Gammastrahlen-Astronomie
			Méditerranée	Meteorologie
			ISTSat-1; Replicator; Curium One; OOV-Cube; CURIE A&B	Technologiedemonstrator
			Nyx Bikini; SpaceCase SC-X01	Wiedereintritts-Demonstrator
128	11. Jul	Hyperbola-1	3 x Yunyao 1	Meteorologie
129	12. Jul	Falcon 9 Block 5	20 x Starlink 9-3	Kommunikation
130	19. Jul	Langer Marsch 4B	Gaofen-11 05	Erdbeobachtung
131	27. Jul	Falcon 9 Block 5	23 x Starlink 10-9	Kommunikation
132	28. Jul	Falcon 9 Block 5	23 x Starlink 10-4	Kommunikation
133	28. Jul	Falcon 9 Block 5	21 x Starlink 9-4	Kommunikation
134	30. Jul	Atlas 5 551	3 x USSF-51	Militärisch – unbekannter Zweck

Rot : Fehlschlag Orange : Teilerfolg

	DATUM	TRÄGER	NUTZLAST	MISSION
135	01. Aug	Langer Marsch 3B/E	Weixing Hulianwang Gaogui-02	Kommunikation
136	02. Aug	Falcon 9 Block 5	23 x Starlink 10-6	Kommunikation
137	02. Aug	Electron	StriX-4	Erdbeobachtung
138	04. Aug	Falcon 9 Block 5	23 x Starlink 11-1	Kommunikation
139	04. Aug	Falcon 9 Block 5	EMMA	Amateurfunk
			SaganSat 0; SAKURA; Wisseed Sat	Bildung
			CySat 1; DORA; Binar 2, 3 und 4	Technologiedemonstrator
			Cygnus NG-21	Versorgung ISS
140	06. Aug	Langer Marsch 6A	18 x Qianfan	Kommunikation
141	10. Aug	Falcon 9 Block 5	21 x Starlink 8-3	Kommunikation
142	11. Aug	Electron	Acadia-3	Erdbeobachtung
143	12. Aug	Falcon 9 Block 5	ASBM-1 und 2	Kommunikation
144	12. Aug	Falcon 9 Block 5	23 x Starlink 10-7	Kommunikation
145	15. Aug	Sojus 2.1a	Progress MS-28	Nachschub ISS
146	15. Aug	Falcon 9 Block 5	World View Legion 3+4	Erdbeobachtung
147	16. Aug	SSLV	EOS-08	Erdbeobachtung
			SR-0 DEMOSAT	Unbekannt
148	16. Aug	Langer Marsch 4B	9 x Yaogon 43-01	Militärische Aufklärung
149	17. Aug	Falcon 9 Block 5	GNOMES-5	Atmosphärenforschung
			ION SCV-012	CubeSat-Tug und -Dispenser
			TROOP-F2	Docking-Ziel
			Acadia-5; AMATERU-IV; 4 x ECEYE; LUR-1; 3 x ÑuSat Tanager 1; Umbra 9 und 10; CACRA-1; Deimos; ERNST 36 x Flock 4BE; GAINDESAT-1A; Hubble 3; Hyper-field-1; Lemu Nge; 6 x Lemur 2; TORO	Erdbeobachtung
			4 x Connecta IoT; Kanyini; Nightjar; 9 x PICo-IoT; 4 x Sateliot	Internet of Things
			Tomorrow MS1 und 2	Meteorologie
			Yam-7	Nutzlastplattform
			Hawk 10A, B und C; BRO 14 und 15	Signalaufklärung
			Arctic Weather Sat.; Eagly Eye; Tyche; CUAVA-2; HY-SPO-2; Iperdrone 0; OreSat0.5; QUBE-1; Rock; Lopen Sedna-1; SATORO-T2; Waratah Seed WS-1; WREN 1; Φsat-2; PTD-R und PTD-4	Technologiedemonstrator
			GNA-3; UM5-EOSAT; UM5SAT-RIBAT; Unbekannter Satellit	Unbekannt
150	20. Aug	Falcon 9 Block 5	22 x Starlink 10-5	Kommunikation
151	22. Aug	Langer Marsch 7A	ChinaSat 4A	Kommunikation
152	28. Aug	Falcon 9 Block 5	21 x Starlink 8-6	Kommunikation
153	29. Aug	Ceres 1S	Tianfu Gaofen 2	Erdbeobachtung
			3 x Yunyao-1	Meteorologie
			Jitianxing A-03; Suxing 1-01	Unbekannt
154	31. Aug	Falcon 9 Block 5	21 x Starlink 8-10	Kommunikation
155	31. Aug	Falcon 9 Block 5	21 x Starlink 9-5	Kommunikation
156	03. Sep	Langer Marsch 4B	6 x Yaogaon 43-02	Militärische Aufklärung
157	05. Sep	Vega	Sentinel 2C	Erdbeobachtung
158	05. Sep	Falcon 9 Block 5	21 x Starlink 8-11	Kommunikation
159	05. Sep	Langer Marsch 6	10 x GeeSAT-3	Navigation/Kommunikation
160	06. Sep	Falcon 9 Block 5	21 x Starshield	Militärische Aufklärung
161	10. Sep	Falcon 9 Block 5	Polaris Dawn	Bemannte Forschungsmission
162	11. Sep	Sojus 2.1a	Sojus MS-26	Crew-Transfer zur ISS
163	12. Sep	Falcon 9 Block 5	5 x Blue Bird	Kommunikation

	DATUM	TRÄGER	NUTZLAST	MISSION
164	13. Sep	Falcon 9 Block 5	21 x Starlink 9-6	Kommunikation
165	14. Sep	Qaem 100	Chamran 1	Technologiedemonstrator
166	17. Sep	Angara 1.2	OO MKA Nr. 1 und 2	Militärische Aufklärung
167	18. Sep	Falcon 9 Block 5	Galileo FM 26 und 32	Navigation
168	19. Sep	Langer Marsch 3B/E YZ-1	Beidou-3 M 27 und 28	Navigation
169	20. Sep	Langer Marsch 2D	6 x Jilin-1 Kuanfu-02B	Erdbeobachtung
170	20. Sep	Kuaizhou-1A	4 x Tianqi	Internet of Things
171	20. Sep	Falcon 9 Block 5	20 x Starlink 9-17	Kommunikation
172	21. Sep	Electron	5 x Kinéis	Internet of Things
173	24. Sep	Jielong 3	Xingshidai 15, 21, 22	Erdbeobachtung
			Fudan-1; Tianyan-15; Jitianxing A-01; Luojia 4-01	Unbekannt
174	25. Sep	Kinetica 1	Jilin-1 SAR-01	Erdbeobachtung
			Yunyao 1	Meteorologie
			AIRSAT 01 und 02	Unbekannt
175	25. Sep	Falcon 9 Block 5	20 x Starlink 9-8	Kommunikation
176	26. Sep	H2A-202	IGS-Radar 8	Militärische Aufklärung
177	27. Sep	Langer Marsch 2D	Shijian-19	Wiedereintrittskapsel
178	28. Sep	Falcon 9 Block 5	SpaceX Crew 9	Besatzungstransfer zur ISS
179	04. Okt	Vulcan	Cert-2	Massensimulator/Testflug
180	07. Okt.	Falcon 9 Block 5	Juventas; Milan	Asteroiden-CubeSat
			Hera	Asteroidensonde
181	10. Okt	Langer Marsch 3B/E	Hulianwang Gaogui-03	Kommunikation
182	14. Okt	Falcon Heavy	Europa Clipper	Raumsonde zum Jupiter
183	15. Okt	Falcon 9 Block 5	23 x Starlink 10-10	Kommunikation
184	15. Okt	Falcon 9 Block 5	20 x Starlink 9-7	Kommunikation
185	15. Okt	Langer Marsch 6A	18 x Qianfan	Kommunikation
186	16. Okt	Langer Marsch 4C	Gaofen 12-05	Erdbeobachtung
187	19. Okt	Falcon 9 Block 5	21 x Starlink 8-19	Kommunikation
188	20. Okt	Falcon 9 Block 5	20 x OneWeb	Kommunikation
189	22. Okt	Langer Marsch 6	Tianping 3 A01, B01 und B02	Radar-Kalibrierung
190	23. Okt	Langer Marsch 2C	Yaogan 43-03A, B, C	Militärische Aufklärung
191	24. Okt	Falcon 9 Block 5	23 x Starlink 6-61	Kommunikation
192	24. Okt	Falcon 9 Block 5	20 x Starshield	Militärische Aufklärung
193	26. Okt	Falcon 9 Block 5	22 x Starlink 10-8	Kommunikation
194	29. Okt	Langer Marsch 2F/G	Shenzhou 19	Crew-Transfer zu Tiangong
195	30. Okt	Falcon 9 Block 5	20 x Starlink 9-9	Kommunikation
196	30. Okt	Falcon 9 Block 5	23 x Starlink 10-13	Kommunikation
197	31. Okt	Sojus 2.1a	Bars-M 6L/Kosmos 2579	Militärische Aufklärung
198	04. Okt	H3-22S	DSN-3 (Kirameki-3)	Kommunikation
199	05. Nov	Sojus 2.1b Fregat-M	ASRTU 1	Amateurfunk
			Altair	Astronomie
			Colobri-S	Aufklärung
			ArcticSat-1; Hyperview-1G; Kosar; ZimSat-2	Erdbeobachtung
			Hodhod; Mordovia-IoT; Nokho; Polytech-Universe 4 + 5; SIT-HSE; SIT-2086	Internet of Things
			Ionosphera Nr. 1 und 2; SamSat-Ionosphere	Ionosphärenforschung
			24 x SITRO-AIS	Schiffstracking
			Horizon; MTUCI-1; RTU Mirea 1; Ruzaevka-390; TUSUR GO; YUZGU-60; Wizard-ion; CSTP 2.1. 2.11. 2.2; Horse Nr. 3 und 4	Technologiedemonstrator
			Vladivostok-1	Unbekannt
			Norbi-3	Weltraum-Wetter

Rot : Fehlschlag Orange : Teilerfolg Blau : Ausblick, Änderungen wahrscheinlich

	DATUM	TRÄGER	NUTZLAST	MISSION
200	05. Nov	Falcon 9 Block 5	SpaceX CRS-31	Versorgung ISS
201	05. Nov	Electron	Unbekannt	Unbekannt
202	06. Nov	Falcon 9 Block 5	23 x Starlink 6-77	Kommunikation
203	07. Nov	Kinetica 1	Jilin-1 Gaofen-05B; Jilin-1 Pingtai-02A	Erdbeobachtung
			Chuangxin-22; Hunan 1 01-04; B300-LXHF Guidao Ban; Unbekannt	Unbekannt
204	07. Nov	Falcon 9 Block 5	?? x Starlink 9-10	Kommunikation
205	08. Nov	Falcon 9 Block 5	?? x Starlink 6-69	Kommunikation
206	09. Nov	Langer Marsch 2C	4 x PIESAT-1	Erdbeobachtung
207	11. Nov	Falcon 9 Block 5	Starlink 6-68	Kommunikation
208	11. Nov	Falcon 9 Block 5	Koreasat 6A	Kommunikation
209	14. Nov	Langer Marsch 4C	Unbekannt	Unbekannt
210	15. Nov	Langer Marsch 7	Tianzhou 8	Nachschub für Tiangong-Raumstation
211	17. Nov	Falcon 9 Block 5	Optus-X	Kommunikation
212	17. Nov	Ceres 1	Jilin-1 Gaofen-05B; Jilin-1 Pingtai-02A	Erdbeobachtung
			B300-LXHF Guidao Ban; Unbekannt	Unbekannt
213	19. Nov	Langer Marsch 5B/Y2	Yaogan 44	Militärische Aufklärung
214	20. Nov	Langer Marsch 8	Qianfan	Kommunikation
215	20. Nov	Gravity 1	Xingshidai-24; Unbekannt	Unbekannt
216	20. Nov	Langer Marsch 3B/E	Unbekannt	Unbekannt
217	21. Nov	Langer Marsch 6A	?? x Qianfan	Kommunikation
218	21. Nov	Vulcan Centaur	TBA	Aufklärung
			NTS-3	Technologiedemonstrator
			6 x Sunrise	Weltraumwetter
219	21. Nov	Falcon 9 Block 5	ION SCV-014 + 015	CubeSat-Dispenser
			Otter Pup 2	Docking-Technologie
			Acadia-6; UzmaSAT-1; 9 x YAC-1; FINCH; Kestrel 0A	Erdbeobachtung
			Vigoride	Instrumentenplattform
			3 x Centauri	Internet of Things
			Lyra 1 und 2	Kommunikation
			Veery-0F Fledgling; 2 x Unbekannt	Meteorologie
			LEO Express-3; DISCO-2; LIME; MOXY-1; NOCLIP-1; Phobos	Technologiedemonstrator
			Ray	Wiedereintrittskapsel
220	21. Nov	Electron	2 x Black Sky Global	Erdbeobachtung
221	21. Nov	Sojus 2.1a	Progress MS-29	Nachschub ISS
222	22. Nov	Langer Marsch 12	4 x Hunan-1	Unbekannt
223	22. Nov	Falcon 9 Block 5	GSAT-20	Kommunikation
224	22. Nov	Langer Marsch 2D	Agriculture-1	Erdbeobachtung
			4 x Xiguang-1; Haishiao-1; Unbekannt	Unbekannt
225	23. Nov	Falcon 9 Block 5	SXM-9	Kommunikation
226	23. Nov	Falcon 9 Block 5	?? x Starlink ??	Kommunikation
227	25. Nov	Pallas-1	Keine Nutzlast	Jungfernflug der Pallas 1
228	25. Nov	Falcon 9 Block 5	Starlink-Start	Kommunikation
229	26. Nov	Falcon 9 Block 5	O3b mPOWER 7 + 8	Kommunikation
230	27. Nov	Falcon 9 Block 5	WV Legion 5 und 6	Erdbeobachtung
231	27. Dez	Falcon 9 Block 5	SpainSat NG-1	Kommunikation
232	28. Nov	Alpha	Elytra	Space-Tug (zivil)
			Odyssey; IGOR; Orca 2; TES 16; CANVAS; SM 2; SeaLion; UtProSat-1	Unbekannt
			DARLA; RS-53 und 55	Unbekannt (militärisch)
			AEPEX	Unbekannt (NASA)

	DATUM	TRÄGER	NUTZLAST	MISSION
233	30. Nov	Sojus 2.1a Fregat M	Kondor-FKA No. 2	Aufklärung
234	30. Nov	Kuaizhou 1A	4 x Tianqi	Internet of Things
235	30. Nov	Falcon 9 Block 5	Starlink-Start	Kommunikation
236	29. Nov	PSLV-XL	2 x PROBA-3	Sonnenphysik
237	30. Nov	Falcon 9 Block 5	Starlink-Start	Kommunikation
238	30. Nov	Falcon 9 Block 5	Starlink-Start	Kommunikation
239	02. Dez	Falcon 9 Block 5	Thuraya 4-NGS	Kommunikation
240	03. Dez	New Glenn	Blue Ring	Technologiedemonstrator/ Testflug
241	03. Dez	Falcon 9 Block 5	Starlink-Start	Kommunikation
242	03. Dez	Sojus 2.1b Fregat M	Glonass-K 18L	Navigation
243	03. Dez	Zhuque-2	Unbekannt	Unbekannt
244	03. Dez	GSLV-Mk. II	NVS-02	Navigation
245	04. Dez	Langer Marsch 2D	Unbekannt	Unbekannt
246	05. Dez	Vega C	Sentinel 1C	Erdbeobachtung
247	06. Dez	Falcon 9 Block 5	NAOS (Luxeye)	Militärische Aufklärung
248	07. Dez	Falcon 9 Block 5	Nusantara Lima	Kommunikation
249	08. Dez	KAIROS	Unbekannt	Testflug
250	15. Dez	Vulcan	NTS-3	Militärischer Technologie-demonstrator
251	15. Dez	Falcon 9 Block 5	Blue Ghost M1	Mondlander
252	15. Dez	Langer Marsch 5B/ YZ-2	TJS-12	Signalaufklärung
253	16. Dez	Minotaur IV	NROL-174	Militärische Aufklärung
254	16. Nov	Falcon 9 Block 5	CroCube; XCUBE-1	Erdbeobachtung
			LizzieSat 2 und 3; 2 x unbekannt	Internet of Things
			425 Project SAR Sat 2	Militärische Aufklärung
			Hawk 11A, B und C	Signalaufklärung
			SC1; LASARSat	Technologiedemonstrator
			CTC 0	Unbekannt
255	17. Dez	PSLV-CA	2 x SPADEX	Technologiedemonstrator
256	17. Dez	Falcon 9 Block 5	Starlink-Start	Kommunikation
257	17. Dez	Falcon 9 Block 5	Starlink-Start	Kommunikation
258	18. Dez	Gravity 1	unbekannt	unbekannt
259	19. Dez	Falcon 9 Block 5	SpaceX CRS-32	Nachschub ISS
260	19. Dez	H2A-202	GOSAT-GW	Erdbeobachtung
261	20. Dez	RS-1	VariSat-1b	Technologiedemonstra-tor/Testflug
262	20. Dez	Langer Marsch 8A	unbekannt	unbekannt
263	23. Dez	Langer Marsch 3B/E	unbekannt	unbekannt
264	25. Dez	Langer Marsch 6A	8 x Qianfan	Kommunikation
265	25. Dez	Sojus 2.1b Fregat M	Aist-2T Nr. 1 und 2	Erdbeobachtung
266	30. Dez	Electron	5 x Kinéis	Internet of Things
267	30. Dez	Langer Marsch 7A	XJY 6-02	Unbekannt
268	30. Dez	Falcon 9 Block 5	AGILA; NuView A und B; UtilitySat	Kommunikation
269	30. Dez	Falcon 9 Block 5	Hakuto-R Mission 2	Mondlander
270	31. Dez	Sojus 2.1b Fregat	Kanopus VO-Nr. 1	Erdbeobachtung

Rot : Fehlschlag Orange : Teilerfolg Blau : Ausblick, Änderungen wahrscheinlich

GLOSSAR

Hier erläutern wir Ihnen einige der in diesem Buch verwendeten Fachbegriffe und Abkürzungen. Ein umfassendes Weltraumglossar finden Sie auf www.space-jahrbuch.de als Online-Version sowie bestellbar in gedruckter Form.

BEGRIFF	**ERLÄUTERUNG**
AE	Abkürzung für Astronomische Einheit. Entspricht dem Abstand der Erde von der Sonne (150.000.000 Kilometer)
Apoapsis	Scheitelpunkt einer elliptischen Orbitalbahn um einen Himmelskörper mit dem größten Abstand. Der mit dem kleinsten Abstand heißt Periapsis.
AVIK	Abkürzung für: Aviation Industry Corporation
Blue Origin	Raumfahrtfirma des US-Unternehmers Jeff Bezos
Booster	Seitlich an der Basis der Rakete angebrachte Starthilfsrakete. Wird zunehmend häufiger auch für die erste Stufe einer Trägerrakete verwendet.
Ceres 1 und Ceres 1S	Feststoff-Trägerraketen des chinesischen Herstellers Galactic Energy
Chang'e 6	Chinesische Mondproben-Rückführmission. Transportierte im Mai 2024 zwei Kilogramm Mondmaterial zu Erde.
CMSEO	Abkürzung für: China Manned Space Engineering Office
CNSA	China National Space Agency. Nationale Raumfahrtagentur Chinas
Crew Dragon	Bemanntes Raumfahrzeug des US-Unternehmens SpaceX
Cubesats	Standardisierte, würfelförmige Nanosatelliten
DART	Double Asteroid Redirection Test. Die Sonde DART flog zu dem Doppelasteroiden Didymos und schlug am 26. September 2022 auf dem Begleiter Dimorphos ein
de Gerlache	Krater am Südpol des Mondes und mögliches Ziel amerikanischer und chinesischer unbemannter und bemannter Mondexpeditionen. Benannt nach dem belgischen Astronomen Adrien de Gerlache.
Deep Blue Aerospace	Chinesischer Entwickler der Nebula-Trägerraketenserie und eines suborbitalen Vehikels für Touristenflüge
DLR	Deutsches Zentrum für Luft- und Raumfahrt. Nationale deutsche Luft- und Raumfahrtbehörde
Europa Clipper	US-Raumsonde zum Jupiter mit Schwerpunkt Beobachtung des Mondes Europa
FAA	Federal Aviation Administration. Nationale Luftfahrtbehörde der Vereinigten Staaten
Fairing	Nutzlastverkleidung einer Rakete
Falcon Heavy	Leistungsstarke Trägerrakete von SpaceX
Feitian	Chinesischer Raumanzug für Außenbordaktivitäten
Galileische Monde	Die vier großen Monde des Jupiter: Io, Europa, Ganymed, Callisto, die von Galileo Galilei entdeckt wurden und ihm zu Ehren so heißen.
GEO	Geostationärer Orbit
Geosynchroner Orbit	Inklinierte und/oder elliptische Umlaufbahn eines Satelliten, auf welcher er die Erde in genau 24 Stunden einmal umrundet
Gewichtsdummy	Gewichtsersatz für Nutzlasten bei Erprobungsflügen von Trägerraketen
Gravity-Assist	Eine Methode der Raumfahrt, bei der eine Raumsonde dicht an einem sehr viel größeren Körper (etwa einem Planeten oder einem großen Mond) vorbeifliegt, wodurch die Flugrichtung und die Geschwindigkeit der Sonde verändert wird. Auch Swing-by genannt.
GTO	Geosynchronous Transfer Orbit. Stark elliptische Übergangsbahn zum Erreichen des geosynchronen Orbits (GEO)
Hainan International Commercial Aerospace Launch Center	Kommerzieller chinesischer Weltraumbahnhof, der sich direkt an das institutionelle Raumfahrtzentrum Wenchang anschließt
HAKUTO	Mondlander des japanischen Unternehmens ispace
Handover	Zeitlich überlappende Übergabe zwischen Raumstations-Crews: Die neue Crew erreicht die Station 8-10 Tage vor dem Dienstende der vorausgehenden Mannschaft und bekommt in dieser Zeit eine eingehende Einweisung
Haolong	Zukünftiges unbemanntes Transportraumschiff für die Versorgung der chinesischen Raumstation. Hersteller AVIC
HLS	Für: Human Landing System. Der Mondlander des Orion-Programms
Hopper	Raketenbetriebenes Kurzstrecken-Fluggerät für Einsätze auf atmosphärelosen Himmelskörpern
Hot-Staging	Stufentrennung bei laufenden Triebwerken der ersten und zweiten Stufe. Stammt aus der russischen Raketenpraxis.
IAMCAS	Abkürzung: Innovation Academy for Microsatellites der chin. Akademie der Wissenschaften
IFT	Abkürzung für: Integrated Flight Test. Flugtest des Starship-Gesamtsystems
International Lunar Research Station	Bezeichnung der geplanten chinesischen Mondstation. Kurzform ILRS
JUICE	Europäische Raumsonde zum Jupiter. Abkürzung für Jupiter Icy moon Explorer

Kuiper-Konstellation	Geplante Internet-Konstellation von Amazon
Langer Marsch 5	Derzeit (2025) stärkste chinesische Trägerrakete
L2	Abkürzung für: Lagrange-Punkt 2
Lagrange-Punkt	Ein Punkt im Weltraum, an dem sich die Gravitationskräfte zweier großer Himmelskörper, wie z.B. Erde und Sonne, so ausgleichen, dass ein Objekt in diesem Punkt relativ stabil „schweben" kann.
Lunar Gateway	Geplante Raumstation von NASA, ESA, JAXA und CSA. Sie soll den Mond in einer weiten Umlaufbahn umkreisen und nicht durchgängig bemannt sein
Mengzhou	Bemanntes chinesisches Raumschiff der zweiten Generation. Wird auch für die bemannten Mondmissionen Chinas zum Einsatz kommen.
MIRI	Abkürzung für Mid Infrared Instrument. Das astronomische Instrument für Beobachtung im mittleren Infrarotbereich an Bord des James Webb-Space-Teleskops
MVac	Merlin Vacuum Engine. Version des SpaceX Merlin-Triebwerks für die zweite Stufe der Falcon 9
Nelson, Clarence William "Bill"	Der 14. NASA-Administrator (seit dem 3. Mai 2021)
Neutron	Geplante mittelschwere Trägerrakete von Rocket Lab
New Glenn	Trägerrakete der Firma Blue Origin
NIRCam	Abkürzung für die Nahinfrarot-Kamera des James Webb-Space-Teleskops
OneWeb	Geplante Internet-Konstellation des gleichnamigen Unternehmens
Orbit insertion burns	Triebwerksbrennmanöver, das für den finalen Impuls zum Erreichen eines Orbits sorgt
Periselenum	Mondnächster Punkt einer elliptischen Mondumlaufbahn (mondfernster Punkt: Aposelenum)
PEZ-Dispenser	Absetzvorrichtung für Starlink-Satelliten vom Starship aus
Preliminary Design Review	Abschluss der Konstruktionsphase. Beginn der Hardware-Fertigung in einem Raumfahrtprojekt
Quequiao	Bezeichnung chinesischer Datenrelay-Sonden in einer weiten Mondumlaufbahn
Qianfan	Bezeichnung der chinesischen "1000 Segel" Breitband-Internetkonstellation. Sie soll am Ende etwa 15.000 Satelliten umfassen
Qingzhou	Zukünftiges unbemanntes Frachtraumschiff für Transporte zur nationalen chin. Raumstation
Raptor	Triebwerk des Starship von SpaceX. 33 in der ersten Stufe, 6 in der zweiten Stufe
Rocket Lab	Neuseeländischer Entwickler und Hersteller der Kleinträgerrakete Electron
Rosetta	Für den Zweck der SPACE-Raumfahrtbücher: Eine europäische Raumsonde zum Kometen Tschurjumow-Gerassimenko
RUD	Abkürzung für: Rapid Unscheduled Disassemby (Schnelle ungeplante Zerlegung). Euphemismus für eine Explosion
Shackleton-Krater	Krater am Südpol des Mondes und Ziel amerikanischer und chinesischer unbemannter und bemannter Mondexpeditionen
Shenzhou	Bemanntes chinesisches Raumschiff der ersten Generation. Wird derzeit für Crew-Transfers zur Tiangong-Raumstation verwendet.
SLS	Abkürzung für „Space Launch System". Großträgerrakete der NASA, die das Orion-Raumschiff zum Gateway senden soll
space tug	"Raumschlepper" – ein Raumfahrzeug, mit dem Fracht im All von einer Umlaufbahn in eine andere transportiert wird.
Starbase	Versuchsflugbasis von SpaceX in Boca Chica, Südwest-Texas, an der Grenze zu Mexiko
Starliner	Bemanntes US-Raumfahrtsystem für Erdorbit-Einsätze, entwickelt von Boeing
Starlink	Konstellation niedrig fliegender Kommunikationssatelliten von SpaceX, für einen weltumspannenden Breitband-Internetzugang
Starship	Neuartiges, zweistufiges, voll wiederverwendbares Raumschiff von SpaceX
Staubfilamente	fadenförmige Strukturen aus interstellarem Staub, die häufig in Nebeln und Galaxien vorkommen und sich entlang magnetischer Feldlinien erstrecken
Super Heavy	Boosterstufe des SpaceX Starship
Supersynchrone geostationäre Transferbahn	Geostationärer Orbit mit einem Apogäum von mehr als 35.800 Kilometern. Wird häufig gewählt, wenn bei leichteren Nutzlasten ein Leistungsüberschuss seitens der Trägerrakete vorliegt. Den dadurch niedrigeren Treibstoffverbrauch zum Erreichen des geostationären Orbits kann der Satellit in eine längere Einsatzdauer investieren.
SUSIE	Abkürzung für Smart Upper Stage for Innovative Exploration. Geplantes europäisches Mehrzweckraumfahrzeug, auch für bemannte Einsätze
Tianhe	Zentralmodul der nationalen chinesischen Raumstation
Tianwen-2	Chinesische Raumsonde zum erdnahen Asteroiden 469219 Kamo'oalewa und zum kometenähnlichen Objekt 311P/PanSTARRS
Tianwen-3	Chinesische Probenrückführ-Mission zum Mars.
TLI	Trans Lunar Injection. Einschuss in eine Flugbahn zum Mond.
Virgin Orbit	US-Raumfahrtunternehmen
VTOL	Abkürzung für: Vertical Takeoff and Landing
VTVL	Abkürzung für Vertial Takeoff Vertical Landing
Yang Liwei	Erster Chinese im Orbit. Mit Shenzhou 5 am 15. Oktober 2003

RAUMFAHRT-GESCHICHTE IN JAHRESTAGEN

*Hier finden Sie einige Raumfahrtereignisse, die 2025 ein „Jubiläum" begehen. In Gestalt unseres **SPACE-Kalenders** auch als kultiger Monatsplaner erhältlich.*

DATUM	RAUMFAHRTEREIGNIS	JAHRE
01.01.2015	Die ESA-Raumsonde Rosetta begleitet das ganze Jahr 2015 über den Kometen Tschurjumow-Gerasimenko.	10 Jahre
12.01.2005	Start der Raumsonde Deep Impact zum Kometen 9P/Tempel	20 Jahre
13.01.1870	Jules Vernes Buch "Reise um den Mond" wurde am 13. Januar 1870 unter dem Titel "Autour de la Lune. Seconde partie de – De la Terre à la Lune" veröffentlicht.	155 Jahre
14.01.2005	Raumsonde Huygens landet auf dem Saturnmond Titan.	20 Jahre
19.01.2020	Der Inflight Abort Tests des Crew Dragon verläuft erfolgreich. Damit ist das letzte Hindernis vor dem Beginn der bemannten Crew Dragon-Flüge ausgeräumt.	5 Jahre
07.02.1995	Raumsonde Galileo tritt als erstes Objekt in eine Jupiterumlaufbahn ein.	30 Jahre
10.02.2020	Die ESA-Raumsonde Solar Orbiter startet mit einer Atlas V-Trägerrakete Richtung Sonne.	5 Jahre
12.02.1970	Mit Uhuru wird der erste Röntgenstrahlungs-Forschungssatellit gestartet.	55 Jahre
14.02.1990	Kurz vor Abschaltung der Kameras übermittelt die Raumsonde Voyager 1 Bilder des Sonnensystems, darunter eine Aufnahme der Erde, bekannt geworden als "Pale Blue Dot".	35 Jahre
14.02.2000	NEAR Shoemaker – Erste Umrundung eines Asteroiden (433 Eros)	25 Jahre
17.02.1965	Start von Ranger 8 zum Mond	60 Jahre
20.02.1965	Ranger 8 sendet beim Anflug auf das Mare Tranquillitatis 7.137 Fotos zur Erde.	60 Jahre
06.03.2015	Dawn – Erste Umkreisung eines Zwergplaneten (Ceres). Erste Raumsonde, die zwei versch. Himmelskörper umkreist.	10 Jahre
09.03.1905	Konstantin Ziolkowski beschreibt erstmals einem Weltraumaufzug	120 Jahre
19.08.1646	Geburt des Astronomen John Flamsteed, Ersteller des nach ihm benannten Sternenkatalogs	275 Jahre
16.03.1750	Die Astronomin Caroline Herschel wird in Hannover geboren. Sie dürfte die erste Frau gewesen sein, die für eine wissenschaftliche Position ein reguläres Gehalt bezog.	275 Jahre
18.03.1965	Woschod 2 – Erstes Außenbordmanöver durch Alexei Leonow	60 Jahre
18.03.2020	Tod des Astronauten Alfred "Al" Worden im Alter von 88 Jahren. Pilot des Apollo 15-Mutterschiffes und der erste Mensch, der ein EVA im cislunaren Raum durchführte	5 Jahre
21.03.1965	Start von Ranger 9 zum Mond	60 Jahre
22.03.1995	Mir – Valeri Polyakov erreicht längste Flugdauer im Weltraum (437,7 Tage)	30 Jahre
23.03.1965	Gemini 3 – Erstes bemanntes Raumschiff, das die Umlaufbahn ändert	60 Jahre
24.03.1965	Ranger 9 sendet beim Anflug auf den Krater Alphonsus 5.814 Bilder zur Erde.	60 Jahre
01.04.1960	Start von Tiros 1, dem ersten Wettersatelliten	65 Jahre
05.04.1975	Erstmals Einsatz eines Startrettungssystems bei einer bemannten Mission (Sojus 18)	50 Jahre
11.04.1905	Herman Potočnik – „Das Problem der Befahrung des Weltraums – der Raketen-Motor"	120 Jahre
11.04.1970	Apollo 13 mit den Astronauten James Lovell, John Swigert und Fred Haise startet zur dritten Mondlandung. Trotz Explosion eines Sauerstofftanks gelingt die sichere Rückkehr zur Erde.	55 Jahre
24.04.1970	China wird das fünfte Land, das einen eigenen Satelliten mit einer eigenen Rakete startet.	55 Jahre
24.04.1990	Start des Hubble Weltraumteleskops	35 Jahre
06.05.2020	Nächstes Schwarzes Loch in 1.000 Lj. Entfernung im Dreifachsystem HR 6819 entdeckt	5 Jahre
17.05.1930	Der Raketenpionier Max Valier stirbt bei einem Unfall mit einer neuen Treibstoffmischung.	95 Jahre
30.05.1975	Gründung der European Space Agency (ESA)	50 Jahre
30.05.2020	Erster bemannter Flug des Crew Dragon	5 Jahre
31.05.1990	Start des Kristall-Moduls zur Mir	35 Jahre
03.06.1965	Start von Gemini 4 mit den Astronauten McDivitt und White. Erstes US-Außenbordmanöver	60 Jahre
08.06.1975	Start der Venus-Raumsonde Venera 9	50 Jahre
11.06.1985	Vega 1 – Erster Ballonflug auf einem anderen Planeten (Venus)	40 Jahre
13.06.2010	Hayabusa – Probenrückführung vom Asteroiden 25143 Itokawa	15 Jahre
14.06.1975	Start der Venus-Raumsonde Venera 10	50 Jahre
25.06.1895	Geburt von Hermann Oberth. Zu diesem Anlass findet in Feucht bei Nürnberg der „Tag der Raumfahrtgeschichte" mit interessanten Vorträgen statt.	130 Jahre
02.07.1985	Die Raumsonde Giotto startet auf einer Ariane 1-Trägerrakete zum Halley'schen Kometen.	40 Jahre

14.07.2015	New Horizons – Erster Vorbeiflug am (Zwerg-)Planeten Pluto. Damit wurde jeder der im 20. Jahrhundert bekannten Planeten des Sonnensystems mindestens einmal besucht.	10 Jahre
15.07.1975	Apollo-Soyuz Test Projekt – Erste internationale Raumfahrtmission	50 Jahre
17.07.1970	Start von Venera 7 zur Venus. Landung auf der Oberfläche des Planeten am 15.12.1970. Erstmals werden damit Daten von der Oberfläche eines anderen Planeten zur Erde gesendet.	55 Jahre
20.07.2020	Die erste Marssonde der Vereinigten Arabischen Emirate "Hope" startet mit mit einer H-IIA-Trägerrakete vom japanischen Tanegashima Space Center aus zum roten Planeten.	5 Jahre
23.07.2020	Die chinesische Raumsonde Tianwen-1 (dt. „Himmelsfrage 1") startet zum Mars.	5 Jahre
30.07.1965	Start von SA-10, der letzten Saturn I	60 Jahre
30.07.2020	Mars-Rover Perseverance startet zusammen mit Hubschrauber Ingenuity zum Mars.	5 Jahre
10.08.1960	Start von Discoverer 13, dem ersten Satelliten, der aus dem Orbit geborgen werden konnte	65 Jahre
10.08.2015	Auf der Internationalen Raumstation ISS wird erstmals Nahrung im Weltraum angebaut (Salat).	10 Jahre
12.08.1960	Start des Ballonsatelliten Echo 1A	65 Jahre
12.08.2005	Start des Mars Reconnaissance Orbiter der NASA	20 Jahre
19.08.1960	Sputnik 5 – Erste Pflanzen und Tiere, die lebend aus der Erdumlaufbahn zurückkehren	65 Jahre
20.08.1975	Start von Viking 1 zum Mars – Nach der Landung am 20. Juli 1976 erste Fotos von der Marsoberfläche und Analyse von Bodenproben	50 Jahre
21.08.1965	Start von Gemini 5 zur bis dahin längsten bemannten Raumfahrtmission. Gemini 5 blieb acht Tage im Orbit und führte dabei 120 Erdumkreisungen durch. Die Crew bestand aus Gordon Cooper und Richard Gordon.	60 Jahre
12.09.1970	Luna 16 – Start zur ersten automatischen Probenrückführung vom Mond	55 Jahre
14.09.2020	vor 5 Jahren: Ein Forschungsteam vermeldet erstmals – bis heute umstritten – den Fund des Gases „Phosphin" in der Venusatmosphäre, das als Indikator für Leben gilt.	5 Jahre
15.09.1990	Raumsonde Magellan untersucht in einer mehrjährigen orbitalen Mission die Venus.	35 Jahre
01.10.2010	Start der chinesischen Raumsonde Chang'e 2 zum Mond und zum Asteroiden 4179 Toutatis	15 Jahre
06.10.1990	Start der NASA/ESA-Raumsonde Ulysses vom Shuttle Discovery aus	35 Jahre
10.10.1960	Mars 1M – Erste zum Mars gestartete Sonde (hat das Ziel nicht erreicht)	65 Jahre
12.10.2005	"Shenzhou VI": Zweiter bemannter chinesischer Raumflug	20 Jahre
22.10.1975	Die Landesonde von Venera 9 macht erste Fotos direkt von Oberfläche eines anderen Planeten.	50 Jahre
25.10.1865	Der inspirierende Roman "Von der Erde zum Mond" von Jules Verne erscheint. Er nimmt die Mondfahrt um etwa hundert Jahre vorweg.	140 Jahre
31.10.2000	Mit Sojus TM-31 startet die Expeditionscrew 1 mit William Sheperd, Juri Gidsenko und Sergei Krikaljow zur ISS. Seither ist die ISS permanent besetzt.	25 Jahre
10.11.1970	Start der russischen Raumsonde Luna 17. An Bord: Lunokhod 1, der erste Mondrover	55 Jahre
12.11.1980	Voyager 1 fliegt am Saturn vorbei (größte Annäherung 124.000 km).	45 Jahre
15.11.2020	Erster regulärer Einsatzflug des Crew Dragon. Dauert bis 29.4.2021.	5 Jahre
16.11.1965	Frankreich wird zum dritten Land der Erde, das mit einer eigenen Trägerrakete (Diamant A) einen eigenen Erdsatelliten (Astérix) in den Orbit transportiert.	60 Jahre
19.11.2005	Hayabusa – Erster Start von einem Asteroiden (25143 Itokawa)	20 Jahre
23.11.2020	China startet die Probenrückführsonde Chang'e 5 zum Mond.	5 Jahre
24.11.2025	Start zur ARTEMIS II-Mission, dem ersten bemannten Flug in den cislunaren Raum seit Apollo mit Reid Wiseman, Victor Glover, Christina Koch und Jeremy Hansen.	0 Jahre
01.12.2020	Mondsonde Chang'e 5 landet auf dem Mond.	5 Jahre
01.12.2020	Das Arecibo-Radioteleskop auf Puerto Rico kollobiert und wird vollständig zerstört. Es wird nicht wieder aufgebaut.	5 Jahre
03.12.2015	Start der europäischen Raumsonde LISA Pathfinder. Technologie-Erkundungsmission für das LISA Gravitationswellen-Teleskop	10 Jahre
04.12.1965	Mit dem Start von Gemini 7 beginnt die legendäre Doppelmission von Gemini 7 und Gemini 6 mit dem ersten Rendezvous der Raumfahrtgeschichte.	60 Jahre
05.12.2020	Die Rückkehrkapsel der japanischen Raumsonde Hayabusa 2 landet in der Woomera-Testrange und bringt 5,5 Gramm Bodenproben vom Asteroiden 162173 Ryugu mit.	5 Jahre
07.12.2020	Charles Yeager, erster Mensch, der Schallmauer durchbrach (1947) stirbt mit 97 Jahren.	5 Jahre
15.12.1965	Start von Gemini 6 zum Rendezvous mit Gemini 7, die bereits im Orbit wartet	60 Jahre
16.12.2020	Mondsonde Chang'e 5 Rückkehrkapsel bringt 1.731 Gramm Mondproben zurück.	5 Jahre
22.12.2015	Erste erfolgreiche Rückführung einer Falcon 9-Erststufe nach Cape Canaveral	10 Jahre

Wir schreiben Raumfahrtgeschichte!

BEREITS ERSCHIENEN:

Neu dabei

Science Fiction Sammelband

Raumfahrtkalender

TIPP:

Alle Bücher und den kultigen Raumfahrtkalender finden Sie nicht nur im Buchhandel, sondern auch direkt auf *space-jahrbuch.de*, zusammen mit günstigen Sammlerpaketen ★ Veranstaltungskalender ★ das spekulative Projekt ZEITTUNNEL ★ viele Raumfahrt-Hintergrundinfos ★ Kontakt zur Community